Beiträge zur Dialogforschung

Band 21

Herausgegeben von Franz Hundsnurscher und Edda Weigand

Kommunikationsformen im Wandel der Zeit

Vom mittelalterlichen Heldenepos zum elektronischen Hypertext

Herausgegeben von
Gerd Fritz und Andreas H. Jucker

Max Niemeyer Verlag
Tübingen 2000

Die Deutsche Bibliothek – CIP-Einheitsaufnahme

Kommunikationsformen im Wandel der Zeit : vom mittelalterlichen Heldenepos zum elektronischen Hypertext / hrsg. von Gerd Fritz und Andreas H. Jucker. – Tübingen: Niemeyer, 2000
(Beiträge zur Dialogforschung; Bd. 21)

ISBN 3-484-75021-9 ISSN 0940-5992

Gedruckt auf alterungsbeständigem Papier.
Druck: AZ Druck und Datentechnik GmbH, Kempten
Einband: Nädele Verlags- und Industriebuchbinderei, Nehren

Inhalt

Vorwort

Die vorliegende Sammlung von Beiträgen zur Geschichte von Kommunikationsformen geht zurück auf eine Vortragsreihe, die im Wintersemester 1997/98 an der Justus-Liebig-Universität Gießen veranstaltet wurde. An dieser interdisziplinären Veranstaltung beteiligten sich Anglisten, Germanisten, Romanisten und ein Vertreter des Fachbereichs Psychologie. Innerhalb der Philologien waren Linguisten, Mediävisten, Didaktiker und ein Literaturwissenschaftler vertreten. Neben den Gießener Beiträgern beteiligten sich auch zwei Kollegen aus Bochum und Tübingen. Das breite Interesse an diesem Themenkomplex zeugt davon, daß die Historizität unserer Kommunikationsformen in den verschiedenen Bereichen der Geistes-, Sprach- und Kommunikationswissenschaften auf der wissenschaftlichen Tagesordnung steht und daß in verschiedenen Richtungen an der Entwicklung und Weiterentwicklung von Methoden ihrer Erforschung gearbeitet wird.

Die Herausgeber danken den Beiträgern für ihre anregenden Vorträge und die Umstellung ihrer Darstellungen auf das schriftliche Medium. Weiterhin danken wir unseren Mitarbeitern und Hilfskräften Julia Erbe, Thomas Gloning, Britta Hoops, Sabine Prechter, Simone Roth, Sandra Solan und Karin Thönes, die sich tatkräftig an den Mühen der Herstellung der Druckvorlage beteiligt haben.

Besonderen Dank schulden wir Franz Hundsnurscher und Edda Weigand für die freundliche Aufnahme dieses Bandes in die Beiträge zur Dialogforschung.

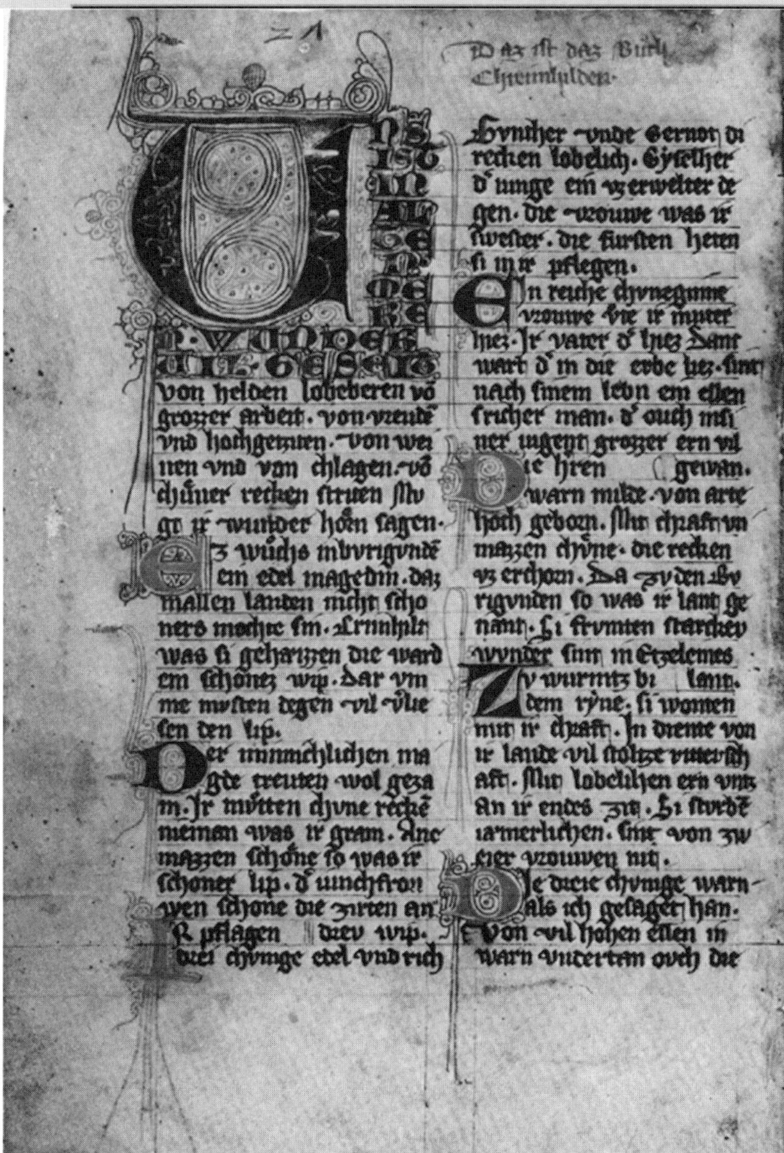

Daz ist daz Buch
Chreimhilden·

Uns ist in alten mæren wunders vil geseit
von helden lobeberen vō
grozzer arbeit· von vreudē
vnd hochgeziten· von wei
nen vnd von chlagen· vō
chüner recken striten mv
gt ir wunder hōrn sagen·
Ez wuchs in burgundē
ein edel magedin· daz
in allen landen nicht scho
ners mochte sin· Crimhilt
was si geheizzen die ward
ein schönez wip· dar um
me musten degen vil vlie
sen den lip.
Der minnechlichen ma
gde treuten wol geza
m· Ir mûten chune rechē
niemen was ir gram· Ane
mazzen schöne so was ir
schoner lip· d' iunchfron
wen schone die zirten an
R pflagen drev wip·
drei chvnige edel vnd rich

Gvnther vnde Gernot di
recken lobelich· Gyselher
d' iunge ein vzerwelter de
gen· die vrouwe was ir
swester· die fursten heten
si in ir pflegen·
Ein reiche chvneginne
vrouwe Vte ir muter
hiez· Ir vater d' hiez Danc
wart d' in die erbe liez· sint
nach sinem lebn ein ellen
richer man· d' ouch in si
ner iugent grozzer eren vil
die hiren gewan.
Die warn milte· von arte
hoch geborn· mit chraft vn
mazzen chvne· die recken
vz erchorn· Da zv den Bv
rigvnden so was ir lant ge
nant· Si frvmten starchev
wunder sint in Etzelenes
Zv wurmitz bi lant·
dem ryne· si wonten
mit ir chraft· In diente von
ir lande vil stolze riterschaft·
mit lobelichen eren vntz
an ir endes zit· Si sturbē
iamerlichen· sint von zw
eier vrouwen nit·
Die drie chvnige warn
als ich gesaget han·
von vil hohen ellen in
warn vndertan ouch die

Gerd Fritz, Andreas H. Jucker

Einleitung

Daß sich Formen der Kommunikation verändern, ist für uns heute eine alltägliche Erfahrung. Kinder und Jugendliche reden oft anders und über andere Themen als die mittlere und ältere Generation. Alte Sendungen des Fernsehens erscheinen uns antiquiert, die Zeitungen ändern ihr Gesicht, das E-Mail-Schreiben führt zu neuen Schreibgewohnheiten, und die Nutzung neuer Medien verändert Lehr- und Lernkommunikationen. Wir sehen Veränderungen und gleichzeitig sehen wir viele Konstanten. Gerade bei Innovationen wird oft deutlich, wie die alten Gewohnheiten nachwirken. Das gilt für den Wortschatz ebenso wie für die Textformen oder den Stil. Ein altes Wort wie *Fenster* wird dazu verwendet, eine Arbeitsfläche auf dem Bildschirm zu bezeichnen. Der Hypertextautor bringt seine traditionellen Textgewohnheiten mit und verändert sie teilweise, und der traditionelle Briefschreiber lernt den lockeren E-Mail-Schreibstil manchmal erst nach und nach. Was wir beobachten, ist eine eigenartige Verbindung von Kontinuität und Innovation.

Als Teilnehmer der alltäglichen Innovation verlieren wir leicht die Distanz zu den Vorgängen und damit den Blick für die Struktur und die Tiefendimension der Vorgänge. Hier kann die wissenschaftliche Beobachtung und Reflexion einsetzen, die mit professionellem Auge auf die Entwicklungen von Kommunikationen, Dialogen und Texten schaut. In diesem Punkt lag auch eine wesentliche Motivation für unsere Vortragsreihe, die sich mit ganz alten und ganz neuen Kommunikationsformen beschäftigte. Für die Schärfung des evolutionären Blicks ist nichts so nützlich wie eine Reise in die Vergangenheit. Hier finden wir lehrreiche Vergleichsobjekte, das Kontrastprogramm, das uns die Augen öffnet für Heutiges. Wir sehen Tradition und Innovation in der Entwicklung von Formen des höflichen Umgangs, in der Geschichte von Textsorten (Reisebeschreibungen und epische Formen im Mittelalter, Informationstexte wie Zeitungsnachrichten und Nachrichtenballaden im 17. Jahrhundert) und in der Entwicklung neuer Medien (z.B. des Fernsehens). Auf der anderen Seite sehen wir bei der Betrachtung von Entwicklungen der jüngeren Vergangenheit, insbesondere im Bereich der Medien, besonders deutlich, wie Innovationen neue Möglichkeiten der Kommunikation eröffnen, dabei aber immer gleichzeitig auch neue kommunikative Aufgaben und Probleme stellen, die – von Produzenten und Nutzern gleichermaßen – oft erst allmählich und in kleinen Schritten bewältigt werden. Und in manchen Fällen können wir sogar aus der jüngeren Vergangenheit extrapolieren und Zukunftsszenarien entwerfen, die uns die Frage ermöglichen, wie wir mit diesen zukünftigen

Kommunikationsmöglichkeiten umgehen würden – wenn sie uns zur Verfügung stünden (vgl. den Beitrag von Rösler in diesem Band).

Im Rahmen der neueren Entwicklungen der Pragmatik, insbesondere auch der Dialoganalyse, werden seit einigen Jahren verstärkt Anstrengungen unternommen, auch die Geschichte von Aspekten der Sprachverwendung systematisch zu erforschen (vgl. Fritz 1994, Jucker/Fritz/Lebsanft 1999, Jucker 1995, Koch 1997, Weigand 1988). Diese Bemühungen können sich auf verschiedene Traditionen stützen, beispielsweise aus den Bereichen der Sprachgeschichte, der Literaturgeschichte, der historischen Rhetorikforschung und der Geschichte der Pädagogik (z.B. Paulsen 1919). Traditionelle sprachwissenschaftliche Themen, die Aspekte der Geschichte von Kommunikationsformen beinhalten, sind etwa die Geschichte von Anredeformen (vgl. Ehrismann 1901/1904) oder die Geschichte von Schimpfwörtern als Teil einer Geschichte der Kommunikationsform des Beschimpfens (z.B. Lepp 1908, Lötscher 1981). Einschlägige Gegenstände der Literaturwissenschaft sind die Gattungsgeschichte/Textsortengeschichte als Aspekt der Geschichte der literarischen Kommunikation (vgl. Hermand 1970, Jauß 1972) und die Darstellung von Formen der Kommunikation *in* historischen Texten, beispielsweise die Darstellung von Dialogen in der Tradition der klassischen Antike (vgl. Hirzel 1895) oder in der germanischen Epik (vgl. Heusler 1902). In der historischen Rhetorikforschung sind in den letzten Jahren vor allem wertvolle Beiträge zum Verständnis der Entwicklung der Formen höflicher Rede vom 17. bis 19. Jahrhundert geleistet worden (z.B. Beetz 1990).

In der neueren kommunikationsanalytischen Forschung beschreibt man Kommunikationsformen als Ausprägungen von gebündelten Organisationsprinzipien. Derartige Organisationsprinzipien sind:

- die Muster der lokalen und globalen Sequenzierung von sprachlichen Handlungen (z.B. Frage/Antwort-Zusammenhänge, deskriptive oder narrative Sequenzen),
- die Strategien der Auswahl unter alternativen Handlungsmöglichkeiten,
- Wissensbestände und Formen des Wissensaufbaus,
- Themen und thematische Zusammenhänge, Kommunikationsprinzipien (wie z.B. die Prinzipien der Höflichkeit, der Verständlichkeit, der Genauigkeit, der Vollständigkeit),
- typische sprachliche Äußerungsformen für kommunikative Handlungen und Textelemente.

Eingespielte Kommunikationsformen sind Lösungen für kommunikative Aufgaben (z.B. die Aufgabe der Informationsvermittlung, der Unterhaltung, der kommunikativen Konfliktlösung usw.). Die typischen Realisierungen von Kommunikationsformen sind u.a. bestimmt durch Medien und Institutionen, durch Rollenkonstellationen der Kommunizierenden und durch die Kommunikationsideale der Zeit. Kommunikationsformen können sich in all ihren Aspekten verändern, wobei die Verflechtung der verschiedenen Organisationsprinzipien dazu führt, daß eine Veränderung in einem Aspekt häufig Reflexe in den anderen Aspekten zeigt. Beispielsweise hängen Veränderungen im Wortschatz häufig mit Veränderungen im Themenhaushalt zusammen, und Veränderungen in der Gültigkeit oder der Anwendungspraxis von Kommunikationsprinzipien führen zu einer Neubewertung bestimmter kommunikativer Strategien.

Die Geschichte von Kommunikationsformen umfaßt sowohl die Geschichte von Dialogformen im engeren Sinne als auch die Textsortengeschichte. Bei der Beschreibung von Aspekten dieser Geschichte wird einerseits die Methode der historischen Momentaufnahme angewandt, andererseits seit einiger Zeit auch verstärkt die entwicklungsgeschichtliche Darstellung. Aus den erwähnten Aspekten werden in diesem Band vor allem die folgenden behandelt: Entwicklungen im Verhältnis von Kommunikationszielen und kommunikativen Mustern (im Bereich der Fremdsprachendidaktik), die Geschichte funktionaler Bausteine und ihrer Verknüpfung (in den ersten Zeitungen und im Hypertext), wechselnde Ausprägungen von kommunikativen Grundmustern (Reiseerzählungen, politische Kommentare), themengeschichtliche Entwicklungen (in den Informationsmedien der englischen Revolutionszeit) und die Entwicklung sprachlicher und bildlicher Mittel und ihrer Verwendungsweisen (Anredeformen im Mittelalter, das Spanisch des Internet, Text und Bild in der Geschichte der französischen Anzeigenwerbung).

Daß Kommunikationsformen in Medien, insbesondere in den neuen Medien unterschiedlicher Epochen rein quantitativ einen Schwerpunkt dieses Bandes bilden, kommt nicht von ungefähr. Einerseits ist für die Medien – zumindest teilweise – die empirische Basis für historische Analysen besonders gut verfügbar. Die Berichtsmedien unterschiedlicher Perioden sind leichter zugänglich als die mündliche Praxis des Berichtens in denselben Zeiträumen. Das gilt für mittelalterliche Reiseberichte ebenso wie für Informationsmedien der frühen Neuzeit (Zeitungen und Straßenballaden) und der jüngeren Vergangenheit (Fernsehnachrichten). Andererseits sind für die Geschichte von Kommunikationsformen insbesondere die jeweils neuen Medien deshalb interessant, weil sich an ihnen besonders gut beobachten läßt, wie die Produzenten ihre in etablierten Medien eingespielten Text- und Kommunikationsformen den Bedingungen des neuen Mediums anpassen und wie die Benutzer ihre Rezeptionserfahrungen und Nutzungsgewohnheiten von älteren Medien auf das neue Medium übertragen und schrittweise modifizieren (vgl. den Beitrag von Fritz zu den ersten gedruckten Zeitungen und die Beiträge zu den neuen elektronischen Medien). Die Anpassung an neue Kommunikationsbedingungen bedeutet einen wichtigen Schritt in der Evolution von Kommunikationsformen. Sie verlangt flexible und damit auch innovative Nutzung von bekannten Mustern und die Auswahl aus einem Pool von unterschiedlichen Varianten. Gerade in neuerer Zeit können wir auch den Aspekt der Verbreitung von neuen Kommunikationsformen gut beobachten. Insofern kann die Untersuchung von neuen Medien in besonderer Weise dazu beitragen, eine genuin evolutionäre Betrachtungsweise in der Geschichte von Kommunikationsformen zu entwickeln, die es bisher nur in Ansätzen gibt und die einen entscheidenden Fortschritt für die historische Pragmatik bedeutet.

Der vorliegende Band beginnt im wesentlichen mit den neueren und neusten Kommunikationsformen, um sich dann immer weiter zurückgreifend älteren Formen zuzuwenden. Er umfaßt folgende historischen Perioden, Themenschwerpunkte und Aspekte:

- jüngste Entwicklungen von Kommunikationsformen im Bereich der elektronischen Medien (Beiträge von Jucker, Lebsanft, Legutke/Müller-Hartmann/Ulrich, Glowalla/Glowalla und Rösler),
- Entwicklungen im Bereich der Didaktik (Beiträge von Legutke/Müller-Hartmann/Ulrich, Glowalla/Glowalla, Meißner und Rösler),
- Entwicklungen von Kommunikationsformen im 20. Jahrhundert (Beiträge von Meißner, Ramge und Winkelmann),
- Information und Infotainment im 17. Jahrhundert (Beiträge von Fritz und Nünning),
- Textsorten und Kommunikationsformen im Mittelalter, insbesondere erzählende und berichtende Gattungen (Beiträge von Bergner, v. Ertzdorff-Kupffer und Ehrismann),
- Entwicklungen im Bereich des Deutschen (Beiträge von Ehrismann, v. Erztdorff-Kupffer, Fritz, und Ramge),
- Entwicklungen im Bereich des Englischen (Bergner, Jucker, Legutke/Müller-Hartmann/Ulrich und Nünning),
- Entwicklungen im Bereich der romanischen Sprachen (Beiträge von Lebsanft, Meißner und Winkelmann),
- entwicklungsgeschichtliche Darstellungen im engeren Sinne (Beiträge von v. Ertzdorff-Kupffer, Fritz, Meißner, Ramge und Winkelmann).

Dieser Band will somit exemplarisch Kommunikationsformen vorstellen und untersuchen, die sich geographisch und zeitlich zum Teil stark unterscheiden. Allen Beiträgen ist jedoch gemeinsam, daß sie die untersuchten Kommunikationsformen in ihrer kulturellen und zeitlichen Bedingtheit verstehen und analysieren. Jede Epoche und jede Kultur hat ein Inventar an Kommunikationsformen, die sich in vielfältiger Weise und im Widerstreit zwischen Kontinuität und Innovation aus früheren Kommunikationsformen herleiten. Das Wesen der Kommunikation läßt sich deshalb nur verstehen, wenn sie im sozialen Kontext von zeitlich und kulturell bedingter Kommunikationsformen untersucht wird.

Literatur

Beetz, M. (1990): Frühmoderne Höflichkeit. Komplimentierkunst und Gesellschaftsrituale im altdeutschen Sprachraum, Stuttgart.

Ehrismann, G. (1901/1904): Duzen und Ihrzen im Mittelalter. In: Zeitschrift für deutsche Wortforschung 1 (1901) 117-149; 2 (1902) 118-159; 4 (1903) 210-248; 5 (1903/04) 127-220.

Fritz, G. (1994): Geschichte von Dialogformen. In: Fritz, G./Hundsnurscher, F. (Hg.): Handbuch der Dialoganalyse, Tübingen, 545-562.

Hermand, J. (1970): Probleme der heutigen Gattungsgeschichte. In: Jahrbuch für Internationale Germanistik 2, 85-90.

Heusler, A. (1902): Der Dialog in der altgermanischen erzählenden Dichtung. In: Zeitschrift für deutsches Altertum 46, 189-284.

Hirzel, R. (1895): Der Dialog. Ein literarhistorischer Versuch, 2 Bde, Leipzig.

Jauß, H. R. (1972): Theorie der Gattungen und Literatur des Mittelalters. In: Grundriß der Romanischen Literaturen des Mittelalters I. Heidelberg, 107-138.

Jucker, A. H. (ed.) (1995): Historical Pragmatics. Pragmatic Developments in the History of English, Amsterdam/Philadelphia.

Jucker, A. H./Fritz, G./Lebsanft, F. (eds.) (1999): Historical Dialogue Analysis, Amsterdam/Philadelphia.

Koch, P. (1997): Diskurstraditionen: zu ihrem sprachtheoretischen Status und ihrer Dynamik. In: Frank, B./Haye, Th./Tophinke, D. (Hg.): Gattungen mittelalterlicher Schriftlichkeit, Tübingen, 43-79.

Lepp, F. (1908): Schlagwörter des Reformationszeitalters, Leipzig.

Lötscher, A. (1981): Zur Sprachgeschichte des Fluchens und Beschimpfens im Schweizerdeutschen. In: Zeitschrift für Dialektologie und Linguistik 48, 145-160.

Paulsen, F. (1919): Geschichte des gelehrten Unterrrichts auf den deutschen Schulen und Universitäten vom Ausgang des Mittelalters bis zur Gegenwart. 2 Bde, 3. Aufl., Leipzig.

Weigand, E. (1988): Historische Sprachpragmatik am Beispiel: Gesprächsstrukturen im Nibelungenlied. In: Zeitschrift für deutsches Altertum und deutsche Literatur 117, 159-173.

Andreas H. Jucker

Multimedia und Hypertext

Neue Formen der Kommunikation oder alter Wein in neuen Schläuchen?

1. Einleitung

Das Internet, die Datenautobahn, elektronische Kommunikation und Multimedia sind Schlagwörter unserer Zeit. Es scheint so, als ob die Informationsvermittlung in ein neues Zeitalter getreten sei. Bücher und Zeitungen als Formen der gedruckten Kommunikation haben immer noch eine zentrale Bedeutung für die Informationsvermittlung, aber beide werden durch neue Kommunikationsformen ergänzt und langfristig vielleicht gar gefährdet. In der Tat stehen wir an der Schwelle einer Entwicklung, die unser Kulturerbe ebenso nachhaltig verändern wird wie die Erfindung des Buchdrucks. Bis ins fünfzehnte Jahrhundert unserer Zeitrechnung gab es in unserem Kulturkreis nur die Handschrift. Jedes Buch, jedes Schriftstück war ein Unikat, das in langwieriger Schreib- oder Abschreibarbeit entstehen musste, was der Weiterverbreitung von Texten sehr enge Grenzen setzte.

Die Erfindung des Buchdrucks machte es plötzlich möglich, eine große Zahl völlig identischer Abschriften eines Textes zu produzieren. Dies leitete in vielen Sprachen den Standardisierungsprozess ein. Englische Texte aus dem 12. bis 15. Jahrhundert kann man relativ leicht auf genau lokalisierbare Entstehungsorte in Großbritannien zurückführen. Schon bald nach der Einführung des Buchdrucks in England durch Caxton im Jahr 1476 ist dies nicht mehr möglich. Der Londoner Dialekt der aus dem östlichen Mittelland stammenden Kaufleute setzte sich durch und wurde von den Druckern relativ einheitlich angewendet.

Der Übergang vom gedruckten Buch zum elektronischen Buch ist mindestens ebenso fundamental. Ein Text muss nicht mehr gedruckt und als „tangibles Artefakt“ vom Ort der

Produktion zum Ort der Rezeption im wörtlichen Sinn getragen werden. Ein Text kann elektronisch eingegeben werden und schon Sekunden später überall auf der Welt auf den Computerbildschirmen der Adressaten erscheinen. Noch ist nicht klar, in welcher Weise diese Erfindung die Sprachentwicklung beeinflussen wird. Aber es steht außer Frage, dass dies nicht spurlos an der Sprachentwicklung vorübergehen wird.

Im Folgenden möchte ich mein Augenmerk in erster Linie auf die Kommunikationsformen werfen. Haben sich nur die Übermittlungsmethoden verändert, oder haben sich dadurch auch tatsächlich neue Kommunikationsformen entwickelt? Worin unterscheiden sich diese Kommunikationsformen von den bekannten Mustern? Diesen Fragen möchte ich nachgehen, indem ich zuerst auf den Begriff „Multimedia" und seine Anwendungsbereiche eingehe. In einem zweiten Schritt unterscheide ich zwischen linearen und modularen sowie zwischen vernetzten und unabhängigen Darstellungsformen. Die wesentlichen kommunikationsspezifischen Merkmale werde ich dann anhand von vier Beispielen aufzeigen bzw. erläutern.

2. Monomediale und multimediale Kommunikationsformen

Im Unterricht ist es nicht mehr zeitgemäß, mit den traditionellen Mitteln *chalk and talk*, also Wandtafelkreide und mündlichem Vortrag zu unterrichten. Der Unterricht soll multimedial unterstützt werden. Ein Computer, der nur Texte speichern und wiedergeben kann, gilt heute bereits als hoffnungslos veraltet. Heute soll er als multimediales Gerät Klänge, Bilder und ganze Bildsequenzen verarbeiten und reproduzieren können. Enzyklopädien werden nicht mehr als schlichte Bücher verkauft, sondern als multimediale CD-ROMs. Nicht einmal akademische Vorträge sind davon verschont geblieben. Multimedia ist zu einem Zauberwort geworden. Ein eigentliches „Sesam öffne dich!"

In einem vortheoretischen, weiten Sinn bezeichnet allerdings der Begriff Multimedia alle Darstellungsformen, die mehr als ein Medium zur Übertragung eines Inhaltes verwenden, also zum Beispiel das akustische und das optische Medium. Multimediale Kommunikationsformen in diesem weiten Sinn sind selbstverständlich keine Erfindung unseres Jahrhunderts. Im Gegenteil, die Mehrzahl der natürlichen Kommunikationsformen sind im weiteren Sinne multimedial, das heißt, es werden mehrere Kommunikationskanäle gleichzeitig verwendet. Das persönliche Gespräch besteht nicht nur aus akustischen Signalen, sondern ganz wesentlich auch aus optischen. Wir hören nicht nur auf die Worte unserer Gesprächspartner, sondern beobachten auch deren Gestik und Mimik.

In einer Opernaufführung vereinigen sich der optische Eindruck der Darstellerinnen und Darsteller, die Kostüme und das Bühnenbild mit dem Dramentext und der Musik. In einem Gottesdienst begegnet uns das Optische in Form von Wandmalereien und der erhabenen Architektur, das Akustische in Form des gesprochenen und gesungenen Wortes und der Musik, und oft tritt dazu das Olfaktorische in Form des Geruches von Weihrauch oder das Taktile in Form von harten Kirchenbänken.

Bei genauem Überlegen stellt sich heraus, dass monomediale Kommunikation eher die Ausnahme als die Regel ist. Telefongespräche beruhen immer noch ausschließlich auf dem akustischen Kanal. Romane, wissenschaftliche Abhandlungen, Briefe und andere Dokumente beruhen vielfach ausschließlich auf geschriebenen Texten. Computer der frühen Generation konnten ebenfalls nur Texte verarbeiten. Sowohl die Eingabe als auch die Ausgabe bestand ausschließlich aus Buchstaben und Zahlen.

Als multimedial im engeren Sinn werden nur die Kommunikationsformen bezeichnet, die noch bis vor kurzem monomedial waren, also Telefone, die auch Bilder übertragen können, Nachschlagewerke, die aus mehr als nur Texten bestehen, Computer, die Klänge und Bildsequenzen verarbeiten, und Unterrichtsformen, die mehr als *talk and chalk* verwenden.

Dabei gilt es allerdings zu unterscheiden zwischen analoger und digitaler Multimedialität. Analoge Multimedialität bezieht sich beispielsweise auf Unterrichtsformen, die mehrere Medien kombinieren. Eine Vorlesung verwendet die Wandtafelanschrift, Tageslichtprojektionen, Filmvorführungen, Audiowiedergabe von Tonband oder CD. Diese Art von Multimedialität war typisch für die Siebzigerjahre.

Bezeichnenderweise definiert die Ausgabe des Duden von 1989 das Schlagwort „Multimediasysteme" noch als „Informations- u. Unterrichtssystem, das mehrere Medien (z.B. Fernsehen, Dias, Bücher) verwendet", während die Ausgabe von 1996 das Schlagwort „Multimedia" wie folgt definiert: „Das Zusammenwirken verschiedener Medientypen [Texte, Bilder, Grafiken, Tonsequenzen, Animationen, Videoclips] in einem System, in dem diese Informationen gespeichert, präsentiert und manipuliert werden können."

Digitale Multimedia bezeichnet also die Verwendung von Kanälen, die elektronisch gespeicherte Informationen weitergeben, wobei die Manipulierbarkeit als entscheidendes Kriterium hinzutritt. Um diese Art der Multimedialität soll es in den folgenden Ausführungen gehen. Die entscheidende Frage ist dabei, welche Aspekte dieser Multimedialität tatsächlich neu sind und welche Perspektiven sie für die Kommunikation bieten.

Die Erfindung des Buchdrucks im 15. Jahrhundert hat nicht das Buch erfunden, sondern seine Produktionsweise verändert. In der gleichen Weise hat der Computer die multimediale Informationsvermittlung nicht erfunden, sondern lediglich deren Produktionsweise verändert.

Im folgenden Abschnitt werde ich versuchen, mich auf ähnliche Weise dem zweiten Begriff des Titels dieses Beitrages, „Hypertext", zu nähern, um dann dieselbe Frage nach den neuen kommunikativen Möglichkeiten zu stellen. Der nächste Abschnitt soll dann versuchen, auf diese Frage für beide Aspekte unter den Stichworten Interaktion, Kohärenz, Vernetzung und Globalisierung einige mögliche Antworten aufzuzeigen.

3. Lineare und modulare Kommunikationsformen

Wenn wir von einem Text reden, so denken wir gewöhnlich an eine Reihe von Sätzen, die in linearer Sequenz angeordnet sind und einen Anfang wie auch ein Ende aufweisen. Konkret denken wir vielleicht an einen Brief, ein Buch, ein Memo oder einen Artikel in einer Zeitung. Vortheoretisch erwarten wir also, dass ein Text linear produziert und rezipiert wird. Ein Satz reiht sich an den anderen, und ein Textelement folgt dem anderen.

Sprachwissenschaftlich und insbesondere textlinguistisch verwendet man den Begriff „Text" für die sprachliche Äußerungsform einer kommunikativen Handlung, die mit einer bestimmten Intention und für einen bestimmten Zweck, also eine bestimmte Funktion produziert wurde.

In verschiedenen Bereichen lässt sich allerdings ein Auflösen dieser Linearität beobachten. Der lineare Langtext wird mehr und mehr von einem modularen „Schnipseltext" abgelöst (siehe Bucher 1996). Im Journalismus lässt sich zum Beispiel in vielen Zeitungen und Zeitschriften die Tendenz beobachten, dass die einzelnen Textelemente immer kürzer werden. Wichtige Themen werden nicht mehr in einem langen, zusammenhängenden Artikel behandelt, sondern mit mehreren kurzen Teiltexten, die alle ihren Beitrag zu dem gewählten Thema liefern, mit modularen Schnipseltexten also. Bucher spricht in diesem Zusammenhang gar von „Legojournalismus".

Aber auch andere Texte werden nicht in strenger linearer Abfolge rezipiert. Wissenschaftliche Texte zum Beispiel weisen oft Fußnoten auf. Trifft die Leserin[1] auf einen Fußnotenverweis, kann sie diesem Verweis folgen, die lineare Sequenz der Rezeption verlassen, um mit den Augen an den unteren Rand der Seite zu springen, die Fußnote zu lesen und

---

[1] Um unschöne Doppelformen (der/die LeserIn) zu vermeiden, verwende ich im Folgenden für die Rezipientenseite von Äußerungen, Texten, Applikationen oder Programmen weibliche Formen (Leserin, Benutzerin, Adressatin usw.) und für die Produzentenseite männliche Formen (Autor, Sprecher usw.). Ich verwende diese Verteilung, weil es im vorliegenden Text häufiger um die Rezipientenseite geht und ich nicht die männliche Form bevorzugen wollte.

dann zum Ausgangspunkt der Abschweifung zurückzukehren und da die lineare Sequenz der Sätze wieder aufzunehmen. Der Text kann Hinweise auf andere Textstellen im selben Text enthalten oder Verweise auf andere Bücher und Artikel. Die Leserin springt wieder aus dem eigentlichen Text hinaus zu den ausführlichen Literaturangaben ganz unten an der Seite oder am Ende des Textes. Von da kann der Sprung wieder zurück zur ursprünglichen Stelle im Text gehen oder auch zu anderen Texten. Trotzdem ist eine gewisse Linearität immer noch vorgegeben. Ein wissenschaftlicher Text hat einen Anfang und ein Ende und einen eigentlichen Haupttext, der bei allen möglichen Umwegen und Abwegen vom einen zum andern führt.

In der Informatik wird ein Text, den man in einer nicht nach linearer Abfolge gerichteten Weise durchliest, als „Hypertext" bezeichnet. Ein Hypertext besteht aus Informationsknoten (*nodes*) und Querverweisen oder Kanten zwischen diesen Knoten (*links*). Ein typisches Beispiel eines Textes, der die Struktur eines Hypertexts hat, stellt eine Enzyklopädie dar. Kaum jemand liest eine Enzyklopädie von der ersten bis zur letzten Seite, von Band zu Band. Eine Enzyklopädie wird normalerweise mit einer mehr oder weniger klaren Frage geöffnet. Die alphabetische Anordnung der Einträge dient als Mittel des Zugangs, durch den die Benutzerin ohne Schwierigkeiten den relevanten Eintrag finden kann. Ein Eintrag in einer Enzyklopädie enthält normalerweise Referenzen oder Verbindungen zu anderen, thematisch verwandten Einträgen. Wird eine Frage durch einen Eintrag nicht genügend beantwortet, kann man den Querverweisen nachgehen, um weitere Informationen zu erhalten.

Mit Hilfe der Computer können die durch die Beschaffenheit des Buches auferlegten Grenzen der linearen Abfolge überwunden werden. Die Information kann auf eine ganz neue Art und Weise dargestellt werden. Die Benutzerin muss nicht länger einem einzelnen linearen Informationsweg folgen, sondern sie hat vielerlei Möglichkeiten zu anderen, zu dem Thema in Beziehung stehenden Informationsmaterial zu gehen (siehe zum Beispiel Landow 1992, Foltz 1996, Rouet/Levonen 1996, Weingarten 1997).

4. Vier Beispiele multimedialer Hypertexte

Die Beschaffenheit von Multimedia und Hypertexten soll im Folgenden an vier Beispielen erläutert werden. Beim ersten Beispiel, einem online Hilfesystem eines Textverarbeitungsprogrammes, handelt es sich um einen relativ einfachen Hypertext, der trotz der Links im Wesentlichen linear und monomedial angeordnet ist. Dieser Hypertext entspricht in seiner Funktion einem gedruckten Benutzerhandbuch. Das zweite Beispiel, das einem gedruckten Lehrbuch entsprechen würde, ist eine elektronische Einführung in die englische Sprachwissenschaft. Hier kommen in größerem Umfang Bilder und Grafiken sowie Klänge und in bescheidenem Ausmaß interaktive Übungen dazu, so dass es sich hier tatsächlich um einen multimedialen Hypertext handelt. Das dritte Beispiel ist eine virtuelle Computermesse auf CD-ROM, die in der Funktion einem Produktekatalog entsprechen würde. Beim vierten Beispiel handelt es sich um das *World Wide Web*, den globalen Hypertext schlechthin.

4.1 Online Hilfe: Word Help

Die Benutzung komplexer Computerprogramme verlangt Kenntnisse über die Möglichkeiten des Programmes und deren Handhabung. Diese Informationen wurden in vielen Fällen bis vor nicht allzu langer Zeit in der Form von umfangreichen gedruckten Handbüchern zur Verfügung gestellt. Inzwischen sind diese Handbücher zum Teil von online Informationssystemen abgelöst worden.

Im Folgenden soll ein solches Beispiel kurz vorgestellt werden, nämlich die online Hilfe des Textverarbeitungsprogrammes Microsoft Word™ (siehe auch Fritz 1999). Der Begrüßungsbildschirm, der bei der Aktivierung des Programmes erscheint, bietet fünf Unterpunkte zur Auswahl: „Using Word", „Examples and Demos", „Reference Information", „Programming with Microsoft Word" und „Technical Information". Die „Examples and Demos" führen zu einer Hypercard-Applikation, auf die ich im Folgenden nicht näher eingehen werde. Die anderen vier Unterpunkte führen direkt zu längeren Inhaltsverzeichnissen, die grundsätzlich so aussehen wie ein traditionelles Inhaltsverzeichnis in einem gedruckten Buch, mit dem Unterschied, dass für die einzelnen Überschriften keine Seitenzahlen angegeben sind.

Die Überschriften sind als Hottext definiert und führen die Benutzerin direkt zu der gewünschten Information, wobei in den meisten Fällen auf dieser Stufe wiederum nur Übersichten über weitere Unterpunkte geboten werden. Die Wahl von „Typing and Revising", zum Beispiel, führt zu einer Übersicht von weiteren 28 Unterpunkten, die in sechs Gruppen gegliedert sind (siehe Abbildung 1). Wählt man hier „Starting a new line within the same paragraph", gelangt man zu einem kurzen Text, der erläutert, wie man in einem Textdokument eine neue Zeile beginnen kann, ohne einen neuen Abschnitt zu beginnen. Innerhalb dieses Textes finden sich drei Begriffe, die als Hottext gekennzeichnet sind („insertion point", „line break" und „standard toolbar") und durch die sich kleine Textkästchen mit entsprechenden Begriffserklärungen einblenden lassen. In einem gedruckten Text würden diese Kästchen den Fußnoten entsprechen (Abbildung 2, siehe auch Fritz 1999: 224). Am Ende des kurzen Textes, der nur gerade 82 Wörter umfasst, finden sich Verweise auf zwei andere Themen („Typing and Revising" und „Customising the Word Screen"), wobei das erste dieser Themen eine Station in dem eben beschriebenen Weg war. Der Verweis führt also zurück.

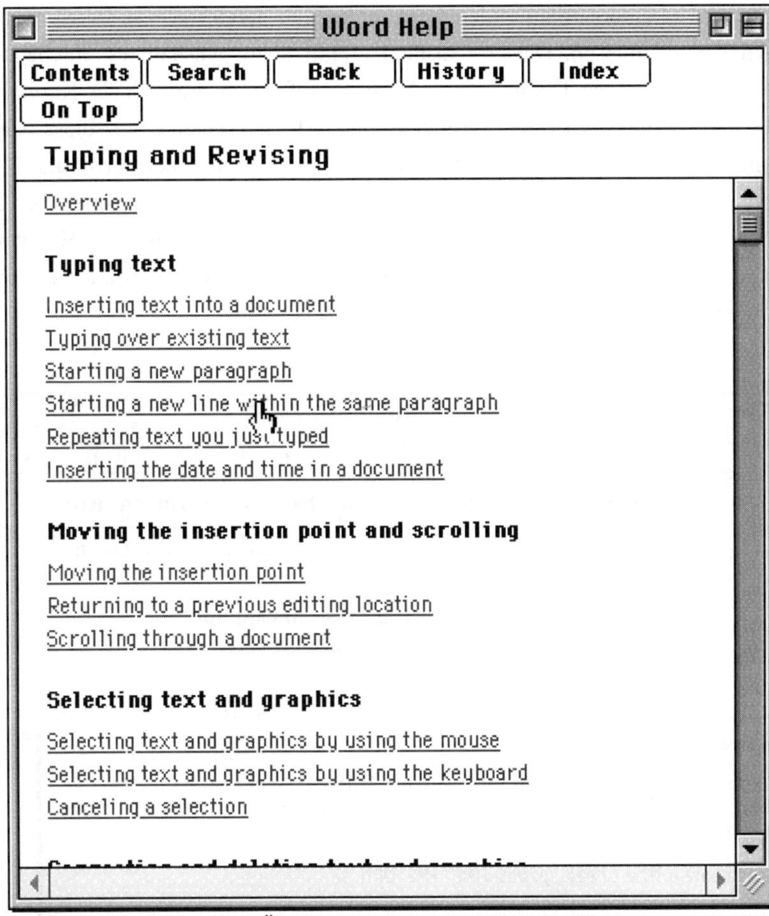

Abbildung 1: *Word Help* Übersicht „Typing and Revising"

Bei diesem Hypertext handelt es sich von der Anlage her um einen „linearen Hypertext". Die Darstellung der Inhaltsübersichten und der Informationselemente erinnert an ein gedrucktes Buch. Die Anordnung der Kapitelüberschriften suggeriert deren lineare Abfolge. Die als Hottext gekennzeichneten Begriffe und Titel führen „vorwärts", „zurück" oder zu „Fußnoten", wobei diese Metaphern die konzeptuelle Nähe zum gedruckten Buch dokumentieren.

Bei der eben beschriebenen Verwendungsweise von Word Help handelt es sich allerdings nur um eine von verschiedenen Möglichkeiten, dieses Informationssystem zu nutzen.

Der Benutzer oder die Benutzerin kann auch über einen Index bzw. eine Stichwortsuche zu den einzelnen Themen gelangen, oder die Hilfe kann kontextsensitiv bei entsprechenden Problemen im Textverarbeitungsprogramm selbst aktiviert werden. In diesen Fällen gelangt man direkt zu einem erläuternden Text, ohne sich durch mehrere Inhaltsverzeichnisse hindurchklicken zu müssen. Dieser Umstand erklärt auch, weshalb es durchaus sinnvoll sein kann, am Ende eines Themas einen Verweis auf das übergeordnete Kapitel, in dem man sich gerade befindet, zu finden. Benutzerinnen, die das Thema über diese Kapitelüberschrift gefunden haben, werden den Rückverweis zur Kapitelüberschrift als überflüssig empfinden, während für Benutzerinnen, die über den Index oder zum Beispiel über eine Fehlermeldung im Textverarbeitungsprogramm direkt zu einem bestimmten Erläuterungstext gelangt sind, dieser Rückverweis hilfreich sein kann, da er in der Übersicht zu benachbarten Themen führt.

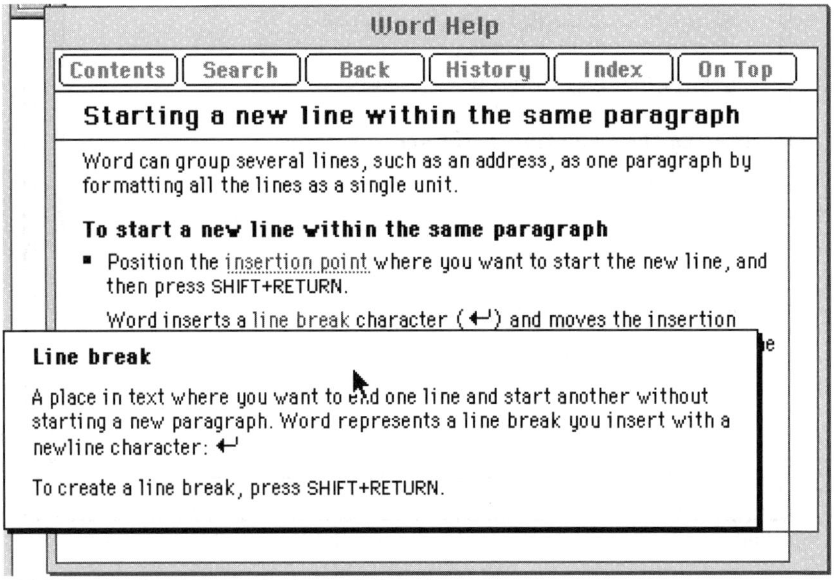

Abbildung 2: Word Help mit einer „Fußnote“

4.2 Elektronisches Lehrbuch: *HyperLinguistics*

HyperLinguistics ist ein Hypertext, der 1990-92 an der Universität Zürich entwickelt wurde und zur Zeit am Institut für Anglistik und Amerikanistik der Justus-Liebig-Universität Gießen erweitert wird (eine erste Version wurde als Ansel et al. 1993 publiziert). Bei diesem Hypertext handelt es sich um ein Computerprogramm zur Einführung in die englische

Sprachwissenschaft, die aus fünf HyperCard Dokumenten (oder sog. „stacks“) besteht. Diese Stacks umfassen „Guided Tour“, „Topics“, den Hauptteil „Linguistics“, den Stack „Bookmarks“ und den Stack „References“.[2]

Im Folgenden werde ich kurz auf die Hauptcharakteristika dieser Stacks eingehen. Der Hauptstack „Linguistics“ liefert Informationen über bestimmte Themen der meisten, traditionell anerkannten Zweige der Sprachwissenschaft. Der Stack besitzt eine hierarchische Struktur, aber Querverweise innerhalb und zwischen den Kapiteln erlauben eine horizontale sowie eine vertikale Vorgehensweise.

Didaktisch gesehen können drei Arten von Seiten unterschieden werden: Übersichten, Textseiten und Aktivitätsseiten. Die Übersichten enthalten Diagramme, die die Beziehungen der Sprachwissenschaft im allgemeinen und die einiger Zweige der Sprachwissenschaft in der typischen Form von Kästchen mit ein oder zwei Wörtern in der Überschrift und einfachen Grafiken darstellen. Die Benutzerinnen können eine Schaltfläche anklicken, um zu einem bestimmten Thema zu gelangen. Übersichten erscheinen auf unterschiedlichen Ebenen der Hierarchie, und sie umfassen immer die Struktur der nächst niedrigeren Ebene (Abbildung 3). Die Textseiten liefern die eigentliche Information, üblicherweise in der Form kleiner Essays über bestimmte Themen (Abbildung 4). Grafiken werden benutzt, wo immer sie sinnvoll erscheinen.

Eine der Haupteigenschaften dieses Stacks oder elektronischen Buches ist die Benutzung der Querverweise. Immer dann, wenn ein Begriff, der an anderer Stelle erklärt wird, in dem Stack auf der Textseite aufgeführt ist, wird dieser Begriff typographisch als Hottext markiert. Klickt man nun auf diesen markierten Begriff, so präsentiert der Computer direkt die Seite, die nähere Informationen zu diesem Begriff gibt.

Die Textseiten enthalten ebenfalls Vorschläge für weitere Lektüre. Das ist wichtig, da die meisten Essays über ein Thema relativ kurz sind und die Studentinnen angeregt werden sollen, weitere Nachforschungen fernab des elektronischen Buches anzustellen. Die Referenzen zu relevanten Veröffentlichungen werden im Standardformat, das in der sprachwissenschaftlichen Forschung benutzt wird, aufgeführt. Diese Referenzen sind fett markiert und besitzen vorausgehend ein amerikanisches Nummernzeichen (#). Sie dienen als eine zweite Art von Hottext. Klickt man auf eine solche Referenz, öffnet sich sofort der Stack „References“ und zeigt den relevanten Eintrag.

---

2 Siehe Ansel und Jucker 1992, Jucker 1994 sowie Ansel Suter 1995 für ausführlichere Beschreibungen. Ein ähnliches System ist inzwischen auch an der Universität Marburg entwickelt worden (Handke und Intemann 1998; http://staff-www.uni-marburg.de/~introlin).

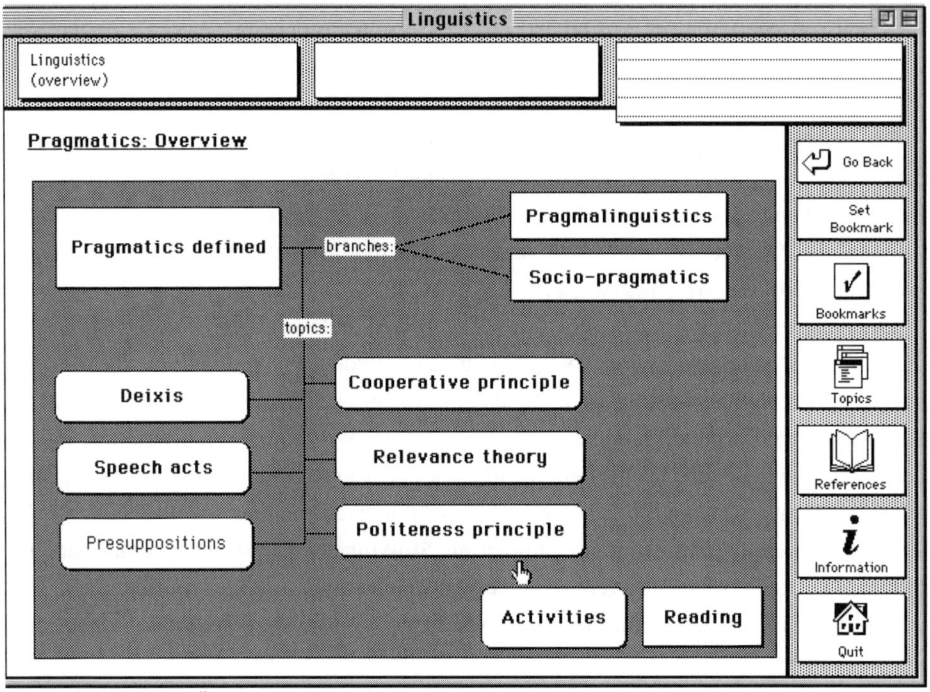

Abbildung 3: Eine Übersichtsseite von *HyperLinguistics*

HyperLinguistics verfügt als zusätzliches Element über die Darstellung von Klängen. In dem Kapitel über Soziolinguistik zum Beispiel finden die Benutzerinnen eine Auswahl von 25 britischen und internationalen englischen Akzenten und Dialekten, die alle kurz theoretisch beschrieben sind und zudem über ein Klangbeispiel verfügen. Sobald die Schaltfläche „Play" angeklickt wird, hört man eine kurze Tonbandaufnahme eines Sprechers oder einer Sprecherin dieser Region.

Die Struktur von *HyperLinguistics* wird von den BenutzerInnen hierarchisch erlebt, unabhängig davon, wie die einzelnen Knoten auf der Diskette tatsächlich abgespeichert sind. Im Gegensatz zu WordHelp sind die Übersichten hier graphisch und zweidimensional dargestellt. Die Kapitel sind nicht mehr wie in einem Buch linear, sondern vernetzt präsentiert. Es kommen Klänge und interaktive Übungen dazu.

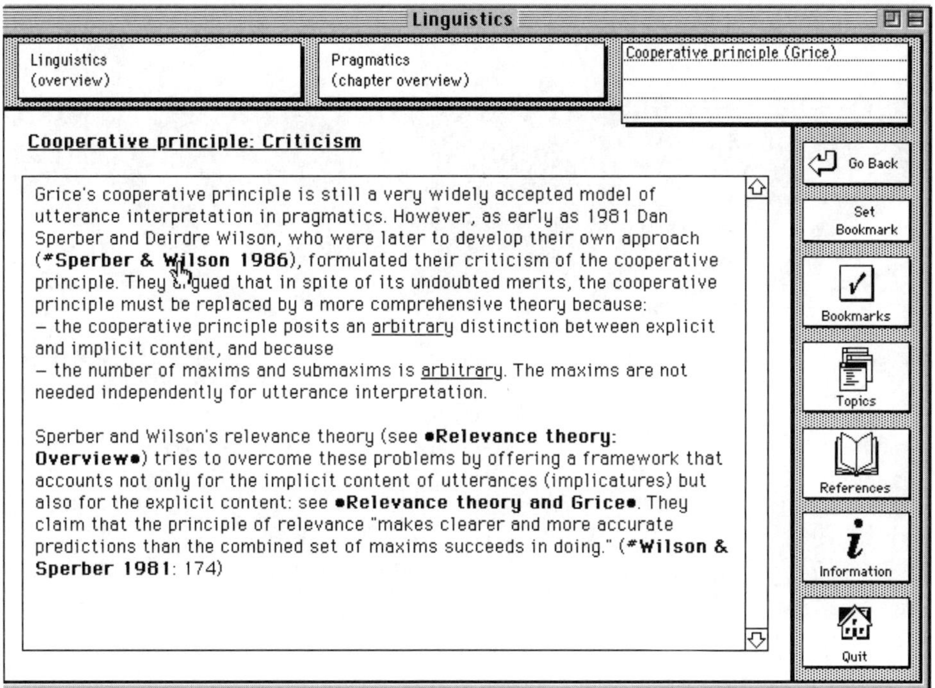

Abbildung 4: Eine Textseite von *HyperLinguistics*

4.3 Virtuelle Computermesse: *Xpand Xpo*™

Xpand Xpo™ ist eine virtuelle Computermesse auf CD-ROM, in der laut Eigenwerbung 10.000 Computerprodukte angeboten werden. Beim Starten des Programmes wird der Benutzer von einer freundlichen Frauenstimme begrüßt, und der Bildschirm zeigt die relativ abstrakte, aber immerhin farbige und dreidimensionale Eingangshalle in einem Messegelände. Navigationspfeile in einer Menüleiste unterhalb dieser Grafik erlauben es der Benutzerin, sich auf einen Informationsstand oder auf Türen, die in verschiedene Hallen des Messegeländes führen, zuzubewegen. Wie in einer richtigen Messe muss man sich hier und in den Hallen selber jeweils entscheiden, wohin man sich wenden will. In den Hallen trifft man rechts und links der Gänge Schilder mit den Namen der verschiedenen Anbieter (siehe Abbildung 5). Wenn man gezielt suchen möchte, kann man sich einen Hallenplan einblenden lassen und durch Anklicken direkt zu einem bestimmten Anbieter gelangen.

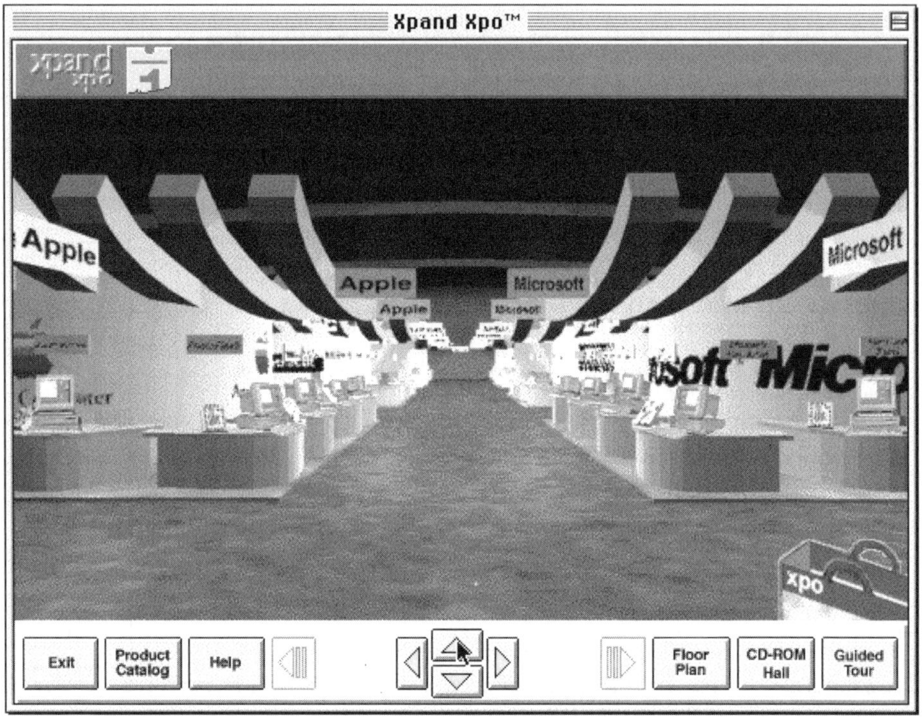

Abbildung 5: Die virtuelle Computermesse *Xpand Xpo*™

Wendet man sich einem einzelnen Anbieter zu, so sieht man einen oder mehrere Computerbildschirme und eine kleine symbolische Infotafel und je nach Anbieter auch eine kleine Demotafel. Klickt man auf den abgebildeten Computerbildschirm, so läuft ein Werbefilm von ca. 60 Sekunden Dauer ab und informiert die Benutzerin über die Vorzüge eines Produkts dieses Anbieters. Beim Anklicken der Infotafel blendet sich ein ein- bis mehrseitiger Text mit Produktinformationen ein. Hier handelt es sich allerdings um lineare Texte ohne direkte Verweise auf andere Texte der virtuellen Messe. Die Demotafeln kann die Benutzerin mit der Maus in das Symbol einer Tragetasche, die immer in der rechten, unteren Ecke des Bildschirmes eingeblendet ist, ziehen. Beim Verlassen der Messe wird die Benutzerin gefragt, ob sie die entsprechenden Demoversionen auf ihre Festplatte laden will.

Insgesamt handelt es sich also um eine große Sammlung von einzelnen multimedialen Objekten, die durch diese Messe miteinander verbunden sind, auch wenn keine direkten Verbindungen zwischen den einzelnen Produktbeschreibungen bestehen. Die Messemetapher soll der Besucherin helfen, sich in der elektronischen Welt zurechtzufinden. Wie in einer realen Messe soll sie dazu ermuntert werden, durch die Gänge zu spazieren und neue Produkte kennenzulernen. Im Unterschied zu realen Messen ist diese virtuelle Messe allerdings menschenleer, abgesehen von einer Empfangsdame in der Eingangshalle. Selbst die Cafeteria, die man in einer der Hallen besuchen kann, ist menschenleer.

4.4 Das globale Computernetz

In den vorhergenden Beispielen habe ich beschrieben, wie der lineare Langtext eines Handbuchs, eines Lehrbuchs oder eines Katalogs durch modulare und vernetzte Texte ersetzt wird. Diese Hypertexte sind als elektronische Dateien auf einer CD-ROM oder einer Computerfestplatte gespeichert. Das Internet als globales Netzwerk von Computern bietet hier neue Möglichkeiten. Insbesondere das WWW, der graphisch orientierte Dienst des Internets, bildet in gewisser Weise einen globalen Hypertext, in dem unzählige Hypertexte auf der ganzen Welt in vielfältiger Weise miteinander verbunden sind. Allerdings ist dieser Hypertext im Wesentlichen unstrukturiert.

Er ist deshalb auch zu komplex und zu vielfältig, um sich in seiner Gesamtheit kurz beschreiben zu lassen (z. Bsp. Döring 1995 oder Dry/Aristar 1998 bieten gute allgemeine Einführungen, Cölfen et al. 1997 eine, die sich auf die Linguistikangebote im Internet bezieht). Grundsätzlich kann man zwischen Informationsseiten und Suchmaschinen unterscheiden. Suchmaschinen erlauben die Eingabe von Suchbegriffen, nach denen dann weltweit gesucht wird. Die Benutzerin bekommt eine oft unüberschaubar lange Liste von Informationsseiten im WWW, die den Suchbegriff enthalten.

Auf den Informationsseiten präsentieren sich Privatpersonen, akademische Institutionen, Interessengruppen, Medien, Firmen u.s.w. Hier haben sich innovative Text- und Kommunikationsformen entwickelt, die keine Entsprechungen im vorelektronischen Zeitalter haben. Einige Beispiele mögen dies verdeutlichen.

Die Deutsche Bahn AG stellt ein umfangreiches Informationsangebot zur Verfügung (http://www.bahn.de[3]). Anders als bei gedruckten Informationen kann die Benutzerin hier konkrete Anfragen eingeben. Auf einem übersichtlichen Formular kann sie die gewünschte Strecke und Reisezeit eingeben (Abbildung 6) und erhält in kürzester Zeit eine Übersicht über die besten Verbindungen.

---

[3] Angebote im Internet können sich schnell ändern. Alle in diesem Artikel zitierten Internetadressen waren am 29. Juni 1998 noch aktiv und abrufbar.

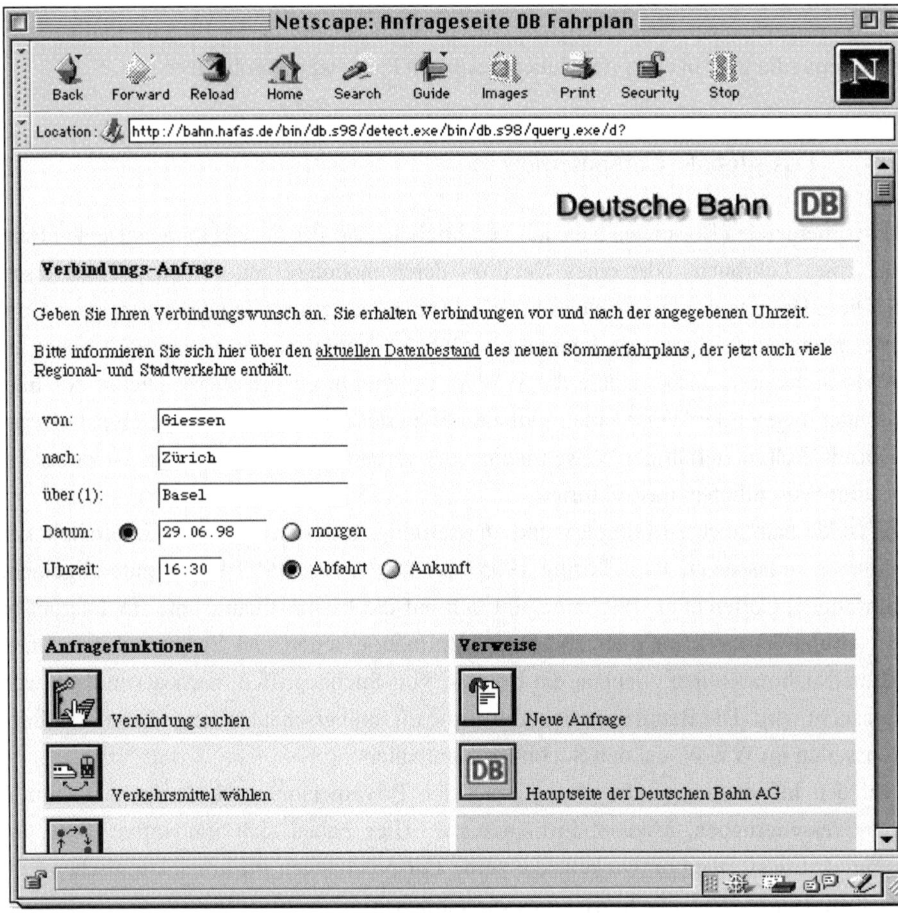

Abbildung 6: Anfrageseite der Deutschen Bahn AG auf dem WWW

Elektronisches Einkaufen wird immer alltäglicher. Die Versandhauskataloge werden durch elektronische Hypertexte im WWW ersetzt, da man in diesem Medium nicht nur Waren auswählen, sondern auch gleich bestellen kann. Die traditionallen Versandhäuser sind dabei vertreten (zum Beispiel http://www. otto.de, http://www.quelle.de), aber auch spezielle Anbieter für fast alle Produkte und Dienstleistungen (für Musik-CDs zum Beispiel http:// www.cdnow.com, für Fahrräder http://www.bike-shop.de, für Krawatten http://www.krawatte.de, für Blumen http://www.fleurop.com, für Bücher http://www.amazon.com, oder sogar für Bier http://www.zeltbraeu.de).

Daneben gibt es auch virtuelle Einkaufszentren, in denen einzelne Anbieter leicht auffindbar zusammengeschlossen sind (zum Beispiel http://www.my-world.de, in dem von „Karstadt-Sport" und „Neckermann-Reisen" über „Shirteria" und „Dual" bis zum

„KaDeWe" insgesamt 25 Anbieter zusammengeschlossen sind. Wie in einem richtigen Einkaufszentrum, das sich bemüht, neben dem Einkaufserlebnis auch einen Freizeitwert zu vermitteln, findet die Besucherin von „my-world" Freizeitangebote, die mit dem Einkaufen selber nichts zu tun haben, so zum Beispiel den Chatkanal *Cyberb@r*. Hier können Benutzerinnen anonym miteinander plaudern, indem jede ihre Gesprächsbeiträge auf ihrem Computer eingibt und sie entweder für alle anderen zur Zeit angemeldeten Teilnehmer oder an einen bestimmten Teilnehmer richtet (Abbildung 7). Der dabei entstehende Text ist eine sprachwissenschaftlich höchst interessante Mischform mit Elementen von gesprochener und geschriebener Sprache (siehe dazu Werry 1996 und Yates 1996).

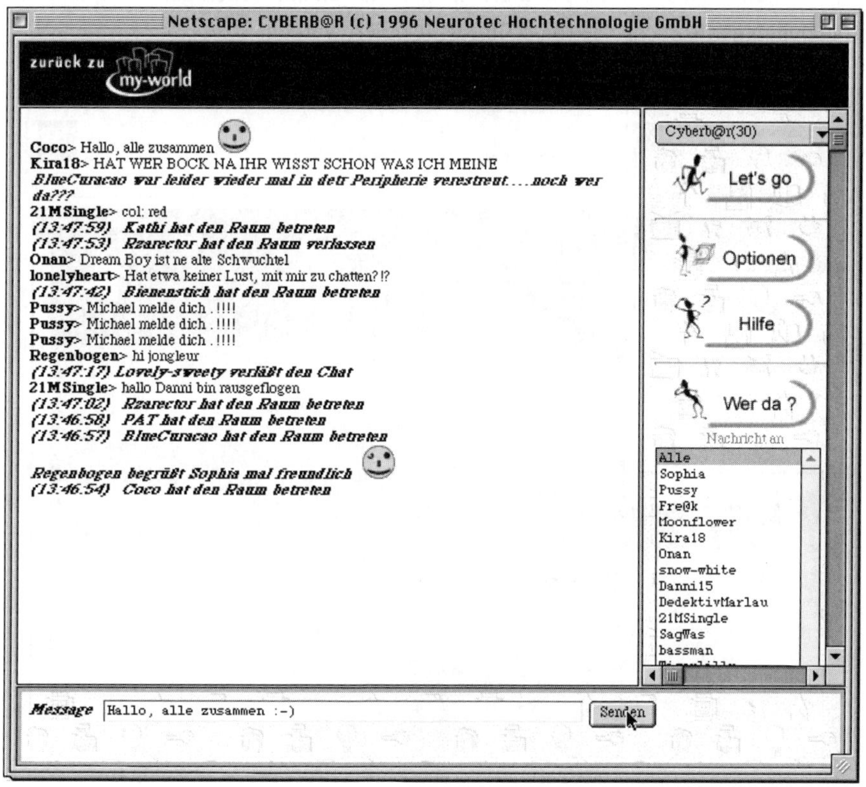

Abbildung 7: Der Chatkanal *Cyberb@r*

Zeitungen und Zeitschriften sind ebenso im Netz anzutreffen, sowohl auf nationaler Ebene (zum Beispiel http://www.zeit.de, http:// www.spiegel.de, http://www.faz.de, http:// www.tages-anzeiger.ch oder auch http://www.bild.de) wie auf lokaler Ebene (http://www. anzeiger.net).

Eine relativ neue Entwicklung sind zudem Radio und TV-Stationen, die auf dem WWW kürzlich ausgestrahlte Sendungen zur Verfügung stellen (zum Beispiel http://www.tagesschau.de oder http://www.drs.ch). Für die Massenmedien zeichnet sich hier eine Entwicklung ab, deren kommunikationstheoretische Bedeutung noch kaum zur Kenntnis genommen worden ist. Im Gegensatz zu den Zeitungen werden die elektronischen Medien in der Regel synchron mit der Ausstrahlung und linear rezipiert, das heißt die Zuschauerin betrachtet die Tagesschau zum Zeitpunkt der Ausstrahlung und notwendigerweise in der von der Tagesschauredaktion vorgegebenen Reihenfolge, während die Texte einer Zeitung erst am Tag nach der Produktion oder noch später und in beliebiger Reihenfolge gelesen werden (Abbildung 8). Das Web macht es nun möglich, elektronische Medien wie Zeitungen zu nutzen, das heißt, Nachrichtensendungen können zu einem beliebigen Zeitpunkt (asynchron) in beliebiger Reihenfolge (nicht-linear) rezipiert werden.

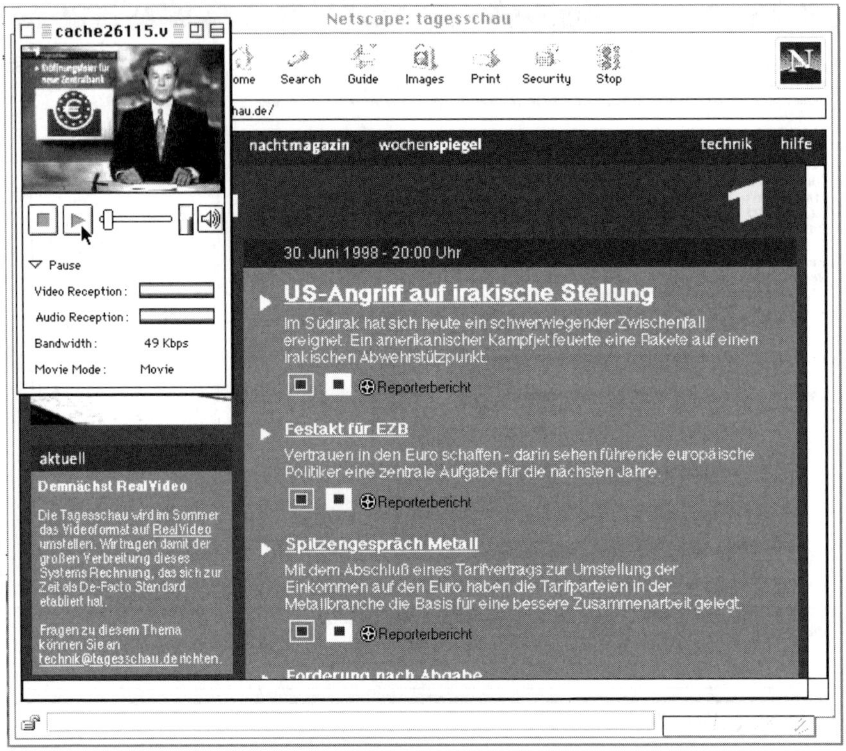

Abbildung 8: Die Tagesschau vom 30. Juni 1998 im Internet

5. Kommunikationstheoretische Merkmale

Im Folgenden sollen stichwortartig die wesentlichen kommunikationstheoretischen Merkmale von Multimedia und Hypertext erläutert werden, und zwar unter den Überschriften Interaktivität, Vernetzung, Kohärenz und Globalisierung.

5.1 Interaktivität

Ein linearer Langtext und ein modularer Hypertext unterscheiden sich, wie wir gesehen haben, darin, dass der Langtext im Wesentlichen passiv rezipiert wird. Die Leserin folgt der von dem Autor vorgegebenen Struktur. Wenn sie davon abweicht, weil sie zuwenig Zeit hat, um den ganzen Text zu lesen, oder weil sie nur der Schluss interessiert, so wird das, nicht zuletzt auch von ihr selber, als Abweichung verstanden. Im Gegensatz dazu hat der Hypertext nicht eine vorgegebene Linearität, sondern, wie oben dargestellt, eine multilineare Struktur (Fritz 1999), bei der die Leserin aktiv entscheiden muss, wohin sie sich als nächstes wendet. Man kann also sagen, dass der von der Leserin linear rezipierte Text erst durch seine Interaktion mit dem vom Autor kreierten multilinearen Hypertext entsteht. Damit verwischen die traditionellen Grenzen zwischen dem Autor und der Rezipientin in zunehmendem Maße (siehe Landow 1992, Kapitel 3).

In vielen Fällen geht die Interaktivität zudem über dieses konstruierende Rezipieren hinaus. Die Benutzerin hat die Möglichkeit, nicht nur zu rezipieren, sondern auch selber Daten einzugeben. In den einfacheren Fällen können das Suchbegriffe sein, die die Benutzerin eingibt. Sie tippt zum Beispiel Reiseziele und Reisezeiten in die elektronische Fahrplanauskunft der Bahn. Im oben vorgestellten elektronischen Lehrbuch zur englischen Sprachwissenschaft kann die Benutzerin in manchen Fällen ihre Antworten auf die Übungsaufgaben auf deren Richtigkeit hin überprüfen lassen. Die online Hilfe von Word geht bereits einen Schritt weiter, indem sie die Eingabe von Annotationen erlaubt. Man kann zwar den bestehenden Text nicht verändern, aber durch die Eingabe von Annotationen, die wohl den handgeschriebenen Randbemerkungen in einem gedruckten Buch entsprechen würden, erweitern.

Ein elektronisches Diskussionsforum im WWW geht hier deutlich weiter, indem der Unterschied zwischen Autor und Leserin gänzlich aufgehoben wird. Jeder und jede kann nach Belieben den Text lesen oder durch die Eingabe eigener Textteile den bestehenden Text weiterschreiben.

5.2 Vernetzung

Ein Hypertext besteht nicht aus Verbindungen von jedem Knoten zu jedem anderen Knoten. Entscheidend für die Qualität eines Hypertextes ist die Auswahl der Knoten. Das Schreiben eines Hypertextes wie zum Beispiel *Word Help* oder *HyperLinguistics* erfordert denn auch eine sehr genaue Prüfung der zur Verfügung gestellten Links. Bei *HyperLinguistics* handelt es sich mit 736 Knoten um einen nicht besonders großen Hypertext. Trotzdem wäre es undenkbar, jeden Knoten durch einen Link direkt mit jedem anderen Knoten zu verbinden, da jeder Knoten 735 Links enthalten müsste.

Für dieses Problem gibt es grundsätzlich zwei Lösungen. Einerseits ist die sichtbare Oberfläche eines Hypertextes oft aufgeteilt in die Information des Einzelknotens und global zugänglicher Information oder Navigationshilfen, zum Beispiel als Menüleiste oder Frame. Über die Menüleiste oder den Frame können alle wichtigen Übersichten, Indexe oder Suchfunktionen direkt angesteuert werden, so dass an jeder beliebigen Stelle des Hypertextes zum Beispiel über den Index jede andere Stelle des Hypertextes zugänglich ist. Diese Steuerungselemente möchte ich als die globalen Navigationsmittel eines Hypertextes bezeichnen. Die Teiltexte selber dagegen können nur eine kleine Anzahl weiterführender Links enthalten. Hier muss der Autor deshalb die Bedürfnisse der Benutzerin antizipieren und eine Reihe von vernünftig erscheinenden lokalen Links zur Verfügung stellen.

Je größer ein Hypertext ist und je mehr Links die einzelnen Knoten verbinden, desto schwieriger ist es für den Autor des Hypertexts, die möglichen Pfade vorherzusehen, auf denen eine Benutzerin zu einem bestimmten Knoten gelangen könnte, was wiederum direkte Auswirkungen auf die Probleme der Kohärenz zwischen den Teiltexten hat.

> In a hypertext, at any text section there are usually a variety of other sections to which a reader can jump. However, it may not be possible for a writer to anticipate all the possible places to which a reader may jump and therefore, it may also not be possible to maintain good macrocoherence for all possible links. (Foltz 1996, 116)

Damit ergibt sich das Bild von neuen Kommunikationsformen, die sich von den alten vor allem in ihren Dimensionen unterscheiden. Während früher einzelne Texte linear aufgebaut waren, werden Langtexte seltener und modulare Schnipseltexte häufiger. Es lässt sich bereits eine Entwicklung vorausahnen, in der alle Texte nur noch Teile eines gigantischen globalen Hypertextes sind.

Durch die beliebige Wiederverwendbarkeit aller einmal geschriebenen Texte erhöht sich auch die Produktionsgeschwindigkeit, wenn auch nicht unbedingt das Innovationspotential. Die Rezeption der Texte passt sich diesen neuen Geschwindigkeiten nicht an. Als Folge davon ist eine Abwendung vom Langtext und eine Bevorzugung von Schnipseltexten zu beobachten.

Damit wird das Konzept eines Textes immer schwerer fassbar, es löst sich auf in Textelemente, die in vielfacher Weise miteinander vernetzt sind. Die traditionelle Vorstellung, dass ein Text von einem einzelnen Autor geschrieben wird, verliert damit zunehmend an Gültigkeit. Die Mehrfachherausgeberschaft wird zur Regel. Viele Hypertexte sind in der Tat so komplex und umfangreich, dass jeder Mitautor nur einen Teilbereich des Textkonglomerats überhaupt überschauen kann.

5.3 Kohärenz

Die Kohärenz bezeichnet den textbildenden Sinnzusammenhang, der die einzelnen Textelemente über die Satzgrenze hinaus zusammenhält (siehe Fritz 1982). Dieser Zusammenhang kann durch formale morphologische und syntaktische Mittel, die sogenannte Kohäsion, gebildet werden, er kann aber auch durch semantische Strukturen und thematische Progressionen entstehen. In einem linearen Text, wenn er denn verständlich geschrieben ist, interagieren Kohäsion und thematische Progression dergestalt, dass die Leserin dem Text folgen kann und den Sinnzusammenhang versteht, indem sie die Sätze des Textes in der vorgegebenen Reihenfolge liest. In einem Hypertext dagegen ergibt sich die Schwierigkeit, dass der Autor, wie bereits erwähnt, den Rezeptionspfad der Leserin nur teilweise vorhersehen kann. Ein einzelnes Textelement kann sich deshalb nicht auf den vorhergehenden Text beziehen. Kohäsion zwischen einzelnen Textelementen kann es also nur in der Form von rekurrierenden Ausdrücken geben.

In der online Hilfe von Word, zum Beispiel, führt der Link „Starting a new line within a new paragraph" zu einem Textelement mit genau diesem Titel, das zudem die Ausdrücke „start a new line" und „paragraph" in dem sehr kurzen Text mehrmals wiederholt. Anaphorik und Kataphorik dagegen kommt nicht vor (siehe auch Weingarten 1997, 226). Man könnte vermuten, dass erläuternde Textkästchen, die nur von einem Ort her angesteuert werden können (so wie Fußnoten in einem linearen Text, siehe oben, Abbildung 2), durchaus anaphorische Verweise auf das Herkunftstextelement enthalten könnte. Wenn der Ausdruck „line break" mit einem Textkästchen erläutert wird, so könnte da beispielweise stehen: „This is a place in the text where you want to end one new line and start another without starting a new paragraph." Das erste Wort *this* würde anaphorisch auf den Ausdruck *line break* im Herkunftstextelement verweisen, auf den die Benutzerin geklickt hat, um zu dieser Erläuterung zu gelangen. Solche anaphorischen Elemente kommen aber tatsächlich in den von mir untersuchten Hypertexten nicht vor. Hypertexte verlangen offenbar eine Kohärenz, die auf Rekurrenz und thematischer Progression beruhen und auf kohäsive Elemente wie Anaphorik ganz verzichten.

Die thematische Progression ergibt sich durch die Struktur eines Hypertexts. Ein Link verspricht immer eine thematische Anbindung. Mithilfe der lokalen Navigation können nur thematisch verwandte Seiten angewählt werden. Damit ergibt sich eine neue Art von Textkohärenz (Fritz 1999). Die Kohärenz wird vom Rezipienten geschaffen und zwar auf der Grundlage der Links. Das Vorhandensein eines Links, genau wie der implizite Link von einem Textelement zum nächsten im gedruckten, linearen Text, lädt den Rezipienten ein, einen Zusammenhang zwischen den beiden Textelementen zu suchen.

Die Kohärenz kann also als das Resultat der Suche nach Relevanz in jeder Äußerung gesehen werden. Dieser Ansatz fokussiert auf die Adressatin; sie geht davon aus, dass jede Äußerung im Kontext der vorhergehenden Äußerungen und im momentanen außersprachlichen Kontext Sinn macht. Wenn es gelingt, eine Äußerung im gegebenen Kontext als sinnvoll zu interpretieren, wird sie als kohärent angesehen. Wenn sie in diesem Kontext keinen Sinn macht, ist sie nicht kohärent. Somit kann ein Text für eine Leserin kohärent sein, während er für eine andere Leserin nicht kohärent ist. In einem Hypertext kreiert sich nun die Benutzerin mit Hilfe der vorgegebenen Knoten und Verbindungen einen eigenen Text, der dann kohärent ist, wenn die Knoten in sich kohärent sind und die Verbindungen so angelegt sind, dass jeder Ausgangsknoten für alle davon erreichbaren Zielknoten einen sinnvollen Kontext abgibt.

5.4 Globalisierung

Die Links, die im linearen Text als Textverweise, bibliographische Hinweise und Fußnotenverweise auftreten, erlangen im elektronischen Hypertext eine neue Dimension, da sie schneller und zahlreicher sein können. Ein Hinweis in einem Buch auf ein anderes Buch ist zwar nützlich, aber oft umständlich, da das Buch erst besorgt werden muss. Die Information ist untrennbar mit ihrem Träger, dem bedruckten und zwischen Buchdeckeln gebundenen Papier verbunden. Das Buch muss von seinem Standort zum Benutzer gebracht werden.

Die internationale Vernetzung von Information über alle Sprachgrenzen hinweg sowie die Verwendung neuer Kommunikationswege (Email) tragen zu einer Globalisierung von Kommunikation bei. Der Sprung von einem Gesamttext zu einem anderen ist ebenso einfach wie das Springen von einem Textteil zum anderen. Liegt der zu lesende Text auf einem Computer, der in ein Computernetzwerk eingebunden ist, kann man direkt und fast ohne zeitliche Verzögerung zu Texten springen, die in anderen Städten, anderen Ländern oder auch anderen Kontinenten liegen.

Damit erreicht die Schwierigkeit bei der Begriffsbestimmung, was ein Text ist, eine neue Dimension, weil die Konglomerate von Einzeltexten rechnerübergreifend sein können, mit Ausmaßen, die für den einzelnen nicht mehr überschaubar sind. Das World Wide Web wird somit zu einem globalen Hypertext, der im Wesentlichen unstrukturiert, aber vernetzt aufgebaut ist. Die Texte auf den einzelnen Rechnern sind nicht mehr selbständige Texte, sondern Teiltexte eines unüberschaubaren und sich ständig weiter entwickelnden Globaltextes.

6. Abschließende Bemerkungen

Wir haben gesehen, dass Multimedialität an sich, also die Informationsvermittlung über mehrere Kanäle, nichts Neues ist. Die Multimedialität im engeren Sinn andererseits, also die elektronische Speicherung und Übertragung von mehrkanaliger Information, hat tatsächlich neue kommunikative Möglichkeiten eröffnet.

Der Textbegriff löst sich auf, da sich immer mehr Teiltexte zu vernetzten Hypertexten zusammen schließen, beziehungsweise sich in noch kleinere Textelemente auflösen. Auch die Trennung von Autor und Rezipientin muss neu überdacht werden. Die Mehrfachherausgeberschaft von Textkonglomeraten wird immer häufiger, und in vielen Fällen entstehen Texte erst durch die Interaktion mit den Rezipientinnen.

Zudem spielen die Faktoren Raum und Zeit für die Reproduzierbarkeit von Texten kaum mehr eine Rolle. Die Texte sind in einem globalen Hypertext vernetzt. Jeder im Internet gespeicherte Text kann nicht nur überall auf der Welt rezipiert, sondern auch reproduziert, d.h. gespeichert, verändert, ausgedruckt werden.

Literatur

Ansel, B./Jucker, A. H. (1992): Learning linguistics with computers: Hypertext as a key to linguistic networks. Literary & Linguistic Computing 7.2, 124-131.

Ansel, B. et al. (1993): HyperLinguistics. An Educational Hypertext for English Linguistics (Macintosh CD-ROM), Zürich.

Ansel Suter, B. (1995): HyperLinguistics. Hypertext-Lernumgebung im akademischen Kontext: Eine Fallstudie. Diss. Zürich.

Bucher, H.-J. (1996): Textdesign – Zaubermittel der Verständlichkeit. Die Tageszeitung auf dem Weg zum interaktiven Medium. In: Hess-Lüttich, E. W. B./Holly, W./Püschel, U. (Hrsg.). Textstrukturen im Medienwandel, Frankfurt am Main.

Cölfen, E./Cölfen, H./Schmitz, U. (1997): Linguistik im Internet. Das Buch zum Netz – mit CD-ROM, Opladen.

Döring, N. (1995): Multimedia in globalen Datennetzen. In: Klimsa, P. Multimedia. Anwendungen, Tools und Techniken, Reinbek, 281-350.

Dry, H. Aristar/Rodrigues Aristar, A. (1998): The internet: An introduction. In: Lawler, J. M./Dry, H. Aristar (eds.). Using Computers in Linguistics. A Practical Guide, London, 26-61.

Foltz, P. W. (1996): Comprehension, coherence, and strategies in hypertext and linear text. In: Rouet, J.-F./Levonen, J. J./Dillon, A./Spiro, R. J. (eds.). Hypertext and Cognition. Mahwah, New Jersey, 109-136.

Fritz, G. (1982): Kohärenz: Grundfragen der linguistischen Kommunikationsanalyse, Tübingen.

Fritz, G. (1999): Coherence in hypertext. In: Bublitz, W./Lenk, U./Ventola, E. (eds.). Coherence in Spoken and Written Discourse. How to Create it and How to Describe it, Amsterdam, 221-232.

Handke, J./Intemann, F. (1998): The Interactive Introduction to Linguistics (Windows CD-ROM), Ismaning.

Jucker, A. H. (1994): Sprachwissenschaft und die Alpen. Neue Computeranwendungen in der englischen Linguistik. Spiegel der Forschung 11.2, 25-28.

Landow, G. P. (1992): Hypertext. The Convergence of Contemporary Critical Theory and Technology, Baltimore.

Rouet, J.-F./Levonen, J. J. (1996): Studying and learning with hypertext: Empirical studies and their implications. In: Rouet, J.-F./Levonen, J. J./Dillon, A./Spiro, R. J. (eds.). Hypertext and Cognition. Mahwah, New Jersey, 9-23.

Weingarten, R. (1997): Textstrukturen in neuen Medien: Clusterung und Aggregation. In: Weingarten, R. (Hrsg.). Sprachwandel durch Computer, Opladen, 215-237.

Werry, C. C. (1996): Linguistic and interactional features of Internet Relay Chat. In: Herring, S. C. (ed.). Computer-Mediated Communication. Linguistic, Social and Cross-Cultural Perspectives, Amsterdam, 47-63.

Yates, S. J. (1996): Oral and written linguistic aspects of computer conferencing: A corpus based study. In: Herring, S.C. (ed.). Computer-Mediated Communication. Linguistic, Social and Cross-Cultural Perspectives, Amsterdam, 29-46.

Franz Lebsanft

Internet und Hispanophonie

Kommunikationsmedium, Kommunikationsform und Sprachwahl[1]

1. Kommunikationsmedien und Kommunikationsformen

Auf dem Prospekt, mit dem für die Gießener, diesem Band zugrundeliegende Vortragsreihe geworben wurde, sieht man eine Collage abgebildet, welche die Entwicklung vom – so hieß es im Untertitel der Reihe – „mittelalterlichen Heldenepos zum elektronischen Hypertext" in einem extremen Zeitraffer visualisiert. Die Collage kombiniert eine Seite eines mittelalterlichen Codex mit einer an deren oberem Rand angefügten Symbolleiste des Netscape-Navigators. Wer täglich mehrere Stunden vor dem Bildschirm sitzt und mit dem Netscape-Browser durch das Internet surft, der muß freilich gleich zweimal auf die Collage sehen, um sie als solche überhaupt wahrzunehmen; denn tatsächlich ist es ja inzwischen möglich, im Internet auch Handschriften anzusehen. So zeigt, um nur ein Beispiel zu nennen, die Pariser Bibliothèque Nationale de France auf einer ihrer Internet-Seiten im Rahmen einer virtuellen, thematisch gegliederten Ausstellung „Le roi Charles V et son temps (1338-1380)" sehr schöne Illuminationen französischer Handschriften des 15. Jahrhunderts (s. Abbildung 1).

[1] Für anregende Diskussionen, die der im Vortragsstil belassenen Druckfassung zugute gekommen sind, danke ich in Gießen Gerd Fritz, Thomas Gloning und Andreas H. Jucker, in Bochum meinen Mitarbeitern an dem von der DFG geförderten Projekt „Dokumentation und Analyse spanischer Sprachkultur im Internet", María-Ester Calvillo, Miriam Holle, Christian Röhl.

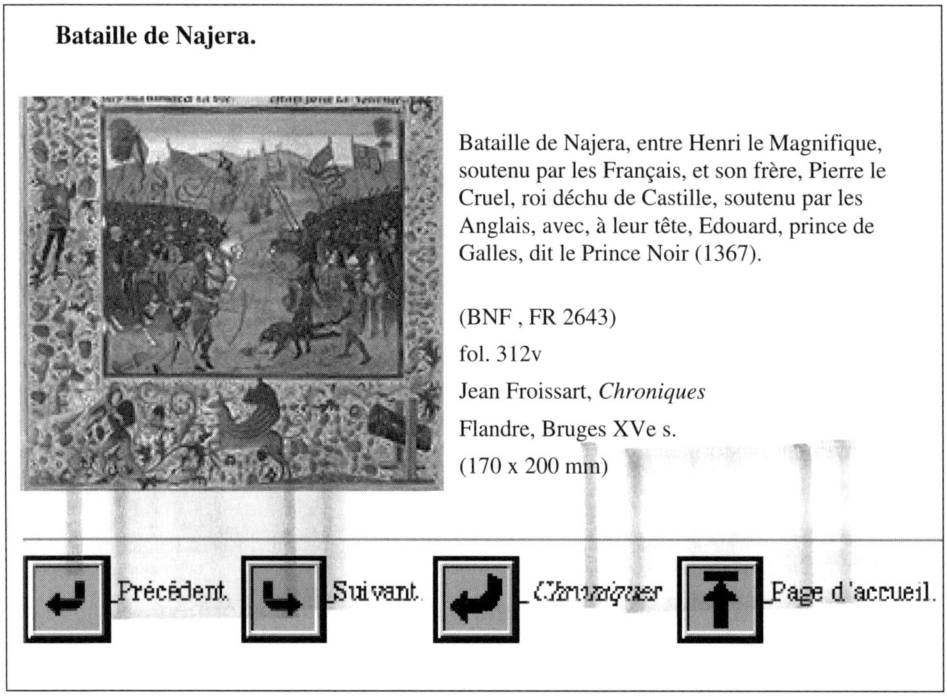

Abbildung 1: Bataille de Nájera [11][2]

Allerdings läßt sich in Zweifel ziehen, ob das Heldenepos und der Hypertext tatsächlich Kommunikationsformen gleichen Ranges sind. Das Nibelungenlied, an das der Germanist beim Heldenepos wohl zuerst denkt, gehört zu einer literarischen Gattung, deren „Performance" in der Tat so etwas wie eine Kommunikationsform konstituiert. Wir können uns mit ein wenig Phantasie vorstellen, wie eine solche Performance vonstatten ging, wie der Text, von Mimik und Gestik unterstützt, gesungen und auch vorgelesen wurde in einem geselligen Kreis. Darüber hinaus ist das Nibelungenlied natürlich eine erstrangige Quelle für die Kenntnis der Kommunikationsformen, die in dem Text dargestellt werden, eine Quelle, auf die ja in der historischen Dialoganalyse auch ausgiebig zurückgegriffen wird (vgl. Fritz 1994). Wie steht es aber mit dem „Hypertext"? Ein Hypertext, definiert Gary Scott Malkin [1] von der Network Working Group in seinem „Internet Users' Glossary", ist eine in HTML geschriebene Datei, die Hyperlinks zu anderen Dateien enthält, die ebenfalls Hypertexte sein können (aber nicht sein müssen). Der Hyperlink wiederum ist ein Verweis innerhalb einer Hypertextdatei, der zu einer anderen Datei führt. Aus dieser Defi-

[2] Aus Gründen der Praktikabilität zitiere ich, entsprechend dem Vorbild von Dufour ([5]1997), Internet-Fundstellen nach den Nummern des Verzeichnisses 7.1.

nition folgt, daß der Hypertext eher ein Kommunikations*medium* darstellt, die Realisierung von Sprechen in einer besonderen Form von Schriftlichkeit, deren Merkmale bestimmte Kommunikations*formen*, d.h. Typen sprachlicher Interaktion, ermöglicht und vielleicht auch erst hervorbringt. Um das plausibel zu machen, muß ich allerdings den in der Collage extrem verkürzten Weg von der Handschrift zum Hypertext wieder verlängern. Erst dieser verlängerte Weg wird es ermöglichen, den Zusammenhang zwischen Kommunikationsmedien und einzelnen Sprachen, hier genauer: dem Spanischen, zu erörtern und zuletzt einen Ausblick auf Kommunikationsformen zu geben, die sich aus dem Medium ableiten, auf Formen, die allerdings nicht mehr typisch für Einzelsprachen sind. Ich beschäftige mich also in aufeinander aufbauenden Schritten erstens mit den Medien der Schrifterzeugung – d.h. Codex, Buch und Hypertext – (Abschnitt 2), zweitens mit dem Verhältnis von Schriftmedium und Einzelsprachen (Abschnitt 3), drittens mit der Organisation und Gestaltung des Internets im Hinblick auf die Hispanophonie (Abschnitt 4), viertens mit dem Multilingualismus im Internet (Abschnitt 5) und schließlich fünftens mit den möglichen Kommunikationsformen im Internet (Abschnitt 6).

2. Das Medium der Schrifterzeugung

Unter dem Gesichtspunkt der Entwicklung des Mediums, in dem sich schriftliche Sprache realisiert, ist die eingangs erwähnte Collage in der Tat sehr lehrreich. Die Seite des mittelalterlichen Textes, die in dem erwähnten Prospekt abgebildet ist, stellt den Anfang des Nibelungenlieds in der Münchener Handschrift Cgm 31, also das berühmte Manuskript D aus der ersten Hälfte des 14. Jahrhunderts dar (vgl. Beschreibung der Hs. bei Batts 1971, 802). Die inhaltliche Bestimmung des Textes soll uns aber weniger interessieren als das Medium, das uns den Text vermittelt. Wir haben es mit der Rückseite eines Blattes zu tun, das, mit anderen Blättern zu Lagen vereinigt, die ihrerseits zwischen zwei Deckel gebunden sind, einen Codex bildet. Die Seite ist wohl mit einer Bleimine so liniert, daß sich innerhalb des Textspiegels ein zweispaltiges Gitterwerk bildet, in den der Text eingeschrieben wurde. Oberhalb der rechten Spalte und außerhalb des Textspiegels findet sich eine Rubrik mit dem Titel des Werks, „Daz ist daz buoch Chriemhilden". Eine achtzeilige Initiale eröffnet den Text, abwechselnd rote bzw. grüne und blaue zweizeilige Initialen markieren den jeweiligen Strophenbeginn. Meine Pointe – wenn sie denn eine ist – besteht nun darin, daß man als Mediävist die Seite überhaupt nicht sehen muß, um sich vorzustellen, daß sie trotz aller möglichen Variationen der *mise en page* (Martin 1990, Frank 1994) „ungefähr so" aussieht, mit dieser Art von Seiteneinrichtung und Schriftauszeichnung. Das liegt einfach daran, daß die mittelalterliche Schreibpraxis auf Techniken beruht, wie sie das „lateinische Mittelalter“ (Curtius) vergleichsweise unabhängig vom einzelnen Textexemplar raum- und sprachübergreifend ausbildete. Überall in Europa wurden Codices in den zunächst vorwiegend klösterlichen Skriptorien in einem ziemlich gleichförmigen, stark arbeitsteiligen Prozeß hergestellt, an dem zahlreiche, spezialisierte Handwerker beteiligt waren, von den Herstellern von Schreibstoff, Schreibinstrument und Tinte über den Schreiber, Rubrikator und Buchmaler bis hin zum Buchbinder (Bischoff 1979, 19-66; instruktive und auch schöne mittelalterliche Illustrationen nach der berühmten Handschrift Msc. Patr. 5 der StB Bamberg in Trost 1991). Wer also paläographische und kodikologische Kenntnisse hat, weiß *grosso modo*, in welcher Weise Texte einzelner Sprachen den Codices eingeschrieben wurden, ganz gleich, um welche Sprache es sich dabei handelt.

Es ist nun diese komplexe Technik des Codex, die seit dessen Erscheinen in der Spätantike immer wieder den sich verändernden Bedürfnissen der Leser angepaßt worden ist. Dabei geht es, ganz allgemein gesprochen, um zweierlei, einerseits um die Optimierung aller denkbaren Spielarten des Leseakts, z.B. der Möglichkeiten, ein Buch nicht nur eindimensional, d.h. linear von Anfang bis Ende, zu lesen, sondern nach den verschiedensten Gesichtspunkten gezielt zweidimensional zu konsultieren (vgl. zu den grundlegenden Problemen Raible 1994, 9f.), andererseits um die Optimierung der Buchversorgung eines immer größer werdenden Lesepublikums (Febvre/Martin ^{2}1971). Die nächste wichtige Etappe stellt selbstverständlich der Übergang von der *manuscript* zur *print culture* dar, also die Erfindung des Buchdrucks um die Mitte des 15. Jahrhunderts. Auch hier ist es für meine Fragestellung eigentlich unerheblich, daß der Buchdruck gerade im oberen Rheintal, in Straßburg oder in Mainz erfunden wurde. Wichtiger ist, daß die neue Technik innerhalb weniger Jahrzehnte in ganz Europa verbreitet und mehr oder weniger auf dieselbe Weise angewendet wurde, in Deutschland, Italien, Frankreich und auch auf der iberischen Halbinsel, wo der erste Druck im Jahre 1472, aus der Segovianer Presse des Heidelbergers Johannes Parix, nachgewiesen ist (Odriozola 1982, 116-120; Fradejas Rueda 1991, 81; Escolar 1994, 51, mit Abbildung). Während der Druck die Buchform der *manuscript culture* weitgehend beibehält, freilich perfektioniert durch neue – in Spanien seit dem 16. Jahrhundert teilweise durch die Zensur (Blecua ^{2}1990, 174-176; Moll 1979; Escolar 1994, 133-137) erzwungene – Elemente wie Titelblatt, Inhaltsverzeichnis und Register, revolutioniert er jedoch den Schreibvorgang. Das Entscheidende ist, daß der Druck mit „beweglichen“, d.h. austauschbaren Lettern die Unmittelbarkeit der individuellen und manuellen durch die Mittelbarkeit der typisierten und mechanischen Schrifterzeugung ersetzt. Ausdruck dieser Mittelbarkeit ist die Druckform, insofern der Drucker die Schrift nicht mehr wie der Schreiber mit der von der Hand geführten Feder direkt auf den Schreibstoff aufträgt, sondern die Druckelemente, im frühesten Stadium die spiegelverkehrten Bleitypen, eben auf der Druckplatte zusammensetzt, von der aus die Presse den Text auf den Druckstoff aufbringt.

Auch dieses Verfahren enthält noch, besonders bei der Erstellung der Druckform, manuelle Elemente, die in der Entwicklung des Drucks seit dem 19. Jahrhundert immer stärker mechanisiert werden (vgl. für Spanien Botrel 1993, 183-262). Das Ergebnis im 20. Jahrhundert ist der computergesteuerte Lichtsatz, ohne dessen Grundprinzip auch die Schrifterzeugung am PC nicht denkbar ist. Dieses Grundprinzip besteht, wie wir alle wissen, darin, daß wir über eine Tastatur als Eingabeinstrument Schriftzeichen digital und elektronisch kodieren, die anschließend auf dem Bildschirm und dann als Druckform bzw. Druck ausgegeben werden. Es war nur ein weiterer Schritt, Texterzeugung und Satzherstellung zu verbinden, um den heute weithin herrschenden und uns Universitätsleuten bestens bekannten Zustand zu erreichen, daß die Autoren und ihre Helfer Textschöpfung und Texterfassung für den Druck miteinander verbinden (Böhme-Dürr 1997, 376-379).

In bezug auf die Schrifterzeugung stellt die Digitalisierung einen gravierenden Einschnitt dar. Der mittelalterliche Schreiber überträgt seine Schriftvorstellung von Hand direkt auf das Pergament; der Drucker wählt aus dem vorgefertigten Druckzeichensatz die gewünschte, seitenverkehrte Type aus, die auf dem Papier richtig herum abgebildet wird, wobei sich Type und gedruckter Buchstabe sichtbar ikonisch und analog zueinander verhalten. Genau das ist bei der digitalen Schrifterzeugung nicht mehr in derselben Weise der Fall. Scheinbar besteht für den heutigen PC-Benutzer natürlich ebenfalls ein sichtbarer ikonischer und analoger Zusammenhang zwischen der Typen-Taste bei der Eingabe und dem entsprechenden Bildschirm- bzw. Druckzeichen bei der Ausgabe nach dem bekannten Prinzip des „WYSIWYG“„„What you see is what you get“;[3] tatsächlich jedoch löst er durch die Betätigung der Taste die erwähnte Kodierung aus, welche eine interne und *unsichtbare* digitale Anweisung zur externen *sichtbaren* Darstellung des Zeichens innerhalb einer Matrix repräsentiert. Spätestens die Erzeugung sogenannter „Sonderzeichen“, bei der etwa in „Word“ der Tastenkombination „Alt + 164“ das spanische Zeichen „n + Tilde“ <ñ> entspricht, macht die digitale „character-to-number“-Kodierung auch sichtbar.

Aber nicht nur die Schrifterzeugung ändert sich bei der digitalen Texterfassung und -verarbeitung; auch die Form des Buches unterliegt nunmehr einem erheblichen Wandel. Das gilt zwar nicht für die externe Repräsentation des Ausdrucks auf Papier, wohl aber für die Ausgabe auf dem Bildschirm. Von den verschiedenen Ansichtsarten des „Word“-Programms sind nur die Layout- und die Seitenansicht ikonische, natürlich auch digital erzeugte Repräsentationen der traditionellen Manuskript- und Buchseite. Freilich wissen wir alle, wie stark die Benutzungsmöglichkeiten dieser „Seiten“, das digital gesteuerte Umblättern oder auch das Nebeneinanderlegen von Blättern, eingeschränkt ist. Viel

---

[3] Eine 43 Einträge umfassende Liste von im Internet gebräuchlichen Abkürzungen enthält [37].

bemerkenswerter ist jedoch, daß der digital erzeugte Text am Bildschirm in der sogenannten „Normalansicht" zurückgeht auf die materielle Form, die durch den Codex in der Spätantike, von wenigen Ausnahmen abgesehen, abgelöst wurde, die Schriftrolle. Tatsächlich erlaubt der Bildschirm nicht nur die antike Form als *volumen* im Breitformat, sondern auch die mittelalterliche Form als *rotulus*, also im Hochformat (Bischoff 1979, 48-50).

In dieser Form des *rotulus*, der im christlichen Mittelalter nur vergleichsweise marginal vorkam, etwa in den berühmten Totenroteln der Benediktiner, lesen wir heute die Hypertexte. Das Neue der Hypertexte gegenüber dem *rotulus* ist natürlich die Verweistechnik des Hyperlinks, welche nichts anderes als der Versuch ist, die offensichtlichen Nachteile der Schriftrolle gegenüber dem Buch zu kompensieren. Ein wesentlicher Grund für die Ersetzung der Schriftrolle durch das Buch war ja dessen bessere Lesbarkeit. Wir können, wenn wir am Bildschirm den Text nur mit Hilfe der vertikalen Bildlaufleiste auf- und abrollen, noch nachvollziehen, wie schwer es gewesen sein muß, innerhalb einer Schriftrolle in der Lektüre nach Belieben zu springen und zu wandern. Hier hilft eben der Hyperlink, mit dem wir nicht nur – wie das aus der oben zitierten Definition von Gary Malkin [1] hervorgeht – von Dokument zu Dokument, sondern auch innerhalb der Teile eines Dokuments hin- und herspringen können. Natürlich hat auch der Hyperlink Vorläufer, in der ältesten Form als Verweis von Textstück auf Textstück, von Text auf Glosse oder Marginalie, später auf die Anmerkung. Im übrigen sind gerade die ältesten spanischen Zeugnisse Glossen zu lateinischen Predigten und in ihnen verwendeten Exempla (Menéndez Pidal [8]1976; Díaz y Díaz 1978), die man inzwischen im Internet als Hypertexte lesen kann, wobei die Glosse den Link zum Text darstellt (Abbildung 2).

Seine volle Wirksamkeit entwickelt der Hypertext natürlich in dem Übertragungssystem, mit dem wir ihn normalerweise verbinden, dem Netzwerk des Internets (Dufour 1995, [5]1997). Und hier, im Übergang von der *print* zur *hypertext culture*, stellt er nichts anderes dar als die digitale Form des Verweises von Buch zu Buch. Das Wandern oder – wie wir mit dem 1992 von Jean Armour Polly geprägten Begriff sagen [23, 41] – das Surfen von Hypertext zu Hypertext ist ja nichts anderes als das digitale Abbild der materiellen Bibliothek, die es ermöglicht, dem Verweis auf ein anderes Buch im ursprünglichen Wortsinn „nachzugehen", indem man es eben im Regal sucht, zur Hand nimmt und konsultiert.

3. Schriftmedium und Einzelsprachen

Bei der Beschreibung der Entwicklung von der *manuscript* über die *print* zur *hypertext culture* ist es nicht notwendig, auf die Einzelsprachen einzugehen, deren Schriftlichkeit diese „Kulturen" ermöglicht und erzeugt. Tatsächlich verdankt sich diese Entwicklung auch nicht den Sprachen, um die es den Romanisten geht. Weder der handschriftliche Codex noch das gedruckte Buch noch der digitale Hypertext sind speziell für romanische Sprachen entworfen worden. Wenn überhaupt diese materiellen Formen im Hinblick auf bestimmte Sprachen konzipiert worden sind, dann allenfalls der Codex und das Buch für das Lateinische und die Hypertexte für das Englische; jedoch nicht, weil diese Sprachen *a priori* dafür geeignet gewesen wären, sondern nur, weil die Gemeinschaften, welche diese Schriftformen geschaffen haben, respektive das Lateinische und das Englische verwendeten bzw. verwenden. Die verschiedenen romanischen und damit auch die spanische Sprachgemeinschaft haben sich Codex und Buch in Auseinandersetzung mit der lateinischen Kultur erobert, und wir erleben heute, wie sich die spanische wie andere nicht-englisch-sprachige Gemeinschaften das „anglophone" Internet aneignet.

Glosas Emilianenses

Glosa: fue, primitivamente, una palabra oscura o difícil de un texto, que requería explicación. Después pasó a designar la explicación misma. También se denomina así el comentario de un texto, cualquiera que sea su extensión. (LÁZARO CARRETER, F. 1968. *Diccionario de términos filológicos*. Madrid, Gredos.)

QUÉ SON LAS GLOSAS EMILIANENSES

Nos encontramos en el siglo XI, en el valle del río Cárdenas, en un pequeño monasterio en el que los monjes se ocupan en copiar e iluminar antiguos códices latinos. Para la comprensión de aquellos textos o quizás para acercarlos al pueblo que desconoce el latín usado todavía por los clérigos, uno o varios copistas anónimos escriben una serie de anotaciones en latín, romance y euskera que comentan o glosan las partes más difíciles de entender

En el códice latino *Aemilianensis 60* nos encontramos por un lado con una serie de anotaciones que nos remiten a otros términos latinos que podemos considerar sinónimos. Así vemos glosado un término latino que ya no se comprende, o sobre el que existen dudas, con otra palabra latina.

GLOSAS EN LATÍN:

LATÍN	**GLOSA N°**	**CASTELLANO**
bellum	/pugna/(4)	lucha
diuisiones	/partitjones/(16)	divisiones, partes
jncolomes	/sanos et salvos/(30)	incólumes, intactos
adulterium	/fornicatjonem/(46)	infidelidad, adulterio
criminis	/peccatos/(81)	pecados
jmperium	/mandatjione/(89)	mando
certamina	/pugna/(96)	lucha
inermis	/sine arma/(97)	indefenso, desarmado

Abbildung 2: Glosas emilianenses in Hypertext-Aufbereitung [39],
a) Wörterliste mit Hyperlink (Glosse 4: pugna)

Códice Aemilianensis 60

Glosas 1 a 10

Consistorio de demonios, en que varios ministros del diablo refieren las maldades que vienen de hacer.

Quidam ***[qui en fot]*** mo nacus filius sacerdotis ydolorum... Et ecce repente ***[lueco]*** unus de principibus ejusueniens adorabit eum. Cui dixit diabulus ¿unde uenis? Et respondit: fui jn alia prouincia et suscitabi ***[lebantai]*** bellum ***[pugna]*** et effusiones ***[bertiziones]*** sanguinum...similiter respondit: jn mare fui et suscitabi ***[lebantaui]*** conmotiones ***[moueturas]*** et submersi ***[trastorne]*** nabes cumomnibus... Et tertius ueniens ***[elo terzero diabolo uenot]*** ...jnpugnaui quemdam monacum et uix ***[ueiza]*** feci cum fornicari.

Ramón Menendéz Pidal, Orígenes del español (3a ed.), Madrid´
1950, págs. 3-9. Incluyo glosas entre paréntesis cuadrados []

Abbildung 2: Glosas emilianenses in Hypertext-Aufbereitung [39],
b) durch den Link angeklickter Text

Die Aneignung von Codex und Buch war freilich von anderer Qualität als das heute – aus hispanophoner Perspektive – die „Eroberung“ des Internets darstellt. Im Zeitalter der *manuscript culture* war die kirchlich-lateinische Infrastruktur in Form klösterlicher Skriptorien bereits vorhanden, die problemlos für die Zwecke volkssprachlicher Schriftlichkeit in Anspruch genommen werden konnte. So tauchen, wie erwähnt, in lateinischen Handschriften nordspanischer Klöster – zuerst in San Millán de la Cogolla und in Santo Domingo de Silos – im 10. Jahrhundert volkssprachliche Glossen auf, und wenig später entstehen dann vollständig spanische Handschriften. Das einzige, gewiß nicht kleine sprachliche Problem, das es zu lösen galt, war die Anpassung der vorhandenen Schriftzeichen, also des lateinischen Alphabets, an die Lautstruktur der neuen Sprache (Menéndez Pidal ^{8}1976, 45-70; vgl. Ternes 1979). Im Zeitalter der *print culture* stand eine den Skriptorien entsprechende Infrastruktur in Spanien zunächst nicht zur Verfügung; sie wurde jedoch innerhalb weniger Jahrzehnte über Italien aus Deutschland importiert, und so sind – wie bereits erwähnt – auf der iberischen Halbinsel nicht anders als in Italien oder Frankreich die ersten Drucker deutscher Herkunft. Wiederum bestand das einzige sprachliche Problem in der Entwicklung eines für die eigene Sprache angemessenen Satzes von Drucktypen (vgl. Schmid 1992). In beiden Fällen, beim handschriftlichen Codex wie beim gedruckten Buch, konnten und wurden schriftliche Kommunikationsräume für eine bestimmte Sprachgemeinschaft gestaltet. Es läßt sich sogar mit Benedict Anderson (^{2}1993) behaupten, daß in Ablösung von der lateinischen Schriftkultur die volkssprachliche *manuscript culture* Nationalstaaten vorbereitet und volkssprachliche *print culture* diese durchgesetzt hat.

Es liegt nun auf der Hand, daß das Verhältnis von einzelsprachlich definierter Gemeinschaft und schriftlichem Kommunikationsraum im Medium der über das Internet verbundenen Hypertexte sich vollständig anders darstellt. Verhält sich Skriptorium zu Codex und Druckerwerkstatt zu Buch wie Produktionsstätte zu Produkt, wobei das Produkt für seine Zirkulation auf die Produktionsstätte nicht angewiesen ist, so ist der Hypertext untrennbar mit dem Internet verbunden, das Produktionsstätte (der einzelne PC) und Kommunikationsraum (die vernetzten PCs) zugleich ist. Insofern eignet sich eine Sprachgemeinschaft das Internet auch nicht an, indem sie es übernimmt und ihren Bedürfnissen anpaßt, sondern indem sie sich dem bereits existierenden Netz anschließt, wobei sie dessen materielle Gegebenheiten sowie seine expliziten und impliziten Regeln akzeptiert, ja akzeptieren muß. Das ist natürlich der Grund, warum geschlossene Gesellschaften den Zugang zum Internet beschränken oder sogar verbieten, wie etwa zur Zeit Syrien oder der Irak [14, 15].

4. Die Organisation des Internets und die Hispanophonie

Eine der am häufigsten gestellten Fragen („FAQ“ = „Frequently Asked Question“) in bezug auf das Internet lautet: „Who runs the Internet?“, worauf die kurze Antwort lauten soll: „No one“ [36]. Man möchte und braucht das nicht ohne jede Einschränkung zu glauben, denn in der Tat ist es ja so, daß seit den militärischen Anfängen des Internets in den USA der sechziger Jahre ([22]; Dufour ^{5}1997, 25-28) staatliche und kommerzielle Organisationen unter hohem Kosteneinsatz und daher kaum uneigennützig die an das Telefonnetz angeschlossenen Leitungen installiert haben, über welche die jeweiligen Rechner verbunden sind. Diese Leitungen haben eine hierarchische Struktur, von den alle Teilnetze verbindenden *backbones,* über die *transit networks* bis hin zu den lokalen *stub networks* [36]. Die Leitungen weisen in den USA und in Europa die dichteste Struktur auf. Für die spanischsprachige Welt ist wichtig, daß das Netz dort zur Zeit (1998) so weitmaschig ist, daß es zwischen dem ehemaligen Mutterland und Spanischamerika genausowenig eine direkte Verbindung gibt wie zwischen den meisten spanischamerikanischen Ländern untereinander. Wer etwa von Córdoba in Andalusien nach Córdoba in Argentinien Daten via Internet schicken will, muß den Weg über die USA gehen. Es sind nicht nur wissenschaftliche und kommerzielle Gründe, wenn dieser Zustand in der Hispanophonie beklagt wird. Ganz offensichtlich spielt verletzter Kultur- und Nationalstolz eine Rolle, wenn in diesem Zusammenhang gerade zwei Zahlen miteinander kontrastiert werden, einerseits die Größe der eigenen Sprachgemeinschaft – ca. 300 Millionen Spanischsprecher – und andererseits die Geringfügigkeit des Anteils dieser Sprachgemeinschaft am Internet, der nach den Auszählungen von „The Network Wizzards“ bei nur 1,14 Prozent liegt (Juli 1997: 223.549 von 19.540.325 Servern, [26, 27, 31]). Eine der größten Sprachgemeinschaften der Erde, so konstatiert man, hat zugleich einen der geringsten Anteile an deren größtem Kommunikationssystem. Es verwundert daher nicht, daß von hispanophonen Ländern der Ausbau der Vernetzung systematisch betrieben wird. In Spanien, dem hispanophonen Land, das dabei die größten Anstrengungen unternimmt, wurde zu Beginn der neunziger Jahre eine eigene Koordinationsstelle, RedIRIS (= Red para la Interconexión de Recursos Informáticos [29, 33]; vgl. Marcos Marín 1996), geschaffen, welche alle Aktivitäten auf diesem Gebiet steuert.

Wenn auch tatsächlich „niemand“ das Internet betreibt, so gibt es sehr wohl Organisationen, die den Zugang zum Netz kontrollieren und die Standards der Datenkodierung und -übertragung setzen und entwickeln. Diese Organisationen stellen ein schier undurchschaubares, permanent sich ändernndes Konglomerat suprastaatlicher, staatlicher und privater Interessenvertretungen und Abhängigkeiten dar, ein Konglomerat, über dessen faktische Zuständigkeiten, juristische Konstruktion und juristische Absicherung wohl kaum jemand etwas Genaues und Verbindliches zu sagen in der Lage ist (s. Hinweise z.B. bei Dufour [5]1997, 21-23). Man braucht freilich keinerlei Verschwörungstheorien anzuhängen, wenn man bestimmte multinationale Unternehmen für besonders einflußreich hält.

An erster Stelle der das Internet kontrollierenden Organisationen ist die 1992 gegründete Internet Society [21] zu nennen, eine Art Dachorganisation, der verschiedene andere Organisationen und Gremien zur Seite gestellt bzw. untergeordnet sind. Die in Reston (Virginia, USA) ansässige Internet Society bezeichnet sich selbst als eine „non-profit, non-governmental, international professional membership organization". Ihr Leitungsorgan ist ein Kuratorium, der sogenannte Board of Trustees, von dessen 20 persönlichen Mitgliedern allein 11 US-Amerikaner sind. Als Geldgeber treten vor allem die bereits angesprochenen multinationalen Unternehmen auf, wobei natürlich am stärksten sogenannte *network access providers* (wie etwa auch das Deutsche Forschungsnetz) und *product providers* (wie Apple, IBM, Netscape oder Microsoft) vertreten sind.

Den Zugang zum Netz regelt bisher ein mit der Internet Society eng verbundenes Gremium, die an der University of Southern California in Marina del Rey beheimatete Internet Assigned Numbers Authority (IANA, [16]), welche diese Aufgabe an regionale und diese wiederum an lokale Zentren delegiert. Der Zugang ist geknüpft an die Vergabe der numerischen Internet Protocol- (IP-) Adresse, die gegebenenfalls in einen „sprechenden" Namen nach dem sogenannten hierarchischen *domain name system* (DNS) übersetzt werden kann. Die regionalen Vergabe-Zentren für IP-Adressen sind scheinbar nach geographischen, nicht nach kulturellen oder sprachlichen Gesichtspunkten eingerichtet. Es sind Anfang 1998 nur drei, für Nordamerika das Inter Network Information Center (InterNIC [18]; neuerdings: ARIN = American Registry for Internet Numbers [6]), für Europa die in Amsterdam beheimateten Réseaux Internet Protocol Européens (RIPE [34]), für den asiatisch-pazifischen Raum das Asian Pacific Network Information Center (APNIC [5]). Das bedeutendste dieser regionalen Zentren ist ganz offensichtlich das InterNIC bzw. ARIN, das in der Hand zweier Organisationen ist, der staatlichen, in Arlington (Virginia) beheimateten National Science Foundation [30] und des in Herndon (Virginia) ansässigen Privatunternehmens Network Solutions Incorporated [28], das fast alle der sogenannten *top-level domain names* verwaltet, die nicht einzelnen Ländern zugeordnet sind, also die aus drei Buchstaben bestehenden „generischen" Symbole wie COM – *commercial* –, EDU – *education* – usw. InterNIC bzw. ARIN betreut auch Afrika und den lateinamerikanischen Subkontinent, letzteres wiederum eine für die Hispanophonie offenbar schwer erträgliche, als Abhängigkeit vom übermächtigen Nachbarn empfundene Situation, die zu einer Initiative mit dem Ziel der Schaffung von LatiNIC – *Latin Network Information Center* [13] – geführt hat.

Die Internet Society beauftragt besondere Ausschüsse mit den Regeln für die Kodierung und den Transport von Daten im Internet. Es sind dies das Internet Architecture

Board (IAB [17]) und besonders die Internet Engineering Task Force (IETF [17]), an der vor allem Informatiker beteiligt sind, die sich zur Lösung konkreter technischer Probleme zusammenfinden. Wir verdanken diesen, der Internet Society ursprünglich vorgängigen Gremien die Festlegung des Netzes bei der Datenkodierung auf bestimmte digitale Zeichensätze wie den ASCII-Code und beim Datentransport auf die sogenannten „Protokolle" wie z.B. das TCP (*Transmission Control Protocol).* Das bekannteste Protokoll ist das uns aus den World Wide Web-Adressen bekannte HTTP (*Hypertext Transfer Protocol*), das, wie sein Name sagt, die Übertragung von Hypertexten regelt und im übrigen nicht unter der Kontrolle der Internet Society und ihrer Ausschüsse steht, sondern vom 1994 gegründeten W3-Konsortium des europäischen CERN (Centre Européen de la Recherche Nucléaire [40]) in Genf unter Führung seines Erfinders Tim Berners-Lee betreut und weiterentwickelt wird. Es scheint so, daß ISOC und W3-Konsortium konkurrierende Organisationen sind; was jedoch die Geldgeber angeht, so finden sich hier wie dort dieselben multinational agierenden Privatunternehmen, ob das nun IBM, Hewlett-Packard, Microsoft oder Netscape ist.

Was Datenübertragung und Kodierung angeht, so greifen die genannten Organisationen auf international vereinbarte Standards zurück oder wirken bei der Entwicklung von Standards mit, für die suprastaatliche Behörden zuständig sind, in erster Linie die 1947 gegründete Genfer International Organization for Standardization (ISO [20]).[4] Auch der ASCII-Code, dessen Sigel ihn als amerikanischen Standard – American Standard Code for Information Interchange – ausweist, ist in das Standard-System der übergeordneten ISO (als ISO 646) integriert. Was für den PC gilt, trifft natürlich auch auf das Internet zu. Das Inventar dieses *character-number*-Kodes weist nicht alle Zeichen auf, die zur Verschriftung verschiedenster und so auch romanischer Sprachen benötigt werden; was das Spanische angeht, so fehlen die Grapheme mit Akut (<á>, <é>, <í>, <ó>, <ú>), die <ñ> und das umgekehrte Fragezeichen <¿> bzw. Ausrufezeichen <¡>. Es gibt zwar Erweiterungen des Kodes, insbesondere den Standard ISO-8859-1, dessen Übertragung ist jedoch nur dann korrekt, wenn Sender und Empfänger auf diesen Kode in derselben Weise eingestellt sind (s. Abbildung 3).

Wenn man ein Fazit zur Konfiguration des Internets aus hispanophoner Perspektive ziehen will, so kann man feststellen: Architektur des Internets, Zugang zum Internet, Datenkodierung und Datenübertragung im Internet – all das liegt in den Händen von Organisationen und Gremien, auf welche die Hispanophonie wie die meisten anderen Sprachgemeinschaften nur einen äußerst geringen Einfluß hat. Die Mutter- und die Verkehrssprache der Menschen, die das Internet und die auf ihm laufenden Informations-

---

4 „ISO" ist nicht etwa ein Sigel für den Namen der Organisation, sondern leitet sich von gr. ισο 'gleich' her.

systeme geschaffen haben und weiterentwickeln, ist das Englische. Wer das Internet verstehen und verständig nutzen will, kommt ohne das Englische nicht aus. Den deutlichsten Hinweis darauf bieten diejenigen Texte, die sich hinter den Sigeln BCP (*Best Current Practice*), FYI (*For Your Information*), RFC (*Request for Comment*) und STD (*Standard*) verbergen.[5] Es handelt sich um die von Network Working Groups erarbeiteten Dokumente, in denen die Standards und üblichen Regeln des Internet niedergelegt sind, und zwar, ganz selbstverständlich, auf Englisch.

5. Multilingualismus im Internet: Sprachen *über* das Internet und Sprachen *im* Internet

Ausgehend von dieser Feststellung gilt es, das Verhältnis von Sprachen zum Internet, speziell vom Spanischen zum Internet zu klären. Dabei sind zwei Gesichtspunkte zu unterscheiden: Zum einen dienen, wie erwähnt, Sprachen dazu, die Welt des Internet zu konstruieren und zu erfassen; zum anderen können verschiedene Sprachen im Internet als Mittel der Kommunikation verwendet werden. Es geht also um Sprachen *über* das Internet und Sprachen *im* Internet. Wenn das Englische bisher in dieser doppelten Bedeutung die Sprache des Internets ist, so hat das weniger ideologische als vielmehr praktische, historisch leicht einsehbare Gründe. Die Internet Society ist sich gleichwohl darüber bewußt, daß die Dominanz des Englischen Antipathie anderer, empfindlicher Sprachgemeinschaften hervorrufen kann.

So ist sie bemüht, sich als eine dem Multilingualismus gegenüber offene Gesellschaft zu präsentieren. Sie tut das in zweifacher Hinsicht, einerseits durch die Gründung von regionalen Ablegern, den sogenannten Internet Society Chapters, andererseits durch das BABEL-Projekt [21], eine an Lorenzo Hervás oder Johann Christoph Adelung (vgl. Lüdtke 1978) erinnernde Sprachensammlung und -dokumentation, die auf Barbara F. Grimes' (^{13}1996) *Ethnologue* und dessen Indices beruht. Die BABEL-*site* nutzt zudem die *Linguistic Preference*-Funktion, um gewissermaßen die Probe aufs Exempel zu machen, d.h. ihre Hypertexte in verschiedenen Sprachen wiederzugeben, darunter auch auf Spanisch.

Die Schaffung von ISOC-Ablegern findet gerade in der hispanischen Welt großen Anklang. In Spanischamerika bilden sich staatliche Filialen, so als erste die ISOCMex [25]; in Spanien hingegen werden regionale Gesellschaften gegründet, so die ISOC Aragoniens [38] oder Andalusiens [24]. Wer die Virulenz des Regionalismus und der Autonomiebe-

---

5 Ein Verzeichnis aller RFC enthalten z.B. [19, 35].

strebungen in Spanien kennt, den verwundert weder die Existenz kleiner und kleinster ISOC-Chapters noch die Tatsache, daß als erster Ableger die katalanische Sektion gegründet wurde, auf deren *homepage* den Benutzer ein katalanisches *Benvinguts al Capítol Català d'Internet Society, internautes!* begrüßt [32].

Re: Lista de pifias castellano/ingl'es

Enrique Melero (*b182@rz100.fh-wuerzburg.de*)
Tue, 14 May 1996 02:51:28 +0000 (GMT)

- Messages sorted by: [date][thread][subject][author]
- Next message: carmen@vnet.IBM.COM: "data mining"
- Previous message: Angel Alvarez: "Re: Lista de pifias castellano/ingl'es"
- Next in thread: Jesus M. Gonzales: "Re: Lista de pifias castellano/ingl'es"
- Reply: Jesus M. Gonzales: "Re: Lista de pifias castellano/ingl'es"

On Mon, 13 May 1996, Santiago Vila Doncel wrote:

> *de gente que piense que "library" es biblioteca ;-) (de los que est=E n p=*
or
> *"librer=EDa" ya he tenido que lidiar con dos, uno de ellos bastante radic=*
al,
> *por cierto).*

No ser=E1 por m=ED, =BF verdad ?=20

Yo aport=E9 mis criterios, library en el Collins est=E1 traducido en una de=
=20
sus ascepciones por bookcase (estante de libros) y en alem=E1n library se=
=20
traduce por Bibliotek , que significa adem=E1s mueble con libros. Librer=ED=
a=20
en una de sus ascepciones significa lo mismo, as=ED que no veo que sea tan=
=20
grave como dices. Siento haber saltado con esta respuesta, pero llevo=20
tiempo oyendo hablar de ello y ten=EDa que decir algo. Santigo, lo siento=
=20
pero library puede estar tan bien traducido como biblioteca como por=20
librer=EDa como por estante de libros.;)

Saludos

Enrique Melero | Spanish GNU Translation Team
Still unemployed / arbeitslos |=A1=A1=A1=A1 Ap=FAntate=
!!!

Abbildung 3: Unzulängliche Datenübertragung von „Sonderzeichen"

Aufgrund einer langen puristischen Tradition gehört es zum Sprachstolz der Hispanophonie, möglichst ausschließlich mit den Ausdrucksmitteln der eigenen Sprache die Welt, und damit auch die Welt des Internets erfassen zu wollen. Weltweit wird inzwischen nicht nur gegen das *spanglish*, sondern auch das *cyberspanglish* polemisiert [2]. Deswegen unternehmen staatliche Stellen und private Vereinigungen ganz erhebliche Anstrengungen, die englische Fachsprache des Internets zu hispanisieren [3, 4, 7, 8, 9, 10]. Grundlage ist Gary Malkins „Internet Users' Glossary" [1]. Alle Verfahren der Entlehnung werden dabei eingesetzt. Einige Beispiele mögen genügen, wobei ich ganz allgemein das ausdruckseitig bestimmte Lehnwort von der inhaltseitig abgegrenzten Lehnprägung unterscheide und dann innerhalb dieser Typen die üblichen weiteren Differenzierungen vornehme. Das Wort *internet* wird als fast völlig unassimiliertes Fremdwort übernommen, nur – parallel auch zum Deutschen – grammatisch nach dem entsprechenden spanischen Wort eingepaßt. Da *the net* auf spanisch *<u>la</u> red* heißt, spricht man also vorwiegend von *<u>la</u> internet.*[6] Eine gewisse Assimilierung besteht natürlich in der spanischen Aussprache und Akzentuierung *the <u>í</u>nternet – la intern<u>é</u>t.* Wo das möglich ist, wird das Lehnwort auch morphologisch umgeformt. Die informellen Höflichkeitsregeln des Internets, die man im Englischen bekanntlich mit der aus *(inter)net* und *etiquette* gebildeten Wortkreuzung (vgl. Rainer 1993, 701f.) *netiquette* bezeichnet, erscheint auf spanisch als *netiqueta*, wobei das ursprünglich französische *étiquette*, das ohnehin als *etiqueta* bereits existiert, die entsprechende spanische Endung erhält. Beispiel für eine Lehnübersetzung ist *hiperenlace* als Äquivalent zu *hyperlink.* Die ursprüngliche Abfolge der Wortbildungselemente wird geändert, wenn das die Sprachstruktur erfordert. Aus *electronic mail* wird somit *correo electrónico* oder auch *correo-e.* Als Lehnübertragung von *homepage* kann *página inicial* eingestuft werden, als Lehnschöpfung *fichero* für *file* in der Bedeutung ‚Datei'. Schließlich läßt sich auch die Lehnbedeutung belegen, etwa *congestión* ‚Datenstau' für englisch *congestion.*

Zwei Probleme ganz unterschiedlicher Natur entstehen bei diesen Hispanisierungsversuchen, von denen das erste ganz allgemein bei Entlehnungen in den verschiedensten Sprachen auftritt, das zweite zwar überall vorkommen kann, jedoch durch die große geographische Extension der Hispanophonie spezifisch verstärkt wird. Erstens kann man sich fragen, welche Geltung die hispanisierten Ausdrücke haben. Das Glossar der spanischen Gesellschaft für Informatik (Asociación de Técnicos de Informática [9]) weist etwa *aplique* für *applet*, *eje central* für *backbone* oder *navegador* für *browser* auf. Auch wenn man zur Zeit nur spekulieren kann, so vermute ich, daß die vorgeschlagenen Wörter wegen des permanenten englisch-spanischen Sprachkontakts in den meisten Fällen das Ausgangswort keineswegs ersetzen, sondern bestenfalls Bezeichnungsvarianten darstellen. Die völlige

---

[6] Sampedro Losada (1998, 112) zeigt, daß, allerdings seltener, *internet* im Spanischen auch mit dem Maskulinum gebraucht wird („el servicio *internet*") bzw. ohne Determinant als Eigenname.

Ersetzung wird dazu noch durch die Existenz der zahllosen englischen Akronyme, die nicht hispanisiert werden, erschwert. Auch wenn man *file* durch *fichero* ersetzen möchte, so bleibt *file* solange im Spanischen präsent, als man das englische Akronym *FTP* (für *File Transfer Protocol*) beibehält. Das zweite Problem besteht darin, daß die Hispanisierungsversuche relativ ungesteuert und – entsprechend der „flachen" Architektur des Internets – dezentral erfolgen. Von jedem Punkt der Hispanophonie aus kann für denselben englischen Fachterminus ein anderer Vorschlag unterbreitet werden. Genau das ist der Fall. So findet man etwa für *backbone* nicht nur *eje central*, sondern auch *columna vertebral*, *espina dorsal* und *esqueleto*, für *host* nicht nur *sistema central*, sondern auch *anfitrión* oder – umschreibend – *ordenador conectado a internet*. Wenn jedoch im Spanischen als Zielsprache Varianz auftritt, dann bleibt der Ausdruck der Ausgangssprache der Referenzterminus, auf den man nicht verzichten möchte, wenn man „genau" wissen will, was gemeint ist. Im übrigen zeigt das Beispiel *host*, daß die Varianz der Zielsprache durch die Polysemie der Ausgangssprache induziert sein kann, denn tatsächlich bezeichnet *host* ja verschiedene Typen von ans Internet angeschlossenen Computern.

Die zweite Frage betrifft die Sprachen *im* Internet. Wer das Internet häufig nutzt, stellt bald fest, daß die Mehrzahl der durchblätterten Seiten jeweils durchgängig in einer Sprache geschrieben sind. Zahlreiche Anbieter von Dokumenten ermöglichen zwar durch entsprechende Hyperlinks, ihre Texte in verschiedenen Sprachen zu lesen; Sprachmischung innerhalb eines Dokuments ist jedoch eher ungewöhnlich. Das gilt selbst für Mailing-Listen und Newsgroups, bei denen es prinzipiell durchaus möglich wäre, daß jeder Teilnehmer in seiner eigenen Sprache schriebe und das Ergebnis sich als ein Konglomerat von Texten in den verschiedensten Sprachen präsentierte. Aus diesem Sprachverhalten resultiert nun, daß das dezentrale und weltweite Informationssystem im Grunde wieder aufgespalten wird in Kommunikationskanäle, die durch die jeweils gewählte Sprache bestimmt sind. Insofern ist es sinnvoll, z.B. von einer Frankophonie oder einer Hispanophonie des Internets zu sprechen. Was die Hispanophonie angeht, so ist dieser Zustand durchaus gewollt, denn man glaubt, durch ein spanischsprachiges Internet das Selbstwertgefühl *(language pride)* der eigenen Sprachgemeinschaft zu fördern, sich in einem vielsprachigen Kommunikationsnetz zu behaupten. Dies kann – muß jedoch nicht – so weit gehen, daß die Kommunikation im Internet selbstreferentiell wird: Man kommuniziert im Internet auf spanisch unter Umständen nicht etwa deshalb, um in dieser Sprache über die Welt zu reden, sondern nur um sich gegenseitig zu bestätigen, daß man im Internet auf spanisch kommunizieren kann. Dazu paßt, daß die Autoaffirmation des *internauta hispanohablante* Diskussionen über die eigene Sprache im Internet, über seine Präsenz dort und seine Qualität generiert.

Spanischsprecher können sich ganz bewußt durch das spanische Internet steuern lassen. Ausgangspunkt in Spanien ist etwa die *home page* von RedIRIS [33], die den Nutzer auf spanisch ins Internet einführt, spanischsprachige elektronische Zeitschriften mit Diskussionen über das Internet publiziert, Hyperlinks zu allen angeschlossenen spanischsprachigen Institutionen bereithält, weit über hundert spanischsprachige *listas de distribución* – also *mailing-lists* – moderiert, darunter auch eine Liste für spanischsprachige Internet-Anfänger (*grumetes* ‚Schiffsjungen'), einen Katalog von spanischsprachigen *buscadores* – also *search engines* – anbietet usw. Neben RedIRIS tritt inzwischen immer stärker das Instituto Cervantes [12] als offizieller Organisator der Hispanophonie. Was beide Organisationen im staatlichen Auftrag tun, wird durch private Initiativen unterstützt und ergänzt. Ein Niederländer, Joost Scharrenberg, hat einen der beliebtesten spanischsprachigen Suchbäume ins Leben gerufen, nämlich Mundo Latino [26]. Der Suchbaum führt nicht anders als RedIRIS durch das spanischsprachige Internet; zusätzlich informiert er regelmäßig über den Stand der Hispanophonie im Internet, und zwar unter dem Titel „La identidad hispana en internet" – „¿Quienes somos?, ¿Cuántos somos?, ¿Nuestros costumbres?".

6. Kommunikationsformen im spanischen Internet

Wenn diese Beschreibung richtig ist, dann drängt sich freilich der Verdacht auf, daß das Medium mit der Form identisch ist, d.h., daß die sprachliche Interaktion im Internet nur dem Zweck dient, sprachliche Interaktion im Internet zu sein. Dann wäre das spanische Internet im Sinne Malinowskis (^{10}1949, 315) tatsächlich nur phatische Kommunikation, weil es – mit seinen Worten – allein der Bestätigung von „ties of union" diente. Obwohl etwas Wahres an dieser Hypothese ist, so ist sie doch nur teilweise plausibel. Denn selbst wenn es zweifellos richtig ist, daß ein wesentlicher Reiz des Internets darin besteht, die Reichweite der eigenen Kommunikationsmöglichkeiten auszuprobieren, es als Faszinosum zu erleben, daß man mit beispielloser Leichtigkeit von Santiago de Compostela nach Santiago de Chile „mailen" kann, erschöpft sich die Nutzung des neuen Mediums nicht allein darin. Auch das spanische Internet hält selbstverständlich Neues bereit und läßt Neues in der Interaktion der Nutzer entstehen. Die spezifischen Leistungsmöglichkeiten des Kommunikationsmediums des Internets erweisen sich in der Tat erst in der Kombination aus Kommunikationswert und Kommunikationsform. Denn verständig genutzt, kombiniert das Internet die oft beschriebenen Möglichkeiten der Massenkommunikation mit den Vorzügen des *face-to-face* Gesprächs. An die Stelle der bekannten und als nachteilig empfundenen Asymmetrien von Kommunikator und Rezipient, die das Surrogat des sogenannten Feedback kaum kaschieren kann, tritt die tatsächlich realisierbare Interaktion kommunikativ gleichberechtigter Partner (Lebsanft i.Dr., Abschnitt 3). Allerdings stellt sich die Öffnung des Zugangs des Einzelnen zur Kommunikation „mit den Massen" durchaus als eine Entprofessionalisierung dar. Setzte sich einerseits der als Journalist ausgebildete Kommunikator, der Informationen recherchierte, auswählte und nach bestimmten Techniken aufbereitete und darstellte, permanent dem Verdacht der Manipulation aus, so trifft andererseits den laienhaften Anbieter im Internet der Vorwurf, „Informationsmüll“ zu verbreiten. Für den Linguisten ist auch dieser „Müll“ selbstverständlich nicht weniger als jede andere sprachliche Äußerung interessant.

Charakterisiert man den Hypertext als ein elektronisches Medium, das die uralte Form der Schriftrolle aufnimmt, zugleich aber deren Benutzungsnachteile durch das Verfahren des Hyperlinks ausgleicht, und so letztlich ermöglicht, das „eine“ Buch aller miteinander vernetzten Texte zu schaffen, dann ist noch nicht berücksichtigt, daß durch die Kombination des Hypertextes im *world wide web* mit dem System des *electronic mail* die Nutzer eben nicht nur passive Rezipienten sind, sondern auch, wenn es ein Autor nur möchte, aktiv an der Gestaltung der Texte mitwirken können. Alles was jemals zwischen dem *incipit* und dem *explicit* einer Schriftrolle oder zwischen zwei Buchdeckeln Platz gefunden hat, kann man auch den Hypertexten einschreiben. Im Gegensatz jedoch zu den Zeiten der *manuscript* oder der *print culture* muß die Kommunikation über diese Texte nicht getrennt und parallel zu ihrer Rezeption laufen, sondern kann sich überkreuzen. Denn der Autor eines Hypertextes muß sich nicht damit begnügen, seinen elektronischen Briefkasten anzugeben, um Reaktionen einzusammeln, sozusagen den Brief zum Buch zu erhalten. Er kann den Text so einrichten, daß ihn ein Leser selbständig ergänzt. Obwohl dieses Verfahren nicht häufig genutzt wird, so ist es jedoch eine radikale Konsequenz der technischen Möglichkeiten, das feste in unfeste Texte, Monologe in Dialoge verwandelt. Und wenn diese Konsequenz auch keineswegs spezifisch für irgendeine der Sprachgemeinschaften ist, die das Internet nutzen, also auch nicht für die Hispanophonie, so sei abschließend der Hinweis gestattet, daß zumindest ein spätmittelalterlicher spanischer Dichter an derart weitergewobene, unfeste Texte, welche die Mediävistik im Zeichen der Postmoderne so faszinieren (vgl. Gleßgen/Lebsanft 1997; Tervooren/Wenzel 1997), in markanter Weise gedacht hat. Der Erzpriester von Hita Juan Ruiz fordert am Ende seines *Libro de Buen Amor* (copla 1629, ed. Blecua 1992) den verständigen Leser oder Hörer auf, sein Werk zu verändern und zu verbessern, so daß es von Hand zu Hand gereicht werde: „Qualquier omne que.l oya, si bien trobar sopiere, Más á ý a añadir e emendar si quisiere; Ande de mano en mano a quienquier que.l pidiere, Como pella a las dueñas, tómelo quien podiere.“

Literatur

Literatur im Internet

Die im Internet gefundene Literatur wird nach dem URL (Uniform Resource Locator) zitiert, wobei je nach Zweckmäßigkeit die entsprechende *home page* bzw. die konsultierte Datei angegeben wird. Fundzeitraum: 1996-1998.

(1) ftp://www.arin.net/rfc/rfc1983.txt [Malkin, G.S., Internet Users' Glossary]
(2) http://www.actlab.utexas.edu:80/~seagull/spanglist.html [Rivas, Y., Cypberspanglish]
(3) http://www.alcala.es/ (...) [Universidad de Alcalá de Henares]
(4) http://www.alcala.es/internet/glosario/glosario.htm [López, A., Glosario de términos de Internet]
(5) http://www.apnic.net/ (...) [Asia Pacific Network Information Center]
(6) http://www.arin.net/ (...) [American Registry for Internet Numbers]
(7) http://www.arrakis.es/ (...) [Arrakis, proveedora de Internet]
(8) http://www.arrakis.es/~aikido/interdic/ (...) [Interdic. Informática e Internet]
(9) http://www.ati.es/ (...) [Asociación de Técnicos de Informática]
(10) http://www.ati.es/Publicaciones/ (...) /glosario.html [Glosario Básico Inglés-Español para Usurarios de Internet]
(11) http://www.bnf.fr/enluminures/ (...) [Bibliothèque nationale de France, Le roi Charles V et son temps (1338-1380)]
(12) http://www.cervantes.es/ (...) [Instituto Cervantes]
(13) http://www.cicese.mx/LatiNIC/ (...) [Latinamerica Network Information Center - im Aufbau -]
(14) http://www.ee.ic.ac.uk/ (...) [London University, Imperial College, Department of Electrical and Electronic Engineering]
(15) http://www.ee.ic.ac.uk/misc/bymap/ntlgy/ (...) [Crepin-Leblond, O., Internetology, The History of the Internet's Worldwide Spread in Recent Years]
(16) http://www.iana.org/ (...) [Internet Assigned Numbers Authority]
(17) http://www.ietf.org/ (...) [Internet Engineering Task Force; Internet Architecture Board]
(18) http://ds.internic.net/ (...) [Inter Network Information Center]
(19) http://www.isi.edu/rfc-editor/rfc.html [Information Sciences Institute, RFC Sources, RFC Indicies]
(20) http://www.iso.ch/ (...) [International Society of Standardization]
(21) http://www.isoc.org/ (...) [Internet Society; Babel; Board of Trustees]
(22) http://www.isoc.org/internet-history [Leiner, B. M./Cerf, V./Clark, D. D./Kahn, R./Kleinrock, L./Lynch, D. C./Postel, J./Roberts, L. G./Wolft, St., A Brief History of the Internet]
(23) http://www.isoc.org/zakon/internet/History/HIT.html [Hobbes Zakon, R./Hobbes' Internet Timeline v3.1]
(24) http://www.isocanda.org/ (...) [Internet Society, Capítulo Andaluz]
(25) http://www.isocmex.org.mx [Sociedad Internet de México]
(26) http://www.mundolatino.org/ (...) [Red Mundo Latino]
(27) http://www.mundolatino.org/i/ehi/nwes.htm [Búsqueda completa DNS (= Domain Name Server)]
(28) http://www.netsol.com/ (...) [Network Solutions Inc.]

(29) http://www.nic.es/ (...) [Network Information Center, Centro de Comunicaciones, CSIC, RedIRIS]
(30) http://www.nsf.gov/ (...) [National Science Foundation]
(31) http://www.nw.com/ (...) [Network Wizards, Internet Domain Survey]
(32) http://www.pangea.org/isocat/ (...) [Internet Society, Capítol Català]
(33) http://www.rediris.es/ (...) [Red para la Interconexión de Recursos Informáticos, Consejo Superior de Investigaciones Científicas]
(34) http://www.ripe.net/ (...) [Réseaux Internet Protocol Européens]
(35) http://www.sri.ucl.ac.be/SRI/normes/rfc2000.html [Université Catholique de Louvain, Service des réseaux d'information, Request for Comments (RFC) from 1951-2000]
(36) http://www.spp.umich.edu/ipps/pap...nets/Economic_FAQs/FAQs/FAQs.html [MacKie-Mason, J. K./Varian, H. R., Economic FAQs About the Internet]
(37) http://www.tsc.upna.es/Misc/simbolos.html [Glosario de Abreviaturas de Internet]
(38) http://www.unizar.es/isocara/ (...) [Internet Society, Capítulo Aragonés]
(39) http://www.virtualcom.es/aloja/paginas/ (...) [Glosas Emilianenses]
(40) http://www.w3.org/ (...) [World Wide Web Consortium]
(41) http://www.well.com/user/polly/about/surfing.htm [Polly, J. A., About Netmom. The Original Surfing the Internet]

Gedruckte Literatur

Anderson, B. (²1993): Die Erfindung der Nation. Zur Karriere eines folgenreichen Konzepts, Frankfurt am Main.

Batts, M. S. (ed.) (1971): Das Nibelungenlied. Paralleldruck der Handschriften A, B und C nebst Lesarten der übrigen Handschriften, Tübingen.

Bischoff, B. (1979): Paläographie des römischen Altertums und des abendländischen Mittelalters, Berlin.

Blecua, A. (²1990): Manual de crítica textual, Barcelona.

Blecua, A. (ed.) (1992): Juan Ruiz, Arcipreste de Hita: Libro de buen amor, Madrid.

Böhme-Dürr, K. (1997): Technische Medien der Semiose. In: Posner, R./Robering, K./Sebeok, Th. A. (eds.): Semiotik. Ein Handbuch zu den zeichentheoretischen Grundlagen von Natur und Kultur, Berlin/New York, 357-384.

Botrel, J.-F. (1993): Libros, prensa y lectura en la España del siglo XIX, Madrid.

Díaz y Díaz, M. (1978): Las primeras glosas hispánicas, Barcelona.

Dufour, A. (1995, ⁵1997): Internet, Paris.

Escolar, H. (ed.) (1994): Historia ilustrada del libro español, Bd. 2, De los incunables al siglo XVIII, Madrid.

Febvre, L./Martin, H.-J. (²1971): L'apparition du livre, Paris.

Fradejas Rueda, J. M. (1991): Introducción a la edición de textos medievales castellanos, Valladolid.

Frank, B. (1994): Seitengestaltung und mittelalterliche Handschriften im Kontext von Mündlichkeit und Schriftlichkeit. Zur Verschriftlichung der romanischen Sprachen, Tübingen.

Fritz, G. (1994): Geschichte von Dialogformen. In: Fritz, G./Hundsnurscher, F. (eds.): Handbuch der Dialoganalyse, Tübingen, 545-562.

Gleßgen, M.-D./Lebsanft, F. (eds.) (1997): Alte und neue Philologie, Tübingen.

Grimes, B. F. (¹³1996): Ethnologue, Dallas, Texas.

Lebsanft, F. (i.Dr.): Sprache und Massenkommunikation. In: Holtus, G./Metzeltin, M./Schmitt, Ch. (eds.): Lexikon der Romanistischen Linguistik, Bd. 1, Geschichte des Faches Romanistik, Methodologie, Tübingen.

Lüdtke, J. (1978): Die romanischen Sprachen im *Mithridates* von Adelung und Vater. Studie und Text, Tübingen.
Malinowski, B. ([10]1949): The Problem of Meaning in Primitive Languages. In: Ogden, C. K./Richards, I. A. (eds.): The Meaning of Meaning. A Study of the Influence of Language upon Thought and of the Science of Symbolism, London, 296-336.
Marcos Marín, F. (1996): La lengua española en las autopistas de la informácion, Madrid.
Martin, H.-J. (ed.) (1990): Mise en page et mise en texte du livre manuscrit, Paris.
Menéndez Pidal, R. ([3]1950, [8]1976): Orígenes del español. Estado lingüístico de la península ibérica hasta el siglo XI, Madrid.
Moll, J. (1979): Problemas bibliográficos del libro del Siglo de Oro. In: Boletín de la Real Academia Española 59, 49-107.
Odriozola, A. (1982): La imprenta en Castilla en el siglo XV. In: Historia de la imprenta hispana, Madrid, 91-219.
Raible, W. (1994): [Allgemeine Aspekte von Schrift und Schriftlichkeit]: Orality and Literacy. In: Günther, H./Ludwig, O. (eds.): Schrift und Schriftlichkeit. Ein interdisziplinäres Handbuch internationaler Forschung, Bd. 1, Berlin/New York, 1-17.
Rainer, F. (1993): Spanische Wortbildungslehre, Tübingen.
Sampedro Losada, P. (1998): Anglicismos en el lenguaje informativo. In: Hispanorama 79, 111-118.
Schmid, B. (1992): [Spanisch:] Geschichte der Verschriftung. In: Holtus, G./Metzeltin, M./Schmitt, Chr. (eds.): Lexikon der Romanistischen Linguistik, Bd. VI, 1, Tübingen, 414-427.
Ternes, E. (1979): Das schwere Erbe der Lateinschrift. Ein Beitrag zum Verhältnis von Phonologie und Graphemik. In: Baum, R./Hausmann, F. J./Monreal-Wickert, I. (eds.): Sprache in Unterricht und Forschung. Schwerpunkt Romanistik, Tübingen, 137-174.
Tervooren, H./Wenzel, H. (eds.) (1997): Philologie als Textwissenschaft. Alte und neue Horizonte. Zeitschrift für deutsche Philologie, Bd. 116, Sonderheft, Berlin/Bielefeld/München.
Trost, V. (1991): Skriptorium. Die Buchherstellung im Mittelalter, Stuttgart.

Michael K. Legutke, Andreas Müller-Hartmann, Stefan Ulrich

Neue Kommunikationsformen im fremdsprachlichen Unterricht

1. Einstieg

Die technologische Innovation der jüngsten Vergangenheit hat auch die Diskussion um den fremdsprachlichen Unterricht in Schule und Erwachsenenbildung neu belebt (u. a. Donath 1996, 1997, Fechner 1994, Kranz et al. 1997, Rösler 1998, Rüschoff et al. 1997). Das fremdsprachliche Klassenzimmer dürfe nicht mehr nur der Wissensvermittlung dienen, sondern sei vielmehr als offene Lernwerkstatt neu zu konzipieren. Gemeint ist ein Ort, an dem komplexe Lernumwelten für autonome Lernprozesse geschaffen werden, wo sich Kooperationsfähigkeit und Kreativität entwickeln; ein Ort, der sich zur Zielkultur geöffnet hat und der den Lernenden neue Möglichkeiten zum Sprachkontakt und zur Sprachverwendung bietet. Den Neuen Medien werden dabei vielfach besonders innovative Kräfte zugeschrieben. Der folgende Beitrag wird deshalb prüfen, ob und wenn ja wie die Neuen Medien ein zentrales Ziel, nämlich die Entwicklung kommunikativer Fähigkeiten in der Fremdsprache, fördern.

Als Einstieg möge der folgende Textausschnitt gelten, dessen Lücken die Leser und Leserinnen aufgrund ihrer fachdidaktischen und sprachlichen Vorkenntnisse leicht werden ausfüllen können:

> I believe that the ____________ is destined to revolutionize our educational system, and that in a few years it will supplant largely, if not entirely, the use of text-books in our schools. Books are clumsy methods of instruction at best. The education of the future, as I see it, will be conducted through the medium of the ______________, a _______ized education, where it should be possible to obtain a one-hundred-per-cent-efficiency.

Vermutlich beziehen die Leser die Textaussage auf die gegenwärtige medienpädagogische Diskussion, indem sie die Auslassungen mit *computer* und *computerized* ergänzen. Der Text stammt jedoch aus dem Jahre 1948. Der Autor, Thomas Edison (zitiert in Ritter 1996, 40), setzt sich mit den Veränderungen auseinander, die vom Medium Film für den fremdsprachlichen Unterricht zu erwarten sind. In die Lücken gehört deshalb nicht *computer*, sondern *motion picture*, nicht *computerized*, sondern *visualized.*

Daß der fremdsprachliche Unterricht auch 50 Jahre nach der visionären Äußerung eines Herrn Edison, zumindest was seine Anfangsphasen betrifft, vom papierenen Lehrbuch dominiert ist, kann nicht damit erklärt werden, daß sich die Lehrkräfte technologisch verursachter Innovation verschlossen hätten. Die Tatsache markiert vielmehr die Komplexität institutionalisierten Fremdsprachenerwerbs, die sich mit guten Gründen gegen vorschnelle, vereinfachende Verheißungen aus didaktischen Wunderwelten sperrt. Verwiesen sei in diesem Zusammenhang auf ähnliche Verheißungen grundlegender Innovationen, die die Praxis des fremdsprachlichen Unterrichts maßgeblich bestimmten: die Erwartungen, die in den 60er und 70er Jahren an die Leistungsfähigkeit des Sprachlabors geknüpft wurden. Die Erwartungen wurden enttäuscht, die Innovation ist gescheitert. Verheißungen, wie die von Edison und seinen heutigen Nachfolgern, treten stets janusköpfig auf: Mit der Markierung der Innovation, des Neuen, wird zugleich oft das Vorherige als überholt, stehengeblieben ja rückschrittig gebrandmarkt. Solches Vorgehen liegt nicht in unserem Interesse. Was haben Sie von uns im folgenden zu erwarten?

Ein Rückblick auf mehrere Stränge fachdidaktischer Theoriebildung und Praxis wird die historische Perspektive liefern, aus der heraus das „Neue", nämlich der Computer mit seinen Möglichkeiten, kritisch betrachtet werden kann. In dem so abgesteckten und historisch eingeordneten Argumentationsfeld hoffen wir zumindest eine Teilantwort auf die o. g. Frage formulieren zu können. Dieser Rückblick wird gefolgt von drei kurzen Einblicken in unsere Arbeit, wir werden aus der Forschungs- und Entwicklungsarbeit, aus der Werkstatt, berichten. Ob und inwieweit diese Einblicke zu einem ersten Durchblick verhelfen, wird danach zu fragen sein. Schließlich wollen wir noch einen kurzen Blick in die Ferne werfen. Wir wollen die Frage stellen, wohin die Reise im Fremdsprachenunterricht geht.

2. Rückblicke

Unsere Rückblicke beschränken sich auf Tendenzen seit der kommunikativen Wende, also auf die letzten 25 Jahre. Zentrales Anliegen des kommunikativen Fremdsprachenunterrichts war und ist es, im Klassenzimmer selbst eine Vielfalt von Möglichkeiten für den Gebrauch der Fremdsprache zu schaffen. Dies sollte u. a. dadurch erreicht werden, daß Lerner unter dem Primat von Themen mit einem ganzen Spektrum unterschiedlicher Texte konfrontiert wurden. Neben dem Buch als Träger von Drucktexten sollten alle anderen Mittler in gleicher Weise berücksichtigt werden, der Filmprojektor, der Videorekorder, der Kassettenrekorder, der Diaprojektor, die Plakatwand usw. Gefordert wurde eine, nach thematischen Gesichtspunkten vorgenommene, medienadäquate Vernetzung von Texten zu einer abwechslungsreichen und anregenden Lernumgebung, die unter den Bedingungen des Klassenzimmers eine Annäherung an reale, nicht simulierte Sprachverwendungszusammenhänge darstellte (vgl. Edelhoff 1978). So entstand in den 80er Jahren beispielsweise in Zusammenarbeit von Radio Bremen, dem Institut für Film und Bild und verschiedenen Verlagen eine ganze Palette analoger Medienverbundsysteme, die den buchgestützten Englischunterricht der Klassen 5 bis 10 ergänzen oder gar teilweise ersetzen konnten. Zu diesen Verbundsystemen, bestehend aus 4-6 Filmfolgen und parallelen Hörszenen auf Tonkassetten, gehörten u. a. Titel wie: *The Stone Age Kid* für die Klasse 5, *We are Sailing* Klasse 5, *The London Outing* für 5 und 6, *Young Encounters* für 7 und 8, *Speak for Yourself* für die Klassen 8 und 9 und *Challenges* für die Klassen 10 und 11 mit Verbundsystemen zu den Themen *Someone to Love, Somewhere to Live, Somewhere to Go, Somewhere to Work* usw.[1]

Trotz der interessanten Themen, der medialen Qualität (Film- und Hörteile) und der Verfügbarkeit über Schulfernsehen und alle Stadt- und Landesbildstellen, haben die Materialien nur marginale Verbreitung gefunden und die Wirklichkeit des Unterrichts kaum verändert, denn sie stellen nicht nur große (möglicherweise unrealistische) Ansprüche an die Ausstattung des Lernraums Klassenzimmer, sondern waren in der Regel als analoge Medienverbundsysteme schwer zu navigieren. Auch die elaborierten Lehrerhandbücher mit differenzierten „Wegenetzen" (Candlin und Edelhoff 1982, Legutke und Thiel 1982) zur Verknüpfung von Filmsequenzen mit dazugehörigen authentischen Hörteilen, mit Übungsvorschlägen aus dem Buch und Lesetexten sowie Bildmaterial konnten die Akzeptanz der Medienverbünde im Englischunterricht des *mainstream* kaum erhöhen.

---

[1] Einen umfassenden Überblick über die Medienverbundsysteme von Radio Bremen geben Edelhoff und Thiel (1985), vom WDR Buttjes (1980); vgl. auch Hessisches Institut für Lehrerfortbildung (1983) und Weiand (1984).

Unmittelbar verbunden mit der Entwicklung der integrierten Medienverbünde war die Auseinandersetzung um angemessene Aufgaben und Übungen, die den jeweiligen Texttypen zuzuordnen waren, und die besondere Verstehens- und Äußerungsleistungen der Lernenden stimulieren sollten. So erschien 1978 die erste Übungstypologie für Englisch (BAG 1978), die 1981 für Deutsch als Fremdsprache adaptiert wurde (Neuner et al. 1981). Die dynamische Entwicklung, welche von dieser Beschäftigung mit Übungen und Aufgaben in Gang gesetzt wurde, läßt sich am deutlichsten erkennen, wenn man die 2. Auflage der Übungstypologie betrachtet, die 1996 erschien: Aus der schematisch und linear organisierten Typologie vom Verstehen zum Äußern ist ein mehrdimensionales Arrangement multivalenter Übungsformen entstanden, die in beeindruckender Weise zeigen, wie Lernende im Fremdsprachenunterricht mit Sprache handelnd umgehen können (BAG 1996). Die Folgen dieser Entwicklung haben sich deutlich in den neuen Lehrwerken niedergeschlagen und können in vielen Sammlungen von schüleraktivierenden Methoden verfolgt werden, die mittlerweile auf dem Markt erschienen sind. Inwieweit die Aufgaben und Übungsvorschläge auch den Regelunterricht verändert haben, können wir allerdings nicht sagen.

Die im Medienverbund präsentierten, thematisch orientierten Lernangebote und dazugehörige Aufgaben dienten dem Zweck, die kommunikativen Möglichkeiten der Schülerinnen und Schüler im Umgang mit Texten zu schulen. Dabei spielte die Überlegung eine zentrale Rolle, wie nah die Arbeit im Klassenzimmer an der Wirklichkeit außerhalb des Klassenzimmers orientiert sein könnte. Das Bemühen, möglichst viele Situationen für Lerner zu schaffen, in denen sie ihre Möglichkeiten im kommunikativen Sprachgebrauch erproben konnten, schloß Versuche ein, das Klassenzimmer zur Welt draußen, in der die Fremdsprache benutzt würde, zu öffnen. Die nächste Tendenz, die für unseren Zusammenhang wichtig ist, sind folglich alle Versuche, das Klassenzimmer mit *Living Language Links* auszustatten. Klassenkorrespondenz, Video-Briefe, Klassenfahrten, Austauschprogramme, aber auch Erkundungen von zielsprachlichen Verwendungszusammenhängen in der eigenen Kultur: die amerikanische Schule um die Ecke, der französische Kindergarten oder der Besuch auf dem Frankfurter Flughafen. Der Versuch, *Living Language Links* in den Unterricht zu integrieren, erfolgte stets in einer doppelten Funktion: Einmal galt es, den Lernenden die Möglichkeit zu bieten, die Reichweite ihrer Kommunikationsfähigkeit zu erproben und zum anderen sollte durch Begegnung mit Sprechern der Zielsprache die Möglichkeit zur Anbahnung von Fremdverstehen geschaffen werden (vgl. Edelhoff und Liebau 1988; Legutke und Thomas 1993).

Gemeinsam ist diesen hier genannten Tendenzen nicht nur die Betonung des thematischen Aspekts des Fremdsprachenlernens, sondern die Forderung nach flexiblen und differenzierten Unterrichtsformen: Weder die Bearbeitung der Angebote des Medienverbunds noch das Ausnutzen von *Living Language Links* kann nämlich allein in einem frontal geführten Unterricht erfolgen. Vielmehr muß letztere Unterrichtsform um arbeitsteilige und kooperative Formen ergänzt werden, damit das Potential von Texten und Lernangeboten durch direkte und vermittelte Begegnungen genutzt werden kann. Als eine mögliche Unterrichtsform dieses Potential zu entfalten, wurde das Lernen in Projekten hervorgehoben. Damit ist eine Unterrichtsform gemeint, die lehrergeleitetes und selbständiges Lernen, offene und gesteuerte Lernprozesse unter thematischem Primat in ein ausgewogenes Verhältnis bringt. Im Projektunterricht realisieren Lehrende und Lernende ein gemeinsam ausgehandeltes Curriculum. Trotz der Schwierigkeiten, die sich dem Lernen in Projekten unter den Bedingungen des schulischen Alltags entgegenstellen, liegen mittlerweile zahlreiche Berichte und auch Analysen vor, die sich mit den Grenzen und Möglichkeiten solcher Unterrichtsformen auch im fremdsprachlichen Unterricht auseinandersetzen (vgl. Legutke 1993).

Die folgenden Ausführungen werden verdeutlichen, daß die hier nur gestreiften Errungenschaften und ungelösten Brennpunkte fachdidaktischer Diskussion bei der Bewertung der Neuen Medien für fremdsprachliche Lehr- und Lernprozesse neue Brisanz gewinnen:

- die Diskussion um die thematisch orientierten, integrierten Medienverbünde und damit um das reiche und angemessene Textangebot;
- das Bemühen um differenzierte Aufgaben und Übungen, die helfen sollen, das Textangebot in Lernhandlungen umzusetzen;
- die Versuche, das Klassenzimmer durch *Living Language Links* mit natürlichen Sprech- und Begegnungssituationen zu verbinden;
- und schließlich die Experimente mit projektorientiertem Lernen.

Vorweg noch zwei Einschränkungen:

1. Wir sprechen im folgenden nicht über Fremdsprachenunterricht schlechthin, sondern schließen die Phase des elementaren Spracherwerbs aus. Unter schulischen Bedingungen setzen wir etwa in Klasse 8 ein.
2. Was den Computer betrifft, so interessiert uns nicht seine tutorielle Funktion. Wir blenden folglich Multimediaprogramme aus der Tradition des *Computer Assisted Language Learning* (CALL) aus. Vielmehr werden wir den Computer vor allem in seiner Werkzeugfunktion und in seiner Kommunikationsfunktion betrachten.

3. Einblicke

3.1 *Rich Learning Environments*: Die online-Version des Jugendmagazins *jetzt*

Der Text in Abbildung 1 stammt aus einem Projekt, das am Institut für die Didaktik der Englischen Sprache und Literatur der Universität Gießen gemeinsam mit der Abteilung Forschung und Entwicklung des Goethe-Instituts München für Deutsch als Fremdsprache entwickelt wird. Als Textbasis dienen Artikel aus dem in der *Süddeutschen Zeitung* als Wochenbeilage erscheinenden Jugendmagazin *jetzt* mit einer Leserschaft von 270.000 Personen zwischen 14 und 29 Jahren. Aus der elektronischen Version des Jugendmagazins, die im World Wide Web unter dem Namen „jetzt online" erscheint, werden entsprechend der Zielgruppe (jugendliche Deutschlernende von Mittel- bis Oberstufe) Artikel ausgewählt, didaktisiert und auf dem zentralen Rechner des Goethe-Instituts in München gespeichert (http://www.goethe.de). Ca. 18000 Deutschlernende rufen diese Seiten monatlich ab. Geographische Schwerpunkte sind Skandinavien und Nordamerika.

Der erste augenfällige Vorteil einer solchen Textdatenbank ist die Verfügbarkeit außerhalb des zielsprachigen Raums. Bisher war der Zugriff auf aktuelle Texte für Lernende und Lehrende gleichermaßen schwierig. Die Texte geben ein möglichst differenziertes Bild der deutschen Realität wieder, ermöglichen jedoch auch die Reflexion über die Ausgangskultur der Lernenden. Themen werden entsprechend der Zielgruppe ausgewählt (Neue Medien, Erwachsenwerden, Schule und Ausbildung, Pop- und Jugendkultur, Umwelt, Liebe usw.)

Hyperlinks in den Artikeln öffnen weitere Bildschirmseiten, die Vokabelhilfen, Wortfelder, Erklärungen und offene, freisetzende oder bindende Aufgaben beinhalten. Die Vokabelhilfen und kulturspezifischen Erklärungen erläutern schwer erschließbare Ausdrücke und Wendungen. Die offenen und freisetzenden Aufgaben bedienen sich teilweise der vorhandenen Infrastruktur des World Wide Web, stellen somit also *real world tasks* (vgl. Nunan 1989, 40ff.) dar, die via Bildschirm ein Entdecken der Zielsprachenkultur und -sprache ermöglichen. Wenn man im Text z.B. Flughafen wählt, erhält man folgende Aufgabenseite:

Zu deren Lösung müssen die Lernenden den Schnellbahnplan (Abb. 3) von München benutzen, ein Teil des WWW-Angebots der Münchner Verkehrsbetriebe, der nicht auf dem Server des Goethe-Instituts gespeichert ist. Zur Überprüfung der Antwort bedienen sich die Lernenden einer (ebenfalls nicht zu Sprachlernzwecken erstellten) Datenbank.

jetzt

WO DIE LIEBE HINFÄLLT

Charlie, 24, aus Bangkok hatte sich richtig gefreut. Im Urlaub auf Koh Samui, einer Insel im Süden Thailands, hatte sie sich in einen hübschen Deutschen, einen Türsteher aus München, verliebt. „Laß uns zusammenleben", hatte er zu ihr gesagt. Als sie einige Wochen später in Deutschland ankam, war Koh Samui aber sehr weit weg – und die Liebe auch. „Er war unverbindlich nett und hat getan, als ob wir uns nie richtig gekannt hätten." Da war Charlie mit ihrem schicken Samsonite wieder allein. Doch anstatt zurückzufliegen, zog sie bei einer neuen Freundin ein und wartet nun auf das Ende ihres Visums. Weil sie nur Englisch spricht, hält sie sich dort auf, „wo ich diese fremde Münchner Welt verstehen kann." Nachts wandert sie durch die Clubs und abends schaut sie sich Filme in der amerikanischen Originalfassung an. „Und im English Bookshop in der Schellingstraße habe ich sogar eine alte Liebe wiederentdeckt, das Schmökern." Dafür hat sie noch bis Sonntag Zeit, dann muß sie mit ihrem Samsonite zum Flughafen. „Mein Visum läuft ab, aber ich bin nicht traurig. Wenn ich zu Hause gefragt werde, ob ich meine Liebe gefunden habe, werde ich antworten: Die neue nicht, aber dafür eine alte. In der Schellingstraße."

CLAUDIA RIEDEL

Abbildung 1

Eine weitere Aufgabe, die sich die positiven Eigenschaften des Internet zunutze macht, verbirgt sich hinter dem Hyperlink zum Begriff „Türsteher". Die Lernenden werden aufgefordert, an das Schweizer Internet-Magazin *Ernst* zu schreiben, das unter Jugendlichen eine Umfrage zu deren Erfahrungen mit Türstehern durchführt. Schriftliche Kommunikation, Kontaktaufnahme mit Personen im Land der Zielsprachenkultur werden nicht simuliert, sondern „authentisch" durchgeführt. Die Autoren des Magazins *Ernst* sind nicht aus Sprachlernzwecken an Diskussionsbeiträgen interessiert. Die Lernenden lassen sich auf ein Stück Lebenswelt außerhalb des Klassenzimmers ein. So können z.B. amerikanische Deutschlernende über dieses elektronische Schwarze Brett Schweizer Jugendlichen ihre Erfahrungen mit „Rausschmeißern" mitteilen. Solche Entdeckungsreisen im deutschsprachigen Teil des Internet sind besonders unter landeskundlichem Aspekt sowie hinsichtlich interkultureller Fragestellungen fruchtbar einzusetzen.

Aufgabe: Flughafen

Finde den Weg: Wie kommt Charlie vom Flughafen in die Universität?
Benutze dazu den **Schnellbahnplan** von München und schreibe die Antworten zu den folgenden Fragen auf ein Blatt Papier.

- Welches Verkehrsmittel benutzt man?
- Wo muß man umsteigen?
- Wie heißen die Endstationen? (engl. terminus, destination)

Überprüfe Deinen Weg mit dem **Subway Navigator**, indem Du die Anfangsstation und die Endstation in die Felder eingibst.

Zum Lösungsblatt

Abbildung 2

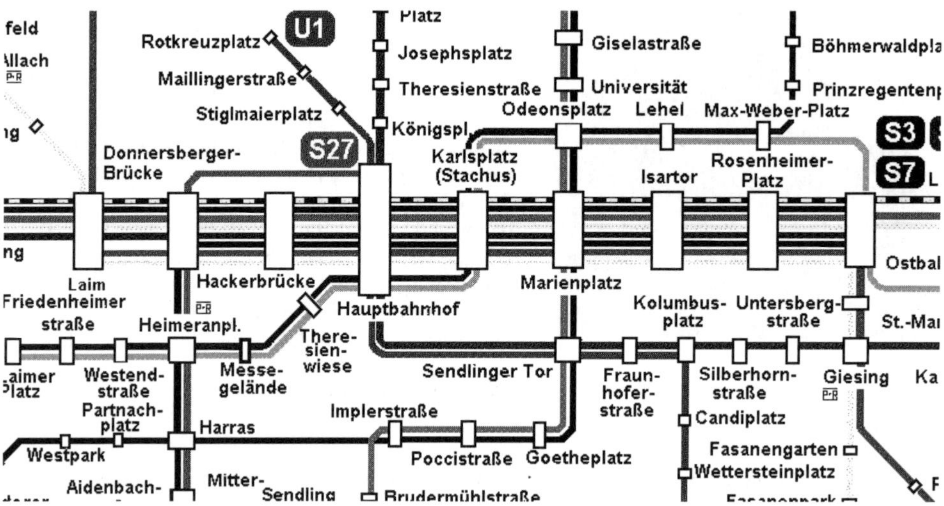

Abbildung 3

Eine weitere Aufgabe verbirgt sich hinter dem schwer erschließbaren Begriff „schmökern" (Abb. 4).

Man lernt konkret die Infrastruktur des Internet für Sprachlernzwecke zu nutzen, die Suchmaschine *Alta Vista* wird als linguistisches Hilfsmittel eingeführt und nutzbar gemacht, auch im Sinne einer Erweiterung der Medienkompetenz.

Abbildung 4

Das Bild zeigt Charlie beim Schmökern. Tip: Wenn Du noch genauer wissen willst, was „schmökern" bedeutet, benutze die Suchmaschine Alta Vista. Gib das Wort „schmökern" in das Feld der Suchmaschine ein, klicke auf „abschicken" und schaue Dir die ausgegebene Liste an.
Dann kannst Du sehen, in welchem Kontext das Wort „schmökern" erscheint. Du kannst dabei entweder die kurzen Texte lesen oder auch die Verknüpfungen (Links) weiterverfolgen.
In der Anleitung zur weiteren Recherche auf dem Internet erfährst Du mehr über das Suchen nach fremden Wörtern.

Hier ist der umstrittene Begriff der Authentizität angesprochen: Wichtig ist nicht nur die Frage der authentischen Texte, denn die finden sich überall im Internet, sondern vielmehr die Entwicklung von authentischen Aufgaben. Die vorgestellten Aufgaben sind plausibel: Lernende müssen sprachlich etwas realisieren, das nur mit dem und durch das Medium Internet geleistet werden kann. Mit Hilfe der angebotenen Texte sollen die Lernenden Lust bekommen zu lesen und auf Entdeckungsreise durch die Kultur und die Welt der Zielsprache zu gehen. Schließlich sollen die Lerner auch in die Lage versetzt werden, das WWW als Medium zur selbständigen Recherche, z.B. für projektorientierte Arbeitsformen, zu nutzen.

Erste Ergebnisse aus Beobachtungen und Rückmeldungen zum Projekt lassen vermuten, daß eine nach ästhetischen, interface-ergonomischen und linguistischen Gesichtspunkten gestaltete Lernumgebung alleine nicht ausreicht: Wichtig sind die Aufgaben, die über eine entsprechende Auswahl von Übungsformen hinaus die Lernwege in einer WWW-Lernwelt bestimmen müssen.

Diese durch das Projekt hergestellte online-Lernumgebung besteht sowohl aus linear verknüpften Texten (wie in dem alten Medienverbundsystem und den Lehrwerksystemen), sie ist jedoch zugleich auch assoziativ, d. h. hypertextuell strukturiert. Im Gegensatz zu den alten Medienverbünden der Vergangenheit ist die Lernumgebung in doppelter Weise offen:

1. Indem sich die Lernenden zunächst auf eine vorgeschlagene Kette von Aufgaben begeben und dabei einen Text aus dem Jugendmagazin aufschlüsseln, sollen sie die Fähigkeit erwerben und gleichzeitig motiviert werden, eigenständig Texte aus diesem Jugendmagazin aufzusuchen, die nicht didaktisiert sind. Vom angeleiteten soll eine Brükke zum selbständigen Lesen geschlagen werden.

2. Die zweite Dimension von Offenheit bezieht sich auf die Um- und Ausstiege ins WWW, welche die vorstrukturierte Lernumwelt den Lernenden bietet.

Die vorgeschlagenen Pfade zur Recherche und Exploration können jederzeit zurück zum Ausgangsmaterial führen, sie können aber auch zu weiteren, das Internet mit seinen Möglichkeiten nutzenden Ausflügen führen. Auch in diesem Fall gehen wir davon aus, daß Lerner eine größere Selbständigkeit bei der Suche nach für ihr Lernen relevanten Materialien entwickeln können. Neben die Bereitstellung interessanter Lernmaterialien und Recherchemöglichkeiten tritt als Ziel eine durch selbständiges Handeln weiterentwickelte Lese- und Medienkompetenz.

Ob eine solche Kompetenzerweiterung tatsächlich stattfindet und ob damit der Entwicklung von Lernerautonomie Vorschub geleistet wird, hängt u. E. entscheidend mit dem Kontext zusammen, in dem die Lernenden den Textangeboten begegnen bzw. sich in den halboffenen Lernumwelten bewegen. Dabei ist prinzipiell zu unterscheiden, ob es sich um Selbstlerner handelt oder um Lernende innerhalb institutionalisierter Lerngruppen. Für unsere Arbeit ist vor allem der letztere Fall von großem Interesse, dabei gilt die Aufmerksamkeit vor allem der Verschränkung von selbständigen und im Klassenverband gesteuerten Lernphasen. Wir vermuten, daß die halbstrukturierten komplexen Lernumwelten Lernende in ihrer Lernverantwortung dadurch bestärken, daß sie ihnen die Möglichkeit geben, Themen und Texte selbst in den Unterricht einzubringen. Damit wird das Monopol des klassischen Lehrwerks und der Lehrkraft, nämlich für das Bereitstellen von Themen und Texten allein verantwortlich zu sein, zugunsten einer neuen kooperativen Verantwortung aufgehoben.

3.2 *Virtual Encounters* und kooperatives Lernen im Literaturunterricht eines Grundkurses der Sekundarstufe II

Im Sinne der *Living Language Links* steht in diesem Projekt die virtuelle Begegnung über E-Mail im Vordergrund und die sich daraus ergebenden Möglichkeiten für interkulturelles Lernen. Dabei kommt dem Computer eine reine Werkzeugfunktion zu, die genutzt wird, um Kommunikation mit Muttersprachlern zu ermöglichen. Zu Projektbeginn lautet die wichtigste Frage: Wie stellt man den Kontakt her?

Die erste Wahl wären Lehrerinnen oder Lehrer an Partnerschulen. Wenn noch keine Schulpartner im Ausland vorhanden sind, so besteht die Möglichkeit, auf den moderierten E-Mail-Listen des St. Olaf Colleges in Minnesota E-Mail Projekte anzubieten. Die Informationen werden in der folgenden Form an alle Abonnenten der Liste geschickt:

Request from:
Name: Jo Ann Gilliland
E-mail: les.careercenter@imsday.com
Institution: Liberty Elementary School (primary)
Location: Liberty, Texas, USA
Seeking Partner:
Partner type: class
Institution type: primary
Culture: Germany
Language: German
Time frame: December-May, 1998
Number of Partners: 24
Other comments:
Children want to know how your children celebrate Christmas

Immer mehr Lehrerinnen und Lehrer machen von dieser Möglichkeit des Austauschs mit Sprechern der Zielsprache Gebrauch. 1997 haben über 200 deutsche Lehrkräfte auf diese Weise ihre Projekte angeboten. In den meisten Fällen ähneln die Angebote dem oben Dargestellten. Es werden relativ genaue Angaben zu der eigenen Klasse und der gewünschten Partnerklasse gemacht und dann mögliche Gedanken zum Inhalt des Austausches formuliert. Es ist aber bekannt, daß Brieffreundschaften, also *penpalships* genauso wie *keypalships*, nur über einen längeren Zeitraum aufrechterhalten werden können, wenn inhaltlich sinnvoll gearbeitet wird. Der Austausch über Haus, Familie, Hund, Hamster und Musikgruppen kommt in der Regel relativ bald zum Erliegen. Das führt zur zweiten und entscheidenden Frage: Worüber schreibt man sich, worüber tauscht man sich aus? Wie sieht der inhaltliche Rahmen der Kommunikation aus?

In dem vorliegenden Projekt war es der Roman *The War between the Classes*, der, entsprechend der curricularen Vorgaben für die Sekundarstufe II (Jahrgang 12: *society and the individual, society and minorities*), Minoritäten zum Thema hat (Miklowitz 1985). Die Projektidee, sich über dieses Buch auszutauschen, wurde auf der St. Olaf-Liste vor und nach den Sommerferien 1997 angeboten.

Dear colleagues,
next school year Heike Jackstaedt and I are going to read the novel „The war between the classes" by Gloria Miklowitz with a year 12 group of high school students. The novel deals with the issues of conflict/understanding between different classes and ethnic groups. The book lends itself especially well for engaging the two partner groups into issues of intercultural understanding and learning, which would be our main aim.
This could be an interesting topic for a social studies class, we think. Approaches and methods (like creative writing, gap-fillers, etc.) are negotiable.
Timeframe: Late October until Christmas 1997
Target group: There are 20 students in our class (17 years of age). We have got three lessons per week. We would love to find any group of English native speakers who are interested in such a project. We could also imagine setting this project up between three groups,

for example, two in Europe, one in the U.S., Canada or Australia, etc or two in the U.S, and/or Canada/Australia and our group.
Looking forward to your reactions
Cheers
Heike Jackstaedt and Andreas Mueller-Hartmann

Aus dem sich ergebenden Kontakt mit mehreren möglichen Partnern kristallisierte sich im Laufe des Septembers und Oktobers 1997 ein virtuelles Lerndreieck heraus. Neben dem Grundkurs Englisch an der Gesamtschule in Lollar nahmen ein ebensolcher Grundkurs an einem Gymnasium in Ulm und ein Englischkurs an einer Schule in Lachute, Quebec/Kanada, an dem Projekt teil.

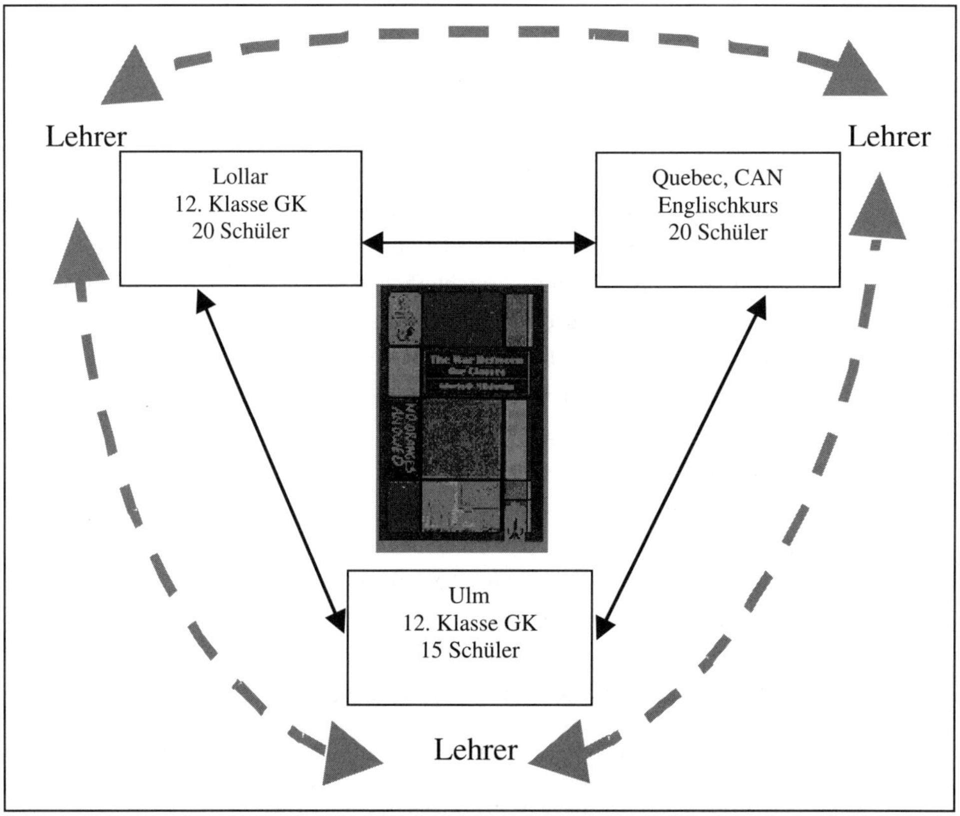

Abbildung 5

In einer mehrwöchigen Vorlaufphase einigten sich die beteiligten Lehrerinnen und Lehrer über das Vorgehen. Im Zentrum des Projektes, das sich von Ende Oktober 97 bis Anfang Januar 98 erstreckte, standen eine Reihe von fachdidaktischen Fragen:

1. Wie erreicht man eine möglichst hohe Schülerautonomie in der Entwicklung der Fragestellungen bei der Auseinandersetzung mit dem literarischen Text? Grundlage mußte sein, „echte“ Kommunikation zu ermöglichen, denn Schülerbriefe der Art „Our teacher told us to ask you ...“ sollten möglichst vermieden werden.
2. Eng daran geknüpft ist die Frage nach den Aufgabenstellungen.
3. Welche Sozialformen erweisen sich als hilfreich, um kooperatives Lernen zu ermöglichen?
4. Wie kann interkulturelles Lernen initiiert werden?
5. Wie bekommt man in einem dreistündigen Grundkurs die komplexen Prozesse im Klassenraum in den Griff. Um nur einige Parameter zu nennen:
   - die intensive Auseinandersetzung mit dem Buch;
   - Dutzende von Lernertexten werden empfangen, gelesen und bearbeitet;
   - die Schülerinnen und Schüler erstellen eine Vielzahl eigener Texte;
   - die Arbeit im Lerndreieck führt zur zeitversetzten Bearbeitung des literarischen Textes. Die lineare Beschäftigung mit dem Text löst sich auf zugunsten einer intensiveren Diskussion der Lernertexte.

Das Medium Computer kommt hier nur in seiner Werkzeugfunktion zum Tragen. In diesem konkreten Fall war es so, daß der Computerraum während des gesamten Projektes nicht zur Verfügung stand, und erst am Ende ergab sich durch die Einrichtung eines zweiten Computerraumes für die Schüler die Möglichkeit, direkt am PC zu schreiben. Warum dann überhaupt der Einsatz des Computers? Wäre der Austausch nicht auch über den normalen Briefverkehr, i. e. *snail mail*, zu bewerkstelligen gewesen? In dem Begriff *snail mail* liegt schon die Erklärung: Indem die Lehrenden die Briefe eingaben und über E-Mail verschickten, konnte ein billiger und vor allem schneller Austausch gewährleistet werden. Hinzu kommt, daß die Absprache unter den beteiligten Kolleginnen und Kollegen ohne E-Mail in diesem Zeitrahmen nicht möglich gewesen wäre. Zeitweise wurden zwei bis drei Briefe pro Woche zwischen den drei Parteien ausgetauscht, um die Feinabstimmung im Projekt zu gewährleisten.

Im folgenden möchten wir anhand der dargestellten Fragestellungen versuchen, einen Einblick in die sich entwickelnde und von allen Beteiligten mitkonstruierte komplexe Lernumwelt zu gewähren.

3.2.1 Die Ebene Leser – Text

Grundlage für die Beschäftigung mit dem Buch war ein Lesetagebuch, das von allen Schülerinnen und Schülern in Ulm, Quebec und Lollar während des Leseprozesses geschrieben wurde. Darin wurden erste Eindrücke, Gefühle zu den Charakteren, Fragen an den Text, aber auch mögliche Fragen an die Partner festgehalten sowie Vergleichsmöglichkeiten zur eigenen kulturellen Erfahrung gesammelt. Drei Beispiele verdeutlichen das Potential des Lesetagebuches für mögliche Diskussionen im Lerndreieck:

> Amy's parents have got many prejudices and it is hard to escape for her. Why the parents do not want to adapt to the culture of the country they are living in? [sic] (Hans-Werner)

> Poor Amy. She is between two boys: Adam and Brian. She doesn't know what she shall do. Adam is really convinced about hisself. [sic] I feel angry about his reaction. I also think that Amy is to [sic] soft to him. (Stefanie)

> Colorgame is too strict (too real) like the 3rd Reich (Adam speaks German: „Jawohl mein Kommandant!"). (Peter)

Der Blick ins Klassenzimmer zeigt, daß in der dann folgenden Auseinandersetzung mit dem Lesetagebuch durchaus traditionelle Unterrichtsformen sinnvoll sein können. Eindrücke und Fragen werden z. B. im Frontalunterricht an der Tafel gesammelt und andiskutiert. Entscheidend ist diese Sammlung, um einen möglichen Einstieg in erste Briefe zu erlauben. Jetzt können die Schüler aus dem von ihnen formulierten Fundus schöpfen und an die Partner schreiben. Dabei kann das Lesetagebuch auch direkt benutzt werden und Teile daraus in die Briefe übertragen werden, wie es die Partner aus Quebec oft gemacht haben.

Mit dem Erstellen der Briefe wechselt die Sozialform. Je nach Interesse können Briefe alleine oder zu zweit geschrieben werden, wobei das gemeinsame Schreiben, vor allem auch, wenn es direkt am Computer möglich ist, die Auseinandersetzung über Inhalt und Sprache zu einer intensiven Sprachübung werden läßt.

3.2.2 Die Ebene Leser – Leserin

Die ersten Briefe treffen ein, Partnergruppen werden gebildet, es entwickelt sich eine neue Ebene, die zwischen Leserin und Leser. Aspekte des Textes werden diskutiert, ausgewählt von den Beteiligten.

> Petra aus Lollar an Helen in Quebec:
>
> In your last message you asked if we think that Amy is right by defying authority and if she should follow the rules or continue doing what she thinks is right. I think that Amy makes an important step in the color game and she should continue doing what she thinks is right. It think it is the first time for Amy when she defies someone or something and it's important for her self-confidence... I agree with you that Amy is truly standing up for her beliefs.

Wie aus dem obigen Beitrag schon ersichtlich, haben die Schülerinnen im Laufe des Projektes die Punkte des Romans angesprochen, die die Lehrenden auch angesprochen hätten, um eine umfassende Interpretation des literarischen Textes zu ermöglichen. Es entwickelt sich eine intensive Diskussion über die Charaktere, deren Entwicklung und Beziehungen. Während parallel die Besprechung des Buches mit Hilfe des Lesetagebuches weiterläuft und so den roten Faden für alle darstellt, ist die Rolle der Lehrerin beim Schreiben der Briefe eher die des *facilitators* – haben alle Briefe erhalten, ist genug Zeit zum Schreiben gegeben – und des sprachlichen Ratgebers beim Lesen der Briefe bzw. beim Formulieren.

Gleichzeitig beschäftigen die Schüler sich mit dem sozialen Konflikt, der das Zentrum des Buches darstellt, die Auseinandersetzung zwischen Klassen und ethnischen Gruppen. Dabei, wie auch bei der Diskussion über die Charaktere, bringen die Beteiligten ihre eigenen kulturellen Erfahrungen mit ins Spiel und es entsteht eine weitere Ebene des Austauschs, die, angeregt durch das Buch, sich aber schnell von diesem entfernend, die realen Lebensbedingungen in Quebec, Ulm und Lollar zum Thema hat.

3.2.3 Die Ebene des interkulturellen Lernens

Diese dritte Ebene, nämlich die zwischen unterschiedlichen Lesereaktionen, eröffnet Möglichkeiten des interkulturellen Lernens, die aber angeleitet werden müssen. Das heißt, die Rolle der Lehrerin tritt hier wieder stärker in den Vordergrund, denn sie muß Aspekte aus den Briefen aufgreifen, im Plenum zur Diskussion stellen und so zu intensiverem Nachdenken, aber auch zum Nachfragen anregen. Ein Briefwechsel zwischen Lollar und Ulm zeigt deutlich die Auseinandersetzung mit der eigenkulturellen Lebenssituation. Hans-Werner, Ralf, Heike und Thomas schreiben an Ulm:

> Now we, ... will talk about the social aspect concerning our project. Here in our surroundings there are living many different ethnic groups, mainly Turkish and Russian people. We all agree that we have problems with the integration of foreigners. It is not only our fault, but also the fact that most of those foreigners do not have the will anymore to integrate because we made mistakes in the beginning of the immigration. We settled them in special parts of our towns and cities, so they never really had the chance to get out of their culture. We think that discrimination in Germany you can find in a few places, but the main population has no problem with intercultural understanding, they live in harmony with many different ethnic groups.
>
> Regards Hans-Werner, Ralf, Heike, Thomas

Die Antwort von Bülent aus Ulm öffnet eine andere Perspektive:

> Hello to Hans-Werner, Ralf, Heike and Thomas
>
> ... I wouldn't call that living in harmony as I am not sure what you meant by "harmony". There are serious problems between the so-called "foreigners" and German people. But this comes because both sides make mistakes. You mentioned some of them made by German people, though it is more than just settling the "foreigners" in gettos... On the other hand, non-German people are not open enough, especially the elderly ones. This is because they are so afraid of being assimilated, that they can't even tolerate the smallest integration be-

cause it's losing one's identity for them, whereas the problems of the young generation are mainly based on being between two cultures... If you can say, you do not recognize many problems with ethnic minorities it is good for you in one respect, but don't you think so too, that it could also be because you don't have much to do with each other – I mean here personal relationships?

Best wishes, Bülent

Die ebenfalls stattgefundene Diskussion der drei Gruppen über die Situation in Quebec, die durch die Auseinandersetzung zwischen den Sprachgruppen Englisch und Französisch gekennzeichnet ist, findet hier ihren Niederschlag in einem Austausch über die eigene Lebenssituation im multikulturellen Deutschland. Diese Schülertexte bieten eine Vielzahl von Möglichkeiten, um interkulturelles Lernen und Verstehen zu entwickeln, die aber von den Lehrenden erst in Gang gesetzt werden müssen.

Wie im ersten Fall geht es auch hier um komplexe Lernumwelten, deren Existenz den Möglichkeiten des Internets geschuldet ist. Neben seiner Werkzeugfunktion (Textverarbeitung) kommt der Computer vor allem in seiner Kommunikationsfunktion zum Einsatz. Im Gegensatz zum ersten Einblick wird im zweiten Fall die Lernumwelt durch die Interaktion aller Beteiligten erst geschaffen. Es entsteht ein komplexes Geflecht von Texten und Gegentexten, das in seiner Gesamtheit den Prozeß des gemeinsamen Aushandelns und Sichverständigens darstellt. Obwohl wir als Dokumente nur die geschriebenen Texte vor uns hatten, wurde doch deutlich, daß sie selbst vielfach Resultate von einem oder Momente in einem kommunikativen Prozeß sind, der sich nach verschiedenen Seiten hin untersuchen läßt:

- Betrachtet werden kann die unterschiedliche Sichtweise der Beteiligten, die in den Reaktionen auf den Ausgangstext zum Ausdruck kommt. Untersucht werden können die verschiedenen Realbezüge, die bei der Interpretationsmaßnahme hergestellt und mit den Partnern erörtert werden.
- Von Interesse ist ferner die sprachliche Leistung und die Frage, inwieweit das Bemühen um Mitteilung zur Verbesserung der sprachlichen Kompetenz beigetragen hat. Interessant ist außerdem die Diskursstruktur der Äußerungsabfolgen, die in der über weite Räume gehenden Interaktion zum Ausdruck kommt und in den von den Lernern geschriebenen Texten faßbar wird. Auf diese Texte wollen wir später noch einmal zurückkommen.
- Besonders wichtig scheint uns ferner die Kommunikation in den jeweiligen Klassenzimmern, in deren Zentrum die strukturierende Intervention der Lehrkraft in ihrer Rolle als interkultureller Mittler steht und die Kommunikation zwischen den beteiligten Lehrenden im Lerndreieck, ihren Absprachen und Aushandlungen vor, während und nach dem Projekt.

- Festzuhalten ist schließlich, daß der traditionelle Handlungsraum des Klassenzimmers nicht nur aufgebrochen, sondern qualitativ verändert wird. Diesen Aspekt werden wir am Schluß des Beitrags nochmals aufnehmen.

Mit einem dritten, kurzen Einblick wollen wir eine weitere Möglichkeit der Neuen Medien für den Fremdsprachenunterricht fokussieren, die Möglichkeit, aus aktuellem Anlaß lehrwerk- und kursergänzend auf Materialien im WWW zurückzugreifen, die den fremdsprachlichen Unterricht in neuer Weise beleben können.

3.3 *Titanic* – Ressourcen im Internet

Folgende Situation ist denkbar:
Motiviert vom großen Interesse ihrer Schüler an der Katastrophe der Titanic, welches der Film mit Leonardo DiCaprio ausgelöst hat, hat die Lehrerin einer 8. Klasse das Netz auf mögliche Texte durchforstet mit dem Ziel, das Angebot des Lehrwerks um aktuelles und historisches Material zum Thema Titanic zu ergänzen. Mit Hilfe der üblichen Suchmaschinen eröffnen sich ihr in kürzester Zeit kaum überschaubare Textwelten: bebilderte Dokumentationen von der Entdeckung des Wracks, Bildgalerien vom Produktionsprozeß des Ozeanriesen, Schiffspläne, Grundrisse des Decks, die Passagierlisten der Opfer und der Geretteten, vernetzt mit den Rettungsbooten auf dem Boat-Deck und verknüpft mit *Links* zu den Lebensgeschichten der Überlebenden, in vielen Fällen mit Fotos aus den verschiedenen Lebensphasen. Die Geschichte der Schiffslinie, Aufzeichnungen des Unglückskapitäns vernetzt mit Bildern von der Kommandobrücke, Protokolle der Geretteten aus der Unglücksnacht, Notizen des Roten Kreuzes – und natürlich Berichte zum Film, Besprechungen, Reaktionen. Hier sind einige Web-Adressen, die noch am 28.04.1998 gültig waren.

Ravensworld Titanic Homepage (Einstiegsseite):
http://www.ravens.net/titanic/discover.htm
Encyclopedia Britannica presents Titanic (Einstiegsseite):
http://www.titanic.eb.com/index.html
RMS Titanic, her passage and her crew (Einstiegsseite):
http://www.rmplc.co.uk/eduweb/sites/phind
Discovery (Entdeckung der Titanic):
http://www.geocities.com/CapeCanaveral/Hangar/7574/discover.htm
Anna Turja's Titanic Experience (Einzelschicksal):
http://www.webcom.com/jrudolph/turja/mumma.html

So faszinierend die Materialien sind, durch die sich die Lehrerin klickt, so anregend sie für die Arbeit in der Klasse sein könnten, die Frage stellt sich: Welche auswählen? Oder will ich die Auswahl den Schülern überlassen? Welche Web-Seiten sollen die Schüler als Einstieg nutzen? Die Lehrerin merkt, daß sie schon über eine Stunde *surft*, sie hat vergessen, wo sie welche Texte gesehen hat. Obwohl sie immer wieder Lesezeichen gesetzt hat, findet sie die Spur nicht mehr genau zurück. Ihr Problem ist jetzt: es gibt so viele miteinander verknüpfte Seiten zum Thema im WWW, daß sie das Gefühl des *lost in cyberspace* beschleicht. Sie fragt sich, wie würde es erst den Schülern ergehen und wer bezahlt für die Suche und schließlich: Kann ich es mir wirklich leisten, immer wieder zu anderen Themen auf solche Explorationen zu gehen? Wird mein Unterricht an Qualität gewinnen, wenn ich mich dieser Mühe aussetze?

Nun bietet das WWW nicht nur Material von sprachdidaktisch/ thematisch/ landeskundlicher Qualität, sondern ebenso Berge von „Müll". Damit sind nicht nur Porno, Gewalt und rassistische Hetze, sondern seichtes und belangloses Zeug gemeint, langweilige Homepages und mehr und mehr Werbung. Wie damit umgehen? Was kann man tun, um nicht im Müll zu versinken? *Buried in Cybertrash?*

Qualifizierte, von Forschung gestützte Beratung für Lehrer und Lehrerinnen ist gefragt. Hier tun sich wichtige und neue Aufgaben für Universitäten, pädagogische Institute und zunehmend auch für Verlage auf. Sie müssen die Vorarbeiten übernehmen und Angebote für die Praxis machen, Web-Seiten sichten, bewerten und ständig warten. Differenzierte Serviceangebote für Fremdsprachenlehrer in Form sogenannter Web-Units, z.B. zu Lehrwerkslektionen, und relevanten Themen werden mittlerweile aus dem Netz angeboten (siehe Donath 1997 und z.B. http://www.englisch.schule.de; http://www.zum.de).

4. Durchblicke

Kehren wir zu unserer Ausgangsfrage zurück, die so lautete: Können die Neuen Medien die Entwicklung kommunikativer Kompetenz unter den Bedingungen institutionellen Fremdsprachenerwerbs (also im Klassenzimmer) fördern? Die Antwort lautet: Ja, wenn beim Versuch, das Neue Medium zu nutzen, zugleich ganz alte Fragen von hoher fachdidaktischer Brisanz bedacht und entsprechend beantwortet werden. Einige Brennpunkte haben wir bereits implizit angesprochen.

Einblick 1. und 3. machen deutlich, daß das Internet schier unerschöpfliche Quellen zielsprachiger Texte für die Fremdsprachen Englisch und Deutsch bietet, ein Reichtum, von dem Lehrende und Lernende vor wenigen Jahren nur träumen konnten. Es ist nur noch eine Frage der Zeit, bis das Angebot im Internet alle Möglichkeiten der Multimedialität in gleicher Weise realisiert: Film, Ton, Bild und Lesetexte und entsprechend multimodale

Verarbeitungsmöglichkeiten. Aus der Quantität des Angebots auf eine Qualität des Lernens zu schließen, wäre allerdings mehr als naiv. Damit das Angebot für Lern- und Kommunikationsprozesse fruchtbar werden kann, muß es über bestimmte Qualitäten für Lernen verfügen, d. h. es muß in mehrfacher Weise zugänglich sein. Die Zugänglichkeit läßt sich nach mindestens drei Seiten bestimmen:

1. nach der Qualität des Materials; mit diesem Aspekt sind die Themen angesprochen, die Realisierung der Themen in bestimmten Textsorten und die ästhetische Gestalt der Texte;
2. nach der Seite der Lernenden. Hier geht es um das Interesse der Lernenden, ihre geistige Entwicklung, den Stand ihrer fremdsprachlichen Kompetenz, ihre Medienkompetenz und schließlich
3. nach der Seite des Kontextes hin, in dem das Material aufgesucht wird. Hier sind der thematische Rahmen gemeint, das Angebot von Übungen, Aufgaben und Szenarien zum Umgang mit Texten und damit die möglichen kommunikativen Situationen im Klassenzimmer selbst (vgl. van Lier 1996).

Auch der zweite Einblick markiert eine Dimension des Neuen: Das Lerndreieck mit seinen unterschiedlichen, vernetzten Kommunikationsebenen wäre ohne den Computer in seiner Werkzeugfunktion nicht möglich. Erinnern wir uns: Es kommunizieren die Lehrkräfte miteinander, die Lernenden im Lerndreieck mit unterschiedlichen Partnern, die Lernenden in der Klasse, die Kleingruppen mit und ohne den Lehrer usw. Einen Aspekt der Kommunikation wollen wir hier genauer betrachten, das Schreiben.

Auch wenn das Schreiben durch verschiedene kreative Ansätze in den letzten Jahren eine gewisse Aufwertung erfahren hat, so zählt es immer noch bei weitem zu den vernachlässigtesten Fertigkeiten im fremdsprachlichen Unterricht. Im Kontext virtueller Kommunikationsprojekte erfährt das Schreiben eine deutliche Aufwertung. Denn die immer wieder neu geschriebenen, umgeschriebenen Texte sind das wesentliche Mittel, mit dem die Sinnaushandlung über weite Räume mit unterschiedlichen Menschen unterschiedlicher Kulturen erfolgt. Die Texte haben Adressaten, die sich nicht primär für sprachliche Richtigkeit, Fehlerkoeffizienten oder realisierte Lernziele interessieren, sondern für die Inhalte der Botschaft. Auch wenn E-mail-Texte häufig als *conversations written down* (Garner und Gillingham 1996) bezeichnet werden, und damit die Zwitterstellung dieser Textsorte zwischen geschriebener und gesprochender Sprache benannt wird, scheint uns diese Erklärung für die in den Projekten hergestellten Texte nicht hinreichend zu sein. Denn neben die flüchtig hingeschriebenen, spontanen Texte treten auch solche, die in Kleingruppen oder Partnerteams lange vordiskutiert, mehrfach korrigiert, folglich mit Mühe und Ausdauer bearbeitet wurden.

Alle drei Einblicke lassen erkennen, welche Gestalt möglicherweise Lehrwerke in der Zukunft haben könnten. So ist vorstellbar, daß auch die Beteiligten des Lerndreiecks entsprechend ihrer unterschiedlichen Bedürfnisse auf Ressourcen des Internet zugreifen, auf weitere themenbezogene Textangebote, Informationen zu Autoren, aber auch auf Hilfsmittel verschiedener Art: Lexika, Grammatiken, Wortfeldbanken usw. Was sich hier abzeichnet, könnte als Grundstruktur eines Lehrwerksystems begriffen werden, das aus einer Kombination von strukturierten, von Autoren ins Netz gestellten Angeboten besteht und von Lernpfaden, die Lerner und Lehrer gemeinsam oder unabhängig voneinander in der assoziativ-anarchischen Welt des Internet anlegen.

Schließlich zeigt das zweite Beispiel in anschaulicher Weise, welch bedeutsame Aufgabe den Lehrkräften zukommt: Die schriftliche Kommunikation über weite Räume war an die Kommunikation in den jeweiligen Klassenzimmern gebunden, in die nicht zuletzt die sprach- und inhaltsbezogenen Interventionen der Lehrkraft eingingen. Hier tut sich ein weites, bisher völlig unbeackertes Feld für zukünftige Forschung auf. Gemeint sind Forschungen, die versuchen zu beschreiben und zu verstehen, was Fremdsprachenlehrer tun, wenn sie solch virtuelle Lernbeziehungen als Chance zum interkulturellen Lernen begreifen und entsprechend zu gestalten suchen. Was wir auf diesem Feld schon wissen, läßt uns mit Entschiedenheit alle Versuche zurückweisen, die die Lehrer auf die Rolle des Lernberaters oder Kommunikationsmanagers reduzieren wollen. Sicher, sie müssen die asynchron ablaufende Kommunikation synchronisieren; sie sind zugleich aber auch und in besonderem Maße als fremdsprachliche Pädagogen gefordert, die intervenieren, bündeln, erklären, ja, die im klassischen Sinne vermitteln und unterrichten.

Noch eine Erkenntnis deutet sich aus unserer Arbeit an: Wir müssen über den Handlungsraum Klassenzimmer neu nachdenken. Auch hier helfen uns Diskussionsstränge der letzten 25 Jahre, wie die Überlegungen der Freinet-Pädagogik, die Untersuchungen zur Projektarbeit, zur Inszenierung von Fremdsprache und der Begegnungsdidaktik und nicht zuletzt der Grundschuldidaktik.

5. Fernblick. Wohin geht die Reise?

Das fremdsprachliche Klassenzimmer in Lollar kann am besten als Ensemble multifunktionaler Lernräume bezeichnet werden. Das uns bekannte Klassenzimmer bleibt dabei als Kernzone bestehen: Hier werden die Pläne des Projekts koordiniert, hier werden gemeinsam hergestellte Texte ausgestellt, hier wird die plenare Diskussion über den Roman geführt. Diese Kernzone ist jedoch mit weiteren Lernräumen vernetzt: Innerhalb der

Schule mit dem Computerfachraum und der Bibliothek, über die Schule hinaus mit Klassenzimmern in Ulm und Quebec und mit virtuellen Lernräumen. Die Schüler nutzen diese unterschiedlichen Lernräume arbeitsteilig, indem sie sich zwischen ihnen hin und her bewegen. Dabei sind sie in vielfältiger Weise mit Fremdsprachlichem befaßt: sie lesen, sie schreiben, sie planen, sie handeln aus, sie konzipieren, sie argumentieren etc. Wir haben guten Grund anzunehmen, daß dieser aktive, die Leistungsfähigkeit der Beteiligten herausfordernde Umgang mit der Sprache, die Entwicklung von kommunikativer Kompetenz fördert (vgl. Olberding 1997; Rampillon 1997; Legutke 1998).

Damit sich die Kommunikation auf den verschiedenen Ebenen des Lerndreiecks entfaltet, war es nicht erforderlich, daß jeder Lernende einen eigenen Rechnerarbeitsplatz hat. Allerdings waren die Beteiligten in Lollar darauf angewiesen, daß die Informatiklehrer den Computerraum für andere Fächer geöffnet haben. Und damit sind wir auch generell bei der Frage der Ausstattung. Was brauchen wir in unseren Schulen, wenn die Reise in ein erweitertes Klassenzimmer gehen soll?

1. In Lollar und anderswo entstehen solche multifunktionalen Lernräume, etwa in Form eines flexibel nutzbaren Computerfachraums, über den nicht nur die Informatiklehrer befinden.
2. Auch der zweite multifunktionale Lernraum entsteht an vielen Schulen: die Schulbibliothek mit multimedia- und internetfähigen Rechnern und Arbeitsplätzen für Einzelne sowie für Gruppen.
3. Alternativ und ergänzend sind ferner die fremdsprachlichen Lernwerkstätten zu nennen, die, ähnlich wie die Fachräume in der Physik und Chemie, für die besonderen Lernbedürfnisse des Faches eingerichtet sind. Im Fall der Fremdsprachen gehören dazu Arbeits- und Kommunikationszonen, Hilfsmittel und Materialsammlungen. Während niemand vom Physiklehrer erwartet, daß er seine Meßgeräte, Kabel und Generatoren in jedes Klassenzimmer schleppt, war es jahrelang der Fremdsprachenlehrer, der, wollte er auf einen allein buchgestützten Unterricht verzichten, als Mediot in Erscheinung treten mußte: Mit Kassettenrekorder, Packpapier und OHP bewaffnet, möglicherweise eine Videoeinheit vor sich her schiebend, wanderte er durch das Schulgebäude. Fremdsprachliche Lernwerkstätten machen nicht nur solche Medioten überflüssig, sie helfen außerdem, Lernumwelten zu schaffen und zu nutzen, wie sie im 1. und 3. Einblick skizziert wurden. In solchen Lernwerkstätten wird auch das Lehrwerk der Zukunft Verwendung finden können.
4. Schließlich brauchen wir Rechner-Arbeitsplätze für die Lehrer und Lehrerinnen. Erst wenn die Computer in den Alltag der Lehrkräfte integriert sind, werden sie wirklich benutzbar. Ein erster Schritt sind Rechnerarbeitsplätze mit Internetzugang in den Lehrerzimmern – u. a. eine Voraussetzung für kollegiales Lernen en passant.

Die Ausstattung ist jedoch nicht einmal die halbe Ladenmiete. Unsere Einblicke und die daran angeschlossenen Kommentare zeigen, daß es wie eh und je auf die pädagogische Phantasie, die Ideen der Lehrer, die Themen, die Arbeitsformen, das Interesse und den Leistungswillen der Lernenden, die kognitiv und emotional herausfordernden Aufgaben ankommt – alles Aspekte, die Kommunikation unter den Bedingungen des organisierten Fremdsprachenerwerbs fördern. Solange wir diese alten Fragen der Fremdsprachendidaktik außen vor lassen, wird auch die dritte technologische Revolution in den Schulen lediglich zu einem weiteren Berg von Elektronikschrott führen und die Konten großer Konzerne füllen, an der Qualität fremdsprachlicher Lehre und fremdsprachlichen Lernens und der Kommunikation in den Klassenzimmern wird sich jedoch wenig ändern. Damit rückt u. a. die Ausbildung und Fortbildung der Lehrkräfte ins Visier – doch das wäre ein neues Thema, über das wir, wenn es um neue kommunikative Formen geht, ebenfalls neu nachdenken müssen.

Literatur

Ackermann, B. (1998): jetzt online, Süddeutsche Zeitung, http://www.jetzt.de/ (28.4.1998)

BAG. Bundesarbeitsgemeinschaft Englisch an Gesamtschulen (Hg.) (1978): Kommunikativer Englischunterricht. Prinzipien und Übungstypologie, München.

BAG. Bundesarbeitsgemeinschaft Englisch an Gesamtschulen (Hg.) (1996): Kommunikativer Englischunterricht. Prinzipien und Übungstypologie, New Edition, München.

Buttjes, D. (1980): Schulfernsehen im Englischunterricht. Fach- und medienspezifische Leistungen am Beispiel des Westdeutschen Schulfernsehens, Die Neueren Sprachen 79, 378-395.

Candlin, C./Edelhoff, C. (1982): Challenges. Teacher's Guide, London.

Donath, R. (1996): E-Mail-Projekte im Englischunterricht, Stuttgart.

Donath, R. (1997): Internet und Englischunterricht, Stuttgart.

Edelhoff, C. (1978): Themenorientierter Englischunterricht: Textsorten, Medien, Fertigkeiten und Projekte. In: BAG 1978, 54-68.

Edelhoff, C./Thiel, W. (1985): Schulfernsehen Englisch im Medienverbund der Nordkette (Norddeutscher Rundfunk, Radio Bremen): Der Fremdsprachliche Unterricht 19/H. 74, 127-138.

Edelhoff, C./Liebau, E. (Hg.) (1988): Über die Grenze. Praktisches Lernen im Fremdsprachenunterricht, Weinheim.

Fechner, J. (ed.) (1994): Neue Wege im computergestützten Fremdsprachenunterricht, Berlin.

Garner, R./Gillingham, M. G. (1996): Internet Communication in Six Classrooms: Conversations across Time, Space and Culture, New Jersey.

Hessisches Institut für Lehrerfortbildung (Hg.) (1983): Fernsehen und Film im kommunikativen Fremdsprachenunterricht, Fuldatal.

Kranz, D. et al. (Hg.) (1997): Multimedia. Internet. Lernsoftware. Fremdsprachenunterricht vor neuen Herausforderungen?, Münster.

Legutke, M./Thiel, W. (1982): The London Outing. Lehrerheft zum Medienverbund, Hannover.

Legutke, M. (1993): Room to talk. Experiential Learning in the Foreign Language Classroom, Die Neueren Sprachen 92.4, 306-331.

Legutke, M./Thomas, H. (1993): Process and Experience in the Language Classroom, London.
Legutke, M. (1998): Handlungsraum Klassenzimmer and beyond. In: Timm, H.-P. (Hg.) Englisch lehren und lernen. Didaktik des Englischunterrichts, Berlin, 93-109.
Miklowitz, G. (1985): The War between the Classes, Schulbuchausgabe 1996, Stuttgart.
Neuner, G. et al. (Hg.) (1981): Übungstypologie zum kommunikativen Deutschunterricht, München.
Nunan, D. (1989): Designing Tasks for the Communicative Classroom, Cambridge.
Olberding, H. (1997): Lehren und Lernen mit Lehrbuch, Bühne und Computer. Arbeiten in der Fremdsprachenwerkstatt, Jahresheft Friedrich 15, 71-73.
Peschke, R. (1997): Medienwelten in der Schule, Jahresheft Friedrich 15, 112-115.
Rampillon, U. (1997): Offenes Fremdsprachenlernen in der Lernwerkstatt. Der fremdsprachliche Unterricht/Englisch 31(26), 46-47.
Ritter, M. (1996): Neue Technologien: Chance für eine neue Schule und einen neuen Sprachunterricht?. In: Rüschoff, B./Schmitz, U., Kommunikation und Lernen mit alten und neuen Medien, Frankfurt/M, 39-49.
Rösler, D. (1998): Autonomes Lernen? Neue Medien und ‚altes' Fremdsprachen-lernen. Info DaF 25.1, 3-20.
Rüschoff, B. et al. (1997): Fremdsprachenlernen mit dem Computer, Bielefeld.
Ulrich, S. (1998): Deutsch lernen mit dem Jugendmagazin „jetzt online", Goethe-Institut, http://www.goethe.de/z/jetzt/ (28.4.1998)
van Lier, L. (1996): Interaction in the Language Curriculum. Awareness, Autonomy & Authenticity, London.
Weiand, H. (1984): Fünfzehn Jahre Schulfernsehen Englisch: Das Angebot für die Sekundarstufe I, Die Neueren Sprachen 83, 287-302.

Ulrich Glowalla, Gudrun Glowalla

Interaktive Medien in der universitären Lehre

1. Einleitung

Die technischen Voraussetzungen zur Entwicklung komplexer und facettenreicher Lehrsysteme sind mittlerweile sehr gut. Außerdem herrscht derzeit in weiten Teilen der Öffentlichkeit ein großes Interesse an neuen Formen der Wissensvermittlung. Dies zeigt sich schon allein daran, daß in den vergangenen Jahren auf Bundes- und Landesebene sowie auf Initiative privater Stiftungen eine Reihe von Förderprogrammen zur Entwicklung multimedialer Lehrangebote für die Hochschule aufgelegt worden sind: Virtuelle Hochschule Baden-Württemberg, HessenMedia, Bildungswege in der Informationsgesellschaft (BIG), um nur drei aktuelle Beispiele zu nennen.

Um den Nutzen der in der Entwicklung befindlichen interaktiven Bildungsangebote erfassen und bewerten zu können, sehen praktisch alle Forschungsprogramme in diesem Bereich erhebliche Anstrengungen im Hinblick auf die systematische Evaluation der Lehr- und Kommunikationsangebote vor. Hierzu müssen innovative Evaluationskonzepte entwickelt werden, die die Auswirkungen interaktiver Medien möglichst breit erfassen.

Der verstärkte Einsatz neuer Medien in der universitären Ausbildung wird zwangsläufig zu durchgreifenden strukturellen Veränderungen führen. Wie tiefgreifend und einschneidend diese Veränderungen für Studierende und Lehrende sein werden, wird momentan in verschiedenen Expertenkreisen und Gremien von Bildungsverantwortlichen diskutiert (vgl. beispielsweise Hamm und Müller-Böling 1997). Bereits jetzt ist abzusehen, daß der zunehmende Einsatz interaktiver Lernsysteme zu der Entwicklung ganz neuer

Lehrkonzepte und einer umfassenden Veränderung bestehender Curricula führen wird. Auch die Kommunikation zwischen Lehrenden und Studierenden sowie das Studierverhalten werden sich nachhaltig verändern.

Im vorliegenden Beitrag werden wir vier Aspekte dieser Entwicklung diskutieren. Erstens werden wir aufzeigen, daß der Einsatz interaktiver Medien in der Ausbildung ideal zur Erforschung von Lehr- und Lernprozessen geeignet ist und somit einen wesentlichen Beitrag zur Entwicklung und Qualitätssicherung interaktiver und wahrscheinlich auch herkömmlicher Lehrangebote liefern wird. Zweitens werden wir ein Projekt vorstellen, in dem die Entwicklung umfangreicher Lehrangebote durch eine breit angelegtes, innovatives Evaluationskonzept begleitet wird. Drittens werden wir diskutieren, wie sich die Kommunikation von Studierenden und Lehrenden durch den Einsatz interaktiver Medien verändert wird. Abschließend werden wir Perspektiven der computervermittelten Kommunikation im allgemeinen diskutieren.

2. Erforschung von Lehr-/Lernprozessen mit interaktiven Medien

Seit 1989 bildet das multimediale Lernen einen zentralen Forschungsschwerpunkt unserer Arbeitsgruppe. Eine Reihe ganz verschiedener kognitions-, instruktions- und medienpsychologischer Fragen wurde seitdem in Lern- und Wiederlernkursen erforscht (Glowalla und Häfele 1997). In den Lernkursen erwerben Studierende neues Wissen über verschiedene Teilgebiete der Psychologie. In Wiederlernkursen haben dieselben Studierenden Gelegenheit, nach einem längeren Behaltensintervall ihr zuvor erworbenes Wissen aufzufrischen. Solche Wiederlernkurse bieten sich zum Beispiel vor Prüfungen oder weiterführenden Lehrveranstaltungen an.

Die differenzierte Betrachtung von Lehr-/Lernprozessen bei der Teilnahme an unseren Kursen ist insbesondere deshalb möglich, weil mit geeigneter Software sehr genaue Protokolle des Lernverlaufes aufgezeichnet werden können. So lassen sich Lesezeiten genau erfassen, die exakte Reihenfolge der studierten Informationen protokollieren sowie die Bearbeitungszeiten und Antworten beim Bearbeiten von Wissensdiagnosen festhalten. Die gemeinsame Analyse der verschiedenen Datenquellen ermöglicht es, präzise Rückschlüsse über die kognitiven Prozesse beim Bearbeiten des Lehrstoffes sowie der dabei erzielten Lernergebnisse zu ziehen.

In unseren Lernkursen haben wir beispielsweise folgende Forschungsfragen betrachtet (a) der Vergleich des multimedialen Lernens mit verschiedenen traditionellen Lernformen, (b) die Integration von Wissen über Lektionsgrenzen hinweg (Glowalla, Rinck und Fezzardi 1993), (c) situativ angepaßte Interaktionsformen bei Navigation und Wissensdiagnostik (d) lernförderliche Kombinationen verschiedener Medien bei der Wissenspräsentation, (e) Verwendung von Studiertechniken beim multimedialen Lernen (Glowalla, Häfele und Rinck 1989) sowie (f) die Wissensstrukturierung durch statistische Graphen bei der Darstellung experimenteller Ergebnisse (Rinck und Glowalla 1993, 1994, 1995). In den Wiederlernkursen geht es um die Prüfung psychologischer Theorien zur Aktualisierung von Wissen (Glowalla, Häfele, Hasebrook, Rinck und Fezzardi, 1992; Glowalla, Hasebrook, Häfele, Fezzardi und Rinck, 1992). Im Vordergrund stehen dabei kognitionspsychologische Hypothesen zur Auslösung von Transfereffekten sowie instruktionspsychologische Hypothesen zu Effekten der system- und benutzergesteuerten Navigation.

Exemplarisch werden wir im folgenden eine der Untersuchungen zur Integration von Wissen kurz skizzieren (Glowalla, Rinck, und Fezzardi 1993). In dieser Untersuchung wurde der Frage nachgegangen, wie man die Integration von Wissen über Lektionsgrenzen hinweg fördern kann. Dazu wurde ein Lehrtext zur Einführung in die Gedächtnispsychologie verwendet (Glowalla und Häfele 1996). Für die Teilnehmer an dieser Untersuchung handelte es sich hierbei um ein neues Sachgebiet. Der Lehrtext bestand aus fünf Lektionen, wobei Bezüge zwischen den verschiedenen Lektionen auf drei verschiedene Weisen realisiert wurden: explizit, erwähnt oder implizit. Als Beispiel zeigt Abbildung 1 wie ein Sachverhalt in Lektion 2 dargestellt wurde (linke Seite der Abbildung) und wie darauf in Lektion 3 eingegangen wurde (rechte Seite der Abbildung). Bei dem Sachverhalt handelt es sich um die intensiv erforschten Kapazitätsunterschiede zwischen Kurz- und Langzeitgedächtnis.

Der Sachverhalt wurde in Lektion 2 immer gleich dargestellt. Variiert wurde, wie darauf in Lektion 3 Bezug genommen wurde. In einem abschließenden Behaltenstest wurde erfaßt, wie gut die Lernenden die Bezüge zwischen den Lektionen behalten haben. Wie Abbildung 2 zeigt, werden im Behaltenstest am wenigsten Fehler in der Bedingung gemacht, in der Bezüge zwischen Lektionen explizit erläutert wurden. Auch die Antwortzeiten, also die Bearbeitungszeiten für die Aufgaben des Behaltenstests, sind in dieser Bedingung am kürzesten. Beide Ergebnisse zusammen belegen, daß die besten Behaltensleistungen in der Bedingung mit expliziter Bezugsdarstellung erzielt werden.

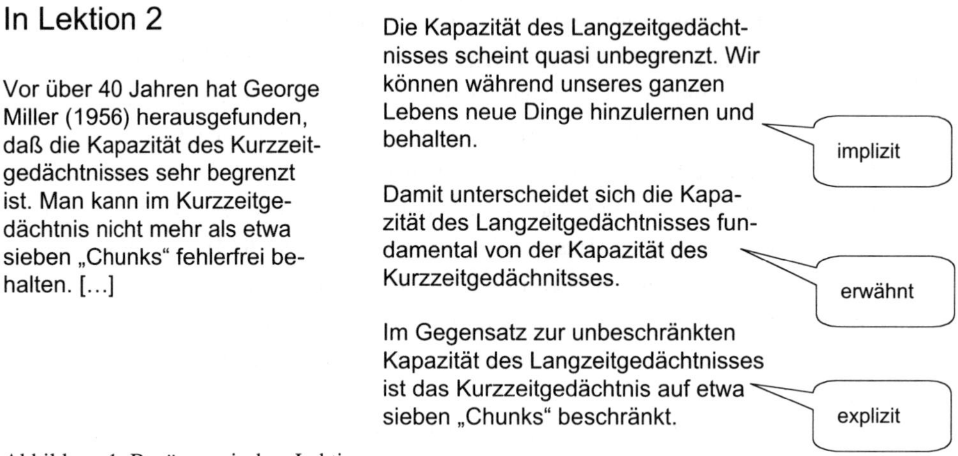

Abbildung 1: Bezüge zwischen Lektionen

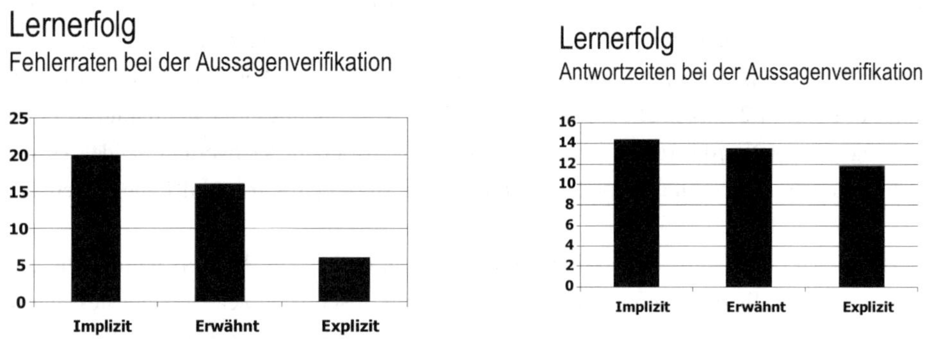

Abbildung 2: Lernerfolg in Abhängigkeit von der Art des Bezuges

Schaut man sich auch die Lesezeiten für die Absätze in Lektion 3 an, in denen der Bezug hergestellt wird, so zeigt sich, daß die Lesezeiten in der Bedingung „explizit" am längsten ist. Dies liegt nicht etwa daran, daß die Absätze länger sind. Es werden nämlich mittlere Zeilenlesezeiten und nicht Abschnittslesezeiten betrachtet. Die längeren Lesezeiten für die Abschnitte in der Bedingung „explizit" sind daher so zu interpretieren, daß die Lernenden länger über die zu integrierenden Informationen nachdachten, als dies beispielsweise in den Bedingungen „erwähnt" und „implizit" der Fall war (vgl. Abbildung 3).

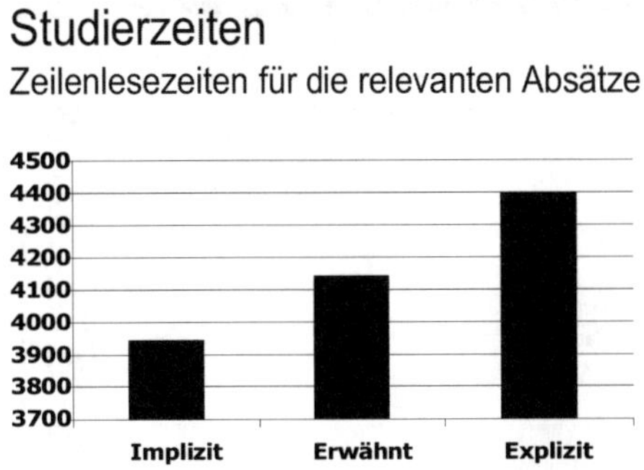

Abbildung 3: Studierzeiten für die Textabsätze in Lektion 3

Die Untersuchung zeigt, daß man Bezüge zwischen Lektionen explizit herstellen sollte. Wie generalisierbar ist dieses Ergebnis? Die Behaltensunterschiede in Abhängigkeit von der Art des Bezuges sind so stabil, daß sie noch nach sechs Monaten vorhanden sind. In Folgeuntersuchungen konnte dieses Ergebnis viermal repliziert werden. Es handelt sich also um einen stabilen Effekt: Arbeiten Lernende sich in ein neues Sachgebiet ein, so sollten Bezüge zwischen Lektionen explizit erläutert werden, um das Verstehen und Behalten zu fördern. Dies gilt unseres Erachtens auch für die Gestaltung von Lehrbüchern und Vorlesungen.

Viele unserer bisherigen Untersuchung haben wir auf Einzelplatz-Computern durchgeführt. Die rasanten Fortschritte des Internets hinsichtlich *Multimedialität* – neben Text und Bildern können inzwischen alle dynamischen Medien (Audio, Animation und Video) in guter Qualität über das Internet verbreitet werden – und *Interaktivität* – mittels CGI- und Java-Skripten sowie ASP- (Active server pages)Technologie – erlauben es, daß sich heute auch eine Vielzahl psychologischer Untersuchungen internet-basiert durchführen lassen. Folgerichtig haben wir internet-basierte Kurse entwickelt, die uns auch die Möglichkeit bieten, internet-basierte Experimente durchzuführen. Der in Abbildung 4 dargestellte Screenshot bietet Studierenden beispielsweise an, direkt im Verlauf des Lernens an einem Experiment zum freien Reproduzieren teilzunehmen.

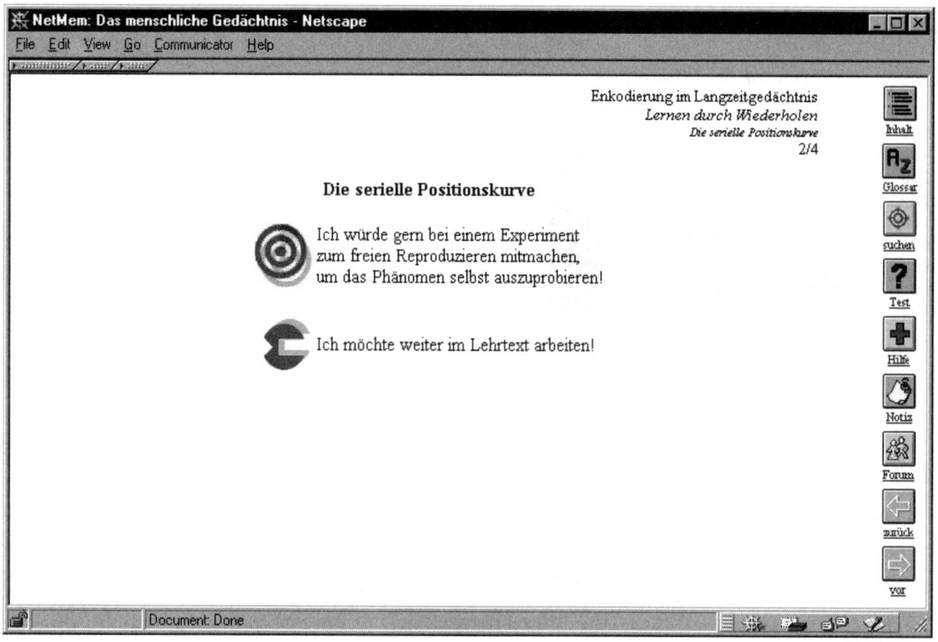

Abbildung 4: Blick auf eine Seite eines unserer internet-basierten Lehrsysteme

Auf diese Weise ist es möglich, vergleichsweise schnell mehrere verschiedene und jeweils hinreichend große Stichproben von Probanden an denselben oder auch ganz verschiedenen Orten zu untersuchen. Die differenzierte Analyse von Lernprozessen im Rahmen von internet-basierten Experimenten wird uns dabei unterstützen, Lehrsysteme zu entwickeln, die sich in erster Linie an den Lern- und Verstehensprozessen des Menschen orientieren und die Möglichkeiten des Mediums gezielt zur Unterstützung dieser Prozesse nutzen.

An dieser Stelle möchten wir noch auf ein weiteres internet-basiertes Lehrsystem hinweisen, das eingesetzt wird, um Studierenden der Elektrotechnik beispielsweise die Ausbreitung von Wellen auf elektrischen Leitungen zu verdeutlichen (vgl. Abbildung 5). Mit Hilfe des Lehrsystems können die Studierenden Laborübungen als Prüfaufgaben direkt über das Internet durchführen: vergleichbar mit einer praktischen Meßaufgabe sollen durch Ablesen der verschiedenen Spannungswerte und deren Beziehungen zueinander die verborgen eingestellten Parameterwerte gefunden werden (Zinke und Glowalla, im Druck).

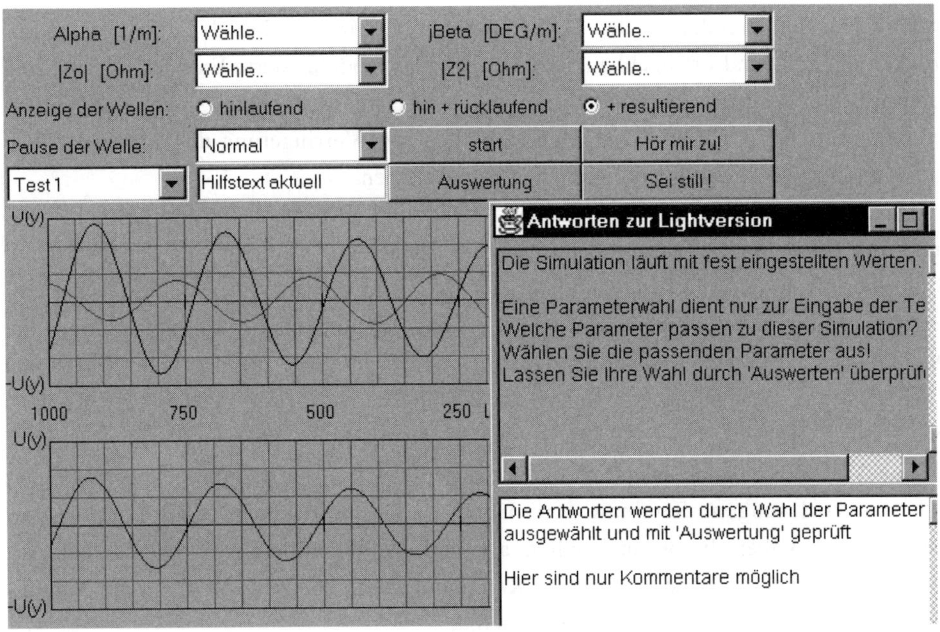

Abbildung 5: Laborübung online

3. Evaluationsforschung

Im Rahmen der Initiative „Bildungswege in der Informationsgesellschaft" (*BIG*) fördern die Bertelsmann Stiftung und die Heinz Nixdorf Stiftung zwei Hochschulprojekte: VIRTUS (Virtuelle Universitätssysteme, Universität zu Köln; http://www.virtus.uni-koeln.de/) und WINFO-Line (Projektakademie Wirtschaftsinformatik Online, Federführung: Universität des Saarlandes; http://www.winfoline.de/). Bei beiden Projekten geht es um die Entwicklung umfangreicher und weit gefächerter interaktiver Bildungsangebote. Die Bertelsmann Stiftung hat unsere Arbeitsgruppe mit der Evaluation der beiden BIG-Hochschulprojekte beauftragt. Für beide Projekte haben wir ein speziell zugeschnittenes Evaluationsmodell entwickelt. Bevor wir dieses Modell erläutern, möchten wir kurz die beiden Projekte vorstellen.

Im Rahmen des WINFO-Line Projektes wird eine virtuelle Lehrumgebung für einen Teil des Hauptstudiums der Wirtschaftsinformatik entwickelt. Innerhalb der Lehrumgebung werden Lehrveranstaltungen in modularisierter Form entwickelt. Diese Lehrmodule ermöglichen Studierenden an den Universitäten in Göttingen, Kassel, Leipzig und Saarbrücken ein zeit- und ortsunabhängiges Lernen. Das modularisierte Entwicklungskonzept verspricht eine Vergrößerung und Vertiefung des Leistungsangebotes sowie eine Kostenreduktion durch Vermeidung von Mehrfacharbeit und Verringerung des administrativen Aufwands im Vergleich zu herkömmlichen Lehrsystemen.

Das Verbundprojekt VIRTUS an der Sozial- und Wirtschaftswissenschaftlichen Fakultät der Universität zu Köln möchte auf drei Ebenen zur Verbesserung der hochschulpolitischen Situation in Deutschland beitragen. Mit dem Einsatz neuer Medien in der universitären Lehre und Administration sollen erstens die Studiensituation und zweitens die Qualität der Lehre verbessert werden. Drittens soll der gesamtgesellschaftliche Nutzen von VIRTUS in der Einsparung von Kosten im Bildungsbereich sowie der besseren Konkurrenzfähigkeit deutscher Universitäten liegen. Um diesen drei Aspekten gerecht zu werden, ist eine Vielzahl verschiedener Lehreinheiten geplant. Bei den Lehreinheiten handelt es sich um Vorlesungen, Seminare und Übungen der Wirtschafts- und Sozialwissenschaftlichen Fakultät, die, wenn möglich, alle multimedial aufbereitet werden sollen. Außerdem sollen elektronische Formen der Kommunikation genutzt werden, um die Administration der Lehrveranstaltungen zu effektivieren.

Die Evaluation der beiden Projekte umfaßt sowohl die formative als auch die summative Evaluation. Die formative Evaluation der Lehrangebote wird von den Entwicklungsteams am jeweiligen Ort durchgeführt. Die Entwicklungsteams verfügen direkt über alle zu diesem Zweck nötigen Informationen und können flexibel und im Sinne ihrer Projektidee auf alle Anforderungen reagieren. Auf diese Weise werden alle Entwicklungsarbeiten im engeren Sinne bei den Entwicklungsteams gebündelt. Eine formative Evaluation durch ein externes Team scheint auch aus Praktikabilitätserwägungen wenig sinnvoll.

Die wichtigste Aufgabe eines externen Evaluationsteams besteht in der summativen Evaluation der Wirksamkeit der entwickelten Lehrangebote. Auf Grund der langen Projektdauer (dreieinhalb Jahre) und des Umfangs der Projekte erscheint eine Evaluation, die ausschließlich am Ende der Projekte stattfindet, wenig aussagekräftig. Die Durchführung einer Zwischen-Evaluation beider Projekte – etwa zur „Halbzeit“ – wäre ebenfalls problematisch: Zum einen muß man von erheblichen Unterschieden im Entwicklungsstand der einzelnen Lehrmodule zur Halbzeit ausgehen – die Module werden sukzessive fertiggestellt –, die erhebliche Unterschiede in der Qualität der möglichen Evaluation bedingen und einzelnen Modulen vermutlich nicht gerecht werden würde. Zum anderen stellen zwei Evaluationsmeßzeitpunkte eine suboptimale Ausschöpfung des Qualitätsentwicklungspotentials dar, das mehrere modulbezogene Evaluationen mit sich bringen.

Um diese Probleme zu vermeiden, haben wir ein neues Evaluationsverfahren entwikkelt, nämlich die *sukzessive, summative Evaluation auf der Ebene einzelner Lehrmodule.* Das bedeutet, daß einzelne Lehrmodule (z.B. eine multimediale Vorlesung oder größere thematische Einheiten innerhalb der Vorlesung) im Verlauf der Projektentwicklung mehrfach summativ evaluiert werden, so daß die in der Evaluation gewonnenen Erkenntnisse unmittelbar befruchtend in die weitere Entwicklungsarbeit eingehen können.

Entscheidend für die Aussagekraft jeder Evaluation einer Bildungsmaßnahme ist, daß die einzelnen Module der neuen Bildungsmaßnahme mit geeigneten alternativen Modulen verglichen werden, die denselben Lehrstoff vermitteln. Das bedeutet im aktuellen Zusammenhang, daß etwa eine multimediale Vorlesung mit einer konventionellen Vorlesung verglichen werden muß. Nur auf diese Weise ist es möglich, zu empirisch gesicherten Aussagen über die tatsächliche Effektivität einer multimedialen Vorlesung zu gelangen. Zum Vergleich zwischen konventionellen und multimedialen Veranstaltungsformen kommen Vergleiche zwischen verschiedenen Varianten einer multimedialen Vorlesung, insbesondere verbesserten Versionen, hinzu, die es erlauben, genauere Aussagen darüber zu machen, welche Elemente eines multimedialen Lehrangebots zur Effektivität beitragen.

Wir unterscheiden bei der Evaluation der Lerneffektivität zwischen verschiedenen Verhaltensaspekten der Lernenden (Nutzung, Akzeptanz und Lernerfolg). Vergleichsweise objektiv läßt sich bei multimedial gestützten Angeboten erfassen, wie intensiv (wie häufig und wie lange) sie genutzt werden. Nur subjektiv kann die Akzeptanz der Bildungsangebote erfaßt werden. Hohe Akzeptanz geht in der Regel auch mit häufiger Nutzung einher, aber nicht notwendigerweise mit besserem Lernerfolg.

Zentrale Komponenten unseres Evaluationsmodells sind also: (1) Evaluation der entwickelten interaktiven Lehrmodule im Vergleich mit konventionellen Lehrmethoden wie Vorlesungen, Seminaren oder Übungen, (2) Evaluation der Verbesserung der Lehrmodule im Entwicklungsprozeß der Projekte, also Vergleiche früherer Versionen eines Lehrmodules mit späteren Versionen (vgl. Tabelle 1).

	Konventionelles Lehrangebot	Multimediales Lehrangebot	Modifiziertes Multimediales Lehrangebot
Szenario A	KONV	MM_A	MM_A*
Szenario B		MM_B	MM_B*

Tabelle 1: Mögliche Vergleiche zwischen Lehrangeboten

Tabelle 1 zeigt mögliche Vergleiche zwischen verschiedenen Lehrangeboten. Folgende Vergleiche scheinen uns sehr interessant:

- Konventionell vs. multimedial ⇨KONV-MM_A
- Multimedial vs. modifiziert multimedial ⇨ MM_A-MM_A*

- Multimedial im Szenario A vs. multimedial im Szenario B
  ⇨ MM_A-MM_B oder MM^*_A-MM_B

Damit die Evaluationsergebnisse auch gleich im Entwicklungsprozeß berücksichtigt werden können, sollen die sukzessiv erzielten Evaluations-Resultate jeweils unmittelbar an die Entwicklungsteams zurückgemeldet werden.

Das hier vorgestellte Evaluationskonzept soll dazu beitragen, die Auswirkungen des Einsatzes neuer Medien in der universitären Lehre möglichst weitreichend zu erfassen und auf diese Weise Lernpotentiale zu erkennen und für den weiteren Entwicklungsprozeß fruchtbar zu machen.

4. Betrachtung von Kommunikationsprozessen

Wie in den ersten beiden Abschnitten bereits erwähnt, bieten interaktive Lernangebote eine Reihe neuer Kommunikationsmöglichkeiten. So können Studierende Emails an Tutoren schicken, in denen sie Fragen stellen oder Aufgabenlösungen zusenden. Die Tutoren beantworten ihrerseits wiederum die Emails der Studierenden. Es werden Diskussionsforen eingerichtet, in denen die Beiträge der Studierenden für alle Diskussionsteilnehmer sichtbar sind. Man kann auf die Beiträge anderer reagieren. Und es werden Chat-Räume eingerichtet, in denen man sich online unterhalten kann. Das bedeutet, alle sind gleichzeitig online und wer will, „sagt" etwas, d.h. er schreibt eine kurze Gesprächsnotiz. Während also das Versenden von Emails und das Teilnehmen an Diskussionsforen Beispiele für asynchrone Kommunikation sind, ist die Teilnahme an Chat-Runden ein Beispiel für synchrone Kommunikation.

Wie diese neuen Kommunikationsmöglichkeiten genutzt werden und welchen Beitrag sie zur Veränderung des Studierens haben werden, ist noch offen. Ein Problem in studentischen Diskussionsforen ist beispielsweise, daß eine Reihe von Beiträgen nicht inhaltsbezogen ist, sondern andere Aspekte des Studiums betreffen (z.B. Wo bekomme ich das Skript? Wer hat alte Klausuren? etc.). Unseres Erachtens wird es nicht ausreichen, neue Kommunikationsmöglichkeiten bereitzustellen. Vielmehr müssen diese Kommunikationsmöglichkeiten von den Lehrenden als integraler Bestandteil ihrer Lehrtätigkeit angesehen werden. Das bedeutet, daß Diskussions- und Chatrunden zumindest am Anfang von Lehrenden intensiv betreut werden müssen. So können sie beispielsweise Fragen und Denkstöße in die Runde geben und auch möglichst viele studentische Beiträge kommentieren.

Auf diese Weise werden diese Kommunikationsmöglichkeiten gezielt eingesetzt, so daß sich neue lehrbezogene Kommunikationsformen entwickeln können.

Neben den lernbegleitenden Kommunikationsmöglichkeiten gibt es aber auch administrative Aufgaben, die sich mittels Internet effektiver erledigen lassen. So melden sich beispielsweise alle Studierenden, die an Veranstaltungen unserer Arbeitsgruppe teilnehmen wollen, über das Internet an (vgl. Abbildung 6).

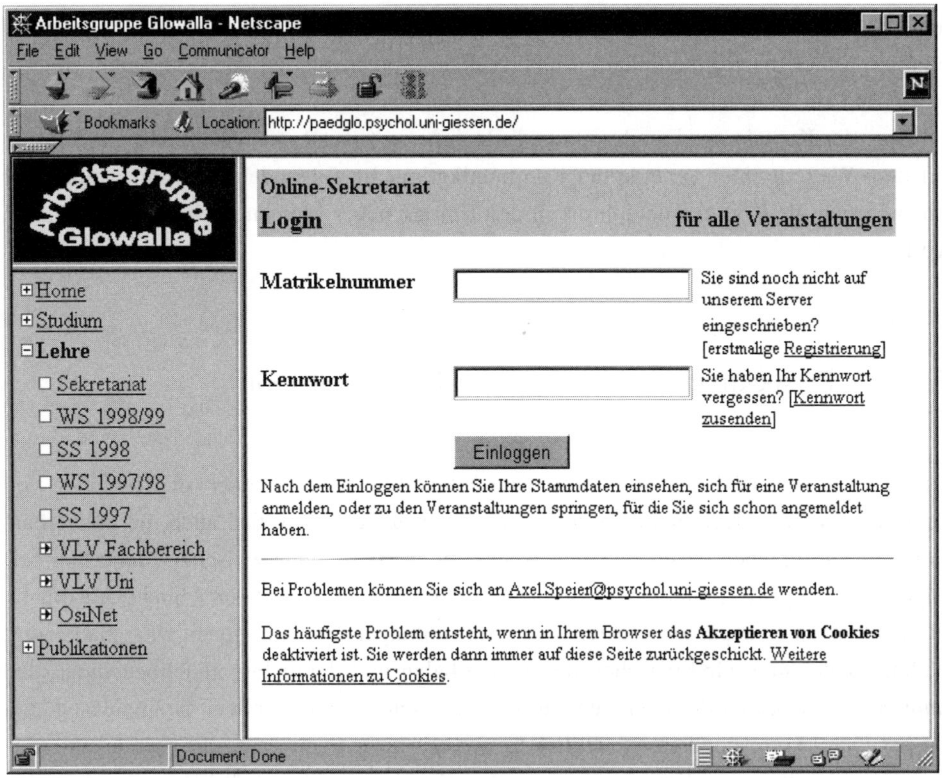

Abbildung 6: Screenshot der Online-Anmeldung für Studierende

Diese Anmeldung ist einfach durchzuführen und erlaubt den Studierenden, auf Veranstaltungsinformationen im Internet zuzugreifen, die nur für Teilnehmer der Veranstaltung gedacht sind. So stehen beispielsweise schriftliche Ausarbeitungen von Studierenden allen anderen Seminarteilnehmern zur Verfügung, so daß sie ausgedruckt werden können. Auch für uns Lehrende bietet die Anmeldung eine Reihe von Vorteilen. Das Erstellen von Anmeldelisten, Scheinen, Referatslisten etc. läßt sich schneller durchführen, da notwendige

Informationen bereits elektronisch vorliegen. Auch können Emails an Teilnehmer eines Seminars schnell versendet werden.

Unsere ersten Schritte, die Kommunikation mit Studierenden über das Internet zu unterstützen, sind nach unseren Analysen sehr positiv angenommen worden. So nutzen immer mehr Studierende die Möglichkeit, per Email Fragen zu Lehrinhalten an uns zu senden. Auch Kommentare und Anregungen zu unseren Lehrveranstaltungen erhalten wir immer häufiger auf diesem Wege. Unseres Erachtens können die neuen Kommunikationsmöglichkeiten zu einem stärken Austausch zwischen Studierenden und Lehrenden führen, da hier die Kommunikation nicht auf die Sprechstunden oder die Zeiten im Anschluß an Lehrveranstaltungen begrenzt sind.

Aber der Kontakt per Email und die Teilnahme an Chat-Runden sind nur erste Schritte auf dem Weg zu einer veränderten Kommunikation. Im folgenden Abschnitt stellen wir dar, wie sich die Kommunikation durch den Einsatz neuer Medien noch weiter verändern wird.

5. Perspektiven internet-basierter Kommunikation

Im Regelfall besteht die heute übliche Kommunikation per Computer im Versenden von Text, also verbaler Kommunikation. Es ist jedoch unbestritten, daß auch die nonverbale Kommunikation einen entscheidenden Anteil zur Verständigung zwischen Menschen beiträgt. Nonverbale Kommunikation ist nach Argyle (1972) geeignet, sprachliche Ausdrücke zu unterstützen oder gar zu ersetzen sowie Einstellungen und Emotionen zu signalisieren. Welche Bedeutung wir Menschen den nonverbalen und damit fast gleichbedeutend den *emotionalen* Aspekten der Kommunikation beimessen, kann man allein daran ablesen, daß die per *Email* korrespondierende *Online Community* sehr schnell ein umfassendes und differenziertes System von Kürzeln, sogenannten *Emoticons*, entwickelt hat, um auch in den schriftsprachlichen Emails Emotionen ausdrücken zu können.

Die Kommunikation per Computer wird sich in Zukunft jedoch verändern. Multimedia und Interaktivität werden die technisch basierte Kommunikation erweitern. Die gleichzeitige Übertragung von Text-, Bild-, Audio- und Videoinformation in nicht geahnter Qualität auf breitbandigen Telekommunikationsnetzen erlaubt den Transport verbaler und nonverbaler Komponenten der menschlichen Kommunikation. Telekonversation und Telekooperation werden demzufolge der Konversation und Zusammenarbeit von Angesicht zu Angesicht immer ähnlicher.

Auch die schlichte Dichotomisierung zwischen verbaler und nonverbaler Kommunikation wird im Zeitalter der multimedialen Kommunikation an Gültigkeit verlieren. Wie ist das zu verstehen? Beim sozialen Lernen und auch in vielen Lehrsituationen arbeiten wir häufig mit Illustrationen, Verweisen auf reale Gegenstände und Vorgänge bzw. deren Videodarstellung; gelegentlich verwenden wir auch funktional verdichtete Artefakte wie beispielsweise den aus der Fahrschule bekannten vereinfachten Otto-Motor. Alle hier aufgeführten Veranschaulichungen dienen demselben Zweck, nämlich der Erleichterung von Verstehens- und Lernprozessen. Die immensen Fortschritte der Multimedia-Technik erleichtern diese Prozesse erheblich, indem Animationen und virtuelle Realitäten mit hohem Echtheitsgrad entwickelt werden können (vgl. Göbel und Grunst, 1996). Da wir mittels breitbandiger Telekommunikationsnetze praktisch alle Bilder und Bewegtbilder in beliebiger Qualität überall auf der Welt verfügbar machen können, ist es eine wenig gewagte Vorhersage, daß neben der verbalen und nonverbalen Kommunikation die Kommunikation mit Bildern und Bewegtbildern erheblich an Bedeutung gewinnen wird (vgl. hierzu auch Weidenmann, 1997). Multimedia und Telekommunikation spielen bei dieser Erweiterung der menschlichen Kommunikation insofern eine bedeutende Rolle, als sie gestatten, visuelle Informationen zu vertretbaren Kosten und beliebig häufig überall und immer wieder in Konversationen und Lehrsituationen zu nutzen.

6. Fazit und Ausblick

Der Einsatz interaktiver Medien in der universitären Lehre wird eine Reihe von grundlegenden Veränderungsprozessen einleiten. Die neuen Medien bieten nämlich die Chance, daß wir neue Lehr- und Lernkonzepte entwickeln, die die geforderte Verbesserung der Qualität von Lehre einlösen können. Diesen Anspruch werden wir unseres Erachtens jedoch nur dann einlösen können, wenn eine sorgfältige einsatzbegleitende Evaluation durchgeführt wird. Nur empirisch fundierte Aussagen über Qualitätsverbesserungen werden dazu führen, daß flächendeckend die notwendigen Veränderungsprozesse eingeleitet werden.

Literatur

Argyle, M. (1972): The psychology of interpersonal behaviour, Harmondsworth.

Göbel, M./Grunst, G. (1996): Die Macht der Visualisierung. In: Glowalla, U./Schoop E. (Hg.): Perspektiven multimedialer Kommunikation, Heidelberg, 61-69.

Glowalla, U./Häfele, G. (1996): Einführung in die Gedächtnispsychologie, Gießen.

Glowalla, U./Häfele, G. (1997): Lernen mit Hypertext: Konzepte und empirische Befunde. In: Issing, L. J./Klimsa, P. (Hg.): Information und Lernen mit Multimedia (2. überarbeitete Aufl.), Weinheim, 415-434.

Glowalla, U./Häfele, G./Rinck, M. (1989): Studiertechniken beim Lernen aus Sachtexten: Das Stellen oder Beantworten von Verständnisfragen. Berichte aus dem Fachbereich Psychologie der Justus-Liebig-Universität, Gießen.

Glowalla, U./Rinck, M./Fezzardi, G. (1993): Integration von Wissen über ein Sachgebiet. Zeitschrift für Pädagogische Psychologie 7, 11-24.

Glowalla, U./Häfele, G./Hasebrook, J./Rinck, M./Fezzardi, G. (1992): Wiederlernen von Wissen. In: Glowalla, U./Schoop, E. (Hg.): Hypertext und Multimedia. Neue Wege in der computerunterstützten Aus- und Weiterbildung, Heidelberg, 332-351.

Glowalla, U./Hasebrook, J./Häfele, G./Fezzardi, G./Rinck, M. (1992): Das gezielte Wiederlernen von Wissen mit Hilfe des Hypermedia-Systems MEM. In: Cordes, R./Streitz, N. (Hg.): Hypertext und Hypermedia 1992. Konzepte und Anwendungen auf dem Weg in die Praxis, Heidelberg, 45-61.

Hamm, I./Müller-Böling, D. (Hg.) (1997): Hochschulentwicklung durch neue Medien, Gütersloh.

Rinck, M./Glowalla, U. (1993): Wissensstrukturierung durch statistische Graphen: Auswirkungen auf das Verstehen und Behalten. Zeitschrift für Experimentelle und Angewandte Psychologie 40, 611-648.

Rinck, M./Glowalla, U. (1994): Wissensstrukturierung durch statistische Graphen: Weitere Auswirkungen auf das Verstehen. Zeitschrift für Experimentelle und Angewandte Psychologie 41, 132-153.

Rinck, M./Glowalla, U. (1995): Die Präsentation quantitativer Daten durch graphische und multimediale Darstellungen. In: Schoop, E./Witt, R./Glowalla, U. (Hg.): Hypermedia in der Aus- und Weiterbildung: Dresdner Symposium zum computerunterstützten Lernen, Konstanz, 107-117.

Weidenmann, B. (1997): Abbildungen in Multimedia-Anwendungen. In: Issing, L. J./Klimsa, P. (Hg.): Information und Lernen mit Multimedia (2. überarbeitete Aufl.). Weinheim, 107-121.

Zinke, J./Glowalla, U. (im Druck): Einbindung von Animationen in ein ingenieurwissenschaftliches Lehrsystem auf Internetbasis.

Franz-Joseph Meißner

Kommunikation im Unterricht romanischer Fremdsprachen

Eine historische Skizze

1. Einleitung

In keinem fremdsprachendidaktischen Grundkurs bleibt das Kommunikationsmodell unbehandelt.[1] Das *Sender – Kanal/Sprache – Empfänger – dekodieren/enkodieren* umfassende Schema ist stark reduktionistisch, weil es die Interaktion der an einer jeden Sprechsituation beteiligten Faktoren und diese selbst – welche von hoher fremdsprachendidaktischer Relevanz sind – radikal vereinfacht: Was bedeutet ‚Welt'? Wie stellen sich die Wechselbeziehungen von Welt und Sender/Empfänger dar? Wie viele Invariablen hat ein Mensch (Sender/Empfänger), der ja über seine eigene epistemologische bzw. kulturelle Geschichte verfügt? Wie ist das Sprachspiel zwischen Sprachteilhabern ein und derselben Kultur; wie bei welcher Thematik? Wie entfaltet es sich interkulturell? Wie wird die gemeinsam aktivierte Wissensbasis intra- und interkulturell ausgehandelt? Wie wirkt die Vorgeschichte einer jeden Sprechsituation auf den aktuellen Sprechakt? Fragen über Fragen von erheblichem fremdsprachendidaktischen Interesse werden hier in Erinnerung gerufen, da ohne diese Aktivierung das Weitere unverständlich bleibt.

Der schulische Sprachenunterricht ist traditionell buchgebunden und findet in einer didaktisch-methodisch konstruierten Lernsituation statt. Kommuniziert wird heutzutage in Deutschland weitgehend, aber keineswegs ausschließlich in der Zielsprache. Die zielsprachliche Kommunikation selbst ist hochgradig simulativ: Zielsprache und ‚wirkliches'

[1] Herbert Christ, Artur Greive und Marcus Reinfried danke ich für die freundliche Durchsicht des Manuskripts bzw. für inhaltliche und bibliographische Hinweise.

Leben bleiben eher voneinander getrennt. Solcher Künstlichkeit entsprechend geschieht die mentale Verarbeitung sprachlicher Daten i.d.R. ohne wesentliche Verarbeitungstiefe und -breite, ohne Einbettung von Sprache in eine ‚natürliche' Sprechsituation, ohne wirkliche Betroffenheit des Sprechers (=Lerners) und ohne einen mehrkanaligen, alle Sinne umfassenden ganzheitlichen Eindruck des Sprechakts. Das Üben soll die Mängel innerhalb einer reduzierten Erfahrungsbreite wettmachen. An die Ganzheitlichkeit des natürlichen Spracheindrucks sind indes soziale Erfahrungen geknüpft: Wer sagt was wie zu wem mit welcher Absicht? Pragmatisches bleibt nie nur eine Sache des Kopfes, es wirkt auf unser Gefühl: Es provoziert Gefallen, Freude, Mißfallen, Ablehnung, Angriffslust, Verteidigungsbereitschaft, Befriedigung und Frustration. Der natürliche Spracherwerb beginnt als eine Sache von Gefühlen und zwischenmenschlicher Interaktivität.

Diese einleitenden Skizzierungen bedürfen einer weiteren Ergänzung, die sich aus der Besonderheit von Kommunikation im Fremdsprachenunterricht ergibt, denn in der Zielsprache begegnet diese immer zweidimensional: zum einem im (intrakulturellen) Klassenraumdiskurs, zum anderen auf einer interkulturellen Ebene. Letztere umfaßt die Interaktion zwischen den eigenkulturellen Erfahrungen der Fremdsprachenlerner und dem hetero- bzw. zielkulturellen Thema. Wenn auch beide Dimensionen keineswegs immer eindeutig voneinander zu trennen sind, so bleiben die folgenden Ausführungen überwiegend auf die zielkulturelle Dimension zentriert. Ebenso blenden sie die Kommunikation in der Muttersprache aus, welche natürlicherweise (*sic*) und in vielfältiger Schichtung im Fremdsprachenunterricht begegnet.

2. Kommunikation als Grundlagenbegriff der gegenwärtigen Fremdsprachendidaktik

Das Wort „Kommunikation" blickt nach Ausweis des *Historischen Wörterbuchs der Philosophie* auf eine vergleichsweise kurze Theoriegeschichte zurück. Zwar hat der lateinische Signifikant *communicatio* seit der Antike ein weites Bedeutungsfeld im Umkreis von Mitteilung, Gewährung, Verbindung, Austausch, Verkehr, Umgang, Gemeinschaft; der moderne Erfolgsweg des Wortes beginnt aber erst bei Karl Jaspers. Die Erfolgsgeschichte von Kommunikation, *sich un/kommunikativ verhalten, Weltkommunikationsgesellschaft, visuelle Kommunikation* usw. bliebe unverständlich, wenn der Signifikant nicht vielerseits unterfüttert worden wäre. Immer spielt bei Kommunikation das ‚Mit-anderen' eine Rolle. Die Begriffsbildung *kommunikative Fremdsprachendidaktik* – oft ist vom ‚Paradigma' der *kommunikativen Fremdsprachendidaktik* bzw. vom *kommunikativen*

Fremdsprachenunterricht die Rede – fügt sich in diese Entwicklung ein. In den deutschen Richtlinien des Fremdsprachenunterrichts taucht Kommunikation erst in den 70er Jahren auf. In den Jahrzehnten zuvor ist z. B. vom *Gebrauch der Sprache* oder von ähnlichen Umschreibungen die Rede. So heißt das „Allgemeine Lehrziel" des Französischunterrichts des preußischen Realgymnasiums im Jahre 1901:

> Verständnis der wichtigeren französischen Schriftwerke der letzten drei Jahrhunderte, einige Kenntnis der wichtigsten Abschnitte der Literatur- und Kulturgeschichte des französischen Volkes, Übung *im mündlichen und schriftlichen Gebrauch der Sprache* (Hervorhebung durch Meißner) (Zapp und Schröder 1983, 14).

Verkürzt läßt sich feststellen, daß das Lernziel an den Polen Schriftlichkeit und Literatur festgemacht war, über die dann im Rahmen einer Interpretation – oft in der Muttersprache – gesprochen bzw. geschrieben wurde. Die Inhaltskomponente galt gegenüber der spontanen Beherrschung der Zielsprache als vorrangig. Ohne Nennung des Signifikanten Kommunikation definieren die wohl aus dem Jahre 1950 stammenden hektographierten und undatierten *Lehrpläne für die höheren Schulen des Landes Hessen* Kommunikationsfähigkeit als vorrangigstes Lernziel:

> Der neusprachliche Unterricht hat als wichtigste (sic) Aufgabe, die lebendige Sprache sprechen und verstehen zu lehren (Zapp und Schröder 1983, 131).

Das Ziel verbindet sich mit der von Basedow im 18. Jh. propagierten direkten Methode, die aus Ansätzen des imitativen Lernens hervorgeht und sich mit einer weitreichenden Einsprachigkeit verbindet (Ettinger 1986, Reinfried 1990, 128). Aufgrund des Einflusses der neusprachlichen Reformbewegung wurde die Zielsprachlichkeit des Unterrichts bereits um die Wende zum 20. Jh. ausdrücklich in den Richtlinien vorgeschrieben. Die hier erkennbare sprechsprachliche Orientierung – welche aus der heutigen Sicht der linguistischen und fremdsprachendidaktischen Forschung in ihrer Formulierung als naiv bezeichnet werden muß – begegnet am deutlichsten in den Englischlehrplänen für die Hauptschulen. Die *Bildungspläne für die Allgemeinbildenden Schulen im Lande Hessen* (20.12.1956) formulieren:

> Der Englischunterricht soll den Schüler befähigen, die englische Umgangssprache des Alltags zu verstehen und in lebensnahen Bereichen zu gebrauchen. (Zapp und Schröder 1983, 148)

Der Gymnasiast „soll so weit kommen, daß er ein Gespräch mit Ausländern in der Fremdsprache führen und sich darin schriftlich verständigen kann" (Zapp und Schröder 1983, 166). Erst zu Beginn der 70er Jahre gelangt das Wort (Signifikant) Kommunikation in die Richtlinien, z. B. in jene für die Polytechnische Oberschule der DDR, in welcher von „kommunikationsorientierte(m) Fremdsprachenunterricht", „Kommunikationsprozeß" und „kommunkative(n) Ziele(n) des Russischunterrichts" (Zapp und Schröder 1983, 297, 293) die Rede ist. Als fremdsprachendidaktischer Begriff feierte Kommunikation seine hohe Zeit im Paradigma des kommunikativen Fremdsprachenunterrichts. Helmut Reisener definierte (1972) „Kommunikation als Lernziel für den Fremdsprachenunterricht“, Dorothea Möhle (1975) verfaßte eine Beschreibung der „Stufen der Kommunikationsfähigkeit im neusprachlichen Unterricht“ und René Richterich reflektiert 1976 über „Les situations de communication et les types de discours“. Kommunikation wird in dieser Zeit zu einem frequenten Terminus der Fremdsprachendidaktik.

Längst hatte Europa für jedermann spürbar begonnen zusammenzuwachsen: Wieviel an Sprache und an Sprachen müssen Europäer lernen, um miteinander angemessen kommunizieren zu können, so lautete die Kernfrage, die in der Geschichte des europäischen Sprachunterrichts niemals so intensiv angegangen wurde wie in den Jahren nach 1970. Den Spracherwerb beschleunigende Minima, welche frequentiell oder funktional zentrale Sprachsegmente erfaßten, hatten längst hohe Konjunktur. Zu nennen ist vorrangig das *Français Fondamental*; daneben existierte längst eine Vielzahl von Grundwortschätzen. In den 70er Jahren entstanden *Threshold Level, Niveau Seuil, Livello Soglia* (1981) usw. Diese Corpora lieferten Grundlagen, an welche VHS-Zertifikate anknüpften. In dieser Tradition stehend denkt man heutzutage – wie Portfolio bezeugt (I. Christ 1997) – über Zertifikationen und Nachweise nach, die im Rahmen von Modulsystemen lebenslanges Fremdsprachenlernen attestieren. Mit dem Lernziel Kommunikationsfähigkeit zog eine – allerdings restriktiv verstandene – Mündlichkeit in die Klassenräume ein. Die europaweite Bewegung knüpfte an einen Pragmatismus an, der in den USA seit jeher das Sprachenlernen begleitet hatte und auch in Europa immer vorhanden gewesen war, den allerdings der Schulunterricht aus verschiedenen Gründen zurückgedrängt hatte: Gemeint ist der Wunsch, die Zielsprachen aktiv hörend und vor allem sprechend zu benutzen (Schröder 1990).

2.1 Kommunikation und Grundfertigkeiten im schulischen Fremdsprachenunterricht

Die Lernzielanalyse (Doyé 1995) bindet sprachliche Kommunikationsfähigkeit paarig minimal in jeweils zwei rezeptive und produktive Fertigkeiten: in das Hörende Verstehen und das Lesen sowie in das Sprechen und das Schreiben. Daneben finden sich die bereits angedeuteten kommunikativen Merkmale, die über die bloße Produktion und Rezeption von Phonem- oder Graphemketten hinausgehen. Die Literatur nennt universale und kulturspezifische Merkmale extra- oder paraverbaler Kommunikation im Zusammenhang mit (oralen) Sprechakten: Lachen, Weinen, Ironie- und Insistenzakzent, fragetypische Stimmführungsmuster, Gestik, *face-work,* kommunikative Leiblichkeit (Schmitz 1972). Wie die

Psycholinguistik lehrt, beruht eine jede Fertigkeit auf der Aktivierung eines eigenen speziellen mentalen Programms, das erst über die psychische und physische Organisation eines sprachlichen bzw. außersprachlichen Zeichenrepertoires operabel wird. So greifen das Hörende Verstehen und das Sprechen auf die phonetische und die semantische Schicht einer Sprache zu, das Lesen auf die graphische und die semantische. Die unterschiedlichen psychischen Prozesse führen zu jeweils eigenen sprachlichen Oberflächen, welche sich deskriptiv-linguistisch in der Verschiedenheit von Sprech- und Schreibgrammatik äußern. In natürlicher Kommunikation ist der Gebrauch der Fertigkeiten insoweit ausgeglichen, als z. B. innerhalb eines Kodes die Aktivierung des jeweiligen Komplements zugeordnet ist: Das Sprechen aktiviert so das Hören und das Schreiben das Lesen. Von den Kodes wiederum ist der phonische der ursprünglichere. Am Anfang des Erstsprachenerwerbs stehen immer Sprechakte des oral-gesprochenen Typs mit ihren verbalen und außerverbalen Komponenten sowie ihrer sprechsprachlichen Lexik. Bezieht man diese grundlegenden Unterscheidungen auf fremdsprachenunterrichtliche Kommunikation, so läßt sich historisch für den europäischen Raum grob folgende Phaseneinteilung treffen: In der Epoche und im Wirkungsfeld der Sprachmeister dominierte lernerseitig, soweit jene z. B. als Privatlehrer oder in Ritterakademien nur wenige Personen unterrichten, tendenziell eine vergleichsweise ausgeglichene Aktivierung der psycholinguistischen Programme. Es stand mündliche Kommunikation in dem Maße im Vordergrund, wie der soziale Bedingungsrahmen annähernd eine 1:1-4-Kommunikation zwischen Lehrer und Lerner zuließ. Der schulklassenbezogene Unterricht band kommunikative Interaktion an Lehrer/Schüler-Verhältnisse von 1:15 oder gar 1:45. Da eine ausgeglichene Mündlichkeit in diesem Rahmen nicht mehr möglich war, übernahmen Lehrwerk und Schriftlichkeit eine dominierende Rolle. Wilhelm Viëtors (1882) epochemachender Aufruf zur Umkehr der Sprachlehrmethodik implizierte auch ein Plädoyer für mehr Mündlichkeit. Kommunikation im Unterricht muß als eingeschränkt bezeichnet werden. Es fehlt nach wie vor im durchschnittlichen Fremdsprachenunterricht unserer Tage die Situationsadäquanz mit den Kennzeichen von Kollokativität und Pragmatik. Läßt die Unterrichtssituation zudem den Einsatz der Muttersprache zu, so entsteht ein weiterer Faktor für die Besonderheit fremdsprachenunterrichtlicher Kommunikation.

Der hier mit wenigen Strichen gezeichnete ältere Zustand, der streckenweise eng an die Grammatik-Übersetzungsmethode gebunden war, wurde in mehreren Schritten weitergeführt, unter anderem durch den (neuerlichen) Einzug der Orthophonie in den Unterricht, die sich vor allem mit der neusprachlichen Reformbewegung verbindet;[2] sodann durch die weitgehend konsequente Einsprachigkeit sowie durch die Entwicklung der Theorie des

---

[2] Dies gilt auch dann, wenn es dem Fremdsprachenunterricht längst nicht immer gelingt, zielsprachliche Euphonik herzustellen (Weller 1992).

Hörenden-Verstehens und ihrer Umsetzung im alltäglichen Sprachenunterricht, von der im weiteren die Rede sein wird. Daß allein die Integration der vier Fertigkeiten in die Spracherwerbssteuerung nicht ausreichen, um Kommunikation annähernd zu füllen, zeigte die Diskussion um die para- und extraverbale Kommunikation bzw. um Pragmatik und Proxemik, die bezeichnenderweise im Zusammenhang mit dem Lernziel der interkulturellen Sprachhandlungsfähigkeit thematisiert wurde (z. B. Knapp und Knapp-Potthoff 1990).

2.2 Die Entdeckung des Hörenden Verstehens und einer transkulturellen Kompetenz

Spätestens nach 1960 war das Lernziel Kommunikation in eine Unterrichtsumgebung eingebettet, die zunehmend von der Technik der 2. Hälfte des 20. Jahrhunderts geprägt war. Tonträger, Schallplatte, Tonband, Kassette und schließlich das Sprachlabor erlaubten es den Lernenden erstmals in nennenswertem Umfang, unterschiedliche fremde Stimmen in fremden Sprachen zu hören. Regionale, soziale und idiolektale Sprachvarietäten konnten von nun ab an ihr Ohr gebracht werden. Robert O'Neill notierte (1973, 8):

> If a student of English understands only Oxford English, he will understand less than 2 % of the English population. (...) If we teach languages so that people may communicate with each other, we must also teach them a variety of accents in a variety of circumstances, some of them far away from the ideal for efficient communication.

Obwohl das Wort *Hörfähigkeit* durchaus der deutschen Richtlinientradition angehört (Preußen, 21.1.1938, bei Christ und Rang 1985 III, 331), wird das Lernziel *Hörverstehen* (Doyé 1995, Schumann 1995) um das Jahr 1970 herum in Deutschland regelrecht ‚entdeckt'. In den *Bildungspläne(n) für die allgemeinbildenden Schulen des Landes Hessen* von 1957 taucht Hörverstehen bezeichnenderweise noch nicht auf. Statt dessen ist von der „Lautschulung", sprich: Ausspracheschulung, die Rede: „Die Verwendung des Tonbandes ermöglicht es dem Schüler, die eigene Aussprache wie die der Mitschüler zu überprüfen und zu verbessern" (Zapp und Schröder 1983, 169). Die Akzentuierung dieses Lernziels findet sich seit der Reformbewegung in deutschen Richtlinien (Reinfried 1997, 367).[3] Als *Verstehendes Hören* begegnet der Begriff auf Lernzielebene 1966 in den Lehrplänen für

---

[3] Vgl. Reinfried (1997, 367) zur Lehrerschaft: „Dans la première moitié du 19ème siècle, les maîtres français ne furent plus admis dans les écoles publiques allemandes parce que la plupart d'entre eux n'avait pas passé l'examen *pro facultate docendi*. Les cours de français étaient en général dispensés par des théologiens ou des philologues classiques. Jusque dans les années 1880, peu de professeurs de français avaient fait des études en langues romanes ; les professeurs qui avaient reçu une bonne formation pratique de la langue à l'université ou qui avaient passé un long séjour en France étaient encore bien plus rares."

die Polytechnische Oberschule der DDR (Zapp und Schröder 1983, 317, 326) mit folgender Erklärung:

> Erfassen einfacher sprachlicher Äußerungen, die vom Lehrer, von Mitschülern und von Personen mit Französisch als Muttersprache (Tonbandaufzeichnungen) vorgetragen werden, ... (Zapp und Schröder 1983, 317).

Die Formulierung zeigt die unzureichende theoretische Füllung des *Verstehenden Hörens.* Immerhin erkennen die Lehrpläne Wechselbeziehungen zwischen dem Hörenden Verstehen und der phonematisch korrekten Aussprache. 1973 sprechen die nordrhein-westfälischen Empfehlungen für den Kursunterricht im Fach Französisch von der Bedeutung der *compréhension orale*, von Rhythmus, *chaîne parlée* und Segmentierung. Die sich hier andeutende Entdeckung des Hörverstehens als tragender Teil von Kommunikation geschieht bundes- und europaweit.

> Verstehen von Texten heißt, die vom Autor enkodierte Information zu dekodieren. (...) Vom Hörer/Leser wird über das sprachliche Textverständnis hinaus das Verstehen von Konnotationen verlangt, die ihn in den Stand setzen, an der sozialen Wirklichkeit der französischen Sprachgemeinschaft teilzunehmen (gesellschaftlicher Interaktionsprozeß) (KM-NRW 1973, 43).

Wie die Formulierung durchscheinen läßt, impliziert die Theorie des Hörenden Verstehens eine Ausdifferenzierung des Verstehensbegriffs, der sich inhaltsseitig um die komplementären, in der Sprachwissenschaft längst gebräuchlichen Termini *Denotation* und *Konnotation* bildet. Es ist bezeichnend für eine Zeit der Theorieerweiterung, daß die einschlägigen Kompendien dieser Jahre zwar die Lesefertigkeit differenziert beschreiben, die Hörverstehensfähigkeit jedoch noch nicht wirklich analytisch erfassen (Köhring und Beilharz 1973, Galisson und Coste 1976).[4]

---

[4] Wie restriktiv diese verstanden wird, zeigen exemplarisch Köhring und Beilharz (1973, 29. Art. „auditiv"):
Das Hören betreffend. Obwohl der rein auditive oder akustische Typ, d.h. der weitgehend nur auf Gehöreindrücke richtig reagierende Mensch seltener ist als der visuelle Typ, nimmt im modernen Fremdsprachenunterricht die Schulung der Fertigkeit des Hörens einen besonders breiten Raum ein. Aus der Einsicht, daß Sprache primär gesprochene, durch das Ohr aufgenommene Sprache ist, folgt, daß der erste Schritt der Spracherlernung in der Gewöhnung des Schülers an die fremden Laute in der Ausbildung seines Hörverstehens liegen muß. Diese Gewichtung erklärt auch den vermehrten Einsatz des Sprachlabors (→ audio-passiv, → audio-aktiv).
Auch Galisson und Coste (1976) behandeln die *compréhension auditive*, wenn überhaupt, dann nur marginal in den Bereichen der Sprachlabortechniken bzw. der audio-visuellen Methode. Arnolds *Fachdidaktik Französisch* (1973, 11), über Jahrzehnte hinweg *Vademecum* der Französischreferendare, erwähnt immerhin unter der Überschrift ‚Der Umgang mit der Sprache als code oral' das Hörende Verstehen, des weiteren die *compréhension globale* und das Detailverstehen, bleibt in linguistischer und didaktischer Hinsicht aus heutiger Sicht oberflächlich. Andererseits geht Arnold deutlich über Leisinger (1974, 131ff.) hinaus, dem Termini für die elementaren und

Was nun die Lehrmaterialien angeht, so verband sich mit der Entdeckung des Hörenden Verstehens die Entwicklung des Lehrwerks, das neben dem Buch zumindest Tonmaterialien anbot. Es war nur noch eine Frage der Zeit, bis das Hörverstehen zum Hörsehverstehen weiterentwickelt werden würde. In der Architektur von Lehrwerken wie *Viaje al Español* stellt das papierne Element hinter dem Film nur noch die nachgeordnete Komponente dar. Es werden Entwicklungen sichtbar, die Lehrwerke und Lernerwörterbuch in einer multimedialen Architektur einander annähern (Meißner 1993).

Deutet die Betonung der Hörverstehensfähigkeit bereits auf eine interkulturelle, an der *face-to-face* Situation und an einem emanzipativen Sprachbegriff (Habermas 1971) orientierte Ausrichtung des Fremdsprachenunterrichts hin, so betont dies zugleich die Relevanz des zielkulturellen Verstehens. Die Zusammenführung der Lernziele Handeln in der Zielsprache und Verstehen der Zielkulturen führt die Fremdsprachendidaktik jener Jahre zu der heftig geführten Diskussion um die Frage, ob Inhalte (z. B. Bock 1974[5]) oder sprachliches Üben an zielkulturellen Inhalten (H. Christ 1979, 26) vorrangig im Vordergrund des Fremdsprachenunterrichts stehen sollen. Die Diskussion, deren Auswirkungen in der Praxis niemals empirisch untersucht worden sind, beeinflußte erheblich die inhaltliche Steuerung von Kommunikation im Französischunterricht, auf dessen faktische Vorbildfunktion für den anderen romanistischen Sprachunterricht nicht hingewiesen werden muß. Während es in der Vergangenheit um eine zielkulturelle Deutung des Fremden und vor allem der fremden Kultur geht (Briesemeister 1976), werden nun zielkulturelle Implikationen in einen umfassenden Handlungsbegriff genommen.

Die Entdeckung des Lernziels des Hörenden Verstehens im Rahmen eines explizit auf gängige Kommunikationsmodelle gegründeten Verständnisses von sprachlicher Interaktion, die Erkenntnis der Relevanz einer angemessenen zielkulturellen Kompetenz unter Einschluß der designativen und konnotativen Ebenen der Zielsprache und die Bindung der Lernziele an zielsprachliches Handeln müssen als große Schritte auf dem Weg zu einer kommunikativen Didaktik gewertet werden. Im Hinblick auf die Erneuerung der Praxis durch eine wohlfundierte Theorie zeigt die Einführung einer Methodik des Hörenden Verstehens, daß die Umsetzung von theoretischer Einsicht in eine verbreitete Praxis in relativ kurzer Zeit möglich ist.

---

komplementären Segmentationsfähigkeit der Lautkette fehlen und der etwa Hübners *Didaktik der neueren Sprachen* (1929) im Punkte des Hörverstehens nur unwesentlich ergänzt.

5 Blumenthal (1977) findet das Adjektiv *transkulturell* erstmals bei Bock (1974).

2.3 Fremdsprachenunterrichtliche Kommunikation zwischen kognitivem Sprachlernbegriff, Sprechsprachenlinguistik, Ethnodiskursanalyse und Situationsadäquanz

Spätestens seit Chomskys eindeutigen Ausführungen (1988),[6] im Grunde bereits seit seiner Kritik an Skinners *Verbal Behavior* (1957), wußte man, daß es zur Ausbildung von Sprachfertigkeit mehr bedarf als einer eng regel- und übungsgeleiteten Sprachanwendung. Die Lerntheorie betont seither, daß prozedurales Wissen durch weitgehend eigenständige physische und mentale Verarbeitung erworben wird. Prozeßorientierte Analysen nennen als neue Schlüsselbegriffe u.a. Perzeptionslenkung, Bewußtheitsförderung (*awareness-raising*), Relevanz von Vorwissen und Inferenz, Handlungsorientierung (*learning by doing*) usw. Die Hirnforschung liefert die Einsicht, daß bei der Verarbeitung sprachlicher Daten – etwa bei der Speicherung von Wortbedeutungen und Inhalten – immer beide Hirnhemisphären beteiligt sind. Vielfach wurde die Rolle von ausreichendem komprehensiblen Input als Grundvoraussetzung des Fremdsprachenerwerbs betont. Spracherwerbs-, Sprachlern- und Sprachhandlungsbegriff konvergieren. Es liegt auf der Hand, daß ein derartiger Lernbegriff eine erweiterte Interpretation unterrichtlicher Kommunikation unterstützt.

Das Lernziel Kommunikation wurde zugleich durch die Deskriptive Sprechsprachenlinguistik unterfüttert (Greive 1978). Die vor allem in den 70er Jahren weiterentwickelte Linguistik der gesprochenen Sprache belegte die Unzulänglichkeit des einseitigen unterrichtlichen Rückgriffs auf die Schreibgrammatik für das Lernziel Kommunikation. Die Diskursanalyse setzt die Sprechsprachen- und die Soziolinguistik voraus. Indem sie Grundlagen für die Analyse von Sprechsituationen und Sprecherrollen erarbeitete, lenkte sie die Aufmerksamkeit auf die pragmatische Dimension von Kommunikation. Als vielleicht einer der wichtigsten Termini der Gesprächsanalyse begegnet die Partnerhypothese. Sie unterstreicht, daß ein Sprecher seine Sprachplanung auf den jeweiligen Hörer einstellt. Die Ethnodiskursanalyse, welche sprachliches Verhalten in interkulturellen Dialogen untersucht (Krämer 1991, Gülich und Krafft 1992), erarbeitet in mehrfacher Hinsicht wichtige Erkenntnisse für die Weiterentwicklung der Theorie des Fremdsprachenunterrichts. Dies betrifft nicht nur die interkulturelle Mißverständnisforschung als Teil einer Didaktik des Fremdverstehens, sondern auch zukünftige Richtlinienentwürfe, die das Sprachziel auf der empirisch abgesicherten Grundlage der Merkmale interkultureller Kommunikation definieren. Es geht hier immer um kommunikative Situationsadäquanz. Diese verstehen

---

6 „In other words language is not really something you learn. Acquisition of language is something that happens to you; it's not something that you do (...) You don't learn to do it; you don't do it because you see other people doing it; you are just designed to do it at a certain time" (Chomsky 1988, 173f.).

heißt immer auch die Rolle des Sprechers zwischen seinen sprachlich-kulturellen Einbindungen und einer individuellen Intentionalität berücksichtigen. Situationsadäquanz zwischen nativen Sprachteilhabern hat eine andere Qualität als in interkultureller Kommunikation.[7] Trans- und interkulturell situationsadäquates Verhalten als lernzielgebende Implikation hat viel mit den Rahmenbedingungen heutiger Kommunikation zu tun, da weltweit interpersonale und mediale interkulturelle Kommunikation sowie Mehrsprachigkeit einen immer wichtigeren Platz in der Alltagserfahrung der Menschen einnehmen. In einem vielsprachigen Europa heißt Situationsadäquanz immer auch Umgehen mit Sprachpartnern ganz unterschiedlicher sprachlicher und kultureller Sozialisation: Zukünftig muß von fremdsprachenunterrichtlicher Kommunikation erwartet werden, daß sie auch dies trainiert. Auch dem Muttersprachenunterricht fällt eine interkulturell-kommunikative Aufgabe zu. Eine einseitige Lernzielfixierung im Sinne einer zielsprachlichen Norm – als eine bloße Imitation zielkulturellen intralingualen Sprachverhaltens, wie es sich im Gespräch zwischen nativen Sprachteilhabern ergibt – greift daher für die heutigen Kommunikationsbedürfnisse zu kurz.

3. Historische Notizen zur fremdsprachenunterrichtlichen Kommunikation

Wir haben es in unserem Fremdsprachenunterricht überwiegend mit Ausgangs- und Zielsprachen fester Normierung und einer starken Buch- bzw. Lesestützung zu tun. Die sich hieraus ergebenden Determinanten für unterrichtliche Kommunikation sind in der europäischen Kultur, die ja viele Sprachen und nationale Spielarten umfaßt, tief angelegt. Eine starke formale Klammer bietet das lateinische Alphabet, dessen Systematik dem griechischen und kyrillischen nicht allzu ferne steht. Aufgrund dieses Traditionsrahmens sind Fragen um Alphabet und Orthographie aufs engste mit der Methdodik des europäischen Fremdsprachenunterrichts verbunden.

---

7 Der hier begegnende Kommunikationsbegriff umfaßt substanziell neben den rein sprachlichen Strukturen den Bereich der extra- und paraverbalen Kommunikation (Oksaar 1991). Daß Kommunikation – derart umfassend verstanden – in Lehrwerke integrierbar ist, zeigt exemparisch das DaF-Lehrwerk *Sichtwechsel*. Der Titel signalisiert die kultur- und adressatenspezifisch wechselnde Perspektivierung. Indem neue Rahmenrichtlinien, z.B. die Nordrhein-Westfalens, zu erwartende Sprecherrollen der Schüler im Zielland thematisieren, tun sie einen Schritt auf einen umfassenden und in der Tat praxisnahen interkulturellen Kommunikationsbegriff hin.

3.1 Kommunikation zwischen Orthographien und Lautabbildung

Wer eine fremde lebende Sprache erlernt, begegnet fremden Wörtern (Graphemen) und fremder Lautung. Die frühesten Zeugnisse des Fremdsprachenunterrichts lassen keinen Zweifel daran, daß zielsprachliche Euphonie vermittelt wurde. Eine dem Nativen verständliche Aussprache war immer dann gefordert, wenn die Zielsprache dem Zweck praktischer Kommunikation diente; penible Exaktheit im Sinne einer euphonischen Norm war dann gefragt, wenn sich mit einer bestimmten phonischen Qualität der Zielsprache ein besonderes Prestige verband oder wenn Heteroglotte aus welchen Gründen auch immer als Auswärtige nicht auffallen sollten. Den Wunsch nach lautlicher Korrektheit bezeugen in aller Deutlichkeit *Les principes infaillibles et les regles asurées de la iuste prononciacion de nôtre langve. Ouvrage d'une toute particuliere, nécêsere à tous les étrangers, & à ceux qui parlent en public* aus der Feder des Sieur de L(artigaud) (1670). Das Werk stellt eine Orthophonielehre dar, die ab und an durchaus fehlerprophylaktische Züge im Sinne der Fremdsprachendidaktik zeigt:

> Il est vrê que la prononciacion de l'-au aproche baucoup de céle de l'-o; mês cant on s'écoute bien, l'on truve quéque difèrance de l'une à l'autre: Eczanple nous ne prononsons point l'-au si grosiéremant que les ètrangers, qui y mêtent deus -a, comme s'il avêt -aautem, aaudis.. (1670, 21).

Schon ein Blick auf die unterschiedlichen Graphien der Sprachen zeigt ihre Relevanz für das Erlernen europäischer Fremdsprachen (durch Europäer). So gilt es in unserem Kulturkreis gemeinhin als anerkannt, daß

- das Schriftbild als starke mnemotechnische Stütze eingesetzt werden kann,
- der Leseunterricht vergleichsweise früh einsetzt und eine rapide Progression aufweist,
- Vokabular aufgrund seiner schreibbildlichen Transparenz zwischen Ausgangs- und Zielsprache vergleichsweise leicht erschlossen werden kann,
- die interlinguale graphische Transparenz jede Art von Leseunterricht stützt. Lektüre dient dem Spracherwerb, und Sprachkönnen dient der Lektüre. Anders gesagt: Lesegestützte Lehrmethoden unterstützen einen auf Literaturbehandlung basierten oder abhebenden Fremdsprachenunterricht.

Der Nachteil des Schrifteinsatzes für das Fremdsprachenlernen (bei Buchstabenschriften) ist bekannt: Lerner übertragen das internalisierte grapho-phonologische System ihrer Erstsprache auf die Zielsprachen und es entsteht der deutsche, französische, russische usw. Akzent. Der wichtigste kommunikationsrelevante Nachteil streng lautabbildender Orthographien begegnet in Schreib- und Lesekulturen in dem kulturellen Bruch, den sie bewirken. Phonographien schneiden von der Lesetradition und einer damit verbundenen schriftlich fixierten Überlieferung ab. In extremer Verdeutlichung zeigen dies Entwürfe, die den

Ersatz des lateinischen Alphabets durch Systeme vorschlugen und die Lautabbildung nach Ort und Art der Lautbildung darstellen.[8] Ein Beispiel liefert *Le Parfait Alphabet ou Alphabet analytique et raisonné des sons articulés* des Charles Alexandre de Moy (1791).

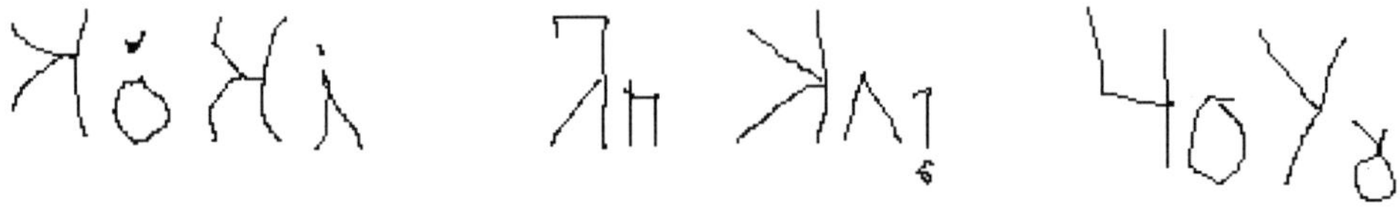

chanson que cet oiseau

De Moys System versucht eine graphische Abbildung der Mundstellung bei der Produktion bestimmter Laute. Das Basisgraphem stellt das O /a/ dar. De Moy wählt diese Figur, weil sie den zur Produktion des Lautes /a/ weit geöffneten Mundes nachzeichnet. Wenn auch hier nicht auf die Gründe für die mangelnde Praktikabilität des *parfait alphabet* eingegangen wird, so sei doch erwähnt, daß Frankreich mit derlei Entwürfen an der Schwelle zur Entwicklung transkriptorischer Systeme stand. Implizit fühlten sich die Phonographen fremdsprachendidaktisch einer kommunikativen Mündlichkeit verpflichtet. Das Lernziel der korrekten Aussprache muß für einen Lernkontext verstanden werden, in dem es kaum möglich war, das Klang(vor)bild ausländischer Rede den Lernern zu Gehör zu bringen.[9]

> La causa de la invención de las letras primeramente fue para nuestra memoria, τ después, para que por ellas pudiéssemos hablar con los absentes τ y los que están por venir (Nebrija 1492, III, 5-10).
>
> (Der Grund für die Erfindung der Buchstaben betraf vor allem unser Erinnerungsvermögen; und dann, daß wir dank ihrer mit jenen sprechen können, die abwesend sind, sowie mit jenen, die noch (nach uns) kommen.)

---

8 Die Behauptung des Abbé de Saint-Pierre (vgl. Meißner 1998a, 301), dies komme der Erlernung z.B. des Chinesischen zugute, ist nicht schlüssig, da ideographische Schreibungen nicht primär lautbasiert sind. Die moderne phonometrische Forschung zeigt überdies (Widdig 1986), daß idealtypische Aussprachen (Archiphoneme) nur innerhalb weit gespannter Bandbreiten auftreten bzw. nicht auftreten. Koschwitz' Marburger Lehrwerk (1911) für das gesprochene Französisch von Paris belegt – durchgängig in Umschrift – die Notwendigkeit der starken Didaktisierung der (transphrastischen) Orthoepie.

9 Es ist dann im übrigen kein Zufall, daß der Vater der schon erwähnten Reformbewegung, der Marburger Didaktiker Wilhelm Viëtor, Deutschlehrer in Großbritannien und Englischlehrer in Deutschland, ein Aussprachewörterbuch des Deutschen bzw. für ‚Deutsch als Fremdsprache' verfaßte.

Obwohl oder vielleicht gerade weil sich Antonio de Nebrija in den *Introductiones latinae* bzw. der *Repetitio secunda, de corruptis Hispanorum ignorantia quarumdam literarum vocibus* um eine kritische Rekonstruktion der lateinischen Ausspracheregeln bemühte (Quilis 1989, 44), umfaßt seine *Gramática* weniger eine Orthoepie denn eine Orthographielehre; die Kenntnis der Wörter und ihrer Aussprachen (*sic*) setzt er insoweit als bekannt voraus, als sie es erlauben sollte, die Schriftbilder von Wörtern auf die bekannten phonischen Muster zu beziehen. Anders gesagt: Es geht um die Erlernung der Schrift und nur in zweiter Linie um die einer euphonischen Norm. Wie die französischen Orthographiereformer des 17. und 18. Jhs. will Nebrija das nationale Idiom mit einer einheitlichen Schreibung versehen (F. J. Klein 1983). Generelle Ausspracheregelungen können erst erfolgen, nachdem eine Schreibung auf der Grundlage einer orthophonischen Norm etabliert ist. Dies erklärt, weshalb die (schriftliche) Entwicklung von Orthophonielehren in einer Zeit platzgreift, als die Rechtschreibungen fixiert werden. Die Behandlung der Orthographie – anstelle der Lautlehre – folgt im übrigen der Überlieferung (Quintilian, *Institutio oratoria* I, iv). Daß eine vergleichsweise einheitliche Schrift nicht genügte, um eine korrekte Aussprache zu bewirken, demonstrierten die gänzlich unterschiedlichen nationalen Ausspracheweisen des Lateinischen, wie Pierre la Ramée (1562, 10) bemerkt.[10]

Der unsichere Status der historischen Orthographien verwischte zuweilen die Grenzen zwischen (idiolektaler) Graphie und Euphonie. John Palsgraves umfangreiches Lehrbuch *L'esclarcissement de la langue francoyse* (1530) führt explizit „the true sowndyng of the frenche tongue“ vor. Generell behandeln die Euphonie-Lehren ausländische Akzente im Sinne der Fehlerprophylaxe.

> Le *D* se prononce mollement au commencement & au milieu des paroles, & non pas rudement comme font les hauts Allemans qui le confondent sauuent auec le *T*.
>
> (Das *D* (stimmhaft dentaler Verschlußlaut, F.-J. M.) wird am Anfang oder in der Mitte der Wörter weich ausgesprochen und nicht so hart, wie es die Süddeutschen machen, die es oft mit *T* (stimmloser dentaler Verschlußlaut, F.-J. M.) verwechseln.)

bemerkt so Antoine Oudin in der *Grammaire françoyse rapporté au langage du temps* (1632, 13) zu einer Aussprachevariante. Greift man mit Artur Greive (1992) die Kölner *Frantzösische Grammatica* des Joannes Basforest (1624) auf, so findet man ein Werk, das auf 18 Seiten „Von der Außsprach der Buchstaben handelt“. Basforest behandelt das Problem der ‚stummen‘ Buchstaben in unterschiedlichen Positionen; sodann die Satzeuphonie: „als *vous estes mon ami* solen aussprechen *vou sestes mo nami*“ (Greive 1992, 157). Ähn-

---

[10] Vreiment, si tou' peuples uzan' de letre' latines, en gardoe le son, se seroet un merveleu bien pour la langue latine: Car çacun aport' a la prolasion latine, le meme son de'letres c'il a coutume en sa langue maternele. Pres un Polonoes, un Angloes, un Fransoe' tou' parlan latin, Dieu set, cele peine, ilz auront avan'c'ilz se puiset entendre partan' ce çacun prononse le latin a sa gize.

liches läßt sich auch in Heinrich Doergangs *Institutiones in Linguam Gallicam* finden (Greive 1993). Basforests *Grammatica* und vergleichare Werke liefern einen Standard, dem die Methodiken bis in das 19. Jahrhundert hinein folgen, wie die *Grammaire des grammaires* des Girault-Duvivier (1822) dokumentiert. Die dortige *Table des voyelles, considérées seulement par rapport à leurs sons* (I, 3ff. insbes. 7) illustriert, daß heteroglotte Lerner immer schon französische Wörter und ihre Aussprache kennen mußten, um sich ein Bild von Phonemen (in anderen Wörtern) machen zu können. All dies signalisiert, daß dem Lehrwerk nur eine stützende Funktion im sprachlichen Vermittlungsprozeß zukam. Die historischen Lehrwerkautoren gingen davon aus, daß eine Lehrperson die Lernenden schon vor der Lektüre in die grundlegenden Eigenschaften der Aussprachelehre eingeführt hatte.

A	la patte	eu	il est jeune
e ouvert	il tette	ou	coucou
É fermé	vérité	An	Ange

Meidinger gibt (1821, 2f.) eine Reihung folgender Art (Ausschnitt) an:

C	D	E	F	G	H	I	J*
Se				*Sche*	*Asch*		*Schi*

Natürlich genügen derlei Graphemzuordnungen nicht, um Phoneme abzubilden. Deshalb sind weitere Erläuterungen erforderlich: „*g* vor a, o, u, und einem Konsonant, fast wie ein deutsches g; *g* vor e, i und y gelinder als sch...“. Doch gelingt es auf der Grundlage von Graphemketten nur eingeschränkt, den Lernern ein realistisches Lautbild zu vermitteln. Vor allem Kommunikation mit nativen Sprechern beseitige Mehrdeutigkeiten: „loquendo exerceas te cum ipsis,“ rät Heinrich Doergang (Greive 1993, 176) in den *Institutiones in Linguam Gallicam* (1604). Von der hier gemachten ganzheitlichen Erfahrung zielsprachlicher Kommunikation profitierten alle aktivierten Fertigkeiten der Lerner.

3.2 Inhaltsbezogene Skizzen zur zielsprachlichen Kommunikation im Fremdsprachenunterricht

Die Art und Weise, wie der historische Fremdsprachenunterricht Kommunikation realisierte, hing nicht zuletzt von der Rolle ab, die man den Zielsprachen für das eigene Leben zuschrieb. Im Ägypten der Pharaonen war man nach dem Zeugnis der Papyri und Tafeln in dem Maße von der Nützlichkeit von Fremdsprachenkenntnissen überzeugt, wie diese im praktischen Leben Vorteile brachten. Es lassen sich schon sehr früh zwei Arten von

Fremdsprachen – und Fremdsprachenunterricht – ausmachen: Zum einen denjenigen, der sich zeitgenössischen Sprachen zuwandte. So war es für die Beamten des Pharaos von Vorteil, die Sprachen der unterworfenen Völker zu kennen. Einen höheren Rang als die Idiome unterworfener Völkerschaften hatten hieratische Texte, die in älteren und nicht mehr verständlichen Sprachen oder Varietäten verfaßt waren, und der ihnen folgende Sprachunterricht. Schon früh zeichnete sich das Prestige von Zielsprachen und seine Wirkung auf die Sprachenwahl sowie auf Art und Umfang der Instruktion ab. Die Gründe für das Prestige einer Sprache lassen auf die Art der Kommunikation schließen, welche zum Erlernen dieser Sprache aufgebaut wurde. Die Wirkung des Prestiges reichte vielfach so weit, daß sie eine bilinguale Erziehung erforderte, welche aber i.d.R. nur den Reichen zugänglich blieb. Lernen reichte in diesen Fällen nicht aus, die Instruktion näherte sich dem Erwerbstyp. Bekannte Beispiele liefern die hellenisierenden Familien Roms, die Fürsten des Mittelalters und der Neuzeit oder die finanzstarken Familien Europas, die zielsprachlich natives Personal für die eigene und der Kinder Sprachpraxis anstellten oder aber diese zum Spracherwerb in die betroffenen Länder schickten.

Die Erforschung der Lehrwerke hat in den letzten Jahrzehnten erhebliche Fortschritte gemacht (Stengel bzw. Niederehe 1889/1976, Bode 1980, Niederländer 1981, Choppin 1992, Minerva und Pellandra 1991, Klippel 1994, Caravolas 1994, Radtke 1994, Boisson 1996, Bierbach 1997, Gorini 1997 und Abendroth-Timmer 1998). Die Geschichte des Fremdsprachenunterrichts verweist in eine viel entlegenere Vergangenheit, als es Lehrwerke spiegeln. Die von Claude Germain (1993) und Jean-Antoine Caravolas (1994; auch Titone 1986, Apelt 1991, Sánchez Perez 1992) gelieferten Überblicke nennen Tafeln als eine Urform von Glossar, Lehrwerk und Übungsheft. Die Glossare enthalten bereits neben grammatischen Sprachbeispielen Angaben zur rechten Aussprache. Schon im Jahre 2000 v.Chr. erlebten Kinder einen lese- und schreibgebundenen Fremdsprachenunterricht (Caravolas 1994, 3f.): „Les enfants apprennent d'abord à tenir le stylet (...), à tracer les signes les plus simples, à copier des mots isolés, puis des phrases et enfin de longs textes. L'enseignement de l'écriture est ensuite complété par un enseignement oral. Le texte est lu et commenté par le maître, qui ensuite pose des questions et dirige la discussion." Die zur Instruktion fremder Sprachen benutzten Tafeln bezeugen Kommunikation in bezug auf die vier Fertigkeiten. Dem entsprach die Textsorte des didaktischen Dialogs, auf dessen Bedeutung in der Geschichte des Fremdsprachenunterrichts vielfach hingewiesen (Navarro Laboulais 1998, Chr. Bierbach 1989) wurde. Das folgende Stück Klassenraumdiskurs – es gehört zu den frühesten Quellen des Fremdsprachenunterrichts – bezeugt das Bemühen, aus dem Alltag der Schüler stammende Stoffe im Fremdsprachenunterricht zu verwenden. Der Lehrer hält einen Schüler an, seinen Tagesablauf zu berichten:

L: Was machtest Du dort (in der Schule)?
S: Ich lernte meine Tafel auswendig, ich frühstückte (dort), ich bereitete meine neue Tafel

> vor, ich schrieb sie voll, bis ich fertig war. Dann hat man mich abgehört, und am Nachmittag hielt man mich zu einer schriftlichen Übung an. Nach dem Unterricht ging ich nach Hause, wo ich meinen Vater sitzend vorfand. Mit meinem Vater habe ich meine schriftliche Übung besprochen, dann habe ich ihm vorgelesen, was ich auf meine Tafel geschrieben hatte. Mein Vater war entzückt (Caravolas 1994, 3f.).

Dialoge als Mittel von Menschenbildung und Fremdsprachenerwerb haben – vor allem im Falle des Latein – eine weit zurückreichende Tradition (Buck 1996). Es überrascht nicht, daß mit zunehmender fremdsprachlicher Kompetenz die didaktischen Dialoge an Elaboriertheit zunehmen. Da das Latein als Sprache der Gelehrsamkeit fungierte, liefen die Ziele des Lateinunterrichts mit jenen der humanistischen Menschenbildung zusammen. Die vorzüglichsten Gelehrten der Zeit – allen voran Erasmus – legten in diesem Zusammenhang Programme und Übungsformen zur Erlernung fremder Sprachen vor. In ähnlichem Zusammenhang sieht Mechtild Bierbach (1997, 267) den Aufbau einer Schulrhetorik. Der didaktische Dialog steht in Abhängigkeit von den Konversationsidealen der jeweiligen Zeit (hierzu: Göttert 1988), was mehrfach die *questione della lingua* berührt.

Edgar Radtke (1994) verdanken wir die umfangreichste Untersuchung zur Rekonstruktion der Gesprächskonstitution in Dialogen romanischer Sprachlehrbücher. Sie macht deutlich, wie sehr bestimmte interkulturelle Kommunikationsrituale mit den Lehrwerken verbunden sind. Sei es, daß diese jene in ihr Textrepertoire nahmen, sei es, daß sie dadurch zur Verstärkung bestehender Rituale beitrugen. Ein solcher Topos der interkulturellen Kommunikation betrifft die Thematisierung der zielsprachlichen Kompetenz eines fiktiven oder realen Kommunikationspartners, welche insgesamt feste Verhaltensregeln folgen. So lobt der Heteroglotte niemals die eigene zielsprachliche Kompetenz, und ebensowenig kritisiert der native Sprecher die Kompetenz des Fremdsprachigen in der eigenen Sprache. Eng verbunden mit dem Thema Sprachkompetenz und Sprecherrolle ist das der besten Variante der Zielsprache. Die bei Parival 1670 aufgenommene Frage des Französisch („Per imparar (apparar) a parlar francese ci vorrà c'andiamo sopra il fiume della Loira, perche il linguaggio (la favella) vi è più netta (pura, elegante)“[11]) (Radtke 1994, 145) folgt inhaltlich vielfach und früh belegten Vorbildern, wie die diachronischen Darstellungen für unterschiedliche romanische Sprachen belegen. Auch Klagen über den Fremdsprachenunterricht sind, wie Radtke (ebd.) notiert, keine heutige Erfindung:

[11] „Um französisch sprechen zu lernen, müssen wir an den Fluß Loire gehen, denn die Sprache ist dort reiner (als andernorts).“

Ausländer	*Französische Gesprächspartner*
Frankreichaufenthalt	
	Lob der frz. Sprachfertigkeit
Abweisen des Lobes (Einwand)	
	Wiederaufnahme des Lobes: Erwerb von Vorkenntnissen
Klagen über den Französischunterricht Regionale Herkunft des Lehrers Normfragen	
	(Aufsuchen des Wirtes)

Wie differenziert kommunikative Situationen didaktisiert wurden, zeigt die Analyse von Verkaufsgesprächen in Sumarans *Das Newe/Sprachbuch. Liure und instru/ction pour appren/dre les langues. Libro fondamenta/le per le lingue./Libro muy prouhoso per apprë/der las lenguas* (Monachi, Apud Viduam Beroianam 1621) für die Zielsprachen Französisch, Spanisch und Italienisch. Am Beispiel des Themas Verkaufsgespräch zeigt Radtke (1994, 144ff.) die funktionale Differenziertheit des didaktischen Dialogs. Das Verkaufsgespräch umfaßt die kommunikativen Subsequenzen: Begrüßung mit Befindensformel, Bedarfsermittlung, Warenrepräsentation, Feilschen und Bezahlmodus, Verkaufsabschluß, Zahlakt, Beendigung des Gesprächs, Frage nach weiteren Erwerbswünschen, Preisnachfrage, Preisnennung, Preissenkungsforderung, Preisrechtfertigung, Kreditnachfrage, Kreditablehnung, Preisneuangebot (neue, oft variierte Verhandlungssequenz), Bekräftigungsformeln, Akzeptieren. Schon früh setzte der Fremdsprachenunterricht die Erkenntnis um, daß eine gute Verkaufsatmosphäre zum Verhandlungserfolg beiträgt. Das kommunikative Kennzeichen entsprechender Sequenzen besteht in der Verbindung von Nebenthemen und Hauptthemen. Dies geschieht insbesondere an den sogenannten Gesprächsrändern, welche i.d.R. zur geplanten Beendigung des Dialogs führen (Radtke 1994, 177).

Wie das oben angeführte Korrespondenzbüchlein des Sekretärs und die Kaufmannsgespräche waren Konversationsübungen adressaten-orientiert. Die 1574 in Antwerpen gedruckten *Douze Dialogues et Colloques* du Viviers bieten eine Kompilation von Ausdrükken, die auf einen unmittelbaren Unterweisungszusammenhang Bezug nehmen. Navarro Laboulais (1998, 42) lokalisiert in William Stepneys *The Spanish Schoolmaster: Conteining seven dialogues, according to euery day in the weeke, and what is necssarie euerie day to be done, wherein ist also most plainly shewed the true and perfect pronunciation of the Spanish tongue, towards the furtherance of all those which are desirous to learne the said tongue within this our Realm of England* (1591) folgende Schwerpunkte: Nach dem Weg fragen, Kaufen und Verkaufen, Schulden begleichen, Unterhaltung bei Tisch und in

Gesellschaft, familiäre Reden zum häuslichen Gebrauch, Gespräche zum Kirchgang und Verschiedenes, z. B. zu Geldgeschäften.

3.3 Zu Grammatik, Themen und unterrichtlicher Kommunikation

Einen ‚europäischen Lehrplan' sieht Riché (1979, 353) in der *Admonitio generalis* Karls des Großen aus dem Jahr 768, „Lehret in allen Klöstern und Bistümern die Psalmen, Noten, Gesänge, das Rechnen (comput) und die Grammatik." Indem die Karolingische Renaissance eine Ausbreitung und Vertiefung von Lateinkenntnissen einleitete, förderte sie den Fremdsprachenunterricht. Die enge Verbindung von Grammatik und Fremdsprachenlehre wird schon darin deutlich, daß das internationale Buchwort *Grammatik, grammar, grammaire* usw. auch ‚Lehrbuch' meinte (Colombat 1996, 46). Die *Techné Grammatiké* von Dionysios Thrax (170-90) diente über Jahrhunderte hinweg als Grundlage grammatischer Schulung, und die Anfängergrammatik, *Ars minor*, des Aelius Donatus „connut un succès inouï qui dura plus de mil ans" (Caravolas 1994, I, 14). Dort heißt es zur Frage *Was ist die Grammatik?*:

> Die Kunst des recte dicendi, der Ursprung und die Grundlage der artes liberales.
> Kann man sie anders definieren?
> Ja, vermittels ihrer Ziele. (...) Die Grammatik ist die Kunst der Interpretation der Dichter und Rhetoren, die Kunst, gut zu schreiben und zu sprechen. (Caravolas 1994, I, 19).

Wie sich nun das hohe Ziel im Unterricht umsetzte, zeigt ebenfalls Caravolas (1994, I, 21): „A l'école latine, la base de toute l'instruction est la grammaire. Comme dans l'école antique, le maître enseigne les règles à partir du texte de l'auteur étudié en s'appuyant sur l'*Ars Maior* de Donat, (...). Tout d'abord, il analyse la forme des mots, présente les règles et fait décliner des phrases:"

Bonus vir est Robertus	*Robert est un homme bon*
Laudes gliscunt Roberti	*Les éloges gonflent le coeur de Robert*
Christe fave Roberto	*Christ favorise Robert*
Longaevum fac Robertum	*Donne longévité à Robert*

Kommunikation ist, wie das Beispiel lehrt, geprägt vom Geist der jeweiligen Zeit, der grammatischen Progression und der subjektiven Meinung des Lehrwerkautors, ‚nützliche' Inhalte zuzulassen. Der Grammatikunterricht war selten Selbstzweck, sondern mündete in die Lektüre ein.

Der Lateinunterricht machte – neben christlichen Unterweisungen in der 1. Sprache der Kirche – mit den Schriften der *auctoritates* vertraut. Wie stark das pädagogische Ideal wirkte, läßt sich daran ermessen, daß das Publikum nach *volgarizzamenti* verlangte, deren Geschichte August Buck und Max Pfister nachzeichnen (1978). Die von Priscian im 6. Jh. v.Chr. verfaßte Grammatik beruft sich auf „Vergil 954 mal, Plautus 249 mal, Lukan 180 mal, Terenz 156 mal, Horaz 149 mal, Juvenal 120 mal, Statius 74 mal, Ovid 71 mal, Sallust 62 mal, Livius 38 mal, Persius 31 mal, Lucrez 25 mal" (Buck und Pfister 1978, 10). Wie bereits die Beobachtung zu den Dialogen belegte, verfolgt der Unterricht der Alten Sprachen über die Sprachlehre das Ziel inhaltlicher Bildung.

Werner Hüllen sieht den Anfang des Lehrbuchs in mehrsprachigen „kontextualisierte(n), topikale(n) Glossare(n)" (Hüllen 1989, 117f.). Ihnen liegt die Voraussetzung zugrunde, daß sprachliche Aussagen übersetzbar sind; eine Einsicht, die für die Theorie des Fremdsprachenunterrichts in mehrfacher Weise tragend ist.

> Die Kontextualisierung solcher Auflistungen in einer Weise, die offensichtlich den Erfahrungen des Lehralltags entnommen wurden, schafft dann das typische Lehr- und Lernbuch für den Fremdsprachenunterricht (Hüllen 1989, 118).

Es handelt sich hierbei um Benennungslisten, welche die Verwobenheit der *volgare*-Wortschätze mit dem Lateinischen belegen. Hüllen hat diese Beobachtung jüngst ergänzt:

> Dem alten onomasiologischen Glossar, wie es sich zu Beginn der nach klassischen europäischen Schriftkultur in allen Volkssprachen entwickelte, kann man im Gegensatz zum alphabetischen Glossar eine allgemein enzyklopädische und didaktische Funktion zusprechen, die dann miteinander verbunden wurden. Die enzyklopädische Ordnung selbst wurde zum didaktischen Prinzip. Während bei alphabetischen Glossaren immer nur die einzelne Gleichung zwischen dem lateinischen und dem nationalsprachlichen Ausdruck interessierte, war bei dem onomasiologischen die Anordnung insgesamt das Mittel des Sprachenlernens. Der in ihr gesehene ‚natürliche' Zusammenhang galt als Lernmethode (Hüllen 1997, 133).

Das vom Lateinunterricht gelieferte Muster mußte auf die Methodik des Unterrichts moderner Sprachen wirken, als sich diese selbst vom Status des *volgare* zu Schriftsprachen emanzipierten (H.-W. Klein 1957). Dies geschah dank jener Autoren, deren Werke, wie die der florentinischen *tre corone* Petrarca, Dante und Boccaccio, die Gleichwertigkeit der modernen Literaturen mit den antiken Autoritäten belegten. War es also die Literatur, die zur Aufwertung der Volkssprachen führte und dem Unterricht der modernen Sprachen den Weg in die Schulen ebnete, so verschrieb sich dieser der Lektüre der neuen Klassiker. Galten nun die Alten Sprachen als Ausweis von Frömmigkeit und Gelehrsamkeit, so verbanden sich schon sehr früh Französisch und verschiedene Varietäten des Italienischen seit dem *dolce stil' nuovo* mit dem Ausdruck höfischer oder städtischer Lebensart. Im Umfeld handfester Erziehungsziele, die der Kommunikation eine inhaltliche Richtung verliehen, ist zuvorderst Baldassare Castigliones *Libro del Cortegiano* zu nennen. Das Vorbild des *honnête homme* sowie des *gentleman*, der *Hofmann*, war ... polyglott. Das anthropologische Ideal erreichte somit den Fremdsprachenunterricht auf doppelte Art: Zum einen verlangte es das Erlernen mehrerer Sprachen, zum anderen wurde es selbst Thema des Fremdsprachenunterrichts. Kaum etwas belegt dies deutlicher als die Fürstenspiegel, allen voran Fénelons *Télémaque* (Wagler 1852, Kapp 1982), der den Französischunterricht intensiv begleitete. Auch die Erfolgsgeschichte dieser Gattung im neusprachlichen Unterricht zeigt, wie sehr dieser in der Tradition der an das lateinische Kulturadstrat gebundenen *res publica litterarum* steht. Wie tief Inhalte und Methodik ineinandergriffen, belegt eindrucksvoll Weckers *Lehrbuch der französischen Sprache nach Hamilton'schen Grundsätzen* (1839) im Zusammenhang mit der Interlinearmethode – wiederum am Beispiel von *Télémaque*:

Kalypso nicht konnte sich trösten von den Abreise von Ulysses. In ihre Schmerz, sie sich
Calypso ne pouvait se consoler du départ d'Ulysses. Dans sa douleur, elle se

fand unglückliche von sein unsterbliche. Ihre Grotte nicht ertönte mehr von ihren Gesang.
trouvait malheureuse d'être immortelle. Sa grotte ne résonnait plus de son chant.
[1. Buch, Wecker 1839, 9]

Wie nun das Gebot des *recte dicendi* an die kommunikativen Bedürfnisse der jeweiligen Zeit und Schicht angepaßt wurde, zeigt der *Secrétaire des courtisans ou l'Art d'écrire poliment sur toutes sortes de sujets* aus dem Jahre 1646, als dessen Autor ein Monsieur R., Secrétaire du Cabinet du Roi de France, zeichnet. Es ist ein Buch für eine Zeit, die ihr stilistisches Ideal im fürstlichen Vorbild und in der Galanterie findet. Der *Secrétaire* ist sowohl für Frankophone als auch für den im Französischen fortgeschrittenen Heterophonen ausgelegt. Es bietet in 182 Briefen Vorlagen für Korrespondenz. Der internationalen Rolle des Französischen gemäß läßt der Autor ganz im Sinne der Galanterie in Brief XXXVIII „A une Italienne nouvellement arrivée en Allemagne" einen deutschen (*sic*) Kavalier die Frage behandeln, wieviel Deutschkenntnisse die junge Dame denn zur Kommunikation mit Deutschsprachigen benötige. Im Kern lautet seine Botschaft: Italienerinnen gewinnen durch ihre Anmut, nicht durch die Praxis des tudesken Idioms.

> Vous auriez donc tort, Mademoiselle, d'apprendre mieux nôtre langue: Vous y perdriez plus que vous n'y gagneriez. Contentez-vous (...) d'apprendre deux ou trois mots absolument nécessaires que vous ne savez pas encore : Tels sont par exemple *aimer, soupirer, tendresse.* Servez-vous en... (R. 1646 , 74)

Der Briefroman selbst zeigt die Literarität der Textsorte, die insbesondere in Damengrammatiken Beliebtheit gewann. Steinbrecher publiziert 1744 in Dresden eine *Leichte frantzösische Grammaire für das Frauenzimmer in XX Regeln, Artigen Sprüchwörtern, Kurtzen Briefen und Curieusen Reden,* Kösater die *Anleitung zur Französischen Sprache zum Gebrauch des Frauenzimmers und anderer, welche kein Latein verstehen* (Stengel

1889, 14, Beck-Busse 1994, 80).[12] Auch in Frankreich waren Damengrammatiken in Mode, z. B. Giovanni Veneronis (Jean Vignerons) *Introduction à la langue italienne pour les dames et pour ceux qui ne sçavent pas le latin.* Der aufschlußreiche Titel muß hier genügen, um einen ganzen Typus von Grammatiken anzuzeigen. Das Lehrwerk spiegelt implizit das Frauenbild des Autors. Sprachenkundige Damen pflegten Korrespondenzen. Briefe als Mittel von Sprachlehre und Menschenbildung waren in humanistischer Zeit vielfach gebräuchlich (M. Bierbach 1997). Für die kaufmännische Welt waren sie ein Gebot der Praxis. *Der wohlgeübte Correspondent Oder: Sammlung von dreyhundert Kaufmanns- und anderen Briefen zum Gebrauche derjenigen, welche in der Französischen Schreibart ohne viel Zeit und Müh eine Fertigkeit zu erlangen suchen* von Johan Friedrich Myck (1784) erläutert exemplarisch Lernen qua Briefe schreiben. Zum Punkt Neujahrsglückwünsche wird genannt:

Weilen dieses das erstes mal ist, daß ich die Ehre habe, an Dieselben in diesem Neuen Jahr zu schreiben, so habe ich nicht ermangeln wollen, Ihnen von Herzen dazu Glück zu wünschen.	*Puisque*, weil, *premier*, erst, *fois*, mal, l'*honneur*, Ehre, *écrire*, schreiben, *cette nouvelle année*, dieses neue Jahr, *manquer*, ermangeln, *faire ses félications*, Glück wünschen

Unter den Lehrwerkautoren der letzten Jahrhunderte war Johann Valentin Meidinger einer der erfolgreichsten. Die *Praktische Grammatik wodurch man diese Sprache auf ganz neue und sehr leichte Art in kurzer Zeit gründlich erlernen kann* (1783ff.) hat bis zur Jahrhundertmitte 37 Auflagen erlebt, und die Meidinger'sche Methode wurde von anderen Lehrwerkautoren für mehrere Zielsprachen aufgegriffen. Bereits 1796 gab Meidinger ein Lehrbuch *Erster Unterricht in der französischen Sprache für Kinder* heraus (Schröder 1985 III, 319). Die ‚Meidingerei' war stark regelgeleitet: Der Unterricht vollzog sich durch die Erklärung der Regel, durch Beispiele und leichte Aufgaben sowie durch Üben. Der grammatische Zuschnitt der Texte war lernzielbestimmt, der inhaltliche ging von dem vermuteten Alltag der Lernenden aus, so wie er der damaligen Zeit entsprach. Offensichtlich sollen die Texte auch durch Witz ansprechen:

> Dieses Frauenzimmer gieng gestern spazieren mit drei Herren. Ihre Frau Gemahlinnen giengen hinter ihnen mit dem Herrn Hofrath. Unser Herr Amtmann sagte: Es schickt sich nicht, daß ein Frauenzimmer geht mit drei Herren. Warum, mein Herr? Fragte ihn eins von unseren Frauenzimmern. Jungfer Lisettchen, sagte zu ihr der Herr Amtmann, Sie sind achtzehen Jahr alt, und fragen noch warum? (Meidinger 1821, 101)

---

12 Vgl. auch Greives Arbeiten zu Basforest (1992, 1993).

Grammatisches Thema der Lektion ist das Personalpronomen. Die Hinübersetzung, neben der Regelleitung der Kern der Meidinger'schen Methode, wird durch die Angabe von französischen Wörtern in der Vokabelgleichung erleichtert:

Dieses, cette	Ein Amtmann, un bailli
Gieng spazieren, alla se promener (se promena)	Es schickt sich nicht, il ne convient pas Geht, aille
Mit, avec (hat den Accus. Nach sich.)	Fragte ihn, lui demanda

Das Kapitel über die Briefe bzw. deren unterschiedliche Gruß- und Devotionsformeln belegt eine stark interkulturelle Komponente. Man vergleiche die Anmerkungen zur deutschen Titulatur (675):

> Ein adeliches unverheirathetes Frauenzimmer tituliert Hochwohlgebornes Fräulein, und ein unverheirathetes bürgerliches Frauenzimmer, Mademoisell oder Jungfer.
> Hochwohlgeborner Gnädiger Herr,
> Alle diejenigen, welche adeliche Bedienungen verwalten, werden im Kontext Wohlgeborne tituliert. Andere, auch *Professores, doctores,* Magistratspersonen und auch wohl Kaufleute tituliert man heut zu Tag Hochedelgeborne... (Meidinger 1821, 677).

Der Fremdsprachenunterricht will die Leserschaft mit der herrschenden Etikette vertraut machen. Die Art der qua Fremdsprachenunterricht angestrebten Kommunikation läßt sich nicht zuletzt durch ihre Vokabularien fassen. Meidinger komponiert eine, „Sammlung der zum Sprechen nöthigsten Wörter" (387ff.). Die Lemmata gruppieren sich um die Themen: *Religion; Festtage; Monate; Von der Welt und ihren Theilen; Elemente; Metalle – Münzen und Mineralien; Steine; Von der Zeit zu den Jahreszeiten; Vom Wetter; Vom Menschen; Ereignisse und Vorfälle; Von den Unvollkommenheiten und Krankheiten; Von der Verwandtschaft; Von der Kleidung und was dazu gehöret; Von den Hohen Häusern und deren Bediensteten; Von den Gerichtlichen Bedienungen und was dazu gehöret; Von Gelehrten, Künstlern, Handwerkern und Gewerben, und den Sachen, die damit verknüpft sind; Von weiblichen Hanthierungen; Von Ländern, Völkern und Hauptstädten; Von der Stadt und ihren Theilen; Von den Theilen des Hauses; Vom Hausgeräthe; Vom Tisch- und Küchengeräthe; Vom Felde; Von den Thieren; Beschaffenheitswörte*r (Adjektive); *Zeitwörter* (Bemerkenswert erscheint die Auflistung in der Reihenfolge der o.g. Oberbegriffe). Dem Begriffs- und Ordnungsraster scheint die Struktur des *Orbis Pictus* des Comenius zugrunde zu liegen (vgl. Reinfried 1992, 36), der bis ins 19. Jh. hinein zahlreiche Neuauflagen erfuhr und eines der verbreitesten Schul- und Jugendbücher war. Überschlägig gezählt listet Meininger 3.800 Vokabelgleichungen auf, deren Auswahl in der Mikrostruktur der Artikel inspirativ erfolgt. Der Einsicht gemäß, daß die Beschäftigung mit der Zielspache Spaß bereiten müsse, bietet das Werk über hundert *historiettes* zumeist lustigen Zuschnitts:

Quelqu'un ayant fait mettre sur la porte de sa maison cette inscription: *Que rien de mauvais n'entre par ici.* Diogène demanda: Par où donc entre le maître? (Meidinger 1821, 576)

Wie wir sahen, ist der Begriff des Lehrbuchs in historischer Sicht vergleichsweise offen. Die Geschichte der Lehrwerkentwicklung zeigt immer wieder europäische Dimensionen. Die Methodik bleibt i.d.R. nicht an bestimmte Sprachen gebunden. Die Beobachtung läßt sich *mutatis mutandis* auch für das Französische festhalten: „Die Durchsicht der hundert Lehrbücher aus der Zeit von 1770 bis 1840 ergibt acht Typen: reine Grammatiken, Sprachlehren, Aussprachelehren, Übungsbücher, Gesprächsbücher, Lesebücher, Chrestomathien und Textausgaben. Davon sind Lesebücher, Übungsbücher und Textausgaben zu Unterrichtszwecken Neuentwicklungen dieses Zeitraums" (Klippel 1994, 95). Der inhaltliche Bezug zwischen diesen Texten liegt schwerpunktmäßig zwischen den Polen: Traditionalität der Themen und Notwendigkeiten zur Kommunikation über Dinge des Alltags.

4. Fremdsprachenunterricht in staatlicher Verantwortung: Auseinandersetzungen mit Frankreich

Französischunterricht wurde zwischen 1800 und 1850 in Deutschland in großem Umfang erteilt (Christ 1983, Christ und Rang 1985, VII). Die Entwicklung des schulischen Fremdsprachenunterrichts ist aufs engste verbunden mit seiner Kontrolle durch den Staat vermittels der Lehrpläne sowie mit der Regularisierung der Lehrerausbildung. Lehrpläne als Ausdruck von Qualitätssicherung können entweder bei gleichzeitiger Vorgabe von Lernzielen stärker die Intention einer Lehrerberatung verfolgen oder eher den Charakter von Stoffplänen haben. Letztere erlauben uns nachzuvollziehen, welche Inhalte im Unterricht thematisiert werden. So erscheint es möglich, aus den Aussagen von Rahmenplänen Rückschlüsse auf den Inhalt unterrichtlicher Kommunikation zu ziehen und aus ihren Anleitungen zur Art des Umganges mit den Stoffen ein Teilbild zur Qualität der Kommunikation zu gewinnen. Für den Französischunterricht lassen sich folgende Züge erkennen: Es handelt sich zwischen 1721 und 1945, in der von Christ und Rang (1985, III) behandelten Berichtszeit, um einen Unterricht, dessen Ziele sprachpraktisch im Sinne des zeitgenössischen Französisch und literaturkundlich geprägt waren. Schon in der Mittelstufe des Gymnasium wurden Chrestomathien eingesetzt. Bezeichnend ist das Lehrziel der Realschule/Oberrealschule Hessen-Darmstadts aus dem Jahr 1899:

Die Schüler sollen das Französische richtig aussprechen lernen, mit den Hauptregeln der Sprachlehre vertraut werden, sich einen genügenden Wortschatz aneignen und einige Übungen im mündlichen und schriftlichen Gebrauch der Sprache erlangen. Sie sollen ferner

> (...) die Fähigkeit erlangen, einen nicht allzuschweren Schriftsteller ohne Vorbereitung zu lesen (Christ und Rang 1985, III, 77).

Die starke Ausrichtung auf die Literatur, welche als Weg zum Wesen des fremden Volkes (oder ähnlich) gesehen wurde, dokumentiert sich nicht zuletzt in der Erörterung der Kanonfrage (Christ 1990, Weller 1994): An der Spitze der Schulautoren standen zwischen 1893 und 1903 nach Molière (genannt seien lediglich die neun erstplazierten) Erckmann-Chatrian, Bruno, Daudet, Racine, Thiers, Souvestre, Lanfrey, Scribe und D'Hérisson. Die Stoffe wurden gelesen und besprochen. Und wie es heute in den Schulen der Fall ist, bestimmte die Prüfung Art und Inhalt des Oberstufenunterrichts. Ziel war die schriftliche Auseinandersetzung mit zielsprachlicher Literatur. Bereits die Lehrwerke der Mittelstufe bereiteten auf den Literaturunterricht der Oberstufe vor.

Zu den erfolgreichsten Lehrwerken zählten zwischen 1913 und 1969 die sogenannten Grundschen Französischlehrbücher, die insgesamt 33 Ausgaben und 55 Auflagen erlebten (Bode 1980, 49). Auch in Strohmeyers *Lese- und Übungsbuch für den ersten französischen Lehrgang* (1932) erfolgte die Einübung in die Fremdsprache überwiegend durch die Thematisierung kulturell neutraler Inhalte: Schule und Schulleben, Haus und Familie usw. Frankreichspezifisch sind vor allem französische Personennamen. „Erst in den sechziger Jahren (...) geriet die Theorie vom Ansatz bei der heimatlichen Umwelt ins Schwanken. So forderte 1966 Leïsinger: ‚Die Bewältigung der Alltagssituationen im Anfangsunterricht soll den fremden, nicht den eigenen Alltag betreffen'" (Bode 1980, 57, auch 54). Die älteren Grundschen Bücher (Ausgabe 1942) zeigen ein einfaches, unmarkiertes und unidiomatisches Französisch. Ein für einen dreijährigen Kurs ausgelegtes Buch umfaßt zwei Teile, die „Formenlehre (III), Lesestücke, in denen „Humor und [der] *esprit gaulois* zu Worte kommen" sollen, *Exercices* und deutsche Übersetzungsstücke. Dem Ganzen werden Sprichwörter und ein *vocabulaire* beigegeben. Die Lesestücke dienen im Anfangsunterricht zur induktiven Erarbeitung des grammatischen Themas und sind dementsprechend markiert. Auswahl und Gestaltung der Texte lassen erkennen, daß die Verfasser sowohl die französische Sprache als auch ein historisierendes Frankreichbild vermitteln wollen. Ein Blick auf den Lektürekanon der Gymnasien im Fache Französisch belegt, wie sehr der Französischunterricht von der Art der deutsch-französischen Beziehungen beeinflußt wird. Dies zeigt zum einen die Elsaß-Lothringen-Problematik bei den Autoren Erckmann-Chatrian. Dabei darf nicht übersehen werden, daß der deutsche Französischunterricht wie der französische Deutschunterricht durchaus versuchten, sich in den Dienst der Aussöhnung zwischen beiden Völkern zu stellen (Tiemann 1989). Im Kriegsjahr 1942 ist das Französischlehrwerk längst ‚gleichgeschaltet'. Die Karikatur des Franzosen spiegelt die Rassenideologie nationalsozialistischer Prägung. Unschwer läßt die verzerrende Darstellung auf mögliche inhaltliche Gestaltungsweisen von Französischunterricht schließen:

> *Le peuple français actuel* – Au point de vue physique, il présente des dissemblances intéressantes qui rappellent à l'heure actuelles les caractères des races primitives. Les hommes petits, trapus, à tête ronde, aux yeux clairs (...) descendent des anciens Celtes. Les hommes du Nord avec leur haute taille, leur teint coloré, leurs cheveux blonds ou roux sont comme les fils des Germains. Enfin des méridionaux, petits et bruns, à gesticulation vive, nous rappellent les Grecs et les Romains (Grund/Neumann 1942, 148).

Das Frankreichbild in den deutschen Französischlehrbüchern der fünfziger Jahre ist geprägt von dem Versuch, einen französischen Nationalcharakter zu analysieren. Geschichte, Politik, Wirtschaft, Literatur, Freizeit und Familienleben werden einer mehr oder weniger eingehenden Betrachtung unterzogen, um französisches ‚Wesen' offenzulegen (Krauskopf 1985, 123, auch: Grothusemann und Sauer 1991).

In den folgenden Jahrzehnten prägen Entwicklungen der deutschen Gesellschaft in ihrem Verhältnis zu Frankreich das Französischbuch.

> Die (Lehr-)Bücher *Cours Intensif* und *Salut Intensivkurs*, die gegen Ende der siebziger Jahre veröffentlicht wurden, geben dem politisch-gesellschaftlichen Faktor erheblich mehr Raum (...). Hier dürfte die didaktische Diskussion, die mehr Landeskunde vom Beginn des Sprachenunterrichts an forderte, einen Einfluß ausgeübt haben. Das Frankreichbild ist damit etwas realistischer geworden (Krauskopf 1985, 135).

Nicht verschwiegen werden soll, daß sich unter dem Einfluß einer sich entwickelnden Landeswissenschaft eine Kritik an der traditionellen Romanistik als Trägerin der Lehrerausbildung und an den Inhalten des Unterrichts vollzog (Grosser 1976, Höhne und Kolboom 1982). Zeitgleich unterzieht die internationale Schulbuchforschung Lehrwerke systematischen Analysen (Hinrichs 1988). ‚Alltagsthemen' der Zielkultur gewinnen seit den 70er Jahren im Fremdsprachenunterricht sowie in den Lehrwerken die Überhand. Im Jahre 1978 erscheint die wohl erste didaktische Anleitung zur Arbeit mit Pressetexten (Baumgratz et al. 1978). Die Anlage von Dossiers, d.h. Text- und Materialkompositionen zu einem bestimmten Thema, geschieht problemorientiert. Die Kennzeichen hieraus folgender Kommunikation läßt sich u.a. durch folgende Stichworte umreißen: mehrperspektivisch, polykausal, (interkulturell) vergleichend, inhaltlich-selektiv und ohne Kanon, sozialwissenschaftlich orientiert, Betroffenheit erzeugend,[13] kritisch distanzierend zu hetero- und autokulturellen Erscheinungen, fremdkulturelle Konnotationen erfassend, zur Diskussion einladend. Von den Lehrenden verlangt der hier entgegentretende Anspruch neben einem soliden und umfangreichen zielkulturellen Wissen die Bereitschaft zur ständigen Aktualisierung der Stoffe und zur landeswissenschaftlichen Weiterbildung. Die Problemorientierung und der Einsatz unterrichtlicher Verfahren, welche ursprünglich in den sozialwissenschaft-

---

13 „Die neue Qualität des Landeskunde-Unterrichts beruht nun aber darauf, daß der Schüler nicht nur seine eigenen Interessen und Bedürfnisse in einer fremden Sprache artikuliert, (...) sondern daß eine Konfrontation mit der fremden Realität stattfindet" (Baumgratz, Menyesch, Uterwedde 1978, 55).

lichen Didaktiken entwickelt wurden, fordern eine entsprechende Aufstockung der methodischen Kompetenz.

Die notwendigerweise lückenhaft gebliebenen Skizzen zur Rekonstruktion spracherwerbsorientierter Kommunikation im Fremdsprachenunterricht spiegelte durchgängig die Wechselbeziehung zwischen Kommunikation und Lernkontexten. Diese erfährt heutzutage insoweit eine radikale Änderung, als die romanischen Nachbarsprachen und ihre (europäischen) Kulturen real, medial und virtuell ohne Mühe erreichbar geworden sind. Die bunte Welt von Tourismus, Videofilm, Satelliten- und Kabelfernsehen, Internet und elektronischer Post, sprachintensiven Spielen, Multimedia, Bildtelefon und *videoconferencing* erlaubt die rasche und wiederholbare Begegnung mit den großen europäischen Idiomen in ihrer visuell-akustischen Qualität schon in den ersten Jahren des Sprachlernprozesses. Es versteht sich, daß diese Entwicklung die Bedeutung der Sprechsprache (*code parlé oral*) für die Konstruktion des Sprachcurriculums deutlich erhöht. Das für diesen Kontext konzipierte ‚offene Klassenzimmer' (Legutke 1996) bindet den Unterricht an einen global virtuellen Lernkontext, in dem die traditionellen Lehr- und Lernweisen um neue Formen des interkulturellen Begegnungslernens bereichert werden. Dem Spracherwerber geben die Neuen Technologien die Chance, sich der fremden Sprache und ihren in den Medien verhandelten Themen in weitaus intensiverer Weise auszusetzen, als dies zuvor der Fall war. Ob und für wie viele Personen sich hiermit ein Qualitätssprung des Fremdsprachenlernens verbindet, ist eine Frage, deren Beantwortung von der didaktischen Aufklärung der Medienproduzenten, der Lehrenden und des lernenden Publikums abhängt. Noch weitaus weniger als zuvor kann angesichts dieser Situation fremdsprachenerwerbliche/-unterrichtliche Kommunikation inhaltlich allein von der planbaren Unterrichtssteuerung her beschrieben werden.

Literatur

Abendroth-Timmer, D. (1998): Der Blick auf das andere Land. Ein Vergleich der Perspektiven in Deutsch-, Französisch- und Russischlehrwerken. (Giessener Beiträge zur Fremdsprachendidaktik), Tübingen.

Apelt, W. (1991): Lehren und Lernen fremder Sprachen. Grundorientierungen und Methoden in historischer Sicht, Berlin.

Arnold, W. (1973): Fachdidaktik Französisch, Stuttgart (Neubearb. 1988).

Baumgratz, G./Menyesch, D./Uterwedde, H. (1978): Landeskunde mit Pressetexten I: Erarbeitung landeskundlicher Inhalte; II: Arbeitsinstrumente, Tübingen, 2 Bde.

Baumgratz, G./Picht, R. (eds.) (1978): Perspektiven der Frankreichkunde II: Arbeitsansätze für Forschung und Unterricht, Tübingen.

Bausch, K.-R./Christ, H./Krumm, H.-J. (Hrsg.) (1995): Handbuch Fremdsprachenunterricht. 3. überarbeitete und erweiterte Ausgabe, Tübingen/Basel.

Beck-Busse, G. (1994): La grammaire des dames. In: Ayres-Bennett, W.: La grammaire des dames. Histoire – Epistémologie – Langage 16/II. Paris: Société d'Histoire et d'Épistémologie des Sciences du Langage 16/2, 9-33.

Bierbach, Chr. (1989): Spanische Grammatik und Sprachlehre im 17. Jahrhundert. Das hispanistische Werk des Lorenzo Franciosini. In: Klenk, U./Körner, K.-H./Thümmel, W. (eds.): Variatio Linguarum. Beiträge zu Sprachvergleich und Sprachentwicklung, Gustav Ineichen zum 60, Stuttgart, 13-32.

Bierbach, M. (1997): Grundzüge humanistischer Lexikographie. Ideengeschichtliche und rhetorische Rezeption der Antike als Didaktik, Tübingen/Basel.

Blumenthal, P. (1977): Grundkurs französische Landeskunde. Die Neueren Sprachen 66, 278-289.

Bock, H.-M. (1974): Zur Neudefinition landeskundlichen Erkenntnisinteresses. In: Picht, R. (ed.): Perspektiven der Frankreichkunde. I: Ansätze zu einer Romanistik interdisziplinär, Tübingen, 13-23.

Bock, H.-M. (1978): Aspekte einer Didaktik sozialwissenschaftlich angeleiteter Landeskunde im neusprachlichen Unterricht. In: Baumgratz /Picht, 183-199.

Bode, H. (1980): Die Textinhalte in den Grundschen Französischlehrbüchern. Eine fachdidaktische Untersuchung von Lesestoffen französischer Sprachlehrbücher für höhere Schulen in Deutschland zwischen 1913 und 1969. (Europäische Hochschulschriften.XI 90), Frankfurt a.M.

Boisson, Cl. (1996): L'antiquité et la variété des dictionnaires bilingues. In: Béjoint, H./Thoiron, Ph. (eds.): Les dictionnaires bilingues, Louvain-la-Neuve, 17-30.

Briesemeister, D. (1976): Landeskunde – Kulturkunde – Auslandskunde. Historischer und terminologischer Überblick. In: Weber, H. (ed.): Landeskunde im Fremdsprachenunterricht. Kultur und Kommunikation als didaktisches Konzept. München, 158-182.

Brunot, F. (1966): Histoire de la langue française des origines à nos jours. I: De l'époque latine à la Renaissance. Préface de la nouvelle édition de Gerald Antoine, Paris.

Buck, A. (1996): Fiktion und Wirklichkeit. Bemerkungen zu den humanistischen Dialogen der italienischen Renaissance. In: Ley, K./Schrader, L./Wehle, W.: Text und Tradition. Gedenkschrift für Eberhard Leube, Frankfurt a.M., 31-45.

Buck, A./Pfister, M. (1978): Studien zu den 'volgarizzamenti' römischer Autoren in der italienischen Literatur des 13. und 14. Jahrhunderts, München.

Caravolas, J.-A. (1994): La didactique des langues. I: Précis d'histoire I: 1450-1700, Vol. II: Anthologie: A l'ombre de Quintilien, Tübingen/Montréal (2 vols.).

Caravolas, J.-A. (1995): Le point sur l'histoire de l'enseignement des langues: 3000-1950, Anjou (Québec).

Chervel, A. (1977): Histoire de la grammaire scolaire. ... et il fallut apprendre à écrire à tous les petits Français, Paris.

Chomsky, N. (1959): Review of B. F. Skinner: Verbal Behavior. New York: Appleton-Century-Croft (1957). Language 35, 26-58.

Chomsky, N. (1988): Language and Problems of Knowledge. Cambridge/Mass.

Choppin, A. (1992): Les manuels scolaires: histoire et actualité, Paris.

Christ, H./Coste, D. (eds.) (1990): Contributions à l'histoire de l'enseignement du français (Giessener Beiträge zur Fremdsprachendidaktik), Tübingen.

Christ, H./Rang, J. (1985): Fremdsprachenunterricht unter staatlicher Verwaltung 1700 bis 1945, Dokumentation amtlicher Richtlinien und Verordnungen, (Giessener Beiträge zur Fremdsprachendidaktik), Tübingen, 7 Bde.

Christ, H. (1979): Landeskunde im Fremdsprachenunterricht – sprachbezogen oder problemorientiert? In: Hüllen, W./Raasch, A./Zapp, F. J.: Fremdsprachenunterricht: allgemeinbildend – berufsbildend, (Schule und Forschung), Frankfurt a.M., 19-33.

Christ, H. (1983): Zur Geschichte des Französischunterrichts und der Französischlehrer. In: Manzmann, A. (ed.): Geschichte der Unterrichtsfächer, München, I, 94-117.
Christ, H. (1990): Littérature française et enseignement du français au XIXe siècle dans les lycées et collèges allemands. In: Christ/Coste,174-211.
Christ, H. (1993): De Meidinger à Ploetz en passant par Seidenstücker, Ahn et Ollendorff ou le cheminement de la méthodologie synthétique. Documents 12, 5-10.
Christ, I. (1997): Wege zur Mehrsprachigkeit. Ein BLK-Modellversuch des Landes Nordrhein-Westfalen. Afrika – Brasilien – Portugal. Zeitschrift zur portugiesischsprachigen Welt, 6-14.
Colombat, B. (1996): Les mutations dans l'enseignement du latin de 1725 à 1825. Documents pour l'Histoire du Français Langue Etrangère ou Seconde 17, 32-60.
Contois, J. (1734): L'art d'ensegner la langue françoise par le moyen italien – L'arte d'insegnare la lingua francese per mezzo dell'italiana. Comprenant dans une nouvelle Methode la Theorie & la Pratique generale de ces deux langues, Bologna.
Coste, D./Courtillon, J./Ferenczi, V./Martins-Balta, M./Papo, E. (1976): Un niveau-seuil, Strasbourg.
Doyé, P. (1995): Lehr- und Lernziele. In: Bausch/Christ/Krumm, 161-166.
Ek, J.A. (1976): The Threshold Level for Modern Language Learning in Schools, Strasbourg.
Engelmann, W. (1848): Bibliothek der neueren Sprachen oder Verzeichnis der in Deutschland besonders vom Jahre 1800 an erschienenen Grammatiken, Wörterbücher, Chrestomathien, Lesebücher und andere Werke, welche das Studium fremder Sprachen betreffen.... Selbstverlag.
Ettinger, St. (1986): Die Vermittlung von Sprechfertigkeit in einigen Französischlehrwerken des 18. Jahrhunderts. In: Holtus/Radtke, 415-424.
Galisson, R./Coste, D. (1976): Dictionnaire de didactique des langues. Paris.
Galli de' Partatesi, N. (1981): Livello soglia per l'insegnamento dell'italiano come lingua straniera, Strasbourg.
Germain, Cl. (1993): Évolution de l'enseignement des langues: 5000 ans d'histoire, Paris.
Girault-Duvivier, Ch. P. (1822): Grammaire des grammaires, ou Analyse raisonnée des meilleurs traités sur la langue françoise; ouvrage mis par l'université au nombre des livres qui doivent être donnés en prix dans les collèges et reconnu par l'Académie françoise. Paris: (5ième éd.), 2 vols.
Göttert, K.-H. (1988): Kommunikationsideale. Untersuchungen zur europäischen Konversationstheorie, München.
Gorini, U. (1997): Storia dei manuali per l'apprendimiento dell'italiano in Germania (1500-1950). Un'analisi linguistica e sociocultural. (Europ. Hochschulschriften, R 11: Italien. Sprache und Literatur), Frankfurt a.M.
Greive, A. (1978): Zur Linguistik des gesprochenen Französisch. Archiv für das Studium der Neueren Sprachen und Literaturen 215, 33-48.
Greive, A. (1992): Joannes Basforest: Frantzösische Grammatica. Cöllen 1624. Ein Beitrag zur Geschichte des Französischen in Deutschland. In: Dorion, G./Meißner, F.-J./Riesz, J./Wielandt, U. (eds.): Le français aujourd'hui – une langue à comprendre – französisch heute. Mélanges offerts à Jürgen Olbert. Frankfurt a.M., 156-161.
Greive, Artur (1993): Französische Sprachlehre und Grammatik in Köln um 1600. In: Dahmen, W./Holtus, G./Kramer, J./Metzeltin, M./Winkelmann, O. (eds.): Das Französische in den deutschsprachigen Ländern. Romanistisches Kolloquium VII, Tübingen, 171-182.
Grosser, A. (1976): Rôle et fonctions des médiateurs. Französisch heute 7, 7-17.
Grothusemann, H./Sauer, H. (1991): Völkerbilder in fremdsprachenunterrichtlichen Lehrwerken. Zeitschrift für Fremdsprachenforschung 2, 66-92.
Grund, A./Neumann, E. (1942): Französisches Lehrbuch. Ausgabe D für Anstalten mit Französisch als dritter Fremdsprache. Bearbeitet von Prof. A. Grund in Lübeck und Prof. Dr. E. Hollstein in Kassel, Berlin 1942 (Lizenzausg. aus dem Verlag M. Diesterweg).

Gülich, E./Krafft, U. (1992): Ich mag es besser. Konversationelle Bearbeitung vorgeformter Ausdrücke in Gesprächen zwischen deutschen und französischen Sprechern. In: Zöfgen, E.: Idiomatik und Phraseologie (Fremdsprachen Lehren und Lernen 21), 65-87.

Habermas, J. (1971): Vorbereitende Bemerkungen zu einer Theorie der kommunikativen Kompetenz. In: Habermas, J./Luhmann, N.: Theorie der Gesellschaft oder Sozialtechnologie – Was leistet die Systemforschung? Frankfurt a.M., 101-141.

Hinrichs, E. (ed.) (1988): Deutschland und Frankreich. Raum und Zeitgeschichte, (Studien zur internationalen Schulbuchforschung 51), Frankfurt a.M.

Höhne, M./Kolboom, I. (1982): Von der Landeskunde zur Landeswissenschaft. Rheinfelden: Schäuble.

Holtus, G./Radtke, E. (eds.) (1986): Umgangssprache in der Romania. Festschrift für Heinz Kröll, Tübingen.

Hübner, W. (1929): Didaktik der neueren Sprachen, Frankfurt a.M. (1933, 2. verb. Aufl.), (Faksimile Nachdruck mit einem Geleitwort von Paul Hartig 1965).

Hüllen, W. (1989): Von Glossaren und frühen Lehrbüchern für den fremdsprachlichen Unterricht. In: Kleinschmidt, E. (ed.): Fremdsprachenunterricht zwischen Sprachenpolitik und Praxis. Herbert Christ zum 60. Tübingen, 112-122.

Hüllen, W. (1997): Das ältere onomasiologische Wörterbuch als Text. In: Konerding, K.-P./Lehr, A. (Hrsg): Linguistische Theorie und lexikographische Praxis, (Lexicographica. Series Maior 82), Tübingen, 127-138.

Kapp, V. (1982): Télémaque de Fénelon. La signification d'une oeuvre littéraire à la fin du siècle classique, Tübingen/Paris.

Klein, F. J. (1983): Escrivo como pronuncio. Zur Orthographiekonzeption des Juan de Valdés. Romanische Forschungen 95, 294-305.

Klein, H.-W. (1957): Latein und volgare in Italien. Ein Beitrag zur Geschichte der italienischen Nationalsprache, München.

Klippel, F. (1994): Englischlernen im 18. Jahrhundert. Eine Geschichte der Lesebücher und Unterrichtsmethoden, Münster.

KM-NRW (1973): Empfehlungen für den Kursunterricht im Fach Französisch. Eine Schriftenreihe des Kultusministeriums des Landes Nordrhein-Westfalen, Düsseldorf.

Knapp, K./Knapp-Potthoff, A. (1990): Interkulturelle Kommunikation. Zeitschrift für Fremdsprachenforschung 1, 62-93.

Köhring, K. H./Beilharz, R. (1973): Begriffswörterbuch Fremdsprachendidaktik und -methodik, München.

Koschwitz, ed. (1911): Les parlers parisiens. Anthologie phonétique. Quatrième édition. Après la mort de l'auteur revue de Arthur Franz, Marburg.

Krämer, M. (1991): L'interlocution exolingue: hispanophones et Français en conversation informelle, Wilhelmsfeld.

Krauskopf, J. (1985): Das Deutschland- und Frankreichbild in Schulbüchern. Deutsche Französischbücher und französische Deutschbücher von 1950-1980 (Giessener Beiträge zur Fremdsprachendidaktik), Tübingen.

L(artigaud), Sieur de (1670): Les principes infaillibles et les regles asurées de la iuste prononciacion de nôtre langue. Ouvrage d'une recherche toute particuliere, nécêsere à tous les étrangers, & à ceux qui parlent en public. Par le Sieur L., Paris.

Legutke, M. (1996): Redesigning the Language-Classroom. In: Christ, H./Legutke, M. (eds.): Fremde Texte verstehen. Festschrift für Lothar Bredella, Tübingen, 1-14.

Leisinger, F. (1974): Elemente des neusprachlichen Unterrichts, Stuttgart.

Meidinger, Joh. V. (1821): Praktische Grammatik wodurch man diese Sprache auf ganz neue und sehr leichte Art in kurzer Zeit gründlich erlernen kann. (Ein und dreissigste durchaus verbesserte und vermehrte Original=Ausgabe, Frankfurt a.M.

Meißner, F.-J. (1993): Zukunftsmusik? – Überlegungen zu einem elektronischen Lernerwörterbuch mit französischen, spanischen und italienischen Beispielen. Fremdsprachenunterricht 1/1993, 43-46 und 2/1993, 104-106.

Meißner, F.-J. (1998a): Orthographe et apprentissage du français langue étrangère au siècle de Voltaire: images des mots et didactique du plurilinguisme. In: Fuchs, V. (ed.): Von der Unklarheit des Wortes in die Klarheit des Bildes? Johannes Thiele zum 60, Tübingen, 297-316.

Meißner, F.-J. (1998b): Zum Interesse der Fremdsprachendidaktik an der Informatik. CALL, Multimedia und TELL. Französisch heute 29, 4-20.

Minerva, N./Pellandra, C. (1991): Insegnare il francese in Italia. Repertorio di manuali pubblicati dal 1625 al 1860, Bologna.

Möhle, D. (1975): Zur Beschreibung der Stufen der Kommunikationsfähigkeit im neusprachlichen Unterricht. Praxis des neusprachlichen Unterrichts 22, 4-1.

Moy, Ch. A. de (1791): Le Parfait Alphabet ou Alphabet analytique et raisonné des sons articulés, au moyen duquel on peut peindre la parole humaine, avec figures en taille douce, Paris.

Münch, W. (1895): Didaktik und Methodik des französischen Unterrichts, München, 1910 (3. verb. Aufl.).

Myck, Johan F. (1784): Der wohlgeübte Correspondent Oder: Sammlung von dreyhundert Kaufmanns- und andern Briefen. Zum Gebrauche derjenigen, welche in der Französischen Schreibart ohne viel Zeit und Mühe eine Fertigkeit zu erlangen suchen, Mit den gebräuchlichsten Französischen Wörtern und Redensarten wie auch einem Anhang von allerhand Wechselbriefen, Aßignationen, Quittungen, Scheinen, Frachtbriefen und Credit-Schreiben von J. F. M. (verbesserte Auflage), Frankfurt und Leipzig.

Navarro Laboulais, Cr. (1998): La enseñanza del español de finales del siglo XIX. Hispanorama 80, 42-48.

Nebrija, A. de (1492): Gramática de la lengua castellana. Estudio y edición Quilis, A, Madrid, 1989 (3ª ed.).

Niederländer, H. (1981): Französische Schulgrammatiken und schulgrammatisches Denken in Deutschland von 1850 bis 1950. Ein Beitrag zur Lehrwerkanalyse, (Europäische Hochschulschriften. R 13: Französische Sprache und Literatur), Frankfurt a.M.

O'Neill, R. (1973): What is Listening Practice? Why do we need it? Zielsprache Englisch 11, 8-11.

Oksaar, E. (1991): Problematik im interkulturellen Verstehen. In: Müller, B.-D.: Interkulturelle Wirtschaftskommunikation, München, 13-26.

Oudin, A. (1632): Grammaire françoyse rapportée au langage du temps. – Grammaire françoyse rapportée au langage du temps reveuë et augmentée de beaucoup en cette édition (1640), Genève, 1972.

Palsgrave, J. (1530): Lesclarcissement de la langue francoyse, Genève, 1972.

Quilis Antonio: s. Nebrija.

R. (Secrétaire du Cabinet du Roi de France) (1646): Le Secrétaire des courtisans ou L'art d'écrire poliment sur toutes sortes de choses, Amsterdam.

Radtke, E. (1994): Gesprochenes Französisch und Sprachgeschichte. Zur Rekonstruktion der Gesprächskonstitution in Dialogen französischer Sprachlehrbücher des 17. Jahrhunderts unter besonderer Berücksichtigung der italienischen Adaptionen. (Beihefte zur Zeitschrift für Romanische Philologie 255), Tübingen.

Ramée, P. la, dit Ramus (1562): Gramere (1562) – Grammaire (1572) – Dialectique (1555), Genève, 1972.

Reinfried, M. (1990): Les origines de la méthode directe en Allemagne. In: Christ/Coste, 126-156.

Reinfried, M. (1992): Das Bild im Fremdsprachenunterricht. Eine Geschichte der visuellen Medien am Beispiel des Französischunterrichts, Tübingen.

Reinfried, M. (1997): La phonétique et le mouvement réformiste dans l'enseignement du français en Allemagne. Französisch heute 28, 366-374.

Reisener, H. (1972): Die Definition von Kommunikation als Lernziel für den Fremdsprachenunterricht. Die Neueren Sprachen 71, 197-202.

Riché, P. (1979): Les écoles dans l'Occident chrétien de la fin du Ve siècle au milieu du Ie siècle, Paris.

Richterich, R. (1976): Les situations de communication et les types de discours. Le français dans le monde 121, 30-35.

Sánchez Pérez, A. (1992): Historia de la enseñanza del español como lengua extranjera, Madrid.

Schmitz, H. (1972): Über leibliche Kommunikation. Zeitschrift für klinische Psychologie und Psychotherapie 20, 4-34.

Schröder K. (1980-1985): Linguarum recentium annalis. Der Unterricht in den modernen europäischen Sprachen im deutschsprachigen Raum. I: 1500-1700 (1980), II: 1701-1740 (1982), III: 1741-1770 (1983). IV: 1771-1800 (1985), (Augsburger I&I-Schriften), Augsburg.

Schröder, K. (1990): Frühe Auffassungen vom Fremdsprachenerwerb. In: Buttjes, D./Butzkamm, W./Klippel, F. (eds.): Neue Brennpunkte des Englischunterrichts. Helmut Heuer zum 60, Frankfurt a.M.,133-144.

Schumann, A. (1995): Übungen zum Hörverstehen. In: Bausch/Christ/Krumm, 244-246.

Skinner, B.F. (1957): Verbal Behavior, New York.

Stengel, E. (1889): Chronologisches Verzeichnis französischer Grammatiken vom Ende des 14. bis zum Ausgang des 18. Jahrhunderts nebst Angabe der bisher ermittelten Fundorte derselben. Neu hrsg. mit einem Anhang von H.-J. Niederehe, (Amsterdam Studies in the Theory and History of Linguistic Science III, 8), Amsterdam, 1976.

Stepney, Wiliam (1591): The Spanish Schoolmaster: Conteining seven dialogues, according to euery day in the weeke, and what is necssarie euerie day to be done, wherein ist also most plainly shewed the true and perfect pronunciation of the Spanish tongue, towards the furtherance of all those which are desirous to learne the said tongue within this our Realm of England, London.

Tiemann, D. (1989): Deutsch-französische Jugendbeziehungen der Zwischenkriegszeit, Bonn.

Titone, R. (1986): Cinque millenni di insegnamento delle lingue, Brescia.

Viaje al español (1991): Spanischer Fernsehsprachkurs, Berlin.

Viëtor, W. (1882): Der Sprachunterricht muß umkehren von Quousque Tandem. Ein Beitrag zur Überbürdungsfrage, Heilbronn (Wiederabdruck der 3. Aufl. 1905: mit einer Einleitung von K. Schröder, München).

Wagler, Fr. E. (1852): Bemerkungen über den Télémaque mit besonderer Berücksichtigung des Gebrauchs desselben als Schulbuch. Archiv für das Studium der Neueren Sprachen und Literaturen 14, 106-133.

Weckers, P. J. (1839): Lehrbuch der Französischen Sprache nach Hamilton'schen Grundsätzen. Mainz (4. Aufl.).

Weller, F. R. (1980): Skizze einer Entwicklungsgeschichte des Französischunterrichts in Deutschland bis zum Beginn des 19. Jahrhunderts. Die Neueren Sprachen 79, 135-161.

Weller, F. R. (1989): Französischunterricht in Deutschland am Vorabend der Französischen Revolution. Die Neueren Sprachen 88, 620-648.

Weller, F. R. (1992): Wie authentisch ist ‚idiomatisches' Französisch? Anmerkungen zu zwei unklaren Begriffen der Fremdsprachendidaktik. Fremdsprachen Lehren und Lernen 21, 117-139.

Weller, F. R. (1994): Die Kanonfrage. Ein Dauerthema im ersten Jahrzehnt (1893-1903). Die Neueren Sprachen 93, 66-102.

Widdig, W. (1986): Prosodische Merkmale der dialogischen Kommunikation (am Beispiel des Französischen), kommunikationstheoretische und didaktische Aspekte. Die Neueren Sprachen 85, 526-547.

Zapp, F. J./Schröder, K. (1983): Deutsche Lehrpläne für den Fremdsprachenunterricht: 1900-1970. Ein Lesebuch, (Augsburger I&I-Schriften 22), Augsburg.

Dietmar Rösler

Fremdsprachenlernen außerhalb des zielsprachigen Raums per virtueller Realität

1. Kommunikationsrelationen beim Fremdsprachenlernen und die Rolle der Medien

1.1 Kommunikationsrelationen

Wer kommuniziert mit wem? Traditionell hat man es entweder mit 1:1-Interaktionen, mit der Interaktion eines Menschen mit einer klar festgelegten oder im Hinblick auf die Größe offenen Gruppe oder mit Interaktionen innerhalb einer Gruppe oder der Interaktion von Gruppen zu tun.

Bei dem 1:1-Verhältnis handelt es sich meistens um die Interaktion eines Lehrenden und eines Lernenden, um Einzelunterricht, heute zumeist an privaten Sprachschulen. Die vorherrschende gesellschaftliche Form des institutionalisierten Lernens ist dies nicht mehr, man denkt bei 1:1 eher an die Sprachmeister vergangener Jahrhunderte.

Das 1:1-Verhältnis hat sich jedoch durch alternative kooperative Konzepte auch im ausgehenden 20. Jahrhundert über den eher wohlhabenden Privatschüler hinausgehend wieder etabliert, und zwar durch Lernpartnerschaften, durch die Tandem-Bewegung, in der zwei Individuen mit unterschiedlichen Ausgangssprachen wechselseitig die Rolle des Lehrenden – genauer des Sprach- und Kulturexperten – und des Lernenden übernehmen. Per

Email erreicht dieses Tandem-Lernen, in Europa besonders organisiert in Dublin und Bochum[1], inzwischen auch einen raumüberschreitenden Lernort.

Bei der Interaktion von einer Person mit einer Gruppe denkt man zuerst an den häufigsten Fall, an die des Lehrenden mit einer Gruppe von Lernenden in Institutionen aller Art. Die Interaktion von einem und vielen gibt es jedoch auch umgekehrt als Interaktion von einem Lernenden und vielen – nun allerdings nicht Lehrenden – sondern Sprechern der Zielsprache. Diese Interaktion ist die Standardvariante des sog. natürlichen Lernens im Land der Zielsprache, des Erwerbs einer Zweitsprache.

Diese Art des natürlichen Lernens, des Lernens eines Individuums in reicher Sprachumgebung, findet, von einigen eher seltenen Ausnahmen abgesehen, fast immer im Land der Zielsprache statt. Die Frage, die sich mir im Hinblick auf die Weiterentwicklung der Neuen Medien stellt, lautet: Wird es einmal möglich sein, daß per virtueller Realität auch ein sich physisch außerhalb des zielsprachigen Raums aufhaltender Lernender die Zielsprache in einer quasi-natürlichen, reichen Sprachumgebung lernt, dabei aber im Paradigma des gesteuerten Lernens bleibt, so daß er nichts oder nur wenig von den Nachteilen des natürlichen Zweitsprachenerwerbs mitbekommt, wie sie in der Migration überall da, wo Zweisprachigkeit nicht glückt, zu beobachten sind?

Diese Art von Lernen könnte in großer Zahl wohl nur auf zweierlei Weisen zustande kommen, zum einen durch riesige reale Migrationsbewegungen und zum anderen medial durch ein intensives, über die größten Erfolge der Begegnungs- und Partnerschaftsdidaktik noch hinausgehendes, virtuelles Eintauchen in Zielsprache und Zielkultur. Das ist eine hohe Erwartung an ein ganz neues Medium, und man sollte über solche Erwartungen nicht reden, ohne an die enttäuschten Erwartungen durch die alten und neueren Medien zu denken und daraus Rückschlüsse zu ziehen.

1.2 Problematische Aspekte des Einsatzes der (Neuen) Medien

Landeskunde transportierende Fotos, sich bewegende Bilder in Film und Fernsehen, Tonbänder und Kassetten haben Sprache und Kultur auf andere Weisen als nur durch Schrift konservierbar und transportierbar gemacht, sie haben den Unterricht bereichert, aber auch Investitionsruinen geschaffen und sich verselbständigende Methoden befördert.

Im Unterrichtsalltag gibt es sowohl die medienjonglierenden Kollegen als auch immer noch auch eine erstaunliche Resistenz gegen den Medieneinsatz. Über 100 Jahre nachdem die Brüder Lumière und Skladanowsky die Bilder das Laufen lehrten, ist noch ein Unterrichtsalltag beobachtbar, in dem z.B. der Videorekorder eine Babysitterfunktion über-

[1] Vgl. http://www.slf.ruhr-uni-bochum.de

nimmt, die didaktisch niemand mehr gedruckten Texten zumuten würde. Aber natürlich sind Fortschritte nicht zu bestreiten: Durch Satellitenfernsehen und die Neuen Medien mit ihrer schnellen Raumüberwindung und der anderen Art des Zugriffs auf Informationen werden dem Fremdsprachenlehrer in weiter Ferne von der Zielkultur aktuelle Materialien ins Haus geliefert, und es können im Bereich des Fremdsprachenlernens außerhalb des zielsprachigen Raums autonome Projekte in bisher nicht möglicher Weise gefördert werden. Trotzdem ist Vorsicht geboten, das sei nur kurz am Beispiel der Verwendung von CD-ROMs skizziert.

Zwar liegen deren Vorteile für das Fremdsprachenlernen auf der Hand. Variables statt lineares Material, die Interaktion von Schrift, Bild und Ton. Gespeicherte Landeskunde wird gleichzeitig hör-, les- und sichtbar. Unter dem Gesichtspunkt des autonomen Lernens ist die CD-ROM allerdings jenseits dieser unbestreitbaren Vorteile als Träger von Informationen mit interessanten Zugriffsmöglichkeiten auf diese nicht unbedingt ein Fortschritt. Eine CD enthält, wie gut auch immer sie erschlossen ist, bisher noch nur das Material, das die Hersteller bereitstellen. Das ist unproblematisch, wenn man z.B. im kunstgeschichtlichen Kontext Informationen so gut wie möglich aufbereitet präsentieren möchte. Es wird dann zum Nachteil, wenn man weiß, daß beim Fremdsprachenlernen die Vorbestimmung der Lerninhalte durch die Lehrmaterialmacher, egal ob sie per Lehrbuch oder CD erfolgt, ein Hindernis für ein erfolgreiches Fremdsprachenlernen, das von den Bedürfnissen vor Ort ausgeht, werden kann.

1.3 Neue Möglichkeiten durch Neue Medien

Im Gegensatz zu einer geschlossenen, verkaufsorientierten Technologie wie CD-ROM erlaubt die neue grenzüberschreitende Kommunikationsform Email didaktisch interessante Vorgehensweisen. Emails sind Texte, die einen Grenzbereich von mündlichem und schriftlichem Sprachgebrauch darstellen. Schriftlich produziert und rezipiert, scheinen sie dennoch diverse Eigenschaften gesprochener Sprache anzunehmen, in Bezug auf Registerwahl und eine erhöhte Fehlertoleranz. Für ein spontanes Schreiben im Lernprozeß ist dies sicher nicht die schlechteste Textsorte.

Beim Einsatz von Email im Tandem hat man es im Gegensatz zum klassischen Tandem meist mit asynchroner schriftlicher Kommunikation zu tun, ein Glücksfall, der das Pendel, das mit der kommunikativen Begeisterung oft zu stark zur gesprochenen Sprache hin ausgeschlagen ist, durch funktionales kommunikatives Schreiben wieder etwas zurückschwingen läßt. Der Einsatz von Email beim Fremdsprachenlernen stellt im Augenblick von allen Aspekten der Neuen Medien den didaktisch am besten durchdachten und auch begleitend erforschten dar (vgl. z.B. Donath 1997 oder Abschnitt 3.2 von Legutke/Müller-

Hartmann/Ulrich in diesem Band). Aber auch in anderen Bereichen der weltweiten Kommunikation zeigen sich produktive Ansätze. Das Internet eröffnet den am Fremdsprachenlernen Beteiligten unterschiedliche Zugänge. Man findet:[2]

- Nicht im Hinblick auf Sprachlernende produzierte Informationen zu Zielsprache und Zielkultur, die einfach vorhanden sind und gehört, gelesen und gesehen werden können – ungesteuerte brandaktuelle Sprach- und Landeskunde sozusagen;
- für das Sprachlernen relevante Informationen wie Grammatiken oder Wörterbücher;
- Versuche, die im Netz vorhandenen Informationen unter Sprachlerngesichtspunkten zu sammeln, sie aufeinander zu beziehen und/oder sie für das Sprachenlernen didaktisch aufzubereiten;
- Räume, in denen man direkt miteinander kommuniziert, sog. „Chats";
- direkt für das Internet erstelltes Sprachlernmaterial. Und schließlich
- Foren, auf denen Lehrende und Lernende über das Lernen und Lehren miteinander kommunizieren können.

Dabei ermöglicht die gleichzeitige Zentralisierungs- und Dezentralisierungsfunktion des Internet die Schaffung von Informationssammlungen, die, aus der weltweiten Vielfalt von Unterrichtserfahrungen gespeist, der tausendfachen Verschwendung guter Ideen Einhalt gebieten und viele schnell auffindbare und auch tatsächlich realisierbare Anregungen für den konkreten Unterricht vor Ort bereitstellen können, ohne einengende zentrale Unterrichtsmodelle durchzusetzen.

1.4 Kritische Medienwahrnehmung

Die bekannte Kritik an der Schrift läßt sich verschärft auch gegen das Internet vorbringen:

- im Vergleich zu einer oralen Kultur Schwächung des Gedächtnisses,
- Aneignung von Wissen durch Schrift stützt sich nicht auf eigene Erfahrung und führt nur zum Schein von Weisheit,
- der unspezifische Adressatenkreis verursacht Verwirrung, da er notwendigerweise zu allgemein gehalten ist, um die Intention an den individuellen Leser zu vermitteln,
- die räumliche und zeitliche Trennung von Autor und Leser enthebt den Autor seiner sozialen Verpflichtung, die Wahrhaftigkeit seiner Aussagen zu garantieren.

[2] Vgl. dazu ausführlicher den Überblick in Rösler 1998, Braun 1998 und die Abschnitte 3.1 und 3.3 von Legutke/Müller-Hartmann/Ulrich in diesem Band.

Noch weniger als zuvor weiß man, wer sich hinter einer Botschaft versteckt, noch weniger gilt der traditionelle Erfahrungsbegriff.

Diese Kritik ist zweifelsohne berechtigt, doch mit der ansteigenden Verwendung des Internet geht m.E. auch eine Erweiterung des kritischen Umgangs mit Informationen einher. Gesamtgesellschaftlich ist, verglichen mit der durch die lange Lesesozialisation erworbenen Skepsis gegenüber schriftlichen Texten, der Umgang mit Bildern ja oft noch recht naiv-vertrauensselig. Aber jeder, der Material für das Internet erstellt und dabei visuelle Elemente kopiert und verändert, gewinnt dabei ein Bewußtsein für die Manipulierbarkeit visueller Information, das über die Ergebnisse der bisherigen medienpädagogischen Anstrengungen hinausgehen kann.

Eine kritische Bildwahrnehmung ist Voraussetzung für einen didaktisch produktiven Umgang mit dem Internet. Daß man, während man in der technologischen Diskussion beginnt, über den Übergang von Fern-Hören und Fern-Sehen zum Fern-Erleben nachzudenken, es im Sozialisationsprozeß schon als Fortschritt begreift, bei einer distanzierenden Wahrnehmung des Fern-Sehens angekommen zu sein, ist, nebenbei bemerkt, wohl nicht als pädagogische Glanzleistung der Industriegesellschaften zu bewerten.

2. Konversationsunterricht – Wiederbelebung einer „unmöglichen" Lernform durch das Internet?

Bevor ich versuche zu beschreiben, wie ein Fern-Erleben per virtueller Realität im Fremdsprachenunterricht aussehen könnte, möchte ich am Beispiel eines an der Oberfläche besonders für die Neuen Medien geeigneten Elements des Sprachunterrichts, dem sog. freien Gespräch im Konversationsunterricht, fragen, inwieweit traditionelle didaktische Diskussionen und Neue Medien miteinander verbunden werden können.

Würde ich gefragt, wie man im Konversationsunterricht Konversation macht, müßte ich antworten: am besten gar nicht. Die curricular beste Lösung ist eine, die Gespräche in der Fremdsprache nicht als einen eigenständigen, ausgewiesenen Teil eines Lehrplans sieht, sondern das Sprechen über Themen integriert hat in größere, thematisch und arbeitsteilig definierte Einheiten. Wenn Lehrende und Lernende außerhalb des zielsprachigen Raums Gespräche in einer Sprache führen, die nicht Muttersprache eines der Beteiligten ist, fehlt es oft an bedeutungsvollen Interaktionen. Traditionell hat man sich der paradoxen Situation des verordneten spontanen Sprechens im Konversationsunterricht mit Rollenspielen, Bildergeschichten, literarischen Texten usw. als Gesprächsanlässen genähert. Heute könnte man fragen, ob die Neuen Medien die Künstlichkeit des Konversationsunterrichts aufbrechen können. Dabei bieten sich die sogenannten „Chats" an, Diskussionen im virtuellen Raum, bei dem die Beiträge der Teilnehmer, die per Tastatur eingegeben werden, fast zeitgleich bei allen anderen Teilnehmern auf dem Bildschirm erscheinen, so daß eine Diskussion stattfinden kann, obwohl die Teilnehmer Tausende von Kilometern voneinander entfernt leben können. In Kombinationen von Sonderzeichen können die Teilnehmer dabei sogar ausdrücken, daß sie glücklich sind, lachen, etwas nicht lustig finden, traurig oder verärgert sind.

So aufregend diese Konstruktion für das Fremdsprachenlernen, für die angeblich freie Konversation auch scheint, so problematisch ist sie: jeder, der einmal sogenannte freie Konversationsklassen unterrichtet hat, weiß, daß ein Raum mit frei kommunizierenden Menschen ohne interessantes Thema nicht besonders konversationsreich ist, daß also die Bereitstellung von Chats alleine ohne ein Nachdenken über Themen und Gesprächsweisen für das Fremdsprachenlernen selbst weder Fortschritt noch Rückschritt ist, sondern lediglich einen Medienwechsel darstellt. Platt gesagt: wenn die Leute sich nichts zu sagen haben, ist es ziemlich egal, wo sie sich nichts zu sagen haben. Je mehr das Miteinanderreden als sinnvoll erfahren wird, als selbstverständlicher Teil gemeinsamen Handels in einem arbeitsteiligen Projekt, und je mehr der Konversationsunterricht im Lehrplan verdrängt wird von themengeleiteten, fertigkeitsintegrierten Sprachlerneinheiten, desto größer ist die Chance, daß die Zahl der geglückten Gespräche zunimmt.

Für Chats als Vehikel für den Konversationsunterricht wie auch für Email-Projekte gilt also, daß sie den Beteiligten als inhaltlich sinnvoll und kommunikationswert erscheinen müssen; die Bereitstellung neuer Kommunikationsräume allein reicht nicht aus. Diese neuen Räume bieten jedoch die Möglichkeit – nicht die Garantie, nur die Möglichkeit –, durch die nun in Quasi-Echtzeit und größerer Einfachheit auch außerhalb des zielsprachigen Raums möglichen Interaktionen mit muttersprachlichen Sprechern der Zielkultur die Künstlichkeit des institutionellen Lernens zu entschärfen und auch in das institutionalisierte Fremdsprachenlernen außerhalb des zielsprachigen Raums vermehrt Bestandteile des natürlichen Lernens einzuführen.

3. Annäherungen an das Lernen per virtueller Realität

Kann darüber hinausgehend diese Künstlichkeit, die ja immer als unhintergehbar angesehen worden ist, aufgehoben und das natürliche Lernen befördert werden, wenn das Fremdsprachenlernen außerhalb des zielsprachigen Raums vom Fern-Hören und Fern-Sehen übergehen kann zum Fern-Erleben?

Grob unterscheiden ließen sich meiner Meinung nach bei der Suche nach einem fremdsprachendidaktischen Fern-Erleben drei Varianten: zum einen eine unechte, aber im Prinzip wohl realisierbare Variante des Lernens im Cyberspace, eine zweite, die man sich als weiterentwickelte Kombination aus den in Abschnitt 2 besprochenen Chats und heute schon vorhandenen virtuellen Welten denken kann, und eine dritte, konsequent künstliche Variante, deren Realisierung wohl nicht nur kurzzeitig nur im Bereich von *science fiction* möglich ist und bei der man fragen müßte, ob man sie überhaupt für wünschenswert hält.

3.1 Variante I: Fern-Erleben von Mensch zu Mensch

Eine interessante zusätzliche Dimension des Fremdsprachenlernens entwickelt sich, wenn den traditionellen und neueren medialen Formen der raumüberwindenden Kommunikation mit Vertretern der anderen Sprache und Kultur – Brief, Tonband, Kassette, Video, Email – eine direkt visuelle, danach vielleicht auch taktile und vielleicht sogar olfaktorische Dimension hinzugefügt würde, z.B. dadurch, daß – jenseits der heute schon möglichen, aber im didaktischen Rahmen kaum bezahlbaren Videokonferenzen – via Internet aus dem Email eine auch den non-verbalen Bereich transportierende face-to-face-Interaktion über die Raumdistanz hinweg würde und vielleicht einmal später via Cyberspace tatsächlich eine die räumliche Wahrnehmung der Umgebung des Anderen mitbefördernde stärkere Annäherung an eine Kommunikation im Raum der Zielkultur.

Wie schnell bei dieser Variante was realisierbar ist, ist letztendlich eine Frage der investierten Ressourcen für die notwendigen Weiterentwicklungen der Repräsentation im Cyberspace. Für die Fremdsprachendidaktik ergäbe sich ohne Zweifel ein Plus dadurch, daß die non-verbale Dimension von Kommunikation in Echtzeit transportiert würde und daß über das Erzählte in Hör- und Druckmedien und das Gezeigte in bewegten Bildern hinaus nun das via Cyberspace Verkörperte als Kommunikationselement auch in das Fremdsprachenlernen außerhalb des zielsprachigen Raums Einzug halten könnte.

Bei dieser ersten Variante von virtueller Realität würden also die raumüberwindenden Übertragungen von menschlicher Kommunikation komplexer und vollständiger, sie würden sich stärker der natürlichen Kommunikationssituation annähern. Dabei interagieren immer reale, als solche weiterhin identifizierbare Menschen des Lern- und des Zielkulturraums miteinander. Alle bei dieser Konstellation das institutionelle Lernen schon immer quälenden grundsätzlichen Fragen bleiben bestehen, wie z.B.:

- Warum sollen sich eigentlich die muttersprachlichen Sprecher mit den radebrechenden Lernenden unterhalten?
- Gibt es in der Zwangskommunikationssituation Schule eigentlich überhaupt echte Sprechanlässe in der Fremdsprache? usw.

Es ist jedoch zu hoffen, daß durch die technisch immer weiter voranschreitende Annäherung über Raumgrenzen an natürliche Kommunikation diese Fragen das Lernen weniger stark beeinträchtigen als bisher. Variante 1 ist also im Prinzip partnerschaftliches Lernen in Medienbegegnungen, wobei durch die futuristische Komponente Cyberspace die Art der raumüberwindenden Begegnung eine größere Authentizität erhoffen läßt.

3.2 Variante II: Fern-Erleben von Mensch zu Mensch, vermittelt durch Avataren

In der zweiten Variante kommunizieren ebenfalls weiterhin reale Menschen miteinander, aber sie tun dies nicht mehr unbedingt auf die Art und Weise, in der bisher beim Fremdsprachenlernen direkte oder medial vermittelte Begegnungen stattgefunden haben. In diesem Modell können die Lernenden in einer virtuellen Lernwelt beliebige Rollen übernehmen, ihre regionale oder soziale Zuordnung oder ihr Geschlecht ebenso wechseln wie das Aussehen der sie repräsentierenden Kunstfiguren, der Avataren. Bei diesem Modell tauchen all die Fragen auf, die für viele Benutzer von Chats oder virtuellen Welten die Beschäftigung mit diesen Kommunikationsbereichen so interessant machen wie: Was ist mein Selbst? Wer ist das Gegenüber im Cyberspace? Wie kommuniziert man mit Partnern mit wechselnden Identitäten, mit irgendwann auch beliebig manipulierbarer Mimik, Gestik und Stimme?

Was beim freiwilligen Betreten der virtuellen Welt anregende, schwer beantwortbare Fragen nach der Identität sind – oder auch nur raffinierte Schachzüge beim Anmachen der Kommunikationspartner –, wird bei der Funktionalisierung dieser Kommunikationsform für das institutionalisierte Fremdsprachenlernen zum Problem: gibt es bei dieser Art von Interaktion überhaupt noch Elemente von Landeskunde und Fremdverstehen, oder wird durch die Beliebigkeit der Identitäten kommunikativ alles, was sperrig sein und zum Kommunikationsabbruch führen könnte, ausgeklammert? Landeten wir also bei einer Art von nivelliertem McTalk?

Und wie beim in Abschnitt 2 angesprochenen traditionellen Konversationsunterricht stellt sich natürlich auch hier die Frage nach den angemessenen Gesprächsanlässen. Aber immerhin, mit einer virtuellen „Chat"-Welt gäbe es einen Raum, in dem alle möglichen verrückten, kreativen sprachlichen Interaktionen stattfinden könnten, dem Fremdsprachenlernen wäre also wieder eine neue Kommunikationstür geöffnet worden.

3.3 Variante III: Science-fiction pur. Das Paradox der künstlichen natürlichen Kommunikation

Das wohl aufregendste, garantiert in nächster Zeit nicht und vielleicht nie auf den Markt kommende und höchst problematische dritte Modell des Fremdsprachenlernens per virtueller Realität ist eines, das die ganzen Probleme, die die Kommunikation zwischen zielsprachigen Muttersprachlern und Sprachlernern als Teil des institutionalisierten Lernens mit sich bringt, dadurch umgeht, daß es sie ersetzt durch eine konsequent künstliche natürliche Kommunikation, durch ein komplettes vielfach verzweigendes Cyber-Skript, das dem Lernenden zu jedem Zeitpunkt die Wahrnehmung des ungesteuerten Fern-Erlebens gibt, obwohl er sich in einer in diesem Umfang noch nie dagewesenen Weise in einem gesteuerten Lernprozeß befindet. Alle Kommunikationspartner in der virtuellen Welt, alle landeskundlichen Informationen, alle Verhaltensweisen, interkulturellen Mißverstehens- oder Glücksmomente usw. wären in dieser Variante durchgehend simuliert. Wahrnehmbar wären entweder Kunstfiguren und künstliche Räume oder aufgenommene authentische Originaltöne, -bilder und -schauplätze, die aber bearbeitet wurden und dem Primat des Gesteuerten unterliegen, oder gefilmte schauspielerische Leistungen wie in einem Sprachlernfilm, den die Lernenden sich nun allerdings nicht mehr ansehen, sondern in den sie direkt hineinsteigen. Sie bewegen sich scheinbar völlig frei in einer zielsprachigen Umgebung, die auf ihr sprachliches und nicht-sprachliches Verhalten reagiert und entsprechende Konsequenzen zieht, die sich über ihre landeskundliche Unkenntnis amüsiert oder ihnen hilft, sie zu verringern, die ihnen freundlich gesinnt ist oder auch nicht usw. Das vielfach verzweigte Skript reagiert quasi-natürlich auf ihre Äußerungen und Handlungen, es läuft also nicht ein Film ab, sondern die Lernenden laufen einen Film ab.

Ich möchte die ethisch-moralischen Gegenargumente, die einem bei dieser totalen Manipulation sofort einfallen, hier beiseite lassen und dieses Modell in die didaktische Diskussion einordnen. Im Rahmen des institutionalisierten Fremdsprachenlernens außerhalb des zielsprachigen Raums – und nur um diesen geht es, denn im zielsprachigen Raum sind andersartige Interaktionsmöglichkeiten mit der Zielsprache vorhanden – kämpft man immer mit zwei grundlegenden Problemen: Wie involviert man die Lernenden in sinnvolle zielsprachliche Interaktionen? Und: Wie repräsentiert man möglichst umfassend, differenziert und aktuell Zielsprache und Zielkultur in möglichst angemessenen Materialien? Im Hinblick auf das Involvieren in zielsprachige Interaktionen hat die Didaktik schon häufiger verfrühte und verfehlte Erfolgsmeldungen von sich gegeben, man denke nur an die heute beim Wiederlesen eher peinlichen Natürlichkeitserwartungen, die mit der Propagierung von komplexen Simulationen im Klassenzimmer oder auch nur von Rollenspielen verbunden waren.

Beim Transport von Zielsprache und -kultur in die Köpfe von Lernenden außerhalb des zielsprachigen Raums ist man vom Lehrbuch über den Medienverbund, über die Speicherung auf Tonband, Hör- und Videokassette, auf CD und die Verwendung von Materialien aus dem Internet zu einer beachtlichen Vielfalt von Transportmöglichkeiten gelangt und hat sich dabei, abgesehen von der aktuellen Sackgasse von Sprachkursen auf CD-ROM, immer mehr von der Idee befreit, ein Lehrwerk könne den gesamten Lernprozeß anleiten. Man ist immer stärker zur Idee des Lehrwerks als Steinbruch gekommen und damit dazu, vom Lehrwerk weg und verstärkt hin zu partnerschaftlichem Lernen in genuinen Kommunikationssituationen zu gehen.

Von daher ist die Idee, im Cyberspace natürliche Kommunikation künstlich zu errichten, auf den ersten Blick didaktisch ein Rückschritt, denn dabei handelt es sich im Prinzip um nichts anderes als um ein riesiges Lehrwerk, das auf dem Simulationsprinzip aufgebaut ist. Aber läßt es sich noch in die bisherige lehrwerkkritische Diskussion einordnen, wenn es gerade nicht mehr wie traditionelle Lehrwerke unter den – bei diesen zwangsläufigen – Reduktionen durch die Auswahl von Zielkulturellem leidet, und wenn es eben gerade nicht die sprachlich-kommunikativen Progressions-Vorauswahlen treffen muß, die Bücher und Kassetten aufgrund ihrer sequentiellen Natur treffen müssen? Trifft unsere Kritik am simulierenden Lernen noch zu, wenn es nicht mehr um die de facto oft lehrerorientierte, sprachlich problematische Interaktion von zwei oder mehreren Lernenden geht, sondern um die Interaktion von einem Lernenden mit einer fast unbeschränkten Gruppe von Muttersprachlern, wie wir sie in der wirklichen Welt nur beim natürlichen Lernen im Land der Zielsprache, nicht aber außerhalb des zielsprachigen Raums antreffen?

Diese dritte Variante ist, im Gegensatz zur zuerst beschriebenen und wahrscheinlich auch im Gegensatz zur wohl machbaren zweiten, Science fiction pur. Ob sie je realisierbar ist? Ich weiß es nicht.

In einem Nachbarbereich, bei den Forschungen im Bereich künstliche Intelligenz und maschinelle Übersetzung, hat man Ende der 60er Jahre gelernt, daß man zwar relativ schnell einem Winogradschen System beibringen kann, daß es eine Kugel nicht auf eine Pyramide stellen kann, und daß die Syntaxanalyse, die erforderlich ist, um einen Eliza-Gesprächstherapeuten zu simulieren, der keinerlei eigenen inhaltlichen Input produziert, so primitiv ist, daß ein Student in einem ersten Computerlinguistik-Proseminar sie in einer halben Stunde referieren konnte. Man hat aber auch gelernt, daß einen derartige Erkenntnisse langfristig nicht allzu weit bringen, und daß, sobald man eine auch nur ein klein wenig komplexere Welt als Gegenstand hat, der Analyseaufwand weitaus beträchtlicher wird. Sollten wir beim Fremdsprachenlernen wirklich versuchen, eine künstliche virtuelle Welt aufzubauen, so wird, so lange es sich nicht nur um das *Guten Tag, wie heißen Sie* der Lektion 1 handelt, sondern um weitergehend freie Interaktionen, der zu treibende Aufwand bei der Antizipation von Kommunikationsabläufen so sein, daß man vom heutigen Standpunkt aus leicht sagen kann, das schaffe man nie. Nur weiß man ja auch, daß bei fast allem, mit dem wir heute umgehen, man zuvor hätte sagen können: das schafft man nie.

4. Tatsachen 1997 – ein kleiner Streifzug

Was gibt es, um von der Diskussion der Möglichkeiten des Lernens im Cyberspace auf den Boden dessen, was als Wirklichkeit bezeichnet wird, zurückzukommen, bisher an Kommunikations- und vielleicht auch schon Lernmöglichkeiten per virtueller Realität?

Ich habe vier Anläufe unternommen, dies herauszufinden. Zuerst habe ich bei Gefahr für mein Hörvermögen versucht, in der Segaworld des Londoner Trocadero herauszufinden, inwieweit die existierende kommerzielle Anwendung von virtueller Realität für das Lernen interessant sein könnte. Das Ergebnis ist enttäuschend: es ist laut, es wird viel herumgeballert, aber ansonsten bleibt es bei relativ primitiven Videospielen mit einer zusätzlichen Dimension.

Neben den Ballerspielen mit dem obligatorischen Kampf um Leben und Tod, wie wir ihn in solchen Cyber-Spielhallen finden, gibt es auf den normalen Bildschirmen virtuelle Welten in Lernspielen, bei denen gebaut, Wissen getestet und der Intellekt angeregt wird, und natürlich jede Menge Abenteuerspiele, bei denen man verzwickte Rätsel lösen soll. Insgesamt muß man wohl noch sagen: Virtuelle Realität ist heute, außerhalb des Internet, vorwiegend Jahrmarkt- und Spielhallenattraktion, genau wie das Kino anfänglich eine Jahrmarktsattraktion war. Und verglichen mit dem Schock, den erste Filmzuschauer hatten, als auf der Leinwand eine Lokomotive mit hoher Geschwindigkeit auf sie zuraste, war z.B. mein Betreten einer virtuellen Cyber-Höhle, wie sie auf der CEBIT 1997 mit großem Besucherinteresse präsentiert wurde, relativ schockfrei.

Begibt man sich in eine der zur Zeit real existierenden virtuellen Welten im Internet, ist man relativ enttäuscht. Im Augenblick gleichen die Avataren, die Repräsentanten der Mitspieler in einer virtuellen Welt, ja nicht gerade der Verkörperung indischer Gottheiten, wie wir sie vielleicht aus Peter Brooks Inszenierung des Mahabharata in Erinnerung haben, sondern eher grobschlächtigen Spielzeugfiguren. Bei Ausflügen[3] in virtuelle Welten wie Alpha World zeigt sich, daß das, was die virtuellen Spieler, die sich hinter beliebig austauschbaren Spielfiguren verbergen, von sich geben, also real existierende menschliche Kommunikation, so banal ist, wie sie nun einmal sein kann, so daß auch hier gilt, daß die

---

[3] Ich danke Stefan Ulrich für seine Beratung und die Geduld, mit der er mich in diese Welten geführt hat.

Schaffung eines Kommunikationsraumes, auch wenn dieser nun animiert und mit Handlungen wie dem Bau von Häusern etc. verbunden ist, allein eine Kommunikationsweise, die für das Fremdsprachenlernen sinnvoll ist, nicht gewährleistet.

Für mich interessant war 1997 ein Besuch auf der CEBIT in Hannover: ich bin zu allen „Virtuelle Realität"-Ständen gegangen und habe die simple Frage gestellt: Wann, glauben Sie, ist es soweit, daß ich als Sprachlernender per virtueller Realität in der Provence lande, mich dort thematisch relativ uneingeschränkt mit echten simulierten Franzosen unterhalte, evtl. zu Gaumenfreuden komme und auch bei unkonventionellem Verhalten nicht sofort aus dem Programm fliege?

Die Antworten waren hochgradig unterschiedlich; von einem Vertreter, der meinte, das sei nur eine Frage des Geldes, und mich gleich zu einem seiner Chefprogrammierer führen wollte, bis zu der glatten Ablehnung, das würde wohl nie der Fall sein und wenn, dann solche Ressourcen binden, daß niemand ein Interesse daran haben könnte, es in die Wege zu leiten, fand sich alles.

Spielhalle, Internet, CEBIT – als Wissenschaftler habe ich natürlich auch die Bibliothek als Informationsquelle nicht aus den Augen verloren. Schaut man sich die Flut von Büchern zur Virtuellen Realität an – so wie Computer nicht das papierlose Büro sondern die große Papierflut produziert haben, scheint auch die virtuelle Welt erst einmal die Regale der realen Welt zu verstopfen –, so zeigt eine Stichprobe des Jahrgangs 1996 in der Deutschen Bibliothek in Frankfurt, daß man im wesentlichen drei Themenkomplexe behandelt findet:

1. Es gibt ganz überwiegend Informationen über die technische Handhabung des Mediums, zur Hardware, Anleitungen zum Filmen und Programmieren und zum Tracking der Bewegungen.
2. Beschrieben werden ferner mögliche Anwendungsbereiche wie Architektur, Militär, Medizin und industrielle Produktion. Der Bereich Lernen ist weitgehend auf das naturwissenschaftliche Lernen beschränkt.
3. Die Geisteswissenschaften sind vorwiegend in den Überbau-Diskussionen vertreten, entweder kritisch, z.B. aus der anthroposophischen Ecke oder mediengeschichtlich durch Versuche, virtuelle Realität im Hinblick auf die Überwindung von Zeit und Distanz, die Erschließung neuer Rezeptionskanäle und die Erhöhung des Immersionsgrads durch größere Realitätstreue zu verorten.

Unabhängig davon aber, ob man in Spielhallen, Messeständen, der Deutschen Bibliothek oder im Internet recherchiert: man ist meilenweit von einer Art Turing-Kriterium für die virtuelle Realität, von einer elektronischen Simulation, die im besten Fall von der Realität nicht zu unterscheiden sein sollte, entfernt.

Während also meine Variante I, die Hinzufügung einer räumlich-visuellen und später auch taktilen Dimension zu partnerschaftlichem Lernen über Raumgrenzen hinweg, prinzipiell realisierbar und didaktisch auf jeden Fall wünschenswert ist und meine Variante II als Didaktisierung von schon existierenden virtuellen Welten sicher auch technisch machbar, didaktisch aber mit all den Fragezeichen zu versehen ist, die auch alle bisherigen Versuche, im institutionalisierten Lernen außerhalb des zielsprachigen Raum freies Sprechen zu etablieren, begleitet haben, hat meine Variante III erstmal keine Chance, in absehbarer Zeit realisiert zu werden.[4] Und ich weiß nicht, ob ich sie als didaktischen Rückschritt einstufen sollte, weil sie, als fremdbestimmtes Lehrmaterial hinter die Diskussion um die Ausreizung aller Möglichkeiten für autonomes Lernen zurückfällt, oder ob ich mit einem dialektischen Purzelbaum sagen soll, daß gerade durch die komplette Simulation in einem Medium, das erstmals Fern-Erleben möglich macht, nun tatsächlich auch für Lernende außerhalb des zielsprachigen Raums über die Begegnungsdidaktik und die autonomen partnerschaftlichen Projekte hinausgehend ein umfassendes, quasi-natürliches Lernen möglich wird, das, da es ja völlig gesteuert ist, die Nachteile des natürlichen Zweitspracherwerbs, wie wir sie tagtäglich vorgeführt bekommen, überwindet. Das ist für mich tatsächlich eine noch völlig offene Frage.

5. Konsequenzen für die Sprachlehrforschung

Die Sprachlehrforschung müßte sich aber meines Erachtens jetzt, lange vor einer möglichen technischen Realisierung, mit der Diskussion der ästhetischen, inszenatorischen, sprachsystematischen, landeskundlichen, kommunikativen, usw. Aspekte, die bei der Entwicklung der virtuellen Lernwelt eine Rolle spielen müssen, und (!) mit der Funktionalisierung des virtuellen Lernens, mit dessen Integration in den gesamten Lernprozeß, befassen, damit eine derartige Entwicklung, falls sie kommt, nicht vom technisch Machbaren, sondern vom didaktisch Wünschenswerten bestimmt ist.

Das heißt, die Sprachlehrforschung muß z.B. jetzt untersuchen, wie sich bei den neuen Medien und dann besonders beim Lernen per virtueller Realität das Verhältnis von gesteuertem und sog. natürlichem Lernen ändert, wie Phasen natürlichen und gesteuerten Lernens optimal miteinander verzahnt werden können. Dabei müßten die eher linguistische Zweitspracherwerbsforschung und die Fremdsprachendidaktik, denen man ja bisher auch

---

4 Außer vielleicht für das Lernen in den ersten Stunden.

bei bestem Willen keine besonders ausgeprägte Zusammenarbeit bescheinigen kann, sich wohl ein bißchen näher kommen.

Außerdem müßten naiv-konstruktivistische Authentizitäts- und Autonomiekonzepte, die eine neue Qualität oder gar die Aufhebung der Distanz zwischen Klassenzimmer und Lebenspraxis schon erreicht sehen, aufgegeben werden. Auch das virtuelle Lernen findet ja möglicherweise weiterhin im Rahmen des institutionellen Lernens außerhalb des zielsprachigen Raums mit seinen Beschränkungen, seinen Prüfungen, Unlustgefühlen usw. statt, die es mitzubedenken gilt, da die sozialen Gesetze für Kommunikation in (Zwangslern-) Institutionen nicht dadurch außer Kraft gesetzt werden, daß ein Kommunikationspartner sich physisch an einem anderen Ort aufhält.

Intensiviert werden müßte darüberhinaus die Beschäftigung mit der Ästhetik der Lernformen. Es geht dabei nicht um die Beschäftigung mit ästhetischen Phänomenen als Lerngegenstand, die es unter dem Stichwort literarische Texte im Fremdsprachenunterricht natürlich schon immer gegeben hat, sondern um eine Fokussierung auf die Ästhetik der Lehr- und Lernformen.

Fremdsprachenlernen per virtueller Realität wird sich einer Art Echtzeitereignis annähern, in dem mehr ganzheitlich interagiert wird, als es bisher, außer in verselbständigten alternativen Ansätzen, Teil des Fremdsprachenlernens ist. Deshalb drängen sich Fragestellungen in den Vordergrund, die bisher eher im künstlerischen Bereich diskutiert werden und die bei der Entwicklung von virtuellen Realitäten für das Fremdsprachenlernen eine Rolle spielen müssen. Das bedeutet für die Sprachlehrforschung, daß sie die in den letzten Jahren verstärkt diskutierten Aspekte von Neurobiologie und neuen Technologien mit dramapädagogischen Konzeptionen (vgl. Schewe 1995) von Fremdsprachenlernen zusammenbringen muß.

All diese Bereiche – Verschränkung von natürlichem und gesteuertem Lernen, Präzisierung der Diskussion um Authentizität und Autonomie und Ästhetisierung der Lernformen – sind nicht nur notwendige Schritte auf dem Weg zur Realisierung von Variante III des Lernens per virtueller Realität, sie sind vor allem die Bereiche, aus denen die Ideen für die Weiterentwicklung jeden autonomen Lernens in der naheliegenden Zukunft erwachsen werden. Und deshalb kann es einem vorerst auch relativ egal sein, ob die Variante III in Serie geht oder, was wohl wahrscheinlicher ist, ob sie irgendwann schön ausformuliert (als geheimer Übungsort für Babelfische) im fünften Teil der *Hitchhikers Guide to the Galaxy*-Trilogie von Douglas Adams als *The Language School at the End of the Universe* zu bewundern sein wird.

Literatur

Braun, A. (1998): Die Nutzung des Internet für den DaF-Unterricht. In: Info DaF, 25, 1, 1998, 72-84.

Donath, R. (1997): Fremdsprachenlernen und Kommunikationstechnologien: Möglichkeiten der elektronischen Kommunikation durch das Internet. In: Neusprachliche Mitteilungen 50, 1, 1977, 33-37.

Legutke M. K./Müller-Hartmann, A./Ulrich S. (1999): Neue Kommunikationsformen im fremdsprachlichen Unterricht. In diesem Band, 55-79.

Rösler, D. (1998): Autonomes Lernen? Neue Medien und ‚altes' Fremdsprachenlernen. In: Info DaF, 25, 1, 1998, 3-20.

Schewe, M. (1995): Fremdsprache Inszenieren, Oldenburg.

Hans Ramge

Fernsehkommentare – Kommentieren zwischen Mündlichkeit und Schriftlichkeit

1. Anforderungen an den Fernsehkommentar

Kommentieren ist eine sprachliche Handlung, bestehend aus dem zu Kommentierenden, dem *Kommentandum*, und der Stellungnahme dazu, dem *Kommentat* (Posner ^{2}1980). Gegenüber dieser alltäglich praktizierten Weise sprachlichen Handelns ist der Kommentar als journalistische Textsorte ein außerordentlich elaboriertes Gebilde, hochkonventionalisiert und das sehr spezifische Produkt einer zweihundertjährigen Mediengeschichte. Kommentare in der ARD gibt es regelmäßig hingegen erst seit 1964, und ihre Entwicklung ist natürlich aufs Engste mit den Bedingungen des öffentlich-rechtlichen Mediums verknüpft.[1] Die Probleme betreffen Muster, Funktion und Präsentation von TV-Kommentaren.

1.1 Muster

Die Formen des journalistischen Kommentierens haben sich in Printmedien herausgebildet, typischerweise in den Kommentaren und Leitartikeln der Tagespresse: Fernsehkommentare (und für Hörfunkkommentare gilt das Gleiche) hatten also ein fertiges Modell, ein Muster, an dem sie sich nicht nur orientieren konnten, sondern mussten – weil die Texte sonst nicht ohne weiteres als Kommentare zu erkennen wären.

---

1 Ich befasse mich im Folgenden fast ausschließlich mit Kommentaren der ARD.

Eigenartigerweise wird erst in den Jahren nach dem Zweiten Weltkrieg in der Bundesrepublik axiomatisch festgeklopft, was unser alltagsweltliches Bewusstsein über den journalistischen Kommentar prägt: Dass er nämlich ‚subjektiv' und meinungsbetont sei – im Unterschied zur ‚objektiven' und ‚rein' informierenden Nachricht. Dieses durch die angelsächsischen Besatzungsmächte importierte Prinzip (Schönbach 1977) wurde natürlich nie in Reinkultur verwirklicht (schon, weil es keine ‚objektiven' Nachrichten gibt), bestimmt aber in vielfacher Hinsicht die journalistische Praxis. Als Konsequenz davon wird in Printmedien der Kommentar durch formale Textgestaltungsmittel und besondere Hinweise hervorgehoben und abgegrenzt (z.B. Standardposition auf der Zeitungsseite, Kästelung, veränderte Schrifttype, Rubrizierung im Obertitel als „*Kommentar*", „*Unsere Meinung*" u.ä.)

Während diese gewordene Textsortendifferenz in Printmedien weder bei der Produktion noch von der Rezeption her zu besonderen Schwierigkeiten führt, folgen daraus für den Fernsehkommentar im Rahmen von Nachrichtensendungen spezifische Probleme: Er muss einerseits den Strukturen der an der Schriftlichkeit und den Organisationsformen der Printmedien orientierten und aus ihr entstandenen Textsorte entsprechen. Andererseits darf die notwendige Trennung von Kommentar und Nachricht nicht dazu führen, dass die semiotische und sequenzielle Einheit der Nachrichtensendung als Ganzes ernsthaft beeinträchtigt wird.

1.2 Funktion

Der Ausdruck von ‚Meinung' als textkonstitutiver Eigenschaft ordnet dem journalistischen Kommentar zwei verschiedene adressatenbezogene kommunikative Hauptfunktionen zu (Ramge/Schuster, i.D.): In Printmedien will man durch die Art der Stellungnahme in irgendeiner Form Einfluss nehmen und im öffentlichen Diskurs mitwirken: empfehlen, raten, warnen, Konsequenzen verdeutlichen usw. Unterstellt ist dabei, dass der Kommentar auch von den Betroffenen, in der Regel also Politikern, zur Kenntnis genommen wird. Das nennen wir die *Regulierungsfunktion* des Kommentars. Andererseits gehört es zu seinen Zentralfunktionen, das Bedürfnis der Leserschaft nach einer Orientierung in den immer komplexer werdenden politischen, sozialen, ökonomischen, kulturellen Zusammenhängen zu befriedigen. Der Kommentar präsentiert ein Sinn- und Deutungsangebot, indem er einen aktuellen Sachverhalt in einer von ihm für richtig gehaltenen Form rekonstruiert und ihn in allgemeinere Zusammenhänge einordnet. Das nennen wir die *Orientierungsfunktion* des Kommentars.

Fernsehkommentare, zumindest die der öffentlich-rechtlichen Anstalten, haben damit nicht nur das grundsätzliche Problem, wie sie in einem der ‚Ausgewogenheit' verpflichteten Medium ‚Meinung' pointiert vermitteln, sondern im Besonderen, wie sie sich im Hinblick auf die Spannung zwischen Regulierungs- und Orientierungsfunktion festlegen wollen.

1.3 Präsentation

Ein drittes Problembündel ergibt sich aus der Quasi-live-Präsentation des Kommentators in den TV-Sendungen. Denn zu unseren allgemeinen Erwartungen gegenüber den Kommentierenden gehört nicht nur, dass sie sach- und schreibkompetent sind, sondern – vor allem – dass sie glaub- und vertrauenswürdig sind. Während im Zeitungskommentar die Kompetenzunterstellung durch den Text als solchen eingelöst (oder verfehlt) wird, ist beim TV-Kommentar die Person, die den Text verfasst hat, zu sehen und zu hören – mit allen Folgen, die das für die Akzeptanz und Glaubwürdigkeit hat. Der Kommentator muss sich darauf einlassen, dass er einen mündlich gesprochenen Text als Person vorträgt.

Jeder Kommentator hat zunächst das Darstellungsproblem, dass er auf engem Raum bzw. in kurzer Zeit einigermaßen Erschöpfendes zu seinem Thema sagen muss. Daraus entsteht ein schwieriger Balanceakt: Auf der einen Seite muss er der Komplexität des Themas gerecht werden, auf der anderen Seite diese Komplexität so weit reduzieren, dass die Verarbeitung seines Deutungsangebots für Rezipienten gewährleistet ist. D.h. er muss *verständlich* und *anregend* sein. Um diesen Anforderungen gerecht zu werden, haben sich eine Reihe kommentarspezifischer Muster und stilistische Mittel herausgebildet wie ‚Aufhänger', Bildlichkeit des Ausdrucks durch Metaphern und Phraseologismen, kommentartypische Formeln mit unpersönlichen Konstruktionen vom Typ *es bleibt zu hoffen* und dem bewussten Gebrauch von Modalausdrücken, die eine Ambivalenz des Wissensgrades und -anspruchs des Kommentators signalisieren (*es könnte schon sein, dass …*). Sie tragen insgesamt zur Erzeugung von Meinungen und Evaluationen bei, die scheinbar unabhängig von der individuellen Subjektivität des Kommentators sind.

Wir fragen also danach, wie sich auf dieser auch für Fernsehkommentare geltenden Folie die reale Mündlichkeit in ihrer Textualität niederschlägt.

Wir gehen im Folgenden den Fragen des Textmusters und seiner Situierung, der Funktion und der Präsentation von TV-Kommentaren ein wenig nach,[2] indem wir – unter Einbeziehung der historischen Perspektive – verschiedene kleine Textkorpora beobachten. Dabei handelt es sich um

[2] Für die hilfreiche Unterstützung bei der Herstellung des Textes danke ich Gerd Richter und Herbert Schmidt.

- fünf *Tagesschau*-Kommentare aus dem Jahre 1975 (Ringwald 1977, 79-88)[3]
- elf *Tagesthemen*-Kommentare aus den Jahren 1989-1992 (Kurz 1996, 171-181)[4],
- dreizehn *Tagesthemen*-Kommentare 14.10.-14.11.1997 (eigene Aufnahme).

Angesichts dieses eingeschränkten empirischen Materials ist klar, dass die Beobachtungen nicht beanspruchen, alle Facetten der TV-Kommentare abzudecken. Hilfsweise sollen mehrere Beispielanalysen das spezifische Funktionieren von TV-Kommentaren vor Augen führen, auch im Vergleich mit Zeitungskommentaren.

2. Zur Geschichte des Fernsehkommentars in der ARD

Anhand der historischen Genese des Fernsehkommentars in der ARD[5] kann man die eingangs skizzierten Probleme des TV-Kommentars und ihre Bearbeitung sehr schön erkennen.

Die seit Weihnachten 1952 gesendete *Tagesschau* wurde Anfang 1961 durch eine *Spätausgabe der Tagesschau* ergänzt, in der ab 1962 gelegentlich auch Kommentare gesprochen wurden. Im Dezember 1962 beschloss die Fernsehprogrammkonferenz der ARD-Sender, dass regelmäßig im Anschluss an die *Spätausgabe der Tagesschau* ein Kommentar gesendet werden solle. Auch bei der Konzeption der *Tagesthemen* wurde der Kommentar beibehalten. Daran änderte sich nichts, als im Januar 1992 MDR und ORB Mitglieder der ARD wurden.

Der nackte historische Abriss macht deutlich, dass Fernsehkommentare in der ARD seit über dreißig Jahren einen festen Ort haben. In dieser Zeitspanne wurde zur Routine, wie das Problem der Vermittlung von Meinungen, damit der *Evaluation* als konstituierendem Element des Kommentierens (Ramge 1994) behandelt werden soll:

Anfangs wurden die Kommentarthemen für die *Spätausgabe* zweimal in der Woche in einer Schaltkonferenz der Chefredakteure festgelegt. Als Kommentatoren standen seit 1964 Journalisten zur Verfügung, die auf einer sog. *Kommentatoren-Liste* stehen, d.h. hervorgehobene Journalisten der einzelnen Sendeanstalten und die Chefredakteure. Für die *Tagesthemen* findet täglich um 14.00 Uhr eine Schaltkonferenz statt, in der auch Kom-

---

[3] Erich Straßner (Tübingen) danke ich, dass er mir die ungedruckte Arbeit von Ringwald zugänglich gemacht hat.

[4] Herr Kurz hat mir freundlicherweise mehrere Videobänder zur Einsicht überlassen. Dafür möchte ich ihm auch an dieser Stelle danken.

[5] Der Abriss folgt der Darstellung bei Harald Kurz (1996, 29ff.).

mentarthema und Kommentator bestimmt werden. Eine häufig beachtete Maxime ist dabei, dass der Kommentator dem Sender angehört, in dessen Sendebereich das zu kommentierende Ereignis fällt. Es ist bemerkenswert, dass bei der Auswahl der Kommentatoren Partei- und Senderproporz keine wesentliche Rolle zu spielen scheinen (Kurz 1996, 31 mit Anm. 80).

Die meisten Kommentare werden als MAZ gesprochen, nur gelegentlich live. Meist stehen nur wenige Stunden für die Produktion des Kommentars zur Verfügung. Während bis Anfang der neunziger Jahre häufiger auch sehr bekannte Journalisten wie Ernst Dieter Lueg, Klaus Bednarz, Martin Schulze u.a. kommentierten, scheint das Kommentieren derzeit hauptsächlich auf die Chefredakteursebene beschränkt zu sein, mit dem Ergebnis übrigens, dass Kommentatoren (und jetzt auch: Kommentatorinnen) auftreten, die man sonst nicht oder nur selten im Fernsehen sieht, die von ihrem öffentlichen Profil her also mehr oder weniger unbekannt sind. Die Vermutung ist nicht von der Hand zu weisen, dass dies etwas mit dem Bemühen der ARD um ‚Ausgewogenheit' zu tun hat.

Das Problem, das aus dem öffentlich-rechtlichen Charakter der Rundfunk- und Fernsehanstalten herrührt, hat Helmut Hammerschmidt, späterer Intendant des SWF, schon bei der Einführung der regelmäßigen ARD-Kommentare 1964 zart formuliert:

> Hörfunk und Fernsehen haben außerdem, anders als die Zeitung, die sich täglich einer politischen Richtung verpflichten kann, in ihren Programmen alle Meinungen zu beachten, die mit der Verfassung vereinbar sind. ... Es beginnt damit, daß die weise Regel der politischen Ausgeglichenheit eines ganzen Programms zu dem Fehler verführen kann, auch im einzelnen Beitrag gar keine oder gar jede mögliche Meinung auszusprechen.[6]

Der Trend zur formulierten Indifferenz ist ein Dauerproblem, das noch am Ende der *Tagesschau*-Kommentare 1976 zu vernichtenden Urteilen Anlass gibt:

> ... das Ganze ist ..., sieht man von einer quantité negligeable beherzter Autoren ab, eine Ausgewogenheitsveranstaltung par excellence und im schlimmsten Wortsinn. Ausgewogenheit meint hier: Muster und Stil, Methoden und Inhalte politischer Artikulation, wie sie die Kommentarreihe erkennen läßt, sind solche faktischer Entpolitisierung, solche des ‚Journalismus als Eiertanz' (Enzensberger 1962), des Noli-me-tangere.[7]

Mit dem Prinzip der institutionsrechtlich gebotenen ‚Ausgewogenheit' konnten und können Sender und Redaktionen Pressionen von außen relativ wirksam abwehren. Intern verhindert das aber natürlich nicht die Wirkung der berühmten ‚Schere im Kopf'. In der derzeitigen Kommentierpraxis wird das verstärkt durch die Tatsache, dass in die Chefpositionen der Sender ja meist nicht Journalisten aufrücken, die sich durch besondere öffentliche Bissigkeit und Politikferne auszeichnen: Ausnahmen bestätigen, wie immer, die Regel.

---

6 Zit. nach Kurz (1996, 191).

7 H. Janke, in: medium 1976, zit. nach Ringwald (1977, 20).

Im Zeitalter des Zapping müssen sich Kommentatoren und Kommentatorinnen gut überlegen, wie spannend und anregend oder wie langweilig-ausgewogen sie kommentieren: Sonst sind sie schnell weg vom Fenster – in einem sehr wörtlichen Sinne.

3. Beispiele

Die Spannweite, wie TV-Kommentare heute funktionieren, soll an zwei konkreten Beispielen demonstriert werden, und zwar auf der Folie von Zeitungskommentaren zum gleichen Thema. Es handelt sich um Kommentare des *heute-Journals* und der *Tagesthemen* zur Rede Helmut Kohls auf dem Leipziger Parteitag der CDU am 13.10.97 mit seiner Erklärung, noch einmal als Kanzlerkandidat zur Bundestagswahl 1998 antreten zu wollen.

3.1 Kommentar im *heute-Journal* vom 13.10.97

Der ZDF-Kommentar von Thomas Bellut ist m.E. ein schönes Beispiel für einen Kommentar, in dem die Grenze zum Korrespondentenbericht fast aufgelöst ist:

Der Kanzler und seine Partei: zu dieser unendlichen Liebe ein Kommentar.
Thomas Bellut vor Ort in Leipzig
1 Ein Anfang nach Plan:
2 Der Titelverteidiger präsentierte sich gedämpft, aber in guter Verfassung.
3 Seine Rede war nicht glanzvoll, aber hochkonzentriert.
4 Die Delegierten jedenfalls, sie waren zufrieden.
5 Erwartungsgemäß machten sich die jungen und die alten Wilden ganz klein,
6 alles Andere wäre ein politischer Selbstzerstörungsversuch gewesen,
7 und zum Harakiri war hier keiner bereit.
8 Die Meinung der Delegierten:
9 Kohl wird zum Sieg benötigt,
10 und einen wie ihn, den mäkelt man nicht einfach aus dem Amt.
11 Er musste sich hier nicht einmal anstrengen,
um von den Delegierten per Beifall zum Kanzlerkandidaten gekürt zu werden.
12 Die andere Seite des Systems Kohl,
die wurde hier in Leipzig auch deutlich:
13 Statt Sturm und Drang Ruhe und Disziplin als erste Delegiertenpflichten.
14 Sie alle verlassen sich auf Helmut Kohl,
die Wahlkampflokomotive.
15 Sie wurde hier aufs Gleis gesetzt,
16 und im Frühjahr, nach dem Wahlparteitag, dampft sie los.
Thomas Bellut kommentierte.
Und wir wechseln jetzt auf die andere Seite des politischen Grabens.

Der Kommentar wird optisch vor dem Hintergrund des laufenden Parteitages in Leipzig gesprochen (*‚vor Ort‘*). Auch der Modus der Themenbehandlung nähert sich stark dem Korrespondentenbericht, indem die Rede Kohls und die Parteitagsstimmung charakterisiert werden, aber keine eigene Stellungnahme, keine ‚Meinung‘ des Kommentators erkennbar wird. Ungewöhnlich ist auch die Kürze des Kommentars, der nur eine Minute dauert. Dennoch ist die Präsentation Belluts eindeutig als Kommentar definiert: In der Anmoderation und der Abmoderation durch den Nachrichten-Moderator und durch einen eingeblendeten Untertitel (siehe Abb. 1).

Abbildung 1: Thomas Bellut im *heute-Journal* vom 13.10.1997

Für unseren Zusammenhang am wichtigsten ist aber, dass sich in Sprachwahl und Duktus zahlreiche Elemente finden, deren Ensemble uns konventionell den präsentierten Text als Kommentar identifizieren lässt. Zu diesen stilistischen Elementen gehören:

- ein unmittelbarer Einstieg, der in diesem Fall nur verständlich ist, weil der Text situiert ist;
- der Gebrauch von Metaphern und Bildern: *Titelverteidiger* (S. 2)[8], *Wahlkampflokomotive …* (S. 14-16);

[8] S. = Satz.

- Anspielungen: *statt Sturm und Drang Ruhe und Disziplin als erste Delegiertenpflichten* (S. 13);
- politische Abbreviaturen (ggf. mit Sprachspiel): *die jungen und die alten Wilden* (S. 5), *System Kohl* (S. 12);[9]
- der Gebrauch rhetorischer Elemente wie z.B. Hyperbeln: *Harakiri* (S. 7).

Diese Elemente wären ohne weiteres auch in einem Zeitungskommentar möglich. Wir finden aber auch einige Formen, die deutlich vom Schreibstil abweichen und die als Eigenschaften gesprochener Sprache zu werten sind. Dazu gehören:
- Ausklammerung (S. 4, 10, 12) und Ellipsen (S. 1, 8, 13);
- gelockerte syntaktische Kohärenz (S. 9-10);
- Wiederholung ohne erkennbare rhetorische Funktion: *Delegierten* (S. 4, 8, 11, 13);
- vorwiegend kurze, einfache Sätze: 137 Wörter verteilen sich auf 16 Sätze, was einem Schnitt von 8,6 Wörtern pro Satz entspricht.

3.2 Kommentar der *Tagesthemen* vom 13.10.97

Betrachten wir als nächstes den Parallel-Kommentar der *Tagesthemen* zum gleichen Thema von Wolfgang Kenntemich vom MDR.

Der Kommentar der *Tagesthemen* wird am Ende der Berichte über den CDU-Parteitag als MAZ (wohl aus dem Studio des MDR) eingespielt, nachdem er vom Nachrichtenmoderator explizit als Kommentar angekündigt war.

Der Kommentar wird in der derzeit üblichen formalen Gestaltung präsentiert, bevor er nach seinem Ende noch einmal ausdrücklich abmoderiert wird. Er dauert genau 1'30 Minuten.

---

9 Die Zeitgebundenheit solcher Redeweisen wird schon daran deutlich, dass man sich kaum ein Jahr später nur mit Mühe daran erinnert, dass mit den *jungen Wilden* 1996/97 jüngere CDU-Fraktionsvorsitzende in Landtagen wie Müller, Koch, Wulff gemeint waren, während die hier des rhetorischen Effekts wegen eingeführten *alten Wilden* sich auf Leute wie Heiner Geißler beziehen. Auch die Formulierung *System Kohl* ist nur in dieser Zeit ein medienübliches Kürzel. Tempus fugit!

Abbildung 2: Wolfgang Kenntemich in den *Tagesthemen* vom 13.10.1997

Zu Helmut Kohl und dem Parteitag der CDU ein Kommentar von Wolfgang Kenntemich vom Mitteldeutschen Rundfunk.

1 Ob einem das schmeckt oder nicht:
Das System Kohl scheint wieder einmal voll funktioniert zu haben.
2 Da gibt's ein Heer von Arbeitslosen, einen enormen Reformstau,
schlechte Umfragen für die Bonner Koalition,
3 und dann beginnt der Parteitag,
4 und die Kritik an Kohl bricht wie ein Zwergenaufstand zusammen.
5 Die jungen Wilden sehen plötzlich ganz alt aus.
6 Dann bringt er die Delegierten gleich zweimal zu stehenden Ovationen und
damit zu dem Signal:
7 Zu Kohl gibt es, jedenfalls für die CDU, keine überzeugende Alternative.
8 Aber: Es kommt noch eine zweite Botschaft aus Leipzig:
9 Uns steht ein knallhartes Wahljahr 1998 bevor!
10 Kohl will den Lagerwahlkampf: bürgerlich-liberale Koalition gegen links.
11 Und er wirft dabei SPD, Bündnisgrüne und PDS in einen Topf,
auf den es sich lautstark schlagen lässt.
12 Und wenn dann noch Oskar Lafontaine Kohls Herausforderer wird,
wovon er übrigens fest ausgeht,
die Konjunktur im Frühjahr tatsächlich mehr Arbeitsplätze beschert,
der Euro endlich beschlossen ist:
dann, ja dann soll es noch einmal klappen mit der Bundestagswahl:
13 Eine Rechnung mit ganz vielen Unbekannten.
14 Aber wie sagte Kohl?
15 ‚Mit Vollkasko-Mentalität kann man nicht die Zukunft gewinnen.'

16 Die Partei ist bereit, ihm auf diesem Weg zu folgen.
17 Sie hat ja auch keine Alternative.
18 Für uns Wähler ist etwas Anderes wichtig:
19 Wer bietet die besten Rezepte gegen Arbeitslosigkeit und Reformstau?
20 Wenn das in dem bevorstehenden harten Wahlkampf klarer würde, dann wäre schon viel gewonnen.
Es kommentierte Wolfgang Kenntemich.

Es ist von der Inszenierung her ein sehr typischer Kommentar. Aber auch hier ist keine Meinung oder eine nennenswerte Stellungnahme des Kommentators zur Kandidatenkür erkennbar. So wie der Anfang bewusst die Bewertung offen lässt (S. 1), endet er auch: Die Evaluation (S. 18-20) weicht vielmehr in einen Allgemeinplatz aus.

Es findet sich im Prinzip die gleiche Typik stilistischer Elemente, die wir bereits im ZDF-Kommentar kennengelernt haben:

- unmittelbarer Einstieg, der wegen der Anmoderation keiner weiteren thematischen Fixierung bedarf;
- der Gebrauch von Metaphern und Phraseologismen: *schmecken* (S. 1), *Heer von Arbeitslosen* (S. 2), *Zwergenaufstand* (S. 4) *Rechnung mit Unbekannten* (S. 13), *Rezepte* (S. 19), *in einen Topf werfen, auf den es sich lautstark schlagen lässt* (S. 11);
- Sprachspiel/Anspielung: *Die jungen Wilden sehen plötzlich ganz alt aus* (S. 5);
- politische Abbreviaturen: *System Kohl* (S. 1), *junge Wilde* (S. 5);
- Hyperbeln: *knallhartes Wahljahr* (S. 9).

Aber auch hier gibt es eine Reihe von Abweichungen vom Stil der Schriftlichkeit:

- Ellipse: S. 13;
- lockere syntaktische Kohärenz, die in diesem Fall deutliche Kennzeichen mündlicher Erzählsyntax aufweist: *...und dann und dann ...* (S. 3, 6, 12, 12, 20), *... Koalition, und dann ...* (S. 3);
- umgangssprachliche Formulierungen: *soll es noch einmal klappen* (S. 12);
- hauptsächlich kurze, einfache Sätze: 224 Wörter, verteilt auf 20 Sätze, also ein Schnitt von 11,2 Wörtern pro Satz.

Dass eine Reihe von Prozeduren mündlichen Sprachgebrauchs in beiden Kommentaren vorkommen, führt zu der Vermutung, dass die spezifische Art der Inszenierung von TV-Kommentaren bei aller formalen und strukturellen Ähnlichkeit mit Printkommentaren zu gewissen Modifikationen geführt hat. Man kann versuchsweise der Hypothese nachgehen, dass sich hier eine neue Variante in der Typik der Kommentarmuster herausbildet und eigene Konventionen und Standards entwickelt.

Um diese Idee zu verdeutlichen, seien zunächst unsere beiden TV-Kommentare mit einem Printkommentar zum gleichen Thema verglichen. Dabei reicht zur Demonstration der

Anfang des Kommentars von Erich Fromme in der *Frankfurter Allgemeinen Zeitung* vom 14.10.97:

> **Noch einmal**
>
> **E.F. (1)** Das Leitmotiv der Leipziger Parteitagsrede des CDU-Vorsitzenden, von der manche erwartet hatten, an ihr werde sich die politische Zukunft Kohls entscheiden, hieß „Noch einmal". **(2)** Noch einmal will Kohl es persönlich wissen, will sich, wie er es formulierte, seiner Verantwortung stellen und seine Pflicht erfüllen. **(3)** Noch einmal will er die bürgerliche Koalition aus Union und FDP zum Sieg führen. **(4)** Noch einmal soll der Geist der deutschen Einheit gegen eine rot-grüne Linke ins Feld geführt werden, die sich des Verrats an der Einheit der Nation schuldig gemacht habe. **(5)** Und noch einmal soll die Melodie einer geistig-moralischen Wende wie immer seit 1982 die CDU beflügeln.
>
> **(6)** Noch einmal – das heißt auch: ein letztes Mal. **(7)** Das Tor, das Kohl „jetzt und nicht irgendwann" zur Zukunft aufstoßen will, ist auch dasjenige, durch das er in die Geschichte eingehen wird.
>
> ....

Im Vergleich mit den beiden TV-Kommentaren können wir hier zunächst beobachten, dass der FAZ-Kommentar mit einem Hinweis auf das Thema eröffnet wird. Zugleich wird der gewählte zentrale Gesichtspunkt, der Fokus, für den Kommentar formuliert (S. 1). Das als ‚Leitmotiv' erkannte Zentralthema wird nicht nur als Überschrift des Artikels gewählt, sondern wird selbst leitmotivisch zur Kohärenzherstellung der Sätze 1-6 rhetorisch genutzt – bis zur Steigerung in der Schlusspointe von Satz 6. Neben Phraseologismen wie *das Tor zur Zukunft aufstoßen* (S. 7) enthalten die Ausdrucksmittel der Anspielung zunehmend Wertungen: *Geist der deutschen Einheit* (S. 4), *Verrat an der Einheit der Nation* (S. 4), *Melodie einer geistig-moralischen Wende* (S. 5). Die Sätze des Kommentars sind viel länger und syntaktisch komplexer: Der gesamte Kommentar umfasst 327 Wörter in 17 Sätzen, also durchschnittlich 19,2 Wörter pro Satz. Der Kommentar enthält keinerlei sprachlich-stilistische Elemente, die wir bei den TV-Kommentaren als Abweichungen von der Schriftlichkeit und Ausdruck von Mündlichkeit beobachtet haben.

Dass Kommentar-Umfang und syntaktische Komplexität bei Zeitungskommentaren wesentlich ausgeprägter sind als bei den bisher betrachteten TV-Kommentaren, möge abschließend der Hinweis verdeutlichen, dass die Gesamtmenge der Kommentare in der *Frankfurter Allgemeinen, Frankfurter Rundschau, Süddeutschen Zeitung, Welt* und *Tageszeitung* zum gleichen Thema vom 14.10.97 eine durchschnittliche Länge von 290 Wörtern bei einer durchschnittlichen Satzlänge von 16,3 Wörtern pro Satz aufweist.

Die Beispiel-Analysen sollten nur dies verdeutlichen: Es verändert sich etwas, wenn ein Kommentar nicht gedruckt erscheint, sondern wenn er gesprochen wird. Denn auch in der TV-Präsentation ist zweifellos der ‚Kommentarstil' als sprachlich-stilistische Inszenierung so dominant, dass diese Texte, auch unabhängig von ihrer anderweitigen Markierung, als Kommentare identifiziert werden. Was anders ist, wird im Folgenden als Antworten auf das Problem der Integration in die Nachrichten-Sendung (Sendeformorientierung) und das Problem der kommunikativen Präsentation (Zuschauerorientierung) verstanden. Dabei wird es sich als nützlich erweisen, die historische Perspektive einzubeziehen, und zwar sowohl die des TV-Kommentars wie auch die des Printkommentars.

4. Orientierung an der Sendeform

4.1 Sequenzielle und semiotische Integration des Kommentars

Welchen Stellenwert hat der Kommentar in der Nachrichtensendung, wie ist er formal zu positionieren und zu integrieren? Die unglücklichste aller denkbaren Lösungen wies zweifellos die *Tagesschau Spätausgabe* auf. Diese fungierte lange Zeit als Sendung zum Sendeschluss, so dass es keine festen Sendezeiten gab wie für die 20 Uhr-*Tagesschau.* Und ans Ende dieser frei schwebenden *Spätausgabe* wurde der Kommentar angehängt. Das Denkmodell dazu zeugt von der an den Printmedien geschulten formalen Trennung von Nachricht und Kommentar, wie es noch deutlich bei der Einführung in die neue Sendung durch Helmut Hammerschmidt 1964 formuliert wurde:

> Kommentare, das heißt Meinungen, soll man anbieten, nicht aufdrängen. Die Zeitung besorgte das am Rande, den der Leser, wenn er will, außer acht lassen kann.[10]

Die Gefahr ist offenkundig: Was zu sehr am Rande steht, fällt leicht herunter. *Tagesthemen* ebenso wie das *heute-Journal* integrieren deshalb den Kommentar in die Sendung. Damit tritt der Kommentar aber notwendig in Konkurrenz zu anderen meinungsorientierten Elementen der Nachrichtensendung wie Korrespondentenbericht, Moderation, Interviews, vox-populi-Berichte. Um die Kommentarmeinung als anders geartete ‚Meinung‘ zu kennzeichnen, nämlich als aus der Distanz formuliertes unabhängiges Räsonnement, muss der TV-Kommentar ein Dilemma überwinden: Je stärker er formal abgekoppelt ist von den anderen Teilen der Sendung, desto aufgesetzter, künstlicher, unorganischer wirkt er; je stärker er den Präsentationsmodi der anderen Sendeformen entspricht, desto weniger wird die Eigenständigkeit als explizit kommentierende Meinungskundgabe erkennbar.

Die heutige Präsentation des Kommentars im Sendekonzept der *Tagesthemen* ist durch folgende Eigenschaften ausgezeichnet:

– Der Kommentar wird ans Ende des Thementeils positioniert, den er kommentiert, also meist gefolgt von weiteren Nachrichten und Nachrichtenberichten zu anderen The-

---

[10] Zit. nach Kurz 1996, 191.

men. Bei wichtigen (kommentierwürdigen) Themen des Tages ergibt sich daraus eine relativ konstante Abfolge: Anmoderation des Themas – Nachrichtenbericht – überleitende Moderation – weitere(r) Bericht(e) (oft Korrespondentenbericht)/Interview(s) – (häufig:) kommentierende Moderation zum Berichteten – Ankündigung des Kommentars durch Moderator(in) – Abmoderation und Weiterführung. Damit wird der Kommentar vernünftigerweise in den thematischen Zusammenhang gestellt.

- Der Kommentar wird optisch dadurch markiert, dass während der gesamten Sendezeit links oben das Logo der ARD mit dem schräg gestellten Zusatz „*Kommentar*" eingeblendet ist. Diese Markierung ist jetzt aber unauffälliger als früher. Damit in Zusammenhang steht, dass der früher neutral-blaue Hintergrund jetzt durch eine undeutliche, in neutralem Blau gehaltene Weltkarte ersetzt ist, die auch im Hintergrund der Studiomoderation zu sehen ist. Mit dieser Hintergrundinszenierung wird optisch einerseits markiert, andererseits die formale Verbindung mit der Moderation (als Signal für die Einheit der Sendung) hergestellt.
- Ein zusätzlich markierendes Element stellt das Verfahren dar, den Namen des Kommentators oder der Kommentatorin zweimal für 5-10 Sekunden als Untertitel einzublenden, jedoch ohne weiteren Hinweis. Dadurch wird einerseits die Individualität des Sprechers hervorgehoben, andererseits aber auch eine formale Angleichung an andere Sendeformen der *Tagesthemen* erreicht, wo bei längeren Berichten ja auch meist Namen-Inserts erscheinen.[11]
- Die semiotisch vielleicht wichtigste Veränderung betrifft die Sprecherhaltung und die Kameraposition. Während noch vor wenigen Jahren die Kommentatoren oft in der Nahaufnahme in Richtung ‚Amerikanisch' aufgenommen wurden und dadurch Studioelemente, vor allem aber auch das Textblatt und die Hände des Redners sichtbar waren, wird jetzt konsequent die Naheinstellung mit halbem Brustbild gewählt, manchmal schon in Richtung ‚Großaufnahme' gehend. Der Kommentator wird dadurch dichter an den Rezipienten herangerückt: Es wird bildlich Nähe durch unmittelbare Ansprache hergestellt. Da diese visuelle Inszenierung auch für einen Großteil der Präsentation des Moderators bzw. der Moderatorin gilt, wird eine weitere semiotische Schiene etabliert, die die Abkopplung des Kommentars von den übrigen Sendeteilen mindert. Hinzu kommt, dass dank des Teleprompters der Kommentator scheinbar frei spricht, so dass auch hier kommunikative Nähe zum Zuschauer inszeniert wird.[12]

---

[11] Faktisch steigert die Einblendung vielleicht auch den Bekanntheitsgrad der meist doch ziemlich unbekannten leitenden Journalisten.

[12] Dank technischer Verbesserungen hat man als Zuschauer jetzt auch meist nicht mehr den Eindruck, als fixiere einen der Sprecher oder schaue haarscharf an einem vorbei. Auch die Augenbewegung beim Ablesen ist jetzt meist sehr unauffällig. Dennoch wäre man ganz froh, wenn ei-

- Die Dauer der Kommentare schwankt (im Korpus von 1997) zwischen gut einer Minute und etwas mehr als zwei Minuten bei einem Mittelwert von 1'40 Minuten, d.h. sie hat sich dem Zeitbudget für Interviews, Statements und Zusatzberichte angepasst. Kommentare sind damit deutlich kürzer geworden: 1975 betrug die durchschnittliche Dauer ziemlich genau drei Minuten, und noch um 1990 lag der Mittelwert bei ca. 2'30 Minuten. Es ist offensichtlich, dass damit die Sonderstellung des Kommentars abgebaut wurde, von den Vorteilen für die Aufmerksamkeitszuwendung und Aufnahmebereitschaft ganz zu schweigen. Der Fluss der Sendung wurde dadurch im Rhythmus gleichmäßiger.

Durch das Zusammenwirken der skizzierten Elemente und Maßnahmen ist es auf der visuellen und sequenziellen Ebene gelungen, den Kommentar als eine Art Ritardando in die Nachrichtensendung so zu integrieren, dass er seine frühere formale Stellung als additives Randelement, als Anhängsel und – in gewisser Hinsicht – als Fremdkörper verloren hat, Eigenschaften, die aus der extrem praktizierten Trennung von Nachricht und Kommentar erwuchsen. Heute ist der TV-Kommentar hinreichend deutlich als solcher gekennzeichnet. Es bedarf keiner besonderen Anstrengung zu bemerken, wo man gerade ist in der Sendung (und sei es, dass man es an der sich ausbreitenden Langeweile bemerkt).

4.2 Interaktionale Einbettung der Sequenz

Unter textlinguistischen Gesichtspunkten ist nun von Interesse zu beobachten, ob und wie die Einbettung des Kommentars in diesem Modell abgearbeitet wird.

An- und Abmoderation als formale Begrenzung des Kommentars hängen, wie wir gesehen haben, mit seiner traditionellen Sonderstellung als meinungsbetonte Textsorte zusammen. Von daher erklärt sich auch die Stereotypie und Formelhaftigkeit dieser Elemente. Die Anmoderation besteht in der Regel aus drei Einheiten: Einem (Rück-) Verweis auf das gerade gesendete Nachrichtenthema, der expliziten Benennung der folgenden Einheit als Kommentar und der namentlichen Nennung des Kommentators (in der ARD mit Senderangabe):

> Zu Helmut Kohl und dem Parteitag der CDU ein Kommentar von Wolfgang Kenntemich vom Mitteldeutschen Rundfunk.

> Der Kanzler und seine Partei: zu dieser unendlichen Liebe ein Kommentar. Thomas Bellut vor Ort in Leipzig.

---

nen der Sprecher auch einmal einen Moment aus den Augen ließe (wie es bei Nachrichtensprechern mit ihrem fiktiven oder tatsächlichen gelegentlichen Blick ins Manuskript längst wieder üblich ist.)

Diese drei Einheiten ersetzen, was in Printmedien durch Layout, Verfassernamen (oder Kürzel) und Thematisierung (in der Kommentarüberschrift oder im Kommentaranfang) gewährleistet ist. Gerade durch die Rückbindung an das Thema wird der TV-Kommentar von dieser sonst notwendig zu bearbeitenden Aufgabe entlastet. Durch die Sendernennung wird zugleich angezeigt, dass der folgende Beitrag zugeschaltet ist und nicht aktuell aus dem Studio kommt.[13]

Nach der Ankündigung folgt ein Schnitt und die MAZ-Einspielung oder die Umschaltung in das Kommentator-Studio. Hier ist nun bemerkenswert (wenn auch nicht verwunderlich), dass der Kommentator in aller Regel unmittelbar und unvermittelt anfängt, seinen Text vorzutragen. Dass keine Thematisierung erfolgt, ergibt sich aus dem Wissen um die Ankündigungs-Konventionen. Aber auch sonst gibt es typischerweise keine ‚einstimmende' Vorbemerkung oder Sprachgeste, kein Signal der Bestätigung für das Rederecht o.ä. und auch nur ganz selten einen Hinweis auf das Vorangegangene (was natürlich am Ehesten bei Live-Kommentaren möglich ist).

Im gesamten Material findet sich dafür nur ein Beleg:

> Bei aller Hochachtung vor Herrn Gauck und der Arbeit seiner Behörde – in einem Punkt kann ich seiner eben vorgetragenen Argumentation nicht folgen, in dem Punkt nämlich … (Klaus Bednarz 1991[14]).

Der unvermittelte Einstieg in den Kommentar, in Verbindung mit dem Verzicht auf eine Ansprache des Zuschauers, könnte dann symbolisch auch den Modus des unmittelbaren Anschlusses an die Moderation repräsentieren. Da es aber in der Regel keinen direkten Anschluss gibt, der nicht thematisch vermittelt wäre, wirkt der Einstieg der Kommentatoren oft drängend und überrumpelnd, oder so, als setzte eine Soloarie ein. Dafür nur ein paar Beispiele (aus Kurz 1996, 175, 176, 180):

> Es ist natürlich Unsinn, wenn … (Martin Schulze 1990)
>
> Diesen Auftritt mußte man sich angetan haben. (Fritz Pleitgen 1991)
>
> Na endlich, auch im fernen Bonn beginnt man die Zeichen der Zeit zu verstehen … (Christoph Singelnstein 1992)

Als Ende des Kommentars kommt gelegentlich eine Überleitung als eine Art Coda vor (was bei Zeitungskommentaren ausgeschlossen ist). Die klassische Formel bei ARD-Kommentaren dafür ist *Und damit zurück (zu XY) nach Hamburg.* Die Stereotypie dieser Formel zur Übergabe des Rederechts wird auch daran deutlich, dass sie nur in einem einzigen Fall sprachlich mit dem Kommentartext verbunden wird. Wieder ist es der Kom-

[13] Dies ist oft auch daran zu bemerken, dass der Moderator die Blickrichtung ändert.

[14] Zit. nach Kurz 1996, 177.

mentar von Klaus Bednarz (1991): Er beklagt am Schluss, dass wir uns *den Verhältnissen in genau jenem Staat* nähern, *den wir gerade so mühevoll abzuwickeln versuchen,* und schließt:

> Zur weiteren Abwicklung der Sendung zurück zu Sabine Christiansen nach Hamburg.

Die sequenzbeendende Abmoderation nach dem Schnitt ist ebenfalls wieder regulär und stereotyp. Sie besteht aus zwei Teilen: Dem expliziten sprachlichen Hinweis, dass es sich beim Vorangegangenen um einen Kommentar gehandelt hat und die namentliche Nennung des Kommentierenden (ggf. mit Senderangabe).

Zusammenfassend kann man vielleicht sagen: Die Integration des Kommentars in die Nachrichtensendung ist in visueller und sequenzieller Hinsicht mittlerweile ziemlich optimal organisiert. Sie hat – im Vergleich mit dem Printkommentar – zu geringfügigen Veränderungen beim Beginn des Kommentars geführt. Die interaktiven Möglichkeiten bei der Ein- und Ausleitung des Kommentars sind jedoch m.E. bisher vernachlässigt: Die Formelhaftigkeit der Moderation und die Einstiegsvarianten des Kommentators wären aufzubrechen, so dass interaktiv realere und ‚natürlichere' Übergänge erreicht werden.

5. Orientierung an den Zuschauern

Kommentare stellen zunächst einmal eine monologische Textsorte dar. Sie werden in der Regel als kleine Kunstwerke geschrieben, sind anspielungs- und pointenreich, mit rhetorischen Figuren und Arabesken gespickt, schwelgen in Metaphern und Bildern, kurz: Kommentatoren feiern mit der Abgabe des Textes zugleich gern ein wenig auch sich selbst. Das wirkt leicht als Attitüde der Abgehobenheit gegenüber dem Publikum. Wenn da nicht der gute journalistische Wille wäre, etwas zu bewegen, aufzuklären und zu verbessern, am öffentlichen Diskurs teilzuhaben und ihn zu befördern: Das fordert kommunikative Nähe und Einbeziehung der Adressatenperspektive. Fragen wir also danach, wie ein TV-Kommentator die notwendigen Aufgaben kommunikativ löst: Er muss verständlich sein, aber auch so anregend, dass man ihn, wie wir gesehen haben, nicht einfach wegzappt. Das betrifft die sprachliche Form des zu sprechenden Textes einerseits und die Weisen der Selbstinszenierung und Adressierung andererseits, d.h. Eigenschaften des real gesprochenen Worts und solche der Einbeziehung des zuschauenden, zuhörenden Publikums.

5.1 Prozeduren der Fingierung von Mündlichkeit

Kommentieren in Massenmedien vollzieht sich traditionell im Medium der Schriftlichkeit. Akustisch hörbare, optisch sichtbare Kommentierhandlungen inszenieren Texte im Medium der Mündlichkeit. Sie sind aber vorher schriftlich formuliert und werden vom Prompter abgelesen: Sie fingieren Mündlichkeit. Aber wegen des Wissens um die künftige fingierte Mündlichkeit gehen bereits beim Schreiben Eigenheiten der Mündlichkeit in die Formulierungen ein. Unsere Beispiel-Analysen haben schon gezeigt, wie TV-Kommentare eine suggestive Mischung von ‚typischen' Kommentiergesten und sprachlich-stilistischen Eigenschaften gesprochener Sprache aufweisen. Der TV-Kommentar ist erwartbar weniger dicht, weniger komplex, weniger in die eigene Formulierungskunst verliebt, sondern mehr an mündlich üblichen Textmustern und -routinen orientiert als der Printkommentar.

Im Anschluss und als Ergänzung der Beobachtungen in den Beispiel-Analysen werden im Folgenden eine Reihe von Erscheinungen zusammengestellt, die tendenziell dem Bereich der gesprochenen Sprache zuzuordnen sind (Schwitalla 1997).[15]

Am aufschlussreichsten (und im Kontext leicht überprüfbar) sind Beobachtungen aus dem gedruckten Auswahlkorpus von H. Kurz (1996, 171-181). Sie lassen sich meist ziemlich einfach kategorisieren:

- Beliebt sind umgangs- oder alltagssprachliche Formulierungen und Ausdrücke:

  Es ist natürlich Unsinn, wenn … (Martin Schulze 1990)

  … mußte man sich angetan haben (Fritz Pleitgen 1991)

  machen wir uns nichts vor (Geri Nasarski 1992)

- und auch entsprechende umgangssprachliche Redewendungen und Formeln:

  Nicht einmal Bayern … stammt vom lieben Gott persönlich (Heinz Burghart 1990)

  zum Teufel gehen, Schindluder treiben (Wilhelm von Sternburg 1990)

  über den Hals kommen (Jürgen Engert 1990)

  ein fauler Kompromiß nach dem anderen (Ulrike Wolf 1991)

  in die Pfanne hauen, Kurve kratzen (Fritz Pleitgen 1991)

- Lebhaftes persönliches Engagement wird durch spontane Ausrufe und emphatische Betonung suggeriert:

  und doch! (Heinz Burghart 1990)

---

[15] Allerdings ohne Anspruch auf Vollständigkeit und Systematik, weil das ein umfangreicheres Korpus und eine hier nicht zu leistende Einzelanalyse erforderte.

Patriotismus? Igittigitt. Was wir lernen müssen … (Jürgen Engert 1990)

na endlich, … (Christoph Singelnstein 1992)

nichts will er gewußt haben, weder vom … noch … (Fritz Pleitgen 1991)

– Beliebt sind auch dialogsimulierende, Zustimmung heischende (oder voraussetzende) Ausdrücke wie

> Gut, mehrfach hat man sich gewünscht …
>
> Klar, es sieht absonderlich aus …,
>
> Sicher, Honecker galt damals …
>
> Habe ich auch mal gedacht (alle Fritz Pleitgen 1991)

auch in vermittelter Redewiedergabe wie bei Jürgen Engert (1990):

> Klein und niedlich haben wir uns gemacht, wollten andere uns in die internationale Pflicht nehmen. Sie wissen doch: gespalten sind wir, Adolf hatten wir – Sie dürfen uns nicht überfordern.

Es ist offenkundig, dass sich die Simulierung von Mündlichkeit im Wesentlichen auf zwei Dimensionen bezieht: einen umgangssprachlicheren Sprachgebrauch sowie dialogisierende Zuwendung und Einverständnis heischende Sprachgesten. Dies ist nicht sehr viel (auch quantitativ nicht). Aber es ist doch bemerkenswert, dass sich kein einziges dieser auf gesprochene Mündlichkeit zielenden Merkmale in den Kommentaren aus dem Jahre 1975 findet (Ringwald 1977). Hingegen finden sich auch in dem 1997 aufgenommenen Teilkorpus eine Reihe Beispiele für Umgangssprachlichkeit wie

> Den Nobelpreis kriegt man dafür nicht (Norbert Klein 1997)
>
> rein in die Kartoffeln, raus aus den Kartoffeln (Michael Zeiß 1997)

und adressateneinbeziehende, dialogsimulierende Floskeln

> sicher, Saddam Hussein hat sein Volk geradezu als Geisel genommen (Kurt Stenzel 1997)
>
> naja, werden Bildungsbürger sagen, das kennen wir doch … (Gerd Krug 1997)

Man kann also insgesamt sagen, dass wohl eine Entwicklung des TV-Kommentars stattgefunden hat: Der Zwang zum Sprechen des Kommentars hat dazu geführt, dass er sich von der ausschließlichen Schriftsprachlichkeit ein wenig wegentwickelt hat und mit Hilfe verschiedener Prozeduren ansatzweise Elemente einer alltagssprachlichen Mündlichkeit zulässt.

5.2 Image-Inszenierung

Weil der TV-Kommentar sich an Zuschauer wendet, präsentiert sich der Kommentator nicht (nur) als Kompetenter, sondern vor allem als Person. Als Person (und nicht nur qua Funktion) muss er oder sie vertrauenswürdig und glaubhaft sein. Das spiegelt sich sichtbar in der Mimik: In aller Regel Ernsthaftigkeit pur: kein Lächeln, keine Rührung, keine Erregung; nichts davon, höchstens die mediengebräuchliche Betroffenheitsmiene oder eine angehobene Augenbraue.

Das spiegelt sich aber auch, für unseren Zusammenhang relevanter, in Sprachgesten: Hochfahrende Formulierungen, wie sie sich in Nachkriegszeitungskommentaren finden wie *Man möchte dem Kanzler Glück wünschen für* ... oder für Kommentarphrasen vom Typ *Es steht zu hoffen, dass* ... wirken, hörbar und sichtbar gesprochen, so lächerlich, dass die Autorität des Fernsehkommentators dahin wäre (Ramge 1998). Das hat zu tun mit der Inszenierung von Glaubwürdigkeit: Herunter vom hohen Kommentator-Ross, hinweg mit dem besserwisserisch erhobenen Zeigefinger, hin zur bescheideneren Geste des Aufklärens, des Vermittelns. Die Differenz zwischen Kompetenzanspruch und Einbeziehung des Rezipienten, die im Printkommentar meist zugunsten der Kompetenzattitüde ausfällt, hat beim TV-Kommentar wenigstens eine Chance, zugunsten der Rezipientenorientierung entschieden zu werden. Die beobachteten Prozeduren fingierter Mündlichkeit sind in diesem Sinne als der Ausdruck des Bemühens zu betrachten, kommunikative Nähe zu den Zuschauern herzustellen.

5.2.1 *ich* und *wir*

Ein äußerst aufschlussreicher sprachlicher Indikator dafür ist die ziemlich häufige Verwendung des Personalpronomens *ich*, das in Zeitungskommentaren so gut wie nie verwendet wird (Ramge 1991). Dieses *ich* ist in TV-Kommentaren von Anfang an zu beobachten: Schon im Eröffnungskommentar von Helmut Hammerschmidt 1964 verwendet er dreimal *ich* (Kurz 1996, 191). Dafür jeweils nur ein Beispiel aus jedem Teilkorpus:

> Aber ich habe den Eindruck, daß ... (Eberhard Kuhrau 1975[16])

> Ich habe weder einen Koffer in Berlin noch ein Häuschen in Bonn – insofern habe ich gut reden (Ulrike Wolf 1991)

> (gäbe es ein Streikrecht für uns Bürger:) Ich bin sicher, alle säßen längst wieder an einem Tisch (Wolfgang Kenntemich 12.11.97).

---

16 Zit. nach Ringwald 1977, 87.

Der *wir*-Gebrauch, der in Zeitungskommentaren häufig diffus auch das Kommentator-*Ich* abdeckt, bekommt so in TV-Kommentaren häufig seine gruppencharakterisierende Bedeutung zurück. Dafür zwei Beispiele von 1997: Der gerade zitierte Kommentar von Wolfgang Kenntemich beschäftigte sich mit den fruchtlosen Parteiverhandlungen in Bonn und endete in einem Appell:

> Aber eines können wir natürlich tun: Wir rufen alle gleich morgen früh unsere Wahlkreisabgeordneten an und machen ihnen die Hölle heiß, weil wir uns diesen unsinnigen Stillstand nicht bis nach der Bundestagswahl bieten lassen wollen.

Dies ist der einzige Fall im Korpus, wo klar und eindeutig zu einer Aktion aufgerufen wird, ist auch untypisch für die derzeitige Kommentierpraxis. Aber eindeutig gemeint sind mit *wir:* der Kommentator und die Zuschauer.[17]

Der zweite Fall ist kommunikationstheoretisch interessanter. Am Abend zuvor hatte Helga Kirchner vom WDR einen Kommentar zum Luxemburger Gleichstellungs-Urteil so beschlossen:

> unser Traum von der Hälfte des Himmels wird aber durch Quoten allein nicht wahr ... deshalb bekommen wir die Hälfte des Himmels nur, wenn wir endlich auch die politische Macht teilen. Und damit zurück nach Hamburg.

Hier wird die *wir-* bzw. *uns*-Form ohne weitere Erläuterung geschlechtsspezifisch (*wir Frauen*) verwendet, eingebettet in eine Anspielung. In einem Print-Kommentar wäre dieser Text einigermaßen unverständlich, weil ja kaum jemand bei einem Kommentar zuerst auf den Autor(inn)ennamen schaut. Im TV-Kommentar ist genau das unüberhörbar und unübersehbar, so dass die visuelle Präsentation semiotisch die Verstehbarkeit gewährleistet.

5.2.2 Anrede

Die Zuwendung zum (fiktiven) Zuschauer, wie sie sich in den skizzierten sprachlichen Gesten zeigt, findet ihren deutlichsten Ausdruck in der direkten Anrede, eine Prozedur, die dem Zeitungskommentar völlig fehlt. Allerdings finden sich in unserem Material solche direkten Zuschauer-Anreden nur in den Teilkorpora 1975 und 1989-1992:

> Und heute abend nun, meine Damen und Herrn, ist des europäischen Jubelns kein Ende (Hans Gresmann 1975[18] über das britische EG-Referendum)

---

[17] Ich habe übrigens am nächsten Morgen die Parteibüros der CDU, SPD und FDP in Gießen angerufen und mich nach der Resonanz erkundigt: Das (nahe liegende) Ergebnis könnte Kommentatoren lebhaften Anlass zum Nachdenken über den Sinn ihrer Tätigkeit geben.

[18] Zit. nach Ringwald 1977, 85.

> Es rächt sich eben bitter, liebe Zuschauer, wenn vernünftige Ordnungspolitik zum Teufel geht, weil ... (Wilhelm von Sternburg 1990 zur vorgezogenen Bundestagswahl 1990).

Kommunikativ ist die Zuschauer-Ansprache ambivalent: Einerseits spiegelt sie das Bemühen um die Herstellung eines als persönlich gemeinten Bezugs, andererseits hebt sie die Sonderstellung des Kommentars in der laufenden Sendung hervor. Es ist deshalb vielleicht kein Zufall, dass sich in den Aufnahmen von 1997 keine solchen Anreden mehr finden.

Zusammenfassend kann man vielleicht sagen, dass der TV-Kommentar beginnt, sich durch strukturelle Eigenschaften vom Print-Kommentar abzunabeln. Die durch die Zwänge des mündlichen Vortrags und die akustisch-optische Präsentation bedingten Veränderungen führen im sprachlich-stilistischen Bereich erkennbar zu einer Annäherung an alltäglichere, weniger abgehobene Sprachgebräuche und erzwingen eine stärkere Berücksichtigung der Rezipientenperspektive, so dass (scheinbar) eine zuschauerfreundliche Kommunikationsstruktur inszeniert wird.

6. Fazit

Es ist dies eine Tendenz, die von einigen Journalisten gefördert, von anderen eher vermieden wird. So scheint es mir bisher durchaus nicht festzustehen, dass sich die zuschauerorientierten Prozeduren tatsächlich so verfestigen, dass sie irgendwann zu den Kommentierstandards des Fernsehens gehören. Erst dann könnte man davon sprechen, dass der TV-Kommentar auch als Textmuster eine eigenständige Variante innerhalb der verschiedenen Kommentar-Formen darstellt. Die historischen Veränderungen in den letzten Jahrzehnten geben jedoch Anlass zu dieser Erwartung: Der früher im Fernsehen einfach verlesene schriftliche Kommentar, der genausogut hätte gedruckt werden können, ist passé. Es hat sich ein Kommentarstil entwickelt, der den spezifischen Anforderungen des Mediums tendenziell gerecht werden will. Es lässt sich m.E. recht deutlich zeigen, dass dies im Hinblick auf die Zuschauerorientierung bisher besser gelungen ist als im Hinblick auf die interaktive Integration in den Sendeablauf: Hier sind wohl die formalen Prozeduren weitaus besser entwickelt.

In dem Maße, in dem sich der Kommentar in seiner kommunikativen Organisation als zuschauerorientiert entwickelt, wird er auch – an ein disperses Massenpublikum gerichtet – immer stärker der Orientierungsfunktion zuneigen. In dieser Hinsicht entwickelt er sich parallel zum Zeitungskommentar: Auch Printkommentatoren verzichten heute viel häufiger als früher auf den Anspruch, regulierend auf den öffentlichen Diskurs einzuwirken und verstehen sich eher als journalistische Vermittler in der Sinndeutung einer komplexen Welt (Ramge 1998).

Diese insgesamt durchaus positiv einzuschätzende Entwicklung des TV-Kommentars wird am ehesten gefährdet durch die anscheinend fortschreitende Tendenz, nur noch Inhaber hoher Senderchargen zu Wort kommen zu lassen. So erfreulich (und eigentlich selbstverständlich) es ist, dass TV-Kommentare auch häufiger von Frauen präsentiert werden – was in Tageszeitungen immer noch eher die Ausnahme ist – und so wenig das ehrenwerte politische Engagement und das journalistische Know-how dieser Kommentatorenriege in Frage gestellt werden soll, so sehr vermisst man aber doch häufig den Biss, die Attraktivität, auch die Ungeschütztheit, die das Hören (und Sehen) eines Kommentars erst lohnend machen. Viel zu viele TV-Kommentare sind freundlich zuschauerorientiert, entsprechen den Standards, sind aber schlicht langweilig. Viel wäre gewonnen, kämen (wieder) engagierte aktive politische Redakteure, Reporter und Korrespondenten, vor allem auch jüngere Journalisten und Journalistinnen zu Wort und ließe man zu, dass ein Kommentar auch einmal ins Auge gehen oder Ärger machen kann.

Denn in der Flut der medialen Angebote ist heute weniger denn je klar, ob die Textsorte Kommentar überflüssig ist oder nicht, ob sie ungebührlich überschätzt wird (als Reflex der pressegeschichtlichen Tradition als ‚Königsdisziplin' vor allem von den medial Beteiligten) oder ungebührlich unterschätzt wird (von gelangweilten Zuschauern, kurz vor dem Wegzappen).

Literatur

Kurz, H. (1996): Die Wiedervereinigung im Spiegel der „Tagesthemen"-Kommentare von 1988 bis 1996, Frankfurt.

Posner, R. (²1980): Theorie des Kommentierens, Wiesbaden.

Ramge, H. (1991): Dialogisches in politischen Zeitungskommentaren. In: Stati, S./Weigand, E./Hundsnurscher, F. (Hrsg.), Dialoganalyse III, T. 2, Tübingen, 217-229.

Ramge, H. (1994): Auf der Suche nach der Evaluation in Zeitungskommentaren. In: Moilanen, M./Tiittula, L. (Hrsg.), Überredung in der Presse, Berlin/New York, 101-120.

Ramge, H. (1998): Vom Verschwinden des Kommentators im Kommentar. In: Tagungsband Germanistentag Bonn 1997, i.D. Bielefeld.

Ramge, H./Schuster, B.-M. (i.D.): Kommunikative Funktionen des Zeitungskommentars. In: Straßner, E. u.a. (Hrsg.), Handbuch Medien (i.D.), Berlin/New York.

Ringwald, E. (1977): Die politischen Kommentare in der Spätausgabe der ARD-Nachrichtensendung „Tagesschau". Zulassungsarbeit Ms., Tübingen.

Schönbach, K. (1977): Trennung von Nachricht und Meinung, Freiburg.

Schwitalla, J. (1997): Gesprochenes Deutsch: eine Einführung, Berlin.

Otto Winkelmann

Französische Anzeigenwerbung im Wandel der Zeit

1. Einleitung

Werbung ist eine prägende Erscheinung der modernen Industriestaaten, der sich niemand entziehen kann. Werbung umgibt uns täglich in vielfältiger Form, sei es in Form von Plakaten, die wir wahrnehmen, wenn wir mit dem Auto durch die Stadt fahren oder durch eine Einkaufsstraße gehen, sei es in Form von Anzeigen, die wir überfliegen, wenn wir Zeitung lesen oder eine Zeitschrift aufschlagen. Die meisten Rundfunk- und Fernsehprogramme werden in bestimmten Zeitabständen durch Werbebotschaften unterbrochen, Werbebriefe füllen regelmäßig unsere Briefkästen, und es kann sogar vorkommen, daß wir in unserer Freizeit durch Telefonwerbung gestört werden. Marktforschungsinstitute haben festgestellt, daß deutsche Verbraucher tagtäglich mit durchschnittlich rund 2.000 Werbebotschaften unterschiedlichster Form konfrontiert werden, von denen natürlich nur ein sehr geringer Prozentsatz bewußt wahrgenommen und ein noch geringerer Prozentsatz erinnert wird. In Frankreich liegt diese Zahl etwas niedriger, in den Vereinigten Staaten liegt sie mit etwa 3.000 Werbebotschaften pro Tag deutlich höher. Die Verbraucher sind der Werbung allerdings nicht völlig ausgeliefert. Sie können sie ignorieren – mit der Auswirkung, daß die Werbetreibenden ihre Anstrengungen noch erhöhen.

Werbung ist mit vielen Bereichen des öffentlichen und privaten Lebens so eng verflochten, daß sie kaum mehr wegzudenken ist. Es gibt Gebiete, in denen heute ohne Werbung fast nichts mehr geht, denken wir zum Beispiel an das Fernsehen, den Rundfunk, die

Presse oder an Sportveranstaltungen, die sich zum größten Teil über Werbeeinnahmen finanzieren. Vor allem aber ist Werbung das Schmiermittel, das die modernen Produktions- und Dienstleistungsgesellschaften in Gang hält, denn ohne entsprechende Werbung kann eine Massenproduktion nicht aufrechterhalten und eine breit angebotene Dienstleistung nicht bekannt gemacht werden. Die volkswirtschaftliche Bedeutung der Werbung wird deutlich, wenn man sich vor Augen führt, daß in Deutschland jährlich über 50 Milliarden DM für Werbemaßnahmen ausgegeben werden. In Frankreich wurden 1995 über 140 Milliarden Francs in die Werbung investiert (vgl. *Quid* 1995, 1602). Gleichgültig ob man Werbebotschaften als „geheime Verführer“ (Packard 1977) brandmarkt oder ob man Werbung als „Demokratisierung des Konsums“ verherrlicht, das Phänomen Werbung betrifft uns alle, und gerade die Linguistik – im Verbund mit Psychologie, Soziologie und Betriebswirtschaftslehre – tut gut daran, sich mit ihr kritisch auseinanderzusetzen.

Werbung ist nicht gleich Werbung. Es gibt viele Faktoren, die Unterschiede in Konzeption und Vertextung einer Werbebotschaft bedingen: Da sind zunächst einmal die Werbemedien, genauer gesagt Werbeträger (Zeitung, Zeitschrift, Plakatfläche, Rundfunk, Fernsehen oder Film), die die Werbebotschaft an die Verbraucher herantragen, und Werbemittel (Anzeige, Plakat, Werbespot, Broschüre oder Prospekt), die der Werbebotschaft ihre äußere Form geben. Die Realisierung einer Werbebotschaft hängt in erster Linie von den Rezeptionsbedingungen und von den Informationskanälen ab. Die Kontaktzeit eines Plakates ist in der Regel viel kürzer als diejenige einer Zeitschriftenanzeige. Während ein Rundfunkwerbespot nur akustisch wirken kann, stehen einem Fernsehwerbespot Sprache, Schrift und bewegte Bilder zur Umsetzung des Werbeappells zur Verfügung.

Ferner ist nach Branchen und innerhalb der Branchen nach Warengruppen zu differenzieren. Für langlebige und relativ teure Gebrauchsgüter, wie zum Beispiel Automobile, muß anders geworben werden als für kurzlebige Verbrauchsgüter, wie zum Beispiel Zahnpasta oder Waschmittel. Für PCs wird anders geworben als für Lebensmittel, für Möbel anders als für Mineralwasser usw. Werbeanzeigen für Pflegeprodukte weisen in der Regel einen längeren Text auf, in dem auf die besondere Wirkung des Produkts, auf spezielle Inhaltsstoffe oder auf Hautverträglichkeit hingewiesen wird. Werbung für Parfums hingegen ist extrem textarm und häufig auf eine Abbildung und den Marken- oder Firmennamen beschränkt.

Eine interkulturell angelegte Analyse von Werbebotschaften fördert zahlreiche Unterschiede zu Tage. Was in Deutschland werbewirksam ist, muß dies in Frankreich keineswegs sein und umgekehrt. Bei der Werbung für bestimmte Warengruppen, wie z.B. Tabakwaren oder alkoholische Getränke, gelten unterschiedliche rechtliche Vorschriften. So darf beispielsweise Alkoholwerbung in Frankreich keine Erlebniswerte thematisieren – es dürfen also keine Menschen zu sehen sein, aus deren beschwingter Mimik und Gestik man schließen könnte, daß der Genuß von Alkohol sie in diese Stimmung versetzt hätte –, und sie muß mit folgendem Zusatz versehen sein: *L'abus d'alcool est dangereux pour la santé, consommez avec modération.* Natürlich ist Werbung kein direktes Abbild der Kultur, jedoch hinterläßt die Kultur einer (Sprach)Gemeinschaft Spuren in ihr:

> La publicité est le reflet culturel du pays pour lequel elle est conçue. En effet, inciter les consommateurs potentiels à acheter un produit nécessite de le présenter dans un contexte connu avec un message aisément déchiffrable (Runge/Sword 1994, 14).

Werbung muß die Zielgruppe berücksichtigen, für die das beworbene Produkt in erster Linie konzipiert ist. Für Wagen der Luxusklasse beispielsweise wird anders geworben als für Kleinwagen, da die jeweiligen Fahrzeugtypen verschiedene Käuferschichten ansprechen. Zwei Faktoren springen sogleich ins Auge: Die in den Anzeigen erscheinende Wagenfarbe von Automobilen der gehobenen Klasse ist in der Regel dunkel oder gedeckt; Kleinwagen hingegen werden häufig in leuchtend bunten Farben abgebildet. Bei Wagen der Luxusklasse wird so gut wie nie ein Verkaufspreis in der Anzeige angegeben, bei Kleinwagen sind Preisangaben hingegen häufig.

Selbstverständlich gibt es auch deutliche zeitliche Unterschiede. Wenn man die Gelegenheit hat, Anzeigen oder Plakate früherer Zeiten anzuschauen, bemerkt man schnell konzeptionelle Unterschiede, z.B. was die Präsentation des Produkts oder die Gestaltung des Werbetextes betrifft. Sprachlicher Wandel, Veränderungen im Sprachnormbewußtsein und vor allem der Wertewandel einer Gesellschaft gehen an der Werbung nicht spurlos vorüber. Auch die im Laufe der Zeit sich weiterentwickelnden technischen Möglichkeiten wirken sich auf die Gestaltung von Werbebotschaften aus.

Aus dem Gesagten geht hervor, daß Werbebotschaften medienspezifische, produktspezifische, kulturspezifische, zielgruppen-spezifische und epochenspezifische Unterschiede aufweisen. Letzterer Gesichtspunkt soll im folgenden anhand ausgewählter französischer Werbeanzeigen des Automobilherstellers Peugeot der letzten 100 Jahre exemplarisch vertieft werden.

2. Die Bestandteile einer Werbeanzeige

Bevor man den Wandel der Anzeigenwerbung untersuchen kann, muß man überlegen, welches die Bestandteile von Anzeigen sind, die sich ändern können. In der Regel besteht eine Werbeanzeige aus fünf Komponenten, und zwar aus der Abbildung, der Schlagzeile (auch Überschrift oder Headline genannt), dem Fließtext, dem Slogan und dem Marken- bzw. Produktnamen, der häufig mit dem Firmenlogo verbunden ist.

Die Abbildung dient als Blickfang. Sie wird in der Regel als erstes und am längsten betrachtet. Das Bild soll die Aufmerksamkeit des Lesers auf sich ziehen und dafür sorgen, daß der Leser die Lektüre oder die Durchsicht einer Zeitung oder einer Zeitschrift kurzfristig unterbricht und sich der Werbebotschaft widmet.

Die Schlagzeile oder Headline der Anzeige umfaßt eine, selten mehrere Zeilen, die typographisch hervorgehoben und vom Fließtext abgesetzt sind. Meist findet sich die Headline im oberen Drittel der Anzeige über oder unter der Abbildung. Sie hat Appellfunktion, d.h. sie soll die Aufmerksamkeit der Leser, die in der Regel durch die Abbildung geweckt wird, auf sich ziehen und zum Lesen des Anzeigentextes anregen. Headlines weisen oft auf Neuheiten hin oder enthalten Produktversprechen. Häufig sind sie humorvoll gestaltet oder regen zum Nachdenken an.

Der Fließtext stellt den Haupttext der Anzeige dar. In ihm wird die persuasive Argumentation entfaltet. Er enthält nähere Angaben zum beworbenen Produkt, erklärt seine Eigenschaften oder Anwendung, beschreibt die Bedürfnisse, die durch den Erwerb des Produktes befriedigt werden können oder informiert über die Bezugsquellen des Werbeobjekts. Gelegentlich erläutert der Fließtext auch den Zusammenhang von Abbildung und Headline, falls dieser nicht auf den ersten Blick erkennbar ist.

Der Slogan faßt kurz und bündig zusammen, was Abbildung, Headline und Fließtext ausgedrückt haben. Er ist in der Regel vom Fließtext abgesetzt, typographisch auffällig gestaltet und bildet entweder allein oder zusammen mit dem Marken- oder Produktnamen die Schlußzeile der Anzeige. Üblicherweise wird der Slogan längere Zeit beibehalten, damit er sich durch den Wiederholungseffekt im Gedächtnis der Konsumenten verankert. Die Eigenständigkeit des Slogans kann sogar soweit gehen, daß er sich vom Produkt ablöst und sich sprachlich verselbständigt (vgl. z.B. im Deutschen: „Nicht immer, aber immer öfter...“).

Der Markenname und der Produktname individualisieren das Produkt, für das geworben wird und machen es dadurch unverwechselbar (vgl. Eichholz 1995, 70). Sie haben mnemotechnische Funktion, denn der Kunde soll sich vor seiner Kaufentscheidung an den Namen des Produktes erinnern. Häufig werden Marken- bzw. Produktname von einem Firmenzeichen, dem sog. Logo, einer Mischung aus ikonischen und graphischen Elementen, begleitet.

Viele Anzeigen, insbesondere solche der Automobilbranche weisen zusätzlich zu den oben genannten fünf Grundbestandteilen einer Werbeanzeige außerhalb des Fließtextes stehende kleingedruckte Zusätze mit weiterführenden Angaben, sog. *Hors textes* (Kaeppel 1987, 100), auf. Gelegentlich erscheint auch ein Coupon, der den Kunden die Möglichkeit bietet, eine Bestellung vorzunehmen oder zusätzliche Informationen anzufordern. Anstelle der Coupons wird heute vielfach eine Telefonnummer (*numéro vert* für einen kostenlosen

Anruf) oder eine Internetadresse angegeben, die den Interessenten eine *feedback*-Möglichkeit einräumen.

3. Veränderungen im Aufbau der Anzeigen

Im folgenden möchte ich anhand einiger ausgewählter Anzeigen veranschaulichen, wie sich die visuellen und verbalen Bausteine der Anzeigen im Laufe der letzten 100 Jahre verändert haben.[1]

3.1 Die äußere Form der Anzeigen und das Verhältnis der Anzeigenbausteine zueinander

In den ersten beiden Jahrzehnten der Automobilwerbung waren Kleinanzeigen üblich, die, oft nur durch eine einfache Balkenumrandung abgetrennt, mit etlichen anderen Anzeigen eine Zeitungsseite füllten (Abbildung 1, 1895). Ab 1920 setzt sich in der Werbung der Fa. Peugeot die ganzseitige Anzeige durch. Damit wurde die Aufmerksamkeit der Leser beim Betrachten einer Seite ausschließlich auf das beworbene Produkt gelenkt. Diese Anzeigenkonzeption behält die Firma bis in die sechziger Jahre bei. In den siebziger Jahren kommen doppelseitige Zeitschriftenanzeigen auf, deren Zahl schnell ansteigt und die in den achtziger Jahren fast die Hälfte der Anzeigenwerbung der Fa. Peugeot ausmachen. Heute sind auch dreiseitige Anzeigen in der Automobilwerbung keine Seltenheit mehr. Dabei dient eine rechts plazierte Seite gewissermaßen als Aufmacher, und die darauf folgende Doppelseite stellt dann ein bestimmtes Fahrzeug vor. Die äußere Form der Automobilanzeigen wird im Laufe der Zeit immer aufwendiger, wobei die zwanziger und die siebziger Jahre deutliche Zäsuren darstellen.

Der Anteil des Bildes an der Gesamtfläche der Anzeige ist zunächst noch relativ klein. Er schwankt bis 1920 zwischen knapp einem Drittel und ungefähr der Hälfte der Anzeigenfläche. Erst ab den zwanziger Jahren schiebt sich das Bild allmählich in den Vordergrund, und ab den sechziger Jahren dominiert die Abbildung einzelner Fahrzeugtypen eindeutig die Automobilanzeigen. Der Fließtext tritt nur optisch in den Hintergrund, er nimmt mit der Zeit an Umfang zu, wird jedoch kleiner gesetzt.

---

1 Das zugrundegelegte Korpus umfaßt 100 Werbeanzeigen der Fa. Peugeot des Zeitraums 1895-1995.

Außer der Abbildung sind von Anfang an die Schlagzeile und selbstverständlich der Markenname durchgängig vorhandene Bestandteile der Anzeigenwerbung der Fa. Peugeot. Ein ausgeprägter Fließtext und ein Slogan fehlen in den ersten beiden Jahrzehnten noch. Beginnend mit den dreißiger Jahren nimmt die Anzahl der Anzeigen mit Fließtext deutlich zu, und ab 1970 hat sich der Fließtext in den Automobilanzeigen der Fa. Peugeot fest etabliert, während der Slogan noch in den siebziger Jahren keine Selbstverständlichkeit ist. Zwei Drittel der Anzeigen dieses Jahrzehnts weisen keinen Slogan auf.

Heute sind jedoch Headline, Fließtext und Slogan feste Bestandteile der Peugeot-Automobilanzeigen. Die Vorkommenshäufigkeit von Fließtext und Slogan in den Anzeigen der Fa. Peugeot im Laufe der letzten 100 Jahre wird durch folgende Grafik (Diagramm 1) veranschaulicht:

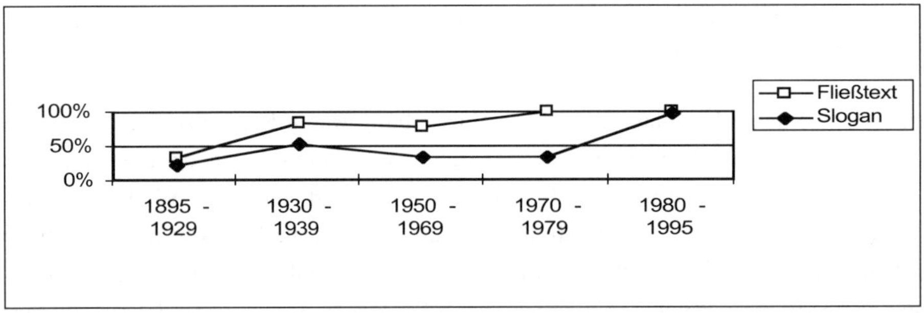

Diagramm 1: Entwicklung der Anzeigenelemente Fließtext und Slogan in den Werbeanzeigen von 1895-1995

Der Umfang der sprachlichen Bestandteile der untersuchten Automobilanzeigen, d.h. die Wortanzahl, nimmt kontinuierlich zu, und zwar von knapp unter 50 Wörtern pro Anzeige im Zeitraum von 1895 bis 1929 bis auf einen Wert zwischen 150 und 200 Wörtern zu Beginn der siebziger Jahre, der bis heute ungefähr gleich geblieben ist, wie die folgende Grafik (Diagramm 2) zeigt:

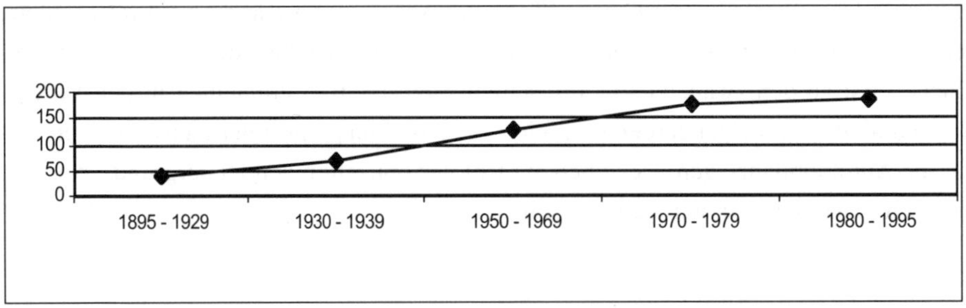

Diagramm 2: Entwicklung der durchschnittlichen Wortanzahl pro Anzeige von 1895-1995 bei Peugeot

Die geringe Wortanzahl der frühen Automobilanzeigen liegt daran, daß der sprachliche Anteil in den Anzeigen der ersten dreißig Jahre hauptsächlich Herstellernamen, Fahrzeugtypen, die eine oder andere technische Angabe, sowie Adressangaben und Kataloghinweise umfaßte.

1911 erscheint zum ersten Mal der Löwe als Firmenemblem auf den Anzeigen. Das Wappentier wird in den folgenden Jahrzehnten nur sporadisch genutzt (z.B. 1913, 1937), taucht aber in den fünfziger Jahren wieder regelmäßig in den Peugeot-Anzeigen auf. In stark veränderter, stilisierter Form wird er dann seit 1981 neben den Markennamen gesetzt. In deutschsprachigen Fernsehwerbespots für den Peugeot 806 wurde das Firmenemblem sogar als Erkennungszeichen der Peugeot-Automobile aus kindlicher Sicht thematisiert.

3.2 Die Abbildung

Bis Ende der zwanziger Jahre besteht der Bildteil der Anzeigen aus Zeichnungen, Stichen oder Lithographien, die schwarzweiß abgedruckt sind (Abbildung 2, 1923). In den dreißiger Jahren werden vereinzelt Fotos verwendet; in den fünfziger Jahren dominiert das Schwarzweißfoto. Die von Peugeot früher eingesetzten Zeichnungen verschwinden in den sechziger Jahren ganz. Ab dem Beginn der siebziger Jahre erscheinen nur noch farbige Abbildungen, wobei die Farbtöne und Farbkombinationen nach werbepsychologischen Erkenntnissen ausgewählt werden.

Bis kurz vor dem Ersten Weltkrieg stellen die Abbildungen nur einzelne Fahrzeugtypen in Seitenansicht dar. 1913 erscheint die erste Anzeige, die ein fahrendes Auto zeigt, in dem Menschen sitzen. Den Hintergrund bildet eine Straßenansicht der Pariser *Avenue du Bois de Boulogne*. Ab den zwanziger Jahren legt Peugeot Wert auf eine künstlerische Gestaltung der Anzeigen (vgl. Abbildung 2, 1923). Gleichzeitig werden die Automobile verstärkt in einen situativen Kontext hineingestellt; zuerst tauchen Personen auf, die in das Fahrzeug einsteigen oder mit ihm fahren, später erscheinen auch Landschaften als Bildhintergrund. Dieser Trend, das Auto als Partner des Menschen darzustellen, wird in den fünfziger und sechziger Jahren beibehalten.

Seit dem Beginn der siebziger Jahre werden Peugeot-Fahrzeuge auch in voller Fahrt abgebildet, was man an der Kurvenneigung erkennen kann. Dadurch gewinnt die Abbildung an Dynamik und zieht noch stärker als eine statische Darstellung die Aufmerksamkeit der Betrachter auf sich. Überhaupt bricht mit den siebziger Jahren für Peugeot eine neue Ära der Anzeigengestaltung an. Die Firma setzt ab dieser Zeit verstärkt auf die emotionale Wirkung des Bildes; der Bildhintergrund evoziert Erlebniswerte, die die Betrachter mit dem Auto in Verbindung bringen sollen.

3.3 Die Headline

In den ersten drei Jahrzehnten der Peugeot-Anzeigenwerbung, von 1895 bis 1925, dient die Headline nur dazu, die in der Abbildung gezeigten Fahrzeuge zu benennen und zu identifizieren. Die Bildüberschrift enthält von zwei Ausnahmen abgesehen entweder den Firmennamen (*Société des Automobiles Peugeot*) oder den Markennamen *Peugeot* oder die Namen von Fahrzeugtypen, wie z.B. *Voiturette Lion*, *La quadrilette*, *La Camionnette* oder einfach aus der Motorstärke abgeleitete Typenbezeichnungen, wie z.B. *La 10 HP* oder *La 18 ch.*

Dies ändert sich ab der zweiten Hälfte der zwanziger Jahre. 1926 taucht zum ersten Mal eine Schlagzeile auf, in der ein Produktwertversprechen gegeben wird: *Un bon placement* (Abbildung 3). Der Kauf eines Peugeot-Fahrzeugs wird als gute und sichere Geldanlage hingestellt. Die Überschrift wird durch das Bild veranschaulicht, bzw. die Headline deutet darauf hin, daß die für sich allein betrachtet unrealistische Zeichnung in einem übertragenen Sinn zu verstehen ist. Der Fließtext liefert anschließend die Begründung für die Schlagzeile.

Besonders gelungen ist eine Headline, wenn sie Bild und Fließtext inhaltlich verklammert und obendrein noch mehrere Deutungen zuläßt, deren Aufdeckung dem Leser Vergnügen bereitet (Abbildung 4). In dieser Anzeige aus dem Jahre 1931 erscheint als Schlagzeile *trois réflexions ...*, das nicht nur ‚drei Überlegungen', sondern auch ‚drei Spiegelungen' bedeutet. Die Abbildung zeigt den Peugeot 201 vor drei Spiegeln, auf denen der Wagen aus unterschiedlicher Perspektive zu sehen ist und an deren oberem Rand Fragen eingetragen sind, die sich potentielle Käufer des Wagens stellen. Am unteren Rand des Bildes erscheint der Ausdruck ... *une solution*, der durch die Fortführungspunkte an die Bildüberschrift anknüpft. Der knappe Text der Anzeige läuft auf den Namen des Fahrzeugtyps 201 zu, der die Lösung der drei im Bild gestellten Fragen darstellt. In dieser Anzeige bilden die visuellen und verbalen Bausteine eine gelungene Komposition.

Neue Wege schlägt eine Anzeige aus dem Jahre 1937 ein. Hier besteht die Headline aus einem zweigeteilten Wegweiser, der in das Bild einbezogen ist und auf dem ein gutgemeinter Ratschlag steht: *Ne quittez pas la route ...* (Abbildung 5). Das abgebildete Fahrzeug befolgt diesen Ratschlag scheinbar nicht; es verläßt die Straße, aber nur um wie auf Schienen noch sicherer zu fahren. Die Bildunterschrift greift wie im vorangehenden Beispiel die Headline auf und führt sie inhaltlich fort: ... *Roulez entre deux rails avec une Peugeot!* Überschrift und Unterschrift ergeben einen zusammengesetzten Aufforderungssatz, der aus einem negativen und einem affirmativen Teil besteht.

Von den fünfziger bis zu den achtziger Jahren weist die Headline der Automobilanzeigen der Fa. Peugeot zumeist auf neue Fahrzeugtypen, auf technische Neuerungen oder auf Produktvorteile hin. In den neunziger Jahren fallen einzelne Headlines auf, die „sachfremd" gestaltet sind. Erst wenn die Schlagzeile, das Bild und der Fließtext aufeinander bezogen werden, wird die Werbeaussage klar (Abbildung 6). Der Betrachter muß selbst den Zusammenhang zwischen der „Linienführung" des abgebildeten Fahrzeugs, den „Linienrichtern", auf die die Headline hinweist, und dem Sondermodell 306 Roland Garros herstellen. Der Produktname spielt auf das berühmte Pariser Tennisstadion an, das nach dem französischen Flugpionier Roland Garros (1888-1918) benannt wurde.

Auch die in einer Anzeige des Jahres 1995 verwendete zweizeilige Überschrift *Huit saucisses. La voiture que les enfants conseillent à leurs parents.*[2] regt zum Nachdenken an. Die Abbildung zeigt ein Kind, das dem Betrachter einen Teller mit acht Würstchen entgegenhält. Die erste Zeile ist das Ergebnis einer kindlichen Verballhornung oder wenn man so will einer volksetymologischen Umdeutung der Zahl 806 [ɥisãsis], mit der ein Vorschulkind begrifflich noch nichts anfangen kann und daher zu dem anschaulichen *huit saucisses* ‚acht Würstchen' greift.

3.4 Der Fließtext

Die frühen Anzeigen der Fa. Peugeot enthalten noch keinen Fließtext im heutigen Sinne. Der sprachliche Teil der Anzeigen setzt sich üblicherweise zusammen aus dem Markennamen, der als Überschrift dient, der einen oder anderen technischen Angabe, wie z.B. *avec moteur à essence de pétrole* (1895), *Moteur horizontal A 2 Cylindres parallèles* (1903), *Freins sur roues avant* (1921) sowie Leistungsangaben, wie z.B. *de 4 à 15 chevaux* (1903). Hinzu kommen Firmenname, Firmenanschrift und Fabrikationsstandort, ein Hinweis auf den kostenlosen Bezug des Katalogs sowie gelegentlich Preisangaben. Bis zum Ersten Weltkrieg werden Wettbewerbe, an denen Peugeot-Automobile erfolgreich teilgenommen haben, Preise, die sie errungen haben, und Rekorde, die sie aufgestellt haben, besonders hervorgehoben. Diese Angaben fungieren als Vorform des Fließtextes (vgl. Abbildung 1): *PREMIER PRIX : Concours du Petit Journal* (1894), *PREMIER PRIX : Course Paris-Bordeaux* (1895).

Nur ein Drittel der Anzeigen, die zwischen 1895 und 1929 geschaltet worden sind, enthält einen Fließtext. In den dreißiger Jahren steigt der Anteil der Anzeigen, die über einen Fließtext verfügen, bis auf über vier Fünftel stark an, und der Fließtext nimmt an Umfang zu. Dabei werden die in der Headline angesprochenen Produktvorteile im Fließtext aufgegriffen und fortgeführt. Die Anzeigen werden zu „Informationstexten". Ein Vorläufer der modernen Konzeption findet sich immerhin bereits 1926 (vgl. Abbildung 3). Der Fließtext dieser Anzeige ist in drei Spalten angeordnet, die jeweils auf den Markennamen zulaufen

---

[2] Die zweite Zeile dieser Headline wird später als Produktslogan für den Peugeot 806 verwendet.

und diesen in den letzten Satz einbeziehen. Es wird eine Nominalgruppe mit dem unbestimmten Artikel *une* eröffnet, in deren Leerstelle nur der Markenname *Peugeot* hineinpaßt. Zum ersten Mal wird hier in einem Fließtext argumentiert. Es wird explizit davor gewarnt, eine billigere Marke zu kaufen, da sie den Kunden letzten Endes teurer zu stehen komme als ein Peugeot. Durch die hohe Verarbeitungsqualität und die Wertbeständigkeit sei ein Peugeot eine gute Kapitalanlage. In der letzten Spalte werden technische Vorteile, Bequemlichkeit, die äußere Form und die dreißigjährige Erfahrung des Automobilherstellers als Werbeargumente hervorgehoben.

Bis in die sechziger Jahre hinein variiert die Struktur des Fließtextes kaum. Es werden, zumeist aufzählend, technische Neuerungen herausgestellt, Modellvarianten präsentiert und Sonderausstattungen vorgeführt. Auch Produktvorteile, wie zum Beispiel gute Straßenlage, Robustheit und geringer Verbrauch bei gleichzeitiger Eleganz der Linienführung, werden immer wieder genannt. Gelegentlich wird auch der steigende Absatz bestimmter Fahrzeugtypen als Verkaufsargument eingesetzt. In den siebziger Jahren steigt die durchschnittliche Länge des Fließtextes weiter an. Danach bleibt sie bis zur Gegenwart relativ konstant. Die Struktur des Fließtextes ändert sich ebenfalls in diesem Jahrzehnt. Zwar enthält er weiterhin technische Angaben; zur reinen Aufzählung von Produktvorteilen kommen jedoch argumentative, explikative und narrative Elemente hinzu.

1973 wird zum ersten Mal die Werbung selbst thematisiert und in einer Werbeanzeige behauptet, der Peugeot 504 und seine Qualitätsmerkmale seien so bekannt, daß für sie überhaupt nicht mehr geworben zu werden brauche. Gleichzeitig werden einige seiner Produktvorteile, die durch Mundpropaganda allgemein bekannt sein dürften, aufgezählt. Ganz am Ende des Fließtextes wird mit einem kleinen Seitenhieb auf die Werbung *C'est la première fois que la publicité vous donne une information sur la 504, avant vos amis* dann doch noch eine Neuigkeit mitgeteilt: Der neue 504 GL verbraucht auf 100 km einen Liter Benzin weniger, ein schlagkräftiges Argument in der beginnenden Ölkrise.

In einer Anzeige aus dem Jahre 1985 wird der Peugeot 205 im Fließtext personifiziert und verherrlicht (Abbildung 7). Der Text klingt wie eine scherzhafte Apotheose. Dabei wird mit der Polysemie des Adjektivs *sacré* gespielt, das ‚heilig, geweiht' aber auch ‚verflucht, verdammt (als Ausdruck hoher Bewunderung)' bedeuten kann. Ein neben dem Kleinwagen plazierter roter Kußmund symbolisiert eine Liebesbeziehung zu dem beworbenen Fahrzeugtyp. Die Alliterationen t*a ligne*, t*on* t*empérament...*, t*on sens inné...*, t*es victoires* steigert noch die Wirkung. Auch die Polysemie des Substantivs *numéro* ‚Zahl, Nummer, [fam.] Type, Marke' wird eingesetzt (vgl. auch Weis 1994, 123-130).

Abbildung 1 (1895)

Abbildung 2 (1923)

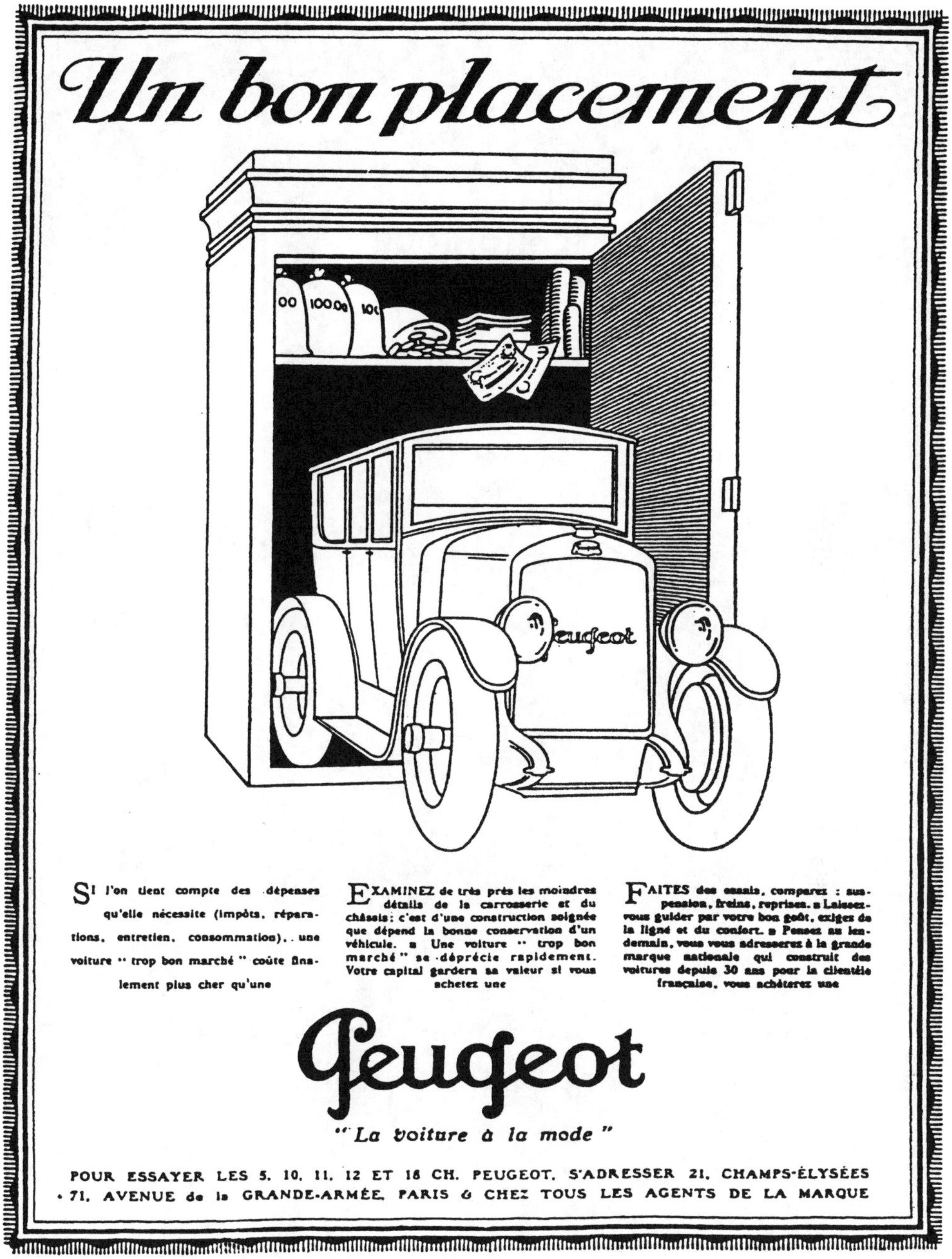

Abbildung 3 (1926)

Abbildung 4 (1931)

Abbildung 5 (1937)

Abbildung 6 (1994)

Abbildung 7 (1985)

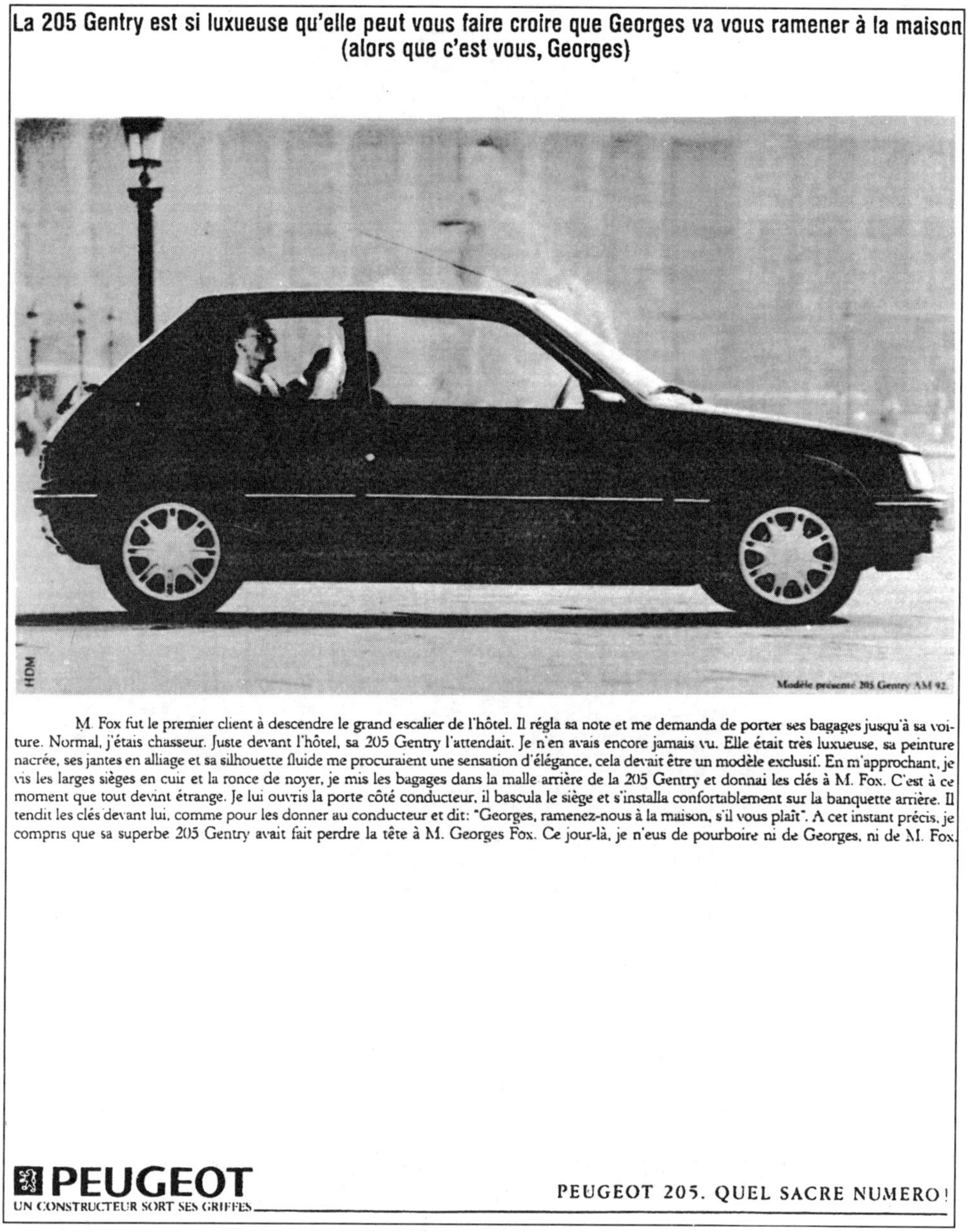

Abbildung 8 (1991)

Abbildung 9 (1995)

Die Formulierung des Fließtextes wird zusehends lockerer, phantasievoller und variantenreicher. In den neunziger Jahren bemüht sich die Peugeot-Werbung, witzig zu sein. Narrativ angelegt ist der Fließtext einer 1991 geschalteten Anzeige (Abbildung 8). Ein Hotelboy erzählt eine merkwürdige Begebenheit aus seinem Leben: Er trug einem vornehmen Herrn namens Georges Fox, offensichtlich Engländer, das Gepäck zu seinem Wagen, einem Peugeot 205 Sondermodell mit dem bezeichnenden Namen *Gentry* ‚Landadel'. Nachdem er Herrn Fox die Fahrertür geöffnet hatte, stellte er verblüfft fest, daß dieser sich nach hinten setzte, die Wagenschlüssel nach vorn reichte und sagte: *„Georges, ramenez-nous à la maison, s'il vous plaît"*. Offensichtlich war der Hotelgast nach der Darstellung des Pagen von der eleganten Linienführung des Wagens und der noblen Innenausstattung so verwirrt, daß er glaubte, in einem Luxuswagen mit Chauffeur zu sitzen. Diesen Moment der Erzählung stellt das Bild dar: Man sieht einen sehr distinguiert wirkenden Herren, der auf dem Rücksitz eines Peugeot 205 vor dem imposanten Hintergrund der *Place de la Concorde* Zeitung liest. Der Fließtext deutet das Bild und untermauert die Aussage der Headline durch eine als wahr dargestellte Begebenheit. Neben vielen hochwertenden Adjektiven, wie z.B. *grand*, *luxueuse*, *exclusif* oder *superbe*, trägt vor allem das durchgehend verwendete *passé simple* zur Aufwertung des Produktes bei, denn es klingt ausgesprochen gewählt und wird üblicherweise nur noch schriftsprachlich gebraucht.

Witzig und unterhaltsam, das sind Trends der Anzeigenwerbung in den neunziger Jahren, denen sich auch Peugeot nicht entziehen kann. Hinzu kommt in einer Anzeige aus dem Jahre 1995 ein Schuß Exotik. Vor der unverkennbaren Kulisse zahlloser Wildwestfilme, die wie ein Standbild wirkt, deutet ein unsichtbarer, gewissermaßen aus dem Off sprechender Indianer namens *Œil de Lion* (‚Löwenauge' – eine Anspielung auf das Firmenzeichen von Peugeot), im Fließtext den aus dem Motorraum eines defekten Ami-Schlittens aufsteigenden Qualm als Rauchzeichen und übersetzt diese ins Französische. Die Botschaft der Rauchzeichen wird in der rechts neben dem Bild plazierten Headline entschlüsselt. Sie lautet, mit fiktiven Interferenzen einer Indianersprache nachempfunden: *VISAGE PALE DIRE: „PROCHAINE FOIS, ACHETER 306"*. (‚Bleichgesicht sagen: Nächstes Mal kaufen 306')

Im Fließtext hebt der Indianer die besondere Zuverlässigkeit des Peugeot 306 hervor und führt dafür aus seiner Sicht mehrere Gründe an. Dabei werden Gebrauchswerte aufgezählt, die für den Peugeot 306 sprechen, wobei Vergleiche aus der indianischen Kultur stereotypisch herangezogen werden. Komik entsteht aus der Verbindung von fachsprachlich bezeichneten technischen Details und urwüchsiger Bildsprache:

> *Au lieu écouter publicité*[3] *à langue fourchue, visage pâle devrait plutôt faire confiance à 306. „Cheval Increvable" 306 manger kilomètres et jamais indigestion. 306 plus coriace*

---

[3] Wieder wird die Werbung ironisiert.

que carapace de tatou. 306 pas craindre humidité grâce à connexion éléctrique à double étanchéité. 306 pas couiner comme vieille mule car excellent comportement vibratoire dû à une grande rigidité de caisse. Œil de Lion a parlé. Hugh.

[‚Anstatt Werbung mit gespaltener Zunge hören, Bleichgesicht sollte eher 306 vertrauen. „Unverwüstliches Pferd“ fressen Kilometer und niemals Verdauungsbeschwerden. 306 zäher als Panzer von Gürteltier. 306 nicht fürchten Feuchtigkeit dank doppelt abgedichteter elektrischer Verbindung. 306 nicht quietschen wie altes Maultier, weil hervorragendes Vibrationsverhalten dank einer großen Festigkeit der Karrosserie. Löwenauge hat gesprochen. Hug.‘]

3.5 Der Slogan

Die frühen Anzeigen der Fa. Peugeot enthalten noch keinen Slogan. Allerdings tauchen sehr bald Ausdrücke oder Sätze auf, die durch ihre Kürze und Prägnanz sloganartig wirken, wie z.B. *Peugeot à travers le monde* (1913)[4] oder *Peugeot „la voiture à la mode“* (1926).[5] Ein Vorläufer der heute von der Fa. Peugeot benutzten Produktslogans taucht bereits 1929 auf: *La 5 ch. La voiture la plus économique du monde.* Zwischen 1895 und 1929 weist nur ein Fünftel der Anzeigen einen sloganartigen Kurzsatz auf; im darauffolgenden Jahrzehnt verfügt bereits über die Hälfte der Peugeot-Anzeigen über einen Slogan, wie z.B. *On ne s'arrête jamais qu'à son gré avec une Peugeot* (1935). Dieser Slogan soll die hohe Zuverlässigkeit und geringe Störanfälligkeit der Peugeot-Automobile unterstreichen. Er ist unter einem Bild plaziert, das einen Peugeot zeigt, der vor dem Hintergrund einer palmenbestandenen Oase in voller Fahrt durch den Wüstensand braust.

Im Zeitraum von 1950 bis 1980 geht die Anzahl der Anzeigen, die einen Slogan enthalten, erstaunlicherweise wieder auf ein Drittel zurück. Erst in den achtziger Jahren scheint Peugeot die Werbewirksamkeit eines Slogans wieder zu schätzen; die Anzahl der mit einem Slogan versehenen Anzeigen steigt steil an, und heute erscheint kaum noch eine Automobilanzeige ohne einen griffigen Slogan, der nunmehr über längere Zeit beibehalten wird.

Zunächst wird offensichtlich mit Produktslogans experimentiert, die dem Namen des beworbenen Fahrzeugs nachgestellt werden und mit ihm zusammen die Abschlußzeile bilden. Den ersten Produktslogan fand ich in einer Anzeige des Jahres 1974, die den Peugeot Coupé ZL als Zweitwagen vorstellte: *Coupé ZL Peugeot. C'est tout un métier*

---

4 In der betreffenden Anzeige fungiert dieser Ausdruck als Bildüberschrift.

5 Hier schließt der Ausdruck wie ein moderner Slogan den Fließtext ab.

d'être une seconde voiture. (1974). Dieser Slogan, den man im Deutschen mit „Ein Zweitwagen hat's nicht leicht" wiedergeben könnte, ist relativ lang und nicht leicht zu merken. Wesentlich knapper und eingängiger, dafür aber nicht besonders originell, ist der Produktslogan, der sich Ende der siebziger Jahre in der Anzeigenwerbung für das Flaggschiff der Firma, den Peugeot 604, einbürgert: *604 PEUGEOT. Une grande voiture* (1977). Das Adjektiv *grand* ist hier sowohl im eigentlichen Sinne (‚geräumig'), als auch im übertragenen Sinne (‚großartig') zu verstehen. Neben anfangs noch wechselnden Produktslogans, wie z.B. *Peugeot prend de l'avance* (1980) und *La Passion et la Raison* (1981), die beide dem Peugeot 505 Turbo Diesel zugeordnet werden, erscheint 1980 nach meinen Erkenntnissen der erste Markenslogan der Nachkriegszeit: *Les économies, nous y travaillons depuis longtemps* (1980). Dieser Slogan, der ein Werbeargument aufgreift, das Peugeot von Anfang an für sich in Anspruch genommen hat, wird jedoch schon bald durch einen gelungeneren Firmenslogan ersetzt, der während der nächsten zehn Jahre (1982-1991) beibehalten wird: *Peugeot. Un constructeur sort ses griffes.* Dieser Slogan wirkt auf den ersten Blick recht aggressiv: „Ein Hersteller fährt seine Krallen aus" (und zeigt es der Konkurrenz). Eine andere Lesart lautet: „Ein Hersteller zeigt, was er kann". Abgemildert wird er durch die Mehrdeutigkeit des Nomens *griffe*, das auch ‚Unterschrift' oder ‚Markenzeichen' bedeuten kann. Letztere Bedeutung steht assoziativ mit dem Firmenemblem, dem Löwen, in Verbindung, den die Fa. Peugeot bereits verwendete als sie noch Sägen herstellte.

Mittlerweile geht der Automobilhersteller so weit, zwei Slogans, einen Markenslogan und einen Fahrzeugtypslogan, einzusetzen. Der derzeitige Markenslogan lautet: *Pour que l'automobile soit toujours un plaisir.*[6] Es ist ein Finalsatz, der das Fahrvergnügen thematisiert und dessen Hauptsatz vom Leser ergänzt werden kann im Sinne von „Peugeot sorgt dafür, daß ..." oder „Peugeot tut alles, damit ...". Einige neuere Produktslogans sind sowohl hinsichtlich ihrer Struktur als auch in bezug auf ihre Werbeaussage recht aufschlußreich. Der Slogan für den zur Oberklasse gehörenden Peugeot 605, *La volonté de voir grand* (1989, 1991) („Der Wille sich Großes vorzunehmen") knüpft Ende der achtziger bzw. Anfang der neunziger Jahre direkt an den betreffenden Produktslogan aus den siebziger Jahren an und wandelt ihn originell ab. Als 1994 eine neue Version des Wagens auf den Markt kommt, hält die Firma eine Änderung des Slogans für angebracht. Er lautet nun: *Nouvelle 605 Peugeot. On a changé l'essentiel mais on a gardé l'essentiel.* Dieser auf den

---

6 Dieser Slogan ist auch in den entsprechenden Fernsehwerbespots zu hören und zu lesen. Zum Vergleich seien die Slogans zweier anderer französischer Automarken angeführt: Citroën wirbt mit dem Ausspruch *Vous n'imaginez pas tout ce que Citroën peut faire pour vous*, und Renault behauptet: *Nous travaillons plus pour que vous dépensiez moins.*

ersten Blick völlig paradoxe Slogan will zum Ausdruck bringen, daß in der neuen Version Tradition mit Innovation verbunden wurde.

Der Hinweis auf bewährte Qualität kommt auch in dem Produktslogan für den Peugeot 504 zum Ausdruck:[7] *Elle a quelque chose d'irremplaçable: l'expérience* (1978). In der Anzeigenwerbung für das Nachfolgemodell, das bei Peugeot seit den dreißiger Jahren durch Erhöhung der Endziffer gekennzeichnet wird, gab man einem begrifflichen Gegensatzpaar den Vorzug, das in der französischen Geistesgeschichte eine große Rolle spielt: *La Passion et la Raison* (79/1982). Dieser Slogan soll andeuten, daß der Peugeot 505 in der Kombiausführung beide Eigenschaften vereint.

Anfang der neunziger Jahre brachte auch die Firma Peugeot einen großräumigen Familienwagen, einen sog. Van, auf den Markt. Das Fahrzeug, das unter der Typennummer 806 angeboten wird, ist auf Familien mit mehreren Kindern zugeschnitten. Entsprechend läßt die Firma in ihren Werbeanzeigen für den Peugeot 806 Kinder zu Wort kommen, die ihren Eltern raten, diesen Wagen zu kaufen. Der Slogan *806. La voiture que les enfants conseillent à leurs parents* ist eine verallgemeinernde Aussage, deren Allgemeingültigkeit durch die generische NP *les enfants* noch unterstrichen wird.[8]

Der Mittelklassewagen Peugeot 405, der Nachfolger des in den sechziger Jahren gebauten legendären 404, wurde Ende der achtziger und Anfang der neunziger Jahre mit dem Produktslogan *Un Talent fou!* (1988, 1989, 1992) beworben. Der Slogan zielt offensichtlich darauf ab, einem früher eher etwas behäbig wirkenden Mittelklassewagen die flotten Fahreigenschaften eines Sportwagens anzudichten. Ob dieser Slogan, der ausschließlich auf den Erlebniswert des Fahrzeugs abhebt, bei der Käuferschicht gegriffen hat, kann bezweifelt werden. Sehr viel „vernünftiger" wirkt der neue Slogan für den Peugeot 406, der die Werbeargumente „Fahrspaß" mit „Sicherheit" verbindet: *Vous ne choisirez plus entre le plaisir et la sécurité* (1995). Der Peugeot 306 wird noch Anfang der neunziger Jahre über den Slogan als ein Wagen der unteren Mittelklasse profiliert, der die Konkurrenz das Fürchten lehren soll: *Peugeot 306. La rivale* (1993). Mitte der neunziger Jahre verschwindet dieser Slogan mit der leicht aggressiven Konnotation; dafür wird dem Fahrzeug implizit eine Überlegenheit zugesprochen, die durch das unpersönliche *on* noch verallgemeinert wird: *On devrait toujours comparer sa voiture à une 306* (1995). Der 306 wird zum Maß aller Automobile erklärt!

Mitte der neunziger Jahre wurde der Kleinwagen Peugeot 106 durch den Slogan als Frauenauto beworben: *106. C'est la première fois que les hommes sont fous de la voiture de leur femme.* Die Peugeot-Anzeigenwerbung hat Frauen übrigens schon sehr früh als

---

7 Dieser Wagen trug damals den Spitznamen „Studentenmercedes".

8 Dieser Produktslogan wurde auch mehrmals in Fernsehwerbespots eingesetzt.

potentielle Kundinnen entdeckt. Bereits 1930 wurde eine Frau als zukünftige Besitzerin eines Peugeot abgebildet, und die Werbefachleute legten ihr die Schlagzeile *Pour ne plus y penser je l'achète* in den Mund. Wenn in der Peugeot-Werbung der dreißiger Jahre Personen am Steuer eines Wagens abgebildet werden, so sind es überwiegend Frauen. Und in einer Anzeige des Jahres 1937 bringt die Schlagzeile eine innige Beziehung zwischen Fahrerin und Fahrzeug zum Ausdruck: *Une femme ... sa 302 deux inséparables.* Der oben erwähnte Slogan ist der vorläufige Höhepunkt einer breit angelegten Kampagne, die den Peugeot 106 als typisches Frauenauto herausstellt, und zwar aus der Perspektive des Mannes. Er ist es, der seine Frau um ihren Peugeot 106 beneidet und alles tut, um ihn auszuleihen. Eine preisgekrönte Anzeige für den Peugeot 106 (Abbildung 9) illustriert ein weiteres interessantes Phänomen der neueren Werbung, die Intermedialität. Das bedeutet, daß Werbebotschaften in unterschiedlichen Werbemedien aufeinander Bezug nehmen und sich ihr Sinn teilweise erst durch den Wechselbezug erschließt. Erst wenn man einen entsprechenden Fernsehspot gesehen hat, in dem ein Mann für seine Frau strippt, um sie dazu zu bewegen, ihm ihren Peugeot 106 zu überlassen, wird verständlich, was mit der Herrenunterwäsche auf der Werbeanzeige gemeint ist.

In Zusammenhang mit der Werbung für den Peugeot 106 und seiner Profilierung als Frauenauto bietet sich ein interkultureller Ausblick auf die entsprechende deutsche Anzeigenwerbung an. Auch die deutsche Werbung für den Peugeot 106 hat junge, selbstbewußte, dynamische Frauen als Zielgruppe entdeckt. Was in der französischen Anzeige der Slogan leistet, wird in einer entsprechenden deutschen Anzeige von der Headline mit einem flotten Spruch emanzipierter Frauen *Ich bremse auch für Männer* und der Abbildung ausgedrückt. Im Fließtext wird der abgebildete Wagen zu einem männlichen Wesen personifiziert – was natürlich nur im Deutschen möglich ist, wo Autos maskulin sind –, zu dem sich Frauen auf Grund seines ansprechenden Äußeren hingezogen fühlen.

4. Veränderungen in der Syntax

Insgesamt gesehen sind die syntaktischen Veränderungen weniger stark ausgeprägt als der Wandel im Aufbau der Anzeigen. Trotzdem sind einige deutliche Tendenzen zu erkennen. Zunächst einmal steigt im Laufe der 100 Jahre von 1895 bis 1995 die durchschnittliche Satzlänge von 7 Wörtern pro Satz vor dem Ersten Weltkrieg auf 12 Wörter pro Satz in der jüngsten Zeit allmählich an (vgl. Diagramm 3).

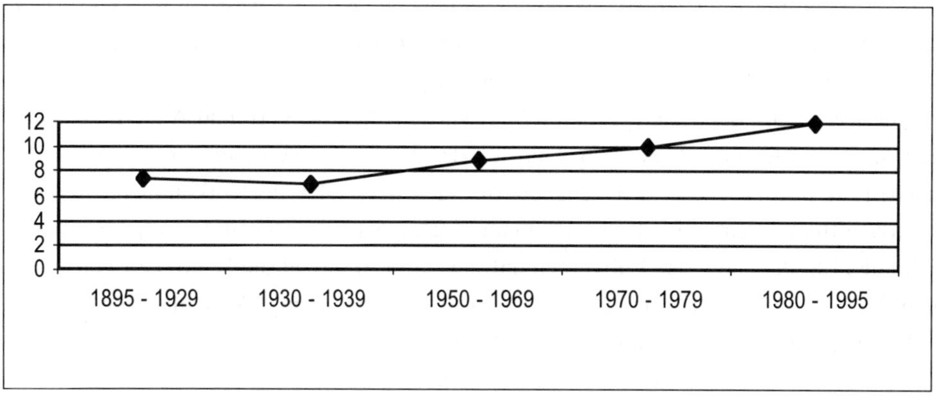

Diagramm 3: Entwicklung der durchschnittlichen Satzlänge (Anzahl der Wörter pro Satz) in den Werbeanzeigen von 1895-1995 bei Peugeot

Die Zunahme der Satzlänge, die im übrigen mit einer Zunahme der Textlänge einhergeht, ist auf den allmählich steigenden Gebrauch von konjunktional eingeleiteten bzw. partizipial verkürzten Nebensätzen zurückzuführen. Trotzdem dominiert nach wie vor der einfache Hauptsatz. Besonders hoch ist der Anteil unvollständiger Sätze, wie z.B. *Premier dans toutes les grandes épreuves* (1911) oder *Notice Franco sur demande* (1923), so daß der Eindruck eines Telegrammstils entsteht. Vielfach stellen die elliptischen Sätze nichts anderes als durch einen Punkt getrennte Aufzählungen dar, wie z.B. *Roues avant indépendantes. Pneus adhérisés (exlusivité Peugeot). Répartition rationnelle de la charge. Poussée appliquée au centre de gravité. Toutes glaces en verre Sécurit* (1934). An diesem Beispiel erkennt man den schon früh ausgeprägten werbetypischen „Hackstil", der bis in die Gegenwart für die Anzeigenwerbung kennzeichnend ist. Der hohe Anteil unvollständiger Sätze erklärt sich durch das Bestreben, auf knappem Raum den Lesern der Anzeigen möglichst viel sagen zu wollen.

Was die Satzarten angeht, so hält der Aussagesatz vom Anfang der Peugeot-Werbung bis heute unangefochten seinen Spitzenplatz. Demgegenüber stellen die übrigen Satzarten eine Randerscheinung dar. Immerhin finden sich bereits zwischen 1895 und 1929 rund 2% Aufforderungssätze, die die Leser beispielsweise zur Prüfung des Angebots der Fa. Peugeot, zum Vergleich mit anderen Automobiltypen oder zu einer Probefahrt auffordern. Zwischen 1930 und 1939 steigt der Anteil der Aufforderungssätze auf 6,3% an. Diese sind nun stärker auf die möglichen Wünsche der Autokäufer abgestimmt, und sie tragen dazu bei, die Texte persönlicher und eindringlicher zu gestalten, wie z.B. *Partez en vacances avec la meilleure voiture* (1936). In diesem Jahrzehnt tauchen zum ersten Mal auch Fragesätze auf, die sich direkt an die Leser wenden: *Connaissez-vous une rivale à la 601?*

(1935). In den fünfziger Jahren erscheinen schließlich erstmalig Ausrufesätze, wie z.B. *La Peugeot 403, une révélation pour tous ceux qui ont le plaisir de la conduire ou d'y prendre place!* (1956), die dem Leser Bewunderung abnötigen sollen.

Die Verteilung der Hauptwortarten Substantiv, Adjektiv, Verb und Adverb verschiebt sich im Laufe der Zeit deutlich zu Gunsten des Verbs. Im Zeitraum von 1895 bis 1929 machen die Substantive in den Peugeot-Anzeigen noch 41% der vorkommenden Wörter aus (ohne Berücksichtigung des Markennamens Peugeot). Der Anteil der Adjektive beläuft sich auf 11,8, derjenige der Vollverben auf nur 5,4%, während die Häufigkeit von Adverbien 2,9% beträgt. In den letzten 15 Jahren des Untersuchungszeitraums, von 1980 bis 1995, ging der Anteil der Substantive auf 30,4% zurück, während das Vorkommen der Vollverben sich auf 10,2% fast verdoppelte. Mit 10,8% hielten die Adjektive ungefähr ihre Stellung, während der Anteil der Adverbien auf 1,9% fiel. Diese Zahlenverhältnisse spiegeln die Tatsache wider, daß der stark ausgeprägte Nominalstil der frühen Anzeigen, der durch eine hohe Zahl von elliptischen Sätzen und den Hang zur Aufzählung zustandekam, allmählich einem ausgeglicheneren Stil Platz machte, der durch argumentative und narrative Elemente angereichert ist.

Schließlich ist auffällig, daß der Gebrauch des Superlativs in den Anzeigen der Fa. Peugeot seit den zwanziger Jahren kontinuierlich zurückgeht. Dies bedeutet keineswegs, daß die Fahrzeuge der Firma in der Werbung weniger stark angepriesen würden; es werden nur andere sprachliche Mittel, vor allem sog. Hochwertwörter, eingesetzt, die nach Meinung der Werbetexter auf die Leser weniger aufdringlich wirken.

5. Veränderungen im Wortschatz

Deutlicher als auf die Syntax wirkt sich der Wandel der Zeit naturgemäß auf den Wortschatz aus. Betrachtet man zunächst einmal alle Wörter der untersuchten Peugeot-Anzeigen, die das Ergebnis von Wortbildungsprozessen sind, so erstaunt der hohe Prozentsatz, den die Komposita ausmachen. Ihre relative Häufigkeit beläuft sich bereits zwischen 1895 und 1929 auf rund 65% und steigt in den siebziger Jahren sogar auf 70%. Besonders mehrgliedrige Komposita, wie z.B. *roue de rechange* oder *moteur horizontal à deux cylindres,* ein typisches Kennzeichen der Fachsprachen, finden sich von Anfang an in den Peugeot-Automobilanzeigen, und ihre Anzahl nimmt, genährt durch immer neue technische Verbesserungen, die in den Anzeigen hervorgehoben werden, stetig zu. In jüngster Zeit häufen sich asyndetische Substantiv + Substantiv-Verbindungen des Typs *année modèle, bloc moteur, sécurité enfants, bouton poussoirs,* die für die französische Sprache untypisch sind. Erklärbar wird der Gebrauch dieser syntaktisch und semantisch stark kondensierten Komposita durch die Tatsache, daß der Anzeigenraum einen bedeutenden Kostenfaktor für die inserierenden Firmen darstellt.

Bei der Gestaltung von Anzeigen wird aus naheliegenden Gründen großer Wert auf die Wortwahl gelegt. Es nimmt daher nicht Wunder, daß auch in den Automobilanzeigen der Fa. Peugeot die beworbenen Fahrzeuge sprachlich in das beste Licht gerückt werden. Hierzu werden immer wieder Ausdrücke verwendet, die bei den Rezipienten positive Assoziationen wecken, ihren Wunschvorstellungen entgegenkommen und das angebotene Produkt semantisch aufwerten. Derartige Ausdrücke werden nach Römer (^{3}1973, 131ff.) Schlüsselwörter genannt; auch die Bezeichnung Hochwertwörter hat sich eingebürgert. Von 1895 bis 1929 sind in den Anzeigen der Fa. Peugeot die Ausdrücke *luxe, puissance* und *élégance* auffällig; in den dreißiger Jahren kommen die Hochwertwörter *harmonie, perfection* und *exclusivité* hinzu. Das Schlüsselwort *sécurité* gewinnt in den siebziger Jahren an Bedeutung; aufschlußreich ist, daß in einer Anzeige des Jahres 1978 zwischen *sécurité active* und *sécurité passive* unterschieden wird. In der Gegenwart tauchen neben den zuvor genannten Ausdrücken noch die Hochwertwörter *efficacité, technique de pointe, passion* und *plaisir* auf. An dem Gebrauch der Schlüsselwörter läßt sich leicht ablesen, welche Werte nach Meinung des Automobilherstellers den potentiellen Kunden wichtig erscheinen.

Ein besonderes Problem stellen die Anglizismen in französischen Werbetexten dar. Sie werden von puristischen Kreisen als Bedrohung der Reinheit der französischen Sprache angesehen und daher von verschiedenen Sprachpflegeorganisationen und seit den siebziger Jahren auch von staatlicher Seite bekämpft und durch mehr oder weniger gelungene, französische Neubildungen ersetzt (vgl. Winkelmann 1990, 347-352, Schmitt 1990, 365-369). Mit den Sprachgesetzen von 1975 und 1994 hat die französische Regierung die „chasse aux anglicismes“ verstärkt und den sprachnormativen Kräften den Rücken gestärkt. Die frühen Anzeigen der Fa. Peugeot werden von der Sprachnormdiskussion noch nicht berührt. Ihr Anglizismenanteil ist mit 1,8% relativ hoch. Dies rührt daher, daß viele Bezeichnungen für Fahrzeugtypen und Fahrzeugteile, wie z.B. *Cab* oder *HP* (Horse Power), unverändert aus der Terminologie des englischen Kutschenbaus übernommen wurden. Bis 1970 sinkt der Anteil der Anglizismen in den Peugeot-Automobilanzeigen stetig bis auf 0,3% und wird damit fast zu einer zu vernachlässigenden Größe. Erst in den achtziger Jahren steigt er infolge von aus dem angloamerikanischen Raum importierten technischen Neuerungen wieder leicht bis auf 0,5% an. Das unterschiedliche Schicksal von früh und spät entlehnten Anglizismen läßt sich am Beispiel der Wörter *break* und *airbag* veranschaulichen. Nach dem *Petit Robert* wurde *break* bereits 1830 aus dem Englischen ins Französische entlehnt. Das Wort bezeichnete zum Entlehnungszeitpunkt eine Kutsche mit zwei seitlichen Längsbänken. Heute versteht man darunter einen Kombi, und in dieser

Bedeutung ist der Ausdruck in der Alltagssprache verankert und gilt allgemein als akzeptiert. Der rezente Anglizismus *airbag* hingegen, der wegen seiner Prägnanz auch weiterhin im Gebrauch ist, muß, um der offiziellen französischen Sprachpolitik Genüge zu tun, mit einem Asteriskus versehen werden, der auf die umständliche Ersatzform *coussin gonflable de sécurité* verweist.

6. Veränderungen der Werbeaussage

Zum Schluß möchte ich den Wandel in den Aussagen der Peugeot-Anzeigenwerbung zusammenfassen, wobei nur die Hauptargumente berücksichtigt werden können. Folgende Trends zeichnen sich ab:

1. Vom Beginn der Automobilwerbung der Fa. Peugeot in der ersten Hälfte der neunziger Jahre des 19. Jahrhunderts bis zum Ersten Weltkrieg wird die Überlegenheit der Fahrzeuge in den Anzeigen herausgestellt. Dies geschieht durch die Aufzählung von Preisen und Auszeichnungen, die Peugeot-Fahrzeuge gewonnen haben. Diese Angaben werten das Produkt auf, enthalten einen impliziten Vergleich mit Konkurrenzprodukten und sollen potentielle Kunden beeindrucken. Außerdem erscheint das Auto als rein technisches Produkt; seiner Abbildung werden einige technische Angaben hinzugefügt. Menschen als Fahrer tauchen nicht auf, und die Einbettung in einen Bildkontext fehlt.

2. Ab den zwanziger Jahren werden die beworbenen Fahrzeuge in ein Szenario hineingestellt. Zu dem Werbeargument „Leistungsfähigkeit" gesellt sich immer häufiger der Aspekt der Wirtschaftlichkeit, ein für die Kaufentscheidung allmählich wichtiger werdender Gebrauchswert (vgl. Wachtel 1995). Gegen Ende dieses Jahrzehnts beginnt auch die Ästhetik in der Werbung eine bedeutende Rolle zu spielen.

3. In den dreißiger Jahren werden Peugeot-Fahrzeuge als verläßlicher Partner und Freund des Menschen dargestellt, die diesen nicht im Stich lassen. Der Schwerpunkt der Werbetexte liegt eindeutig auf den Aspekten „Sicherheit" und „Zuverlässigkeit". Gleichzeitig verstärkt sich der Ausdruck von Geltungswerten wie Ästhetik (*harmonie des lignes*, 1935; *palme de l'élégance*, 1939) und Luxus, der jedoch erschwinglich bleibt (*luxe économique*, 1939). Ende der dreißiger Jahre wird das Auto in der Werbung erstmals mit Freizeit und Ferien in Verbindung gebracht, und die Anzeigen beginnen auf Sportlichkeit abzuheben. Dieser Trend wurde durch den Zweiten Weltkrieg unterbrochen.

4. Nach dem Zweiten Weltkrieg versucht Peugeot, auch in der Werbung an die Vorkriegserfolge anzuknüpfen. Tradition und Kontinuität (*continuité*, *stabilité*) werden in den Vor-

dergrund gerückt. Auch Wirtschaftlichkeit wird weiterhin als Hauptargument eingesetzt. In den sechziger Jahren setzt sich diese Entwicklung fort; hinzu kommen vereinzelt Leistungsfähigkeit und Innovation.

5. In den siebziger Jahren setzt ein deutlicher Wandel ein. Von nun an treten Gebrauchswerte wie Wirtschaftlichkeit und Robustheit in den Hintergrund, und Geltungswerte und Erlebniswerte werden dominant. Die meisten Anzeigen dieses Jahrzehnts thematisieren Ästhetik, Exklusivität und Innovation sowie Leistungsfähigkeit und Sportlichkeit der beworbenen Fahrzeuge. Im folgenden Jahrzehnt setzen sich diese Trends fort, wobei einerseits die Leistungsfähigkeit noch stärker akzentuiert wird – der Ausdruck *Turbo* springt dem Betrachter förmlich in die Augen – und andererseits das Fahrvergnügen, ja die Fahrleidenschaft (*la passion de la route*), als Werbeargument eingesetzt wird.

Die Peugeot-Werbung der neunziger Jahre verbindet die Freude am Fahren, die in der Werbung nach wie vor einen sehr hohen Stellenwert einnimmt, mit dem Argument „Sicherheit", das in Zusammenhang mit der Einführung des Airbags steht. Deutlich schält sich auch der Trend heraus, Werbetexte unterhaltsam und witzig zu gestalten. Und *last but not least* keimt endlich auch das zarte Pflänzchen „Umweltschutz" in der Anzeigenwerbung auf.

7. Schlußbemerkungen

Überblickt man die Peugeot-Werbung der letzten 100 Jahre, so erkennt man deutlich, daß zur ursprünglich technisch-informativen Werbung die emotional-persuasive Werbung hinzugetreten ist und daß letztere im Laufe der Zeit die Oberhand gewonnen hat. Ferner zeigt sich, daß der gesellschaftliche Wandel, der Wertewandel und der Wandel im Sprachgebrauch und in den Spracheinstellungen an den Anzeigen nicht spurlos vorübergegangen sind. Man darf gespannt sein, welche neuen Wege die Automobilwerbung in Frankreich angesichts gesättigter Märkte, immer stärkerer Ähnlichkeit der Produkte und der zunehmenden Informationsüberlastung einschlagen wird.

Bibliographie

Eichholz, S. (1995): Automobilwerbung in Frankreich. Untersuchung einer ästhetisierenden Sprache. Münster.

Hohmeister, K. H. (1981): Veränderungen in der Sprache der Anzeigenwerbung. Dargestellt an ausgewählten Beispielen aus dem „Gießener Anzeiger" vom Jahre 1880 bis zur Gegenwart. Frankfurt am Main.

Kaeppel, E. (1987): Der Imperativ in der französischen Anzeigenwerbung. Tübingen.

Packard, V. (1977): Die geheimen Verführer. Ulm.

Quid 1995 (1995): Frémy, D./Frémy, M. (eds.): Paris.

Rey-Debove, J./Rey, A. (eds.) (1993): Le Nouveau Petit Robert. Paris.

Römer, R. (1973): Die Sprache der Anzeigenwerbung. Düsseldorf. ^{1}1968, ^{2}1971, ^{3}1973.

Runge, A./Sword, J. (1994): La Pub. Guide pédagogique de la publicité, Stuttgart/Dresden.

Schmitt, C. (1990): Französisch: Sprache und Gesetzgebung, a) Frankreich. In: Holtus, G./Metzeltin, M./Schmitt, C. (eds.): Lexikon der Romanistischen Linguistik V, 1. Tübingen, 354-379.

Wachtel, M. et al. (1995): Fahrzeugwerbung, Testberichte und Verkehrssicherheit, Berichte der Bundesanstalt für Straßenwesen, Heft 46. Bremerhaven.

Weis, G. (1994): Werbung im Französischunterricht. Medienspezifische und didaktische Reflexionen. Bochum.

Winkelmann, O. (1990): Französisch: Sprachnormierung und Standardsprache. In: Holtus, G./Metzeltin, M./Schmitt, C. (eds.): Lexikon der Romanistischen Linguistik V,1. Tübingen, 334-353.

Gerd Fritz

Die ersten Zeitungen – das neue Medium des Jahres 1609

Zur evolutionären Betrachtungsweise in der historischen Pragmatik

1. Einleitung

Ein neues Medium ist eine Herausforderung an die Produzenten und Benutzer. Es eröffnet die Möglichkeit neuer Kommunikationsformen, und es verlangt von allen Beteiligten eine Nutzung des medienspezifischen Potentials. Beispiele für diese Neuerungssituation aus der jüngeren und der jüngsten Geschichte finden sich in diesem Band an verschiedenen Stellen (vgl. die Beiträge von Jucker, Legutke/Müller-Hartmann/Ulrich und Rösler zu den Nutzungsmöglichkeiten der heutigen Neuen Medien im Bereich der Wissensvermittlung und Didaktik; vgl. auch Holly/Biere 1998). Für die Geschichte von Kommunikationsformen und Textsorten sind neue Medien vor allem deshalb interessant, weil an ihnen beobachtet werden kann, wie die Produzenten ihre in etablierten Medien eingespielten Text- und Kommunikationsformen unter den Bedingungen des neuen Mediums nutzen und verändern. Analog kann man auf der Benutzerseite betrachten, wie vorhandene Rezeptionserfahrungen und Nutzungsgewohnheiten auf das neue Medium übertragen und schrittweise modifiziert werden. Wir haben also einen Situationstyp vor uns, der in besonders plastischer Weise die für die Evolution von Kommunikationsformen charakteristische Verbindung von Kontinuität und Innovation erkennen läßt. Insofern können Untersuchungen von neuen Medien in besonderer Weise dazu beitragen, eine genuin evolutionäre Betrachtungsweise in der Geschichte von Kommunikationsformen zu entwickeln, die es bisher nur in

Ansätzen gibt und die einen entscheidenden Fortschritt für die historische Pragmatik bedeutet.[1]

Die ersten Zeitungen kommen dieser Betrachtungsweise entgegen, weil für dieses Medium ein großes und insgesamt ziemlich homogenes Textcorpus verfügbar ist und weil uns die Medien-landschaft zum Zeitpunkt der Einführung des neuen Mediums, d.h. die Ausgangslage für die Einführung des neuen Mediums, einigermaßen gut zugänglich ist, wenn es auch noch erhebliche Forschungs-desiderate in diesem Bereich gibt.[2] Gleichzeitig ist es von Vorteil, daß wir über Produktionsbedingungen und Formen der Nutzung von Zeitungen im 17. Jahrhundert relativ gut unterrichtet sind, vor allem aufgrund der sog. Zeitungsdebatte des 17. Jahrhunderts (vgl. Gieseler 1996).

Im vorliegenden Beitrag beschreibe ich zunächst kurz die Medienlandschaft der Zeit um 1600 sowie Produktionsbedingungen und Aspekte der Nutzung der neuen Wochenzeitungen. Dann skizziere ich einen Beschreibungsvorschlag für das Textsortenspektrum der ersten Zeitungen. Schließlich zeige ich, in welcher Weise die Zeitungsmacher im frühen 17. Jahrhundert vom vorgegebenen Textsortenrepertoire durch Auswahl Gebrauch machen und wie für einen bestimmten Texttyp, die Faktenmeldung, historische Traditionslinien erkennbar gemacht werden können.

2. Die ersten gedruckten Wochenzeitungen: „Aviso“ und „Relation“ von 1609

Aus dem Jahre 1609 sind uns die ersten zwei gedruckten Zeitungen erhalten, die ab Januar des Jahres regelmäßig im Wochenabstand erschienen, der *Aviso* in Wolfenbüttel und die *Relation* in Straßburg. Diese Gleichzeitigkeit der Innovation erschwert die Suche nach dem Ursprung und dem Erstgeburtsrecht der Neuerung. Die Neuerung lag offensichtlich in der Luft. Wenn wir aber nach der Erscheinungsform und der Funktionsweise des neuen Mediums fragen, sind wir in der glücklichen Lage, gleich zwei Texte mit weitgehender

---

1 Zur evolutionären Betrachtungsweise in der Geschichte von Kommunikationsformen vgl. Fritz (1994, 1995).

2 Linguistische Untersuchungen zu den ersten Zeitungen sind Schröder (1995) und die Beiträge in Fritz/Straßner (1996). Dort sind auch einschlägige Arbeiten aus der älteren Presseforschung dokumentiert. Für den vorliegenden Beitrag konnte ich vor allem auf Vorarbeiten in Schröder (1995) und Gloning (1996) zurückgreifen. Die sog. Meßrelationen behandelt Glüer (1999). Ein großes Desiderat ist die linguistische Analyse der handschriftlichen Zeitungen des 15. und 16. Jahrhunderts.

Parallelberichterstattung und großen strukturellen Ähnlichkeiten zur Verfügung zu haben.[3] Bei aller Ähnlichkeit unterscheiden sich die beiden Zeitungen doch in verschiedenen Punkten. Die Relation umfaßt in der Regel wöchentlich vier Seiten, im Aviso sind es acht. Im Wortumfang steht die Relation dem Aviso aber kaum nach, weil ihr Satzspiegel größer und der Schriftgrad zugleich kleiner ist. Zudem ist die erste Seite einer jeden Wochenausgabe des Aviso für ein Titelblatt reserviert. In der Relation gibt es lediglich ein Jahrestitelblatt; die einzelnen Ausgaben beginnen mit der Numerierung und mit einer Schmuckleiste. Insgesamt ist die Relation eher konservativbuchartig angelegt, was sich u.a. auch darin zeigt, daß Fremdwörter wie in zeitgenössischen Büchern durch Antiqua-Druck ausgezeichnet werden. Diese Tatsache ist für eine linguistische Untersuchung insofern interessant, als man durch diese Art der Auszeichnung auf den ersten Blick einen Eindruck bekommt vom Anteil der Fremdwörter in den ersten Zeitungen. Bevor ich nun die Eigenschaften des neuen Mediums näher charakterisiere, zitiere ich die Vorrede des Straßburger Herausgebers Johann Carolus an seine Leser und gebe damit schon einen ersten Hinweis auf die Produktionsbedingungen und eine besondere Eigenart der Zeitungen, nämlich ihren notorischen Druckfehlerreichtum.[4]

> Großgünstiger Leser / etc. Demnach durch die genade deß allerhöchsten wir abermahl ein newes Jahr antretten / vnd ich in außfertigung der *ordinarij avisa*, wie nun etlich Jahr beschehen / (So gewiß ich die haben vnnd bekommen mag) zu *Continuiren* vermittels göttlicher gnaden bedacht / etc. Wann aber bißweilen vnd vngleichheiten / die so wol wegen der vnbekandten Ort / als auch der Persohnen Namen / dero *authoritet* Erbämpter oder dergleichen *Singulariteten* vnd *Proprieteten* fürfallen / so auß vnwissenheit nicht recht geschrieben / in der *Correctur* auch angeregter vrsachen halben nicht zu ändern müglich / etc. Als wollte der großgünstige Leser solcher / wie auch / was in der Eyl übersehen / seinem vernünftigen wissen nach / vnbeschwert selbsten *corrigiren*, Endern vnd verbessern / etc. Angeregter vrsach halben auch / vnnd das bey der Nacht eylendt gefertigt werden muß / zum besten verstehn / auff vnd annehmen / etc. Hiemit von dem Allmächtigen Gott ein frewdenreiches Glückseliges Newes Jahr / beständige gesundheit / vnd alle Wolfart / den Großgünstigen Leser / nach jedes *authoritet* vnderdienstlich dienst: vnd Freundlich wünschend /
>
> Johann Carolus.

Carolus verbindet die Neujahrswünsche mit einer Entschuldigung für die Druckfehler und die Ungenauigkeiten, besonders bei Angaben zu unbekannten Orts- und Personennamen

---

[3] Außerhalb des deutschsprachigen Raums erschienen die ersten Zeitungen in den Niederlanden 1618, in London 1622 und in Paris 1631.

[4] Carolus ist ein recht bekannter Verleger, der u.a. Werke Fischarts gedruckt hat.

sowie bei Titeln hochgestellter Personen. Es gibt zwar eine Korrektur, aber die Fehler der Korrespondenten oder Abschreiber können aufgrund des mangelnden Wissens der Redaktion und aufgrund der eiligen, oft nächtlichen Produktion nicht verbessert werden. Interessant ist auch der Hinweis, daß er schon einige Jahre regelmäßige Nachrichten (*ordinarij avisa*) herausgegeben hat. Vermutlich meint er damit handgeschriebene Zeitungen. Sollte er aber gedruckte Zeitungen meinen, dann wäre das Jahr 1609 doch nicht das Geburtsjahr des neuen Mediums.

3. Die Wochenzeitungen in der Medienlandschaft um 1600

Um zu verstehen, was das eigentlich Neue an den Wochenzeitungen ist, muß man sich die Medienlandschaft der Zeit vor Augen führen. Um das Jahr 1600 gibt es ein ganzes Spektrum von Berichtsmedien, die in unterschiedlicher Weise der Chronik der Tages- bis Jahresereignisse dienen:

3.1 Handschriftliche Nachrichtensammlungen (sog. geschriebene Zeitungen)

Seit der Mitte des 15. Jahrhunderts wurden Nachrichten gesammelt und in handschriftlicher Form weiterverbreitet, zunächst im privaten Kreis von interessierten Personen wie Fürsten, Verwaltungsleuten, Gelehrten oder Kaufleuten, seit der Mitte des 16. Jahrhunderts auch auf kommerzieller Basis durch sog. Korrespondenzbüros. Die Verfasser der Korrespondenzen stammten aus denselben Kreisen wie die Leser. 1575 schlossen die Kurfürsten von Brandenburg und Sachsen sowie die Herzöge von Württemberg, Schleswig-Holstein und Braunschweig auf dem Fürstentag zu Regensburg eine Vereinbarung zum Austausch von Nachrichtensammlungen, sog. Briefzeitungen. Unter den Gelehrten, die Nachrichten sammelten und verbreiteten, ist z.B. Melanchthon zu nennen und um 1600 der Tübinger Professor der Beredsamkeit Martin Crusius, der in seinem Tagebuch Nachrichten einzutragen pflegte und der in Privatbriefen Zeitungsnachrichten weiterverschickte. Auch in der Kaufmannschaft wurden Nachrichten verbreitet. Man unterrichtete sich über Angebot und Nachfrage bei Waren, über neue Handelsplätze, besonders aber über Gefahren, die durch Kriege, Piraten oder Seuchen drohten. Die Kontore der großen Handelshäuser, etwa der Fugger und der Welser, sammelten aus aller Welt eingehende Meldungen und stellten sie zu Kaufmannszeitungen zusammen, die kopiert und an Geschäftspartner verschickt wurden.

In den geschriebenen Zeitungen bildete sich über längere Zeit hinweg ein Repertoire von Berichtsformen aus, aus dem später die gedruckten Zeitungen wählen konnten. Dabei ist zu beachten, daß die gedruckten Zeitungen die geschriebenen lange nicht verdrängten, u.a. deshalb, weil sie den Vorteil hatten, nicht der Zensur zu unterliegen. In vielen Fällen waren geschriebene Zeitungen offensichtlich auch die Quelle für die gedruckten.

3.2 Neue Zeitungen

Während die geschriebenen Zeitungen nur beschränkt der Öffentlichkeit zugänglich waren, gab es seit dem Beginn des 16. Jahrhunderts die sog. Neuen Zeitungen. So bezeichnete man Flugblätter oder Flugschriften, d.h. Einzeldrucke, die aus Anlaß besonderer Ereignisse verbreitet wurden. Sie enthielten Ereignis-darstellungen in z.T. geradezu reportageartiger Form, manchmal auch Texte mit polemischer Tendenz und schließlich die Wiedergabe amtlicher Dokumente, z.B. kaiserliche Mandate und Texte von Friedensverträgen. Auch Neue Zeitungen konnten als Quelle für die gedruckten Zeitungen genutzt werden, wobei allerdings die umfangreicheren Berichtsformen nicht übernommen wurden. Dafür werde ich in Abschnitt 6 ein Beispiel geben.

3.3 Meßrelationen

Meßrelationen sind Zusammenstellungen von Nachrichten, die seit 1583 zumeist halbjährlich zu den Frühjahrs- und Herbstmessen erschienen, z.B. in Leipzig oder in Frankfurt. Sie haben ganz unterschiedliche Darstellungsformen und Grade der Bearbeitung, von Nachrichtensammlungen bis zu zusammenhängenden historischen Darstellungen.[5] Die Verfasser der Meßrelationen verwenden als Quellen sowohl Neue Zeitungen und Briefzeitungen als auch – später – gedruckte Zeitungen.

3.4 Eine Monatszeitung – der „Annus Christi“ von 1597

Schließlich wurde im Jahre 1597 von Samuel Dilbaum in Augsburg eine Monatszeitung herausgegeben, der „Annus Christi“, die jedoch im folgenden Jahr nicht fortgeführt wurde. Der „Annus Christi“ zeichnet sich aus durch einen hohen Bearbeitungsgrad, aufwendige Textgestaltung und eine leserfreundliche Aufmachung (regional-thematische Gliederung,

---

5 Die unterschiedlichen Typen von Meßrelationen, die Vielfalt der dort vertretenen Textsorten und die Formen der Quellenbehandlung untersucht die in Fußnote 2 erwähnte Arbeit von Glüer.

Kopfzeilen, thematische Marginalien). Diese Gestaltungselemente, die sich in unterschiedlicher Form auch in den Meßrelationen finden, werden in die frühe Wochenpresse jedoch nicht übernommen.

Nach diesem Rundblick läßt sich das Neue der gedruckten Wochenzeitungen in vier Kennzeichen zusammenfassen:

1. *Publizität*: Die Wochenzeitungen waren im Prinzip für jeden zugänglich, der sie sich leisten konnte. Es gibt Berechnungen, nach denen sich möglicherweise sogar ein Handwerksgeselle eine Zeitung hätte leisten können (vgl. Welke 1976, 163f.). Im wesentlichen waren die Käufer der Zeitungen jedoch Adlige, fürstliche und städtische Verwaltungsbeamte, Kaufleute und Gelehrte. Meistens wurden die Zeitungen von mehreren Leuten gelesen, es wurde daraus vorgelesen und sie wurden weitergegeben; es gab sogar Lesezirkel, die sich gemeinsam eine Zeitung leisteten. Daher betrugen die Benutzerzahlen ein Vielfaches der zunächst relativ kleinen Auflagen von ca. 400 Stück pro Zeitungsnummer. Dagegen waren die früheren Briefzeitungen entweder ganz privat oder doch für ein internes Kommunikationsnetz von Politikern und Kaufleuten gedacht.

2. *Universalität*: Der Themenkatalog der Wochenzeitungen war prinzipiell offen, wenn auch bestimmte Themen im Vordergrund standen, nämlich politische, militärische und religiöse Berichterstattung. Daneben gab es auch Katastrophenmeldungen, Berichte über technische Errungenschaften und, in der 2. Hälfte des 17. Jahrhunderts verstärkt, Hofberichterstattung. Eher ungewöhnlich für die Berichterstattung im Jahr 1609 war ein Hofbericht aus Eßlingen über die Hochzeit des Herzogs von Württemberg, der bei diesem Anlaß ein Gewand anhatte, das in Mailand geschneidert worden sein soll und dessen Preis mit 300.000 Gulden angegeben wurde. Bei dem Festumzug, so wurde berichtet, trat der Markgraf von Durlach mit 24 grünen Rossen auf, und die dazugehörigen Personen waren alle in hautfarbenen, doppelten Taft gekleidet und sahen aus wie Engel (Aviso, auß Eßlingen vom 22. November 1609).

3. *Periodiziät*: Im Gegensatz zu den Neuen Zeitungen, die jeweils zu bestimmten Einzelereignissen gedruckt wurden, und im Gegensatz zu vielen geschriebenen Zeitungen, die weitergereicht wurden, wenn genug Information vorhanden war, erschienen die Wochenzeitungen regelmäßig. Die Meßrelationen erschienen zwar auch regelmäßig, aber der halbjährige Erscheinungsrhythmus konnte eines natürlich nicht garantieren, nämlich Aktualität. Und das ist auch die vierte charakteristische Eigenschaft der gedruckten Wochenzeitungen.

4. *Aktualität*: Die Information war durchschnittlich 10 Tage bis drei Wochen alt, wenn sie zu den Lesern kam, was für die damalige Zeit ein unglaubliches Maß an Aktualität bedeu-

tete. Am Ende des 17. Jahrhunderts erschienen dann viele Zeitungen mehrmals die Woche, und es gab sogar schon die ersten Tageszeitungen.

Das Bemerkenswerte an den gedruckten Wochenzeitungen, ihr Erfolgsrezept, war also keine spezifische Einzelinnovation, sondern die Verbindung von wohlbekannten Aspekten der Nachrichtenpublikation in einem neuen Medium.

4. Aufbau und Produktionsweise der Zeitungen

Die Wochenzeitungen sind nach folgenden Prinzipien aufgebaut: Ein Jahrgang besteht aus ca. 50 Wochennummern. Jahrgänge wurden am Ende des Jahres oft zusammengebunden, und in dieser Form sind sie uns teilweise auch erhalten. Jede Wochennummer besteht aus einer Anzahl von Korrespondenzen aus verschiedenen Orten. Jede Korrespondenz besteht aus zumeist relativ unverbundenen Einzelmeldungen. Ähnlich wie die älteren handschriftlichen Nachrichtensammlungen sind die gedruckten Wochenzeitungen „Conglomerate von Einzelnachrichten" (Grasshoff 1877, 11).

Die Produktionsweise der Zeitungen läßt sich etwa folgendermaßen beschreiben: An bestimmten zentralen Orten (z.B. Köln, Wien, Prag, Antwerpen, Venedig, Rom) hatten die Zeitungen Korrespondenten, die Nachrichten und wichtige Dokumente aus dem Einzugsgebiet dieser Orte sammelten und wöchentlich mit der Post an den Redaktionsort schickten. Die Texte wurden dann, im allgemeinen ohne tiefgreifende redaktionelle Bearbeitung, in der Reihenfolge ihres Eintreffens zusammengestellt, gesetzt und in Wochennummern verbreitet.[6] Die eigentlichen Textproduzenten waren also die Korrespondenten. Und von deren Kompetenz hing in entscheidender Weise die Qualität der Zeitungen ab. Aufgrund der genannten Produktionsweise gab es in den Zeitungen als Anordnungsprinzip keine thematischen Sparten und keine Ressortgliederung, wie wir sie heute kennen (Politik, Wirtschaft etc.), sondern nur das schlichte Prinzip der Sammlung nach Herkunftsort. Dieses Prinzip war aber für die Zeitungsmacher offensichtlich so praktisch, daß es bis ins 19. Jahrhundert das Bild der periodischen Zeitungen bestimmte, obwohl es nicht sehr leserfreundlich ist.[7] Das Sammelprinzip trägt wenig zur Übersichtlichkeit bei, weil kaum

---

[6] Die Zeitungen setzen also zwei andere Neuerungen schon voraus, erstens den regelmäßigen Postverkehr zwischen den wichtigsten Städten Europas, der im Lauf des 16. Jahrhunderts eingerichtet wurde, vor allem durch die kaiserlichen Postmeister von Taxis, und zweitens den Buchdruck.

[7] Als Beispiel aus dem späteren 18. Jahrhundert könnte man den von Matthias Claudius herausgegebenen „Wandsbecker Boten" nennen, der als wesentliches Aufbauprinzip die Korrespondenzstruktur zeigt, daneben aber auch redaktionelle Beiträge enthält.

thematische Zusammenhänge präsentiert werden, ein Mangel, den schon die ersten Pressetheoretiker im 17. Jahrhundert erwähnten (z.B. Stieler 1695, 62).

5. Zur Nutzung der Zeitungen

Im Laufe der erwähnten Zeitungsdebatte wurden Aspekte der Zeitungsnutzung häufig im Zusammenhang mit der Frage der Legitimation der Zeitungen behandelt. Seit den Anfängen der Reflexion über die Zeitungen wurden zwei verschiedene Nutzungsmöglichkeiten unterschieden, die berufliche Nutzung und die private Nutzung. Im Hinblick auf die berufliche Nutzung wurde hervorgehoben, daß die Zeitungen Politikern und Handeltreibenden einen Informationsvorsprung vermittelten, der ihnen viele Vorteile bringen konnte. Schon 1609 schrieb Gregor Wintermonat, selbst Herausgeber einer Meßrelation:

> Vor anderem aber und fürnehmlich nutzen sie [die Zeitungen] den hohen Obrigkeiten und Potentaten, ja all denjenigen, so im Regiment sitzen und dem gemeinen Wesen vorstehen. Ja es erfordert die hohe Notdurft, daß sie, wo sie anders den gemeinen Nutzen löblich verwalten und ihre Untertanen in guter ruhe und Frieden erhalten wollen, daß sie sich vor allen Dingen darauf befleißigen, damit sie von anderen Orten und Landen gute Kundschaft und gewisse Zeitung mögen haben. (Blühm/Engelsing 1967, 21)

Der Topos des pragmatischen Nutzens für die berufliche Tätigkeit der Führungselite findet sich in der ganzen Pressedebatte des 17. Jahrhunderts, bis hin zu Stieler (1695) und darüber hinaus ins 18. Jahrhundert. Mit ihm kontrastiert der Topos des persönlichen Nutzens, der in der Weitung des Horizonts liegt. Man kann hier schon einen deutlich frühaufklärerischen Zug erkennen. Zeitungen werden als Chroniken der Tagesereignisse verstanden und mit der traditionellen Geschichtsschreibung verglichen. Generell kann man sagen, daß sich Zeitungsschreiben und Geschichtsschreibung im 16. und 17. Jahrhundert wohl näher standen als nach heutigem Verständnis. Das bezeugen auch Übergangsformen zwischen Zeitung und Geschichtsschreibung, wie sie bestimmte Typen von Meßrelationen darstellen. Diese Einschätzung der Zeitungen legte auch ihre pädagogische Nutzung nahe. Der große Pädagoge Johann Amos Comenius sah 1654 in seinem Lehrplan für eine Schule in Ungarn pro Woche eine Stunde vor, in der Zeitungsnachrichten gelesen werden sollten, und zwar im Zusammenhang mit dem Sprach-, dem Geschichts- und dem Geographieunterricht (Blühm/Engelsing 1967, 41). Das Zeitungslesen war für Comenius eine der Möglichkeiten, die Realien, auf die er so großen Wert legte, im Unterricht zu verankern. Georg Greflinger, Dichter und Herausgeber einer hervorragenden Zeitung, nämlich des

Hamburger „Nordischen Mercurius“, schrieb 1669 in einer kleinen Anzeige in der eigenen Zeitung:

> Weilen einige verständige Schulmeistere / ausser- und inner Landes / auch andere vornehme Leuthe / dergleichen Novellen / nebst den Geistlichen Büchern / ihren Kindern zu lesen geben / um der Welt Zustand / wie auch der Länder / Flüsse und Städte Nahmen darauß bekannt zu machen / daß deßwegen noch ein 100 Exemplaria [seiner Zeitungen] von Anno 1664. 1665. 1666. 1667 und 1668. Als über die gewöhnliche Zahl gedruckt / und vor gar schlechten Preiß [also für einen sehr bescheidenen Preis, G.F.] den Kindern zum bästen / zu kauffen seyen. (Blühm/Engelsing 1967, 42)

Daß es neben dem beruflichen, dem historiographischen und dem pädagogischen Interesse noch andere, elementarere Nutzungs-interessen gab, können wir vermuten, wenn wir den zeitgenössischen Einwand betrachten, daß die Zeitungslektüre einer gefährlichen Neugierde Vorschub leiste. Der lutherische Superintendent Johann Ludwig Hartmann geißelte in einem 1687 veröffentlichten Mahn- und Bußtraktat die „unzeitige Neue-Zeitungs-Sucht“, „die Lust / welche viel Leut haben / darinnen / daß sie gerne was neues hören / und können reden und anhören mit Lust anderer Leut Sachen / die ihnen doch nicht angehen / dieselbe ist sündlich / weil dadurch viel Zeit verdorben / wichtige Dinge darzu unsere Zeit uns gegeben / und da wir uns umb zu bekümmern haben / versäumet werden“ (Blühm/Engelsing 1967, 53). Es gab also offensichtlich auch ein elementares Interesse an Neuigkeiten, auch als Grundlage für Gesprächsthemen, ein Interesse, das nicht durch Beruf oder Bildungsziele legitimiert war.

Zeitgenössische Zeugnisse deuten darauf hin, daß man damals z.T. andere Nutzungs- und Lesestrategien hatte als wir es heute haben. Man überflog die Zeitungen wohl weniger, sondern man las sie von A bis Z wie ein Buch, möglicherweise mehrfach. Man exzerpierte bisweilen auch Teile für den eigenen Gebrauch. Bei dieser Art der Lektüre waren komplexe Sätze und mangelnde Hinweise auf Themengliederung wohl eher zu verkraften.

Bei dieser gründlicheren Lektüre mußte dem regelmäßigen Leser sicherlich eine Form des thematischen Aufbaus auffallen, die durch das Korrespondenzprinzip erzeugt wurde. Der aufmerksame Leser wußte bald: aus Prag wird vom kaiserlichen Hof und von den Religionsstreitigkeiten berichtet, aus Venedig gibt es Information über den Seekrieg mit den Türken, aus Antwerpen erfährt man von den Auseinandersetzungen um die Niederlande, aus Köln bekommt man die Nachrichten über den Jülich-Clevischen Erbfolgestreit. Die kontinuierliche Berichterstattung aus den Regionen erlaubte also eine Zuordnung von Korrespondenzort und Berichtsthema. Damit war – sozusagen ohne Zutun der Zeitungsmacher – ein Gliederungsprinzip gegeben, das thematischen Zusammenhang lieferte und zur thematischen Übersicht beitrug.

6. Textsorten und funktionale Textbausteine

Für die Geschichte von Kommunikationsformen und Textsorten ist es von besonderem Interesse zu wissen, ob es in den frühen Zeitungen schon ein Arsenal von Textmustern oder Textsorten gab, wie wir es aus den heutigen Zeitungen kennen, also z.B. Meldung, Bericht, Reportage und Kommentar. Die Antwort auf diese Frage fällt negativ aus. Für die Schreiber der ersten Zeitungen gab es offensichtlich noch kein fixiertes Repertoire von Textsorten, das den Aufbau der Zeitung bestimmte, und an dem sich die Zeitungsmacher orientierten, und dementsprechend gab es auch kein System von Bezeichnungen für Textsorten. Dem Betrachter zeigen sich aber doch bestimmte Textprototypen, so daß man von einer Textsortendifferenzierung in statu nascendi sprechen könnte. Diesen textsortengeschichtlichen Stand kann man analytisch zu rekonstruieren versuchen, indem man ein System von funktionalen Textbausteinen beschreibt, aus dem sich baukastenartig Texte aufbauen lassen.[8] Bestimmte Konstellationen von Textbausteinen lassen sich dann als Prototypen verstehen. In einem ersten Zugriff lassen sich folgende Spielarten von Zeitungstexten unterscheiden, die ich in den nächsten Abschnitten vorstellen will:

1. die einfache Faktenmeldung,
2. die Zustands- oder Ereignisbeschreibung,
3. der komplexe Verlaufsbericht,
4. die Wiedergabe von Dokumenten (Friedensverträge, kaiserliche Mandate etc., als Wiedergabe des Originals bzw. als Extrakt).

6.1 Die Faktenmeldung und ihre Ausbauformen

Als Meldungen kann man Berichte bezeichnen, mit der die Korrespondenten Ereignisse in der elementarsten Form darstellen, indem sie die grundlegenden ereignisspezifischen Fragen beantworten: Was ist passiert? Wann und wo ist es passiert? Wer war beteiligt? Die Nennung prominenter Personen (des Kaisers, des Herzogs von Nevers, des Seeräubers Simon Dantzer) spielt häufig eine wichtige Rolle, so daß man geradezu von einer personenorientierten Berichterstattung sprechen kann. Ein Beispiel für diesen elementaren Texttyp ist folgende Meldung aus Venedig vom 18. September 1609:

(1) Alhie ist der *Illustrißimo Francisco Contrariuo* zum *Ampassator* nach Engelland erwehlt. (Relation 1609, 164, 32)

---

[8] Schröder (1995, 214) spricht von einem „Anreicherungssystem" funktionaler Textbestandteile. Zur Realisierung kommunikativer Aufgaben wie der Bezugnahme auf Gegenstände oder des Querverweises vgl. Fritz (1993).

In vielen Fällen folgen mehrere derartige Meldungen aufeinander, z.T. ohne deutliche Kennzeichnung (z.B. im Layout), ob sie thematisch verbunden sind oder nicht. Das gilt auch für die eben angeführte Meldung, die Teil einer Meldungsreihe ist:

(2) Hiesiger *Perthon* [ein Schiffstyp, G.F.], welcher nahendt *Zante* in *Candia* mit Kauffmanns wahren fahren wollen / hat Schiffbruch erlitten. So ist der *Perthon Pasqualigo* mit dergleichen wahren beladen / darob in 80. Persohnen sampt dem *Patro Signor Pasqualigo* welche nach Constantonopoli fahren wollen / bey *Corregio* nachtszeit von den Türcken gefangen / meisttheils nidergehawt / die ist aber im Calabrischen Meer von einer Livornischen Gallion erledigt / die Türcken in die Flucht getrieben / vnd solche zu Livorno eingebracht worden. Alhie ist der *Illustrißimo Francisco Contrariuo* zum *Ampassator* nach Engelland erwehlt. Der jenige Türck / welcher deß jetzigen Türckischen Kaysers Bruder sein soll befind sich noch beim Großhertzogen von Florentz. (Relation 1609, 164, 26ff.)

Diese Grundeinheiten können nun durch weitere funktionale Bausteine erweitert werden, um komplexere Ereignisdarstellungen zu ermöglichen. Diese funktionalen Bausteine gehören zum Grundinventar der Ereignisdarstellung, einige von ihnen sind jedoch durch die Häufigkeit ihres Auftretens charakteristisch für das textliche Erscheinungsbild der frühen Zeitungen. In den folgenden Beispielen ist der betreffende funktionale Baustein jeweils kursiv ausgezeichnet:

1. Ein sehr häufiges zusätzliches funktionales Element ist die Quellenangabe für die Meldung:

(3) *AVs dem Haag hat man* / daß sich die General Staaden daselbsten wieder versamblen / in wichtigen sachen sich miteinander zu berathschlagen. (Aviso 1609, 235, 1ff.; Aus Cöln den 26. Julij / Anno 1609)

(4) *Maylendische Brieff melden* / der Hertzog von Savoia habe ... (Relation 1609, 70, 6)

(5) *Auß Liefland hat man Zeitung* / daß die Polen ... (Relation 1609, 83, 38)

Das Muster Quellenangabe plus Faktenmeldung ist geradezu ein Markenzeichen der frühen Zeitungen.

2. Eine zweite Erweiterungsmöglichkeit der Basisstruktur bilden erklärende Elemente:

(6) (Zwei feindliche Gruppen von Soldaten sind) so nahend zusammen kommen das sie einander mit Pißtolen wol erlangen können / *vnnd ist solches allein wegen deß quartiers zuthun gewest* (Relation 1609, 19, 12ff.)

3. Häufig werden zusätzlich Pläne und Intentionen der handelnden Personen angeführt:

(7) In verfertigung vnd siegelung der Friedensartickel / haben Ihr Kön. Maystt. an die Stende begehrt / jhr zu gehorsam auff ein zeit nicht predigen zu lassen / welches sie dann zugesagt / *vnd solle die Huldigung von den vnter Enserischen Stenden / den 27. April (...) beschehen* (Aviso 1609, 98, 22ff.; Aus Wien vom 28. Martij)

4. Durch Hinzufügung von deskriptiven Elementen erhält man erweiterte Meldungen wie die folgende, in der berichtet wird, wie Galileo Galilei von der Stadt Venedig eine großzügige finanzielle Anerkennung für die Entwicklung eines Fernglases bekam, das für die Venezianische Flotte sicherlich sehr nützlich war. Einen Teil dieses Texts bildet die Beschreibung der bemerkenswerten Eigenschaften des von ihm weiterentwickelten Fernglases:

(8) Hiesige Herrschaft hat dem Signor Gallileo von Florentz professoren in der Mathematica zu Padua ein stattliche verehrung getan, auch seine Provision vmb 100. Cronen jährlich gebessert / weil er durch sein embsigs studiren *ein Regel vnd Augenmaß erfunden / durch welche man einerseits auff 30. Meil entlegene ortt sehen kann / als were solches in der nehe / anderseits aber erscheinen die anwesenden noch so viel grösser / als sie vor Augen sein /* welche Kunst er dann zu gemeiner Statt nutzen präsentiert habe. (Relation 1609, 154; 15ff.; „Auß Venedig vom 4. Septemb.")

5. Schließlich werden häufig Prognosen und Befürchtungen geäußert:

(9) Vnnd weil der Illischazi auch tödlich kranck liegen sol / haben Ihre Mayst. jhme dero LeibDoctor hinabgeschickt / *wann er sterben solte / wurde es ein grosse Verenderung geben* (Aviso 1609, 115, 30ff.; Aus Wien den 15. Aprilis)

6.2 Zustands- und Ereignisbeschreibungen

Durch die Verbindung mehrerer Bausteine dieser Art ergeben sich längere Texte, die man als Zustands- und Ereignisbeschreibungen bezeichnen könnte. Typische Zustandsbeschreibungen dieser Art betreffen beispielsweise den jeweiligen Stand von Verhandlungen. Der folgende Beispieltext beschreibt die politische Situation in Prag Anfang Februar 1609:

(10) Das hießige Wesen / hat auch ein weit außsehen / vnd zu besorgen es noch Kappen setzen dörfft / weil die Böheimischen Stendt bey jhrem Landtag / noch nicht in dem einigen Reli-

gion puncten richtig / vnd sehr schwierig durch einander sein / auch jrer schon gar viel / wieder von hinnen verreiset / vnd einen Ausschuß hinder jhnen gelassen / vnd sein heut die Protestierende / in der Landtstuben erschinen / jhrer Maytt. Resolution zu zuuernehmen / darauff jhnen der Herr Obr. Burgg. wegen jhrer Maytt. angezeiget / das sie sich biß morgen gedulden wollen / gemeldte Stendt sich aber erkleret / das sie zwar des morgenden Tags / erwarten wollen / aber darneben gebeten / man wolte sie lenger nicht auffhalten / sie sonsten vnuerrichteter Sachen / wieder heimbziehen wolten / also das man verhofft / dieses auff künfftigen Mittwochen ein entschafft zu haben. (Aviso 1609, 44, 27ff.; Auß Prag von 9. Dito)

6.3 Verlaufsberichte

In seltenen Fällen bringen die Wochenzeitungen ausführlichere Berichte des Ablaufs von Ereignissen. Als Beispiel führe ich den Bericht von einem Unglück an, das die Zeitgenossen offensichtlich sehr beeindruckt hat, nämlich der Einsturz eines Hauses bei einer Hochzeit in Erfurt. Dieses Unglück war eine Sensation, über die sowohl in einem Einzeldruck, also in einer sog. Neuen Zeitung, als auch in der Relation und in Meßrelationen des Jahres 1609 berichtet wurde.

(11) Auß Erfurdt vom 7. Februarij.

Heut nachmittag vmb 3 / Vhren / hat sich in vnser Statt Erfurt ein vnerhört vberauß groß Vnglück / welches mit augen nit gnugsam kan beweint werden / deßgleichen auch nie geschehen / zugetragen vnd begeben weil Erfurdt gestanden / so nach folgender massen ergangen. Es hat ein Rothgerber auff dato sein Hochzeitmal in der Braut Hauß gehalten / als nun die erbettenen Hochzeitgäst im besten essen / trincken vnnd frölichkeit waren / seind beede Stuben darin die Hochzeitleut gesessen / vber einander / vnd eingefallen / dadurch der Hochzeitgäst in 22. Personen jämmerlich erschlagen / vnd alsobald Todt geblieben / in 20. Personen auch jämmerlich / deren theils beede Schenckel vnd Arm / thei(l)s ein Schenckel vnd Arm / etliche sonsten am Leib jämmerlich zerknitscht vnd beschediget worden / vnd also ein jämmerlicher Spectackel gewesen / es ist die Braut todt blieben / der Breutigam aber ist davon kommen / vnder den Todten sind auch etliche Rahtsherren gewesen / man hat ein gantze nacht gearbeit / ehe man sie alle hat können herfür bringen / dahero etliche im Staub vnnd anderm Vnrath ersticken müßen / die vielleicht sonst davon hetten können kommen. Der trew barmhertzige Gott wölle vns vnnd männiglich für solchem jämmerlichen vnfall ferner Vätterlich behüten vnd bewaren. (Relation 1609, 38, 17ff.)

Dieser Text dokumentiert sozusagen die Obergrenze an Komplexität von Verlaufsdarstellungen, die in den frühen Wochenzeitungen zu erwarten sind. Daß aber um 1600 durchaus Formen der Berichterstattung möglich waren, die der heutigen Textsorte der Reportage entsprechen, zeigt die erwähnte Darstellung des Erfurter Unglücks in einer Neuen Zeitung. Sie demonstriert, welche rhetorischen Mittel für eine lebendige Berichterstattung um 1600 verfügbar waren, z.B. Verwendung des Praesens Historicum, wörtliche Rede, subtile Vorausdeutungen, Hervorhebung von Kontrasten (Überlebende/Tote) usw.:

> Eine warhafftige vnd erschreckliche newe Zeitung.
> Eigentlicher Bericht / wie es vff einer Hochzeit zu Erffurdt zugangen den 6. Febr. Anno 1609.
> Gedruckt im Jahr 1609.
>
> NAch dem Fridrich Nicols Tochter einen Weisgerber Gesellen verheyrathet / welche den 6. Februarij jhren Kirchgang gehalten / vnnd seind der Geste neun Tische voll gewesen / auch feine fürnehme Leute darunter / vnd haben in Friderich Nicol Behausung in einer schönen Stuben so ein tieffe geteffelte Decke gehabt / gesessen / sein aber jmmer gar stille vnnd trawrig gewesen. Nach dem essen hat man ohne gefehr vber vier Tische das Geschencke gethan / hebet die Stuben an zu krachen / da fenget vber der Jungfrawen Tische eine Jungfraw an / vnnd spricht: Lasset vns hinaus gehen / mich düncket die Stuben wil einfallen / die Jungfraw aber wird von denen dabey stehenden Tischen zimlichen vexieret vnd ausgelachet / baldt kracht es noch ein mahl / so stehen die Jungfrawen alle zu gleich miteinander auff / vnd gehen zur Stuben hinaus / als die letzte noch die Thür in der Hand hatte fellet die gantze Decke mit grewlichen krachen zugleich herab / alsbald hernach das gantze Hauß. Der Breutgam aber Fridrich Nicol beneben den Dienern / allen hauffenweis zu Stuben hinaus / vnd kommen daruon. Dieterich Sachs in der Stadt ein Rathsherr / springet zum Fenster hinaus / vnd kommet darvon. Der Brauts Schwester Magd hat ein klein Kind von drey vierthel Jahren auffm Arm / da sie den Fall des Hauses siehet / wirfft sie das Kind zum Fenster hinaus / in den Hoff / zehen Ellen hoch / das Kind kompt darvon / die Magd aber bleibet todt. Aus der Stuben gehet eine Thüre in die Kammer / die ist verschlossen / da der fall geschicht / thut sich die Thür auff / vnd sitzt einer darbey der heisset Jonas N. der kompt beneben Christoff Budstadt / vnd andern hinaus / Daniel Herholt ist auch ohne schaden davon kommen / In summa / es ist ein elender vnd kleglicher fall gewesen / davon nicht gnugsam zu schreiben / so bald man nun des fals jnnen worden / ist man zugelauffen / vnd retten helffen wollen / aber da lag alles durcheinander / das man den Vberfallenen nicht zu hülffe kommen konte / wegen der grossen Gefahr / die dabey war / denn es hieng ein halber Giebel mit einem schweren Ziegeldach an der lincken Hand / daselbst lag die Braut auff dem Angesicht / vnd war todt / zu beyden Seiten auch zwey todte Weiber / das Volck waget Leib vnd Leben tapffer hinan vnd arbeitet / das man von den armen Leuten abreumet / man warff auch Fewrleitern an / darauff man sie herab zog /

vnd erstlich bracht man heraus drey Rathsherrn / die waren stein todt / darnach bracht man einen Becker Casper Pilgrim / der richtet sich vff der Leiter vff / vnd leget die Hende zusammen / vnd betet / vnd starb bald / darnach zog man hervor des Lederkramers Mutter / die in Doctors Schliefers Gewelb feil hatte / auch todt heraus / da lag ein Weib vnd strecket eine Hand heraus / vnd wincket lange mit der Hand / hatte viel gulden Ringe an / aber man kundte nicht bald abreumen / bald kam die Post / das eines Obersten Weib M. Andreae Fundcke auch darunter lege / da muste jederman an demselben Orth arbeiten vnd abreumen / da lag ein Schieffer Tisch vff der Frawen / den schlugen die Zimmerleut entzwey / da lebte sie zwar noch / aber man kunte sie mit den Kleidern nicht heraus kriegen / da rissen sie jhr die Kleider ab / vnd zogen sie nur im Hembde heraus / nicht ein halbe viertel stund hernach fellet die ander Seite mit solchem grossen geprassel auch herunter / das die so im Hofe stunden / nicht anders vermeineten / es lege jhnen alles vff dem Halse / da schlugs die Frawe die oben mit der Hand wincket / gar zu tode / In summa die gantze Stadt zitterte vnd bewegte sich für grossem schrecken / zugleich trug man todte vnd beschedigte Leute zum Hause hinden vnd forn hinnaus / zwantzig Personen blieben alsbald todt / acht vnnd dreyssig Personen sein vbel beschedigt / bald darnach thut man einen Schoß vff der Brücke / welches das Volck noch mehr verschreckte / das Stedtlein Wiehe / nicht weit von Erffurt / ist auch die zeit in grund gar ausgebrandt / man berichtet auch / das es in dem Hause die Nacht grawsam gewinselt vnd weheklaget hat / das niemand hat drinnen bleiben können.

Verzeichnis der Personen / so todt sein blieben.
Hieronymus Brack.
Herr Matthias Müntzer.
Herr Hans Schmuck.
Lucas Nicol.
Hans Nicol.
Hans Adolt.
Hans Nerlich.
Gero Bedten.
Martin Kast.
Die Braut / Fridrich Nicols Tochter.
Ein Megdlein von zwölff Jahren.

Herr Ambrosius Hüters Fraw.
Einer Hüterin Tochter.
Herman Königs Weib.
Georg Bosen Weib.
Des Altknechts Haußfraw / etc.

Die Beschedigten liegen hart darnieder / einem ist ein Bein / dem andern ein Arm / dem dritten der Rücken / dem vierdten der Kopff entzwey / wie es noch klerer an tag kommen wird. Gott erbarme sich derselben / vnd helffe jhnen mit Gnaden vmb Jesu Christi willen / Amen.

6.4 Dokumentenwiedergabe

Die Formen der Dokumentenwiedergabe unterscheiden sich stark von den sonstigen Berichtsformen. Die wiedergegebenen Dokumente sind zumeist typische Kanzleitexte mit relativ hoher syntaktischer Komplexität und einem häufig hohen Fremdwortanteil. Als Beispiel führe ich die Wiedergabe eines kaiserlichen Edikts an, in dem der Kaiser den böhmischen Ständen ihre Religionsfreiheit bestätigt und auf den kurz zuvor ergangenen „Majestätsbrief" verweist.

(12) Keyserlich Edict.

WJR Rudolph / etc. Liebe Getrewe / Demnach bey vns die Herrn Prag. Kuttenbergische vnd andere abgeordnete aus den Städten aller dreyer Ständ sub utraque / In deme vor einem Jahr / wie auch jüngstem Landtag in aller Vnterthänigkeit dieses gebührlich gesucht / daß sie bey der Böhm. Confession / welche etliche die Augsp. nennen / so bey dem gemeinen Landtag Anno 75. beschrieben / vnnd Keys. May. hochlöbl. gedechtnis / vnnd anjetzo auch Vns von newem vbergeben worden / samt andern mehr eingebrachten vnd jhrer Religion angehörigem Begehren gelassen / vnd diß alles jnen gnugsam versichert werden möchte / welches jhr vnterthäniges Suchen vnd bitten / wir zu außrichtung vnd erhaltung in diesem Königreich / wie zwischen dem theil sub una also auch sub utraque in künfftig vnd ewigen zeiten / Lieb / Einigkeit vnd gutes Fürnehmens / auch beförderung des gemeinen Nutzes / gnedigst angesehen / sie bey der Böhm. Confession gelassen / das Consistorium vnd Academiam jhnen in jhre Macht vnd versorgung gegeben / auch zu den andern jhretwegen die Religion vnterthenigstem begehren nach bewilligt / vnd das alles (daran sich die Ständ bißhero auffgehalten / vnd deßwegen sie vntereinander die Defension auffgerichtet) inhalt jhres begehren / vnd von jhnen vbergebenen Notel mit vnserm Keys. Mayst.Brieff / welcher allbereit verfertigt / auch denen von jhnen verordneten Personen zu jhren Handen abgeführt / bekrefftigt / vnd also diesen Artickel wegen der Religion vollkömlich beschlossen / vnd zum end gebracht / wie solches der Mayst.Brieff dessen datum 9. Julij / dieses 1609. Jahrs mit mehrem in sich halten vnnd beschliessen thut / welches wir euch zur nachrichtung günstig nicht verhalten wollen / Geben zu Prag / Sontags nach Kiliani / den 12. Julij / Ao. 1609.

NB. Dieses Edict ist von J. Keys. M. selbst / wie auch Herrn Cantzlern / vnd dem newen Secretario Paulo Michne vnterschrieben / vnnd den 13. Julij auff dem Prag. Schloß angeschlagen worden. (Aviso 1609, 221, 28ff.)

7. Formen der Berichterstattung und ihre Traditionslinien – ein Beispiel

Unter entwicklungsgeschichtlichem Gesichtspunkt sind zu den Textsorten der frühen Zeitungen vor allem drei Fragen zu stellen: 1. Wie entstand der Pool von Berichtstypen, auf den die Korrespondenten zurückgreifen konnten? 2. Wie wählten diese aus dem ihnen verfügbaren Formenspektrum aus, um zeitungsspezifisch zu berichten? 3. Wie ergab sich das charakteristische Erscheinungsbild der frühen Wochenzeitungen? Ich will mit den beiden letzteren Fragen beginnen. Im Gegensatz zu den Neuen Zeitungen und den Meßrelationen mußte bei den Wochenzeitungen aufgrund der räumlichen Beschränkung die einzelne Ereignisdarstellung relativ kurz ausfallen. Deshalb wählten die Korrespondenten aus den möglichen Berichtsformen vor allem diejenigen aus, die dem Prinzip der Kürze entsprachen. Damit wurde die Faktenmeldung in ihren verschiedenen Ausbauformen zur Standardeinheit. Allerdings wurde die Anwendung des Prinzips der Kürze von unterschiedlichen Korrespondenten unterschiedlich praktiziert. Die Berichterstattung aus Venedig fiel sowohl im Aviso als auch in der Relation besonders kurz und oberflächlich-faktenorientiert aus, so daß wir hier öfters die Reihung von Meldungen finden, während insbesondere der Prag-Korrespondent des Aviso sich durch längere, analytische Situationsbeschreibungen auszeichnete, die auch die Darstellung von Zusammenhängen und die Mitteilung von persönlichen Einschätzungen umfaßten.

Das Spezifikum der frühen Wochenzeitungen wird besonders deutlich im Vergleich mit den zeitgenössischen Meßrelationen.[9] Diese realisieren insgesamt ein viel weiteres Spektrum von Textsorten. Von der ausführlichen Rekonstruktion historischer Vorgänge (z.B. der schwierigen Nachfolge des ermordeten Königs Heinrich III. von Frankreich) und detaillierten Schlachtschilderungen über Predigten und legendenartige Texte bis hin zu Nachrufen und politischen Liedern wurde alles gesammelt, wessen die Herausgeber habhaft werden konnten und was für ein Verständnis der Zeitläufte informativ und für die neuigkeitsdurstigen Leser attraktiv erschien. Im Vergleich dazu konzentrieren sich die

[9] Glüer (1999) weist darauf hin, daß es unter den verschiedenen Typen von Meßrelationen auch den Wochenzeitungstyp gibt, der sich vermutlich im wesentlichen aus Zeitungsmaterialien speist.

Korrespondenten der Wochenzeitungen im allgemeinen auf die faktenorientierte Berichterstattung. Die Auswahl eher kürzerer Berichtsformen durch die einzelnen Korrespondenten erzeugt kumulativ das typische textliche Erscheinungsbild der frühen Zeitungen.

Die Vorgeschichte der einzelnen Berichtsformen, die als Pool von Möglichkeiten für die Korrespondenten verfügbar waren, ist ein Desiderat der linguistischen Textsortengeschichte. Eine zentrale Quelle für diese Fragestellung bilden zweifellos die handschriftlichen Zeitungen, die bisher textlinguistisch noch kaum erforscht sind. Am Beispiel der kurzen Meldung möchte ich an dieser Stelle Traditionslinien für einen zentralen Textprototyp skizzieren. Die elementare Mitteilung von Fakten gehört offensichtlich zum Basisinventar des alltäglichen Berichtens in der gesprochenen Sprache, so daß man annehmen könnte, eine historische Rekonstruktion der Herkunft des Prototyps Faktenmeldung in den Zeitungen sei trivial. In vielen Fällen werden jedoch Muster schriftlicher Textproduktion nicht direkt aus der gesprochenen Praxis übernommen, sondern sie haben ihre eigenen, schriftsprachlichen Traditionen. Und dies dürfte auch für den Typ der Faktenmeldung gelten. Faktenmeldungen gehören schon zum Repertoire der annalistischen Chroniken, wie etwa folgendes Beispiel aus der Rötteler Chronik von 1415 zeigt:

(13) Item uff den 17. tag desselben monets derselbe küng ist ingefarn in die gebiet und land von Arragony und het den ymbis mit dem graven der Canety, die da ist gelegen zu Perpynian, mit dem nachtmal; und slieff ouch da derselbe unser herre der Romisch künig. (September 1415)

Sie finden sich aber auch in Privatbriefen, bisweilen eingelagert in rein persönliche Mitteilungen. Ein schönes Beispiel zitiert Gloning (1996, 203) aus einem Brief von Dürer an Willibald Pirckheimer aus dem Jahre 1506:

(14) Item der narnfederle kan jch keins bekumen. O, wen jr hy wert, was wurd jr hüpscher welscher lantzknecht finden! Wy gedenck jch so oft an ewch! Wolt got, das jrs vnd Kuntz Kame(r)er solten sehen. Do haben sie runckan mit 278 spiczen, wo sie ein lanczknecht mit an rüren werden, so schtirbt er, wan sy sind all vergibt. Hey, jch kan woll thon, will ein welscher lanczknecht (werden). *Dy fenedier machen gross folk, des gleichen der pobst, awch der kung von Franckreich. Was traus wird, daz weis jch nit. Den vnsers künix spott man ser etc.*
Jtem wünscht mir Steffen Pauwgartner vill glüx, (...).

Auch die später so charakteristische Form der Quellenkennzeichnung plus Faktenmeldung ist schon früh in Briefen belegt, z.B. in den niederdeutsch geschriebenen Kaufmannsbriefen von Hildebrand Veckinchusen vom Beginn des 15. Jahrhunderts. Ein Beispiel führt Lindemann (1978, 49) an:

(15) *Item hebbe we de tydinge*, dat de konnigh schule togrepen hebben myt deme kopmanne.

Aus den persönlichen Briefen herausgelöst und aneinandergereiht, bilden Folgen von derartigen Faktenmeldungen die Frühform der Nachrichtenbriefe.[10] Von dort werden sie in die handschriftlichen Zeitungen übernommen und von dort wiederum sowohl in die annalistischen Meßrelationen als auch in die Wochenzeitungen. Beispiele für das Vorkommen der Faktenmeldung in Meßrelationen bietet beispielsweise Thobias Stegers Relation zur Herbstmesse 1590. Dabei ist für seine annalistische Darstellungsweise die Einleitung der Faktenmeldung mit einer Datierung charakteristisch (vgl. Beispiel (13) oben):

(16) DEn Funffzehenden Septembris sind in des Bapsts Pallast oder newe Schatzkammer gelegt worden / drey Donnen Goldts.

Wir sehen hier also ein Traditionsgeflecht für einen elementaren Textprototyp, der sich mit der Entwicklung der Medien ausbreitet und schließlich eine wichtige Rolle für die Textgestalt der gedruckten Wochenzeitungen spielt.

Zusammenfassend läßt sich sagen: Die Einführung des neuen Mediums der gedruckten Wochenzeitungen bedeutet textsortengeschichtlich nur einen kleinen Schritt. Dieser Schritt bestand im wesentlichen in einer Auswahl aus dem vorhandenen Pool von Mitteln der Informationsvermittlung, orientiert an den Prinzipien der Aktualität und der Kürze. Durch die kumulative Wirkung des Korrespondenzsystems und der redaktionellen Zurückhaltung ergab sich die für lange Zeit gültige Textform der Standard-Wochenzeitung. Aufgrund der Bedeutung und der Verbreitung der Zeitungen war dieser kleine Schritt ein wichtiger Schritt in der Textsortengeschichte.

Literatur

Quellen

Annus Christi, 1597. Historische erzöhlung / der fürnembsten Geschichten vnd handlungen / so in diesem 1597. Jahr / vast in gantzem Europa, denckwürdig abgelauffen. [...] Getruckt in deß F. Gottshaus Sanct Gallen Reichshoff / bey Leonhart Straub / Jm Jar / 1597. Neudruck Walluf, Nendeln 1977.

Der Aviso des Jahres 1609. In Faksimiledruck herausgegeben und mit einem Nachwort versehen von W. Schöne. Leipzig 1939.

10 Gloning (1996, 211) zitiert ein schönes Beispiel aus einem Brief Melanchthons aus dem Jahre 1550.

Eine warhafftige vnd erschreckliche newe Zeitung. Eigentlicher Bericht / wie es vff einer Hochzeit zu Erffurdt zugangen den 6. Febr. Anno 1609. Gedruckt im Jahr 1609.

Die Relation des Jahres 1609. In Faksimiledruck herausgegeben und mit einem Nachwort versehen von W. Schöne. Leipzig 1940.

Rudolf III. Markgraf von Rötteln und andere: Rötteler Chronik 1376-1432. Bearbeitet und übersetzt von Klaus Schubring. Lörrach 1995.

(Steger, Thobias), Vnpostreuterische / Das ist / Vnpartheyhische Geschicht Schrifften / So sich syeder der nehesten Herbstmesse / in Spanien / Engelland / Franckreich / Niederland / Böhmen / Poln / Vngern / Vnd fast in dem mehrertheil Europa zugetragen / biss auff jetzigen September / Anno 1590. [...] Gestellet vnd verfertiget / Durch M. Thobiam Steger / G. vnd H. Liebhabern. Gedruckt im Jar / 1590.

(Stieler, Kaspar), Zeitungs Lust und Nutz / Oder: derer so genanten Novellen oder Zeitungen / wirckende Ergetzlichkeit [...]. Entworffen von dem SPATEN. Mit Churfl. Sächsischer sonderbarer gnädigsten Befreyung. HAMBURG / in Verlegung Benjamin Schillers / Buchhändlers im Dohm / 1695. Vollständiger Neudruck der Originalausgabe von 1695. Herausgegeben von G. Hagelweide. Bremen 1969.

Forschungsliteratur

(Blühm/Engelsing 1967) Die Zeitung. Deutsche Urteile und Dokumente von den Anfängen bis zur Gegenwart. Ausgewählt und erläutert von E. Blühm und R. Engelsing. Bremen 1967.

Fritz, G. (1993): Kommunikative Aufgaben und grammatische Mittel. Beobachtungen zur Sprache der ersten deutschen Zeitungen. In: Sprache und Literatur in Wissenschaft und Unterrricht 24, 34-52.

Fritz, G. (1994): Geschichte von Dialogformen. In: Fritz, G./Hundsnurscher, F. (Hg.): Handbuch der Dialoganalyse, Tübingen, 545-562.

Fritz, G. (1995): Topics in the history of dialogue forms. In: Jucker, A. H. (ed.): Historical Pragmatics, Amsterdam/Philadelphia, 469-498.

Fritz. G./Straßner, G. (Hg.) (1996): Die Sprache der ersten deutschen Wochenzeitungen im 17. Jahrhundert, Tübingen.

Gieseler, J. (1996): Vom Nutzen und richtigen Gebrauch der frühen Zeitungen. Zur sogenannten Pressedebatte des 17. Jahrhunderts. In: Fritz, G./Straßner, G. (Hg.): Die Sprache der ersten deutschen Wochenzeitungen im 17. Jahrhundert, Tübingen, 259-285.

Gloning, Th. (1996): Zur Vorgeschichte von Darstellungsformen und Textmerkmalen der ersten Wochenzeitungen. In: Fritz. G./Straßner, G. (Hg.): Die Sprache der ersten deutschen Wochenzeitungen im 17. Jahrhundert, Tübingen, 196-258.

Glüer, J. (1999): Messrelationen um 1600 – ein neues Medium zwischen aktueller Berichterstattung und Geschichtsschreibung. Eine textsortengeschichtliche Untersuchung, Diss. Gießen.

Grasshoff, R. (1877): Die briefliche Zeitung des XVI. Jahrhunderts, Diss. Leipzig.

Holly, W./Biere, B. U. (1998): Medien im Wandel, Opladen.

Lindemann, M. (1978): Nachrichtenübermittlung durch Kaufmannsbriefe. Brief-„Zeitungen" in der Korrespondenz Hildebrand Veckinchusens (1398-1428), München/New York.

Schröder, Th. (1995): Die ersten Zeitungen. Textgestaltung und Nachrichtenauswahl, Tübingen.

Welke, M. (1976): Rußland in der deutschen Publizistik des 17. Jahrhunderts (1613-1689). In: Forschungen zur osteuropäischen Geschichte 23, 105-276.

Ansgar Nünning

Kriegsberichterstattung an der Schnittstelle von Mündlichkeit und Schriftlichkeit

Englische Straßenballaden der Revolutionszeit 1640-1650 als Vorläufer moderner Massenmedien*

1. Infotainment damals und heute

Wenn sich heute jemand über die politischen Ereignisse des Tages, über die neuesten Schreckensmeldungen aus aller Welt oder über das Liebesleben der englischen Königsfamilie informieren möchte, so sind die Möglichkeiten dafür beinahe grenzenlos. Er oder sie kann aus einer unübersehbaren Flut von Zeitungen und anderen Printmedien auswählen, und wem Lesen gar zu beschwerlich ist, der bekommt allabendlich im Fernsehen ein kompaktes, gut aufbereitetes und leicht verdauliches Menü der Tagesnachrichten. Gleichwohl haben die Kriegsberichterstatter der großen Nachrichtensender in letzter Zeit einen eher flauen Job, weil ihnen die spektakulären Katastrophen ausgehen. Mit Nostalgie und Wehmut denken viele an die guten alten Zeiten zurück, als sich Peter Arnett in telegener Manier vom Dach eines Hotels in Bagdad aus meldete, um der Welt von der „Operation Desert Storm" zu berichten. Kein Krieg ist je wieder zu einem solchen Medienereignis geworden wie der Golfkrieg, der CNN so hohe Zuschauerzahlen und Marktanteile be-

* Wertvolle Anregungen verdanke ich dem sehr lebhaften Publikum der Ringvorlesung, insbesondere Andreas H. Jucker, Günter Oesterle, Klaus Schwank und Franz Wieselhuber. Meiner Assistentin Klaudia Seibel danke ich für die Akribie, mit der sie das Manuskript durchgesehen, die Zitate und bibliographischen Angaben überprüft und die Formatierung vorgenommen hat.

scherte wie in den letzten Jahren allenfalls noch der Bombenanschlag von Oklahoma City oder der Tod von Lady Diana. Solche *events* lassen die Einschaltquoten und Auflagen sämtlicher Massenmedien in die Höhe schnellen, und die Herzen derer, die von Medienkriegen leben oder von Katastrophen vor den Bildschirm gelockt werden, höher schlagen.

Wer sich hingegen in England vor 350 Jahren über die politischen Konflikte zwischen Krone und Parlament, über die neuesten Schreckensmeldungen des englischen Bürgerkriegs oder über das Liebesleben von König Charles oder das seiner puritanischen Gegenspieler informieren wollte, der durfte nicht sonderlich wählerisch sein. Zeitungen im heutigen Sinne gab es noch nicht, und die Weitergabe von Informationen beruhte noch zu einem großen Teil auf mündlicher Kommunikation. Eins jedoch war damals genauso groß wie heute: die schaurige Faszination, die von Kriegen, Krisen und Katastrophen ausging, die ihrerseits das Futter, der Gegenstand und die Aufmacher der Massenmedien waren und sind.

Diesen zugespitzt geschilderten Kontrast zwischen damals und heute muß man sich in Erinnerung rufen, wenn man die zeitgenössische Popularität und die geschichtliche Bedeutung englischer Straßenballaden der Revolutionszeit verstehen will.[1] Diese Texte sind aus mehreren Gründen als Vorläufer moderner Massenmedien anzusehen. Zum einen weisen sie – wenn auch mit gewisser quantitativer Einschränkung – die wichtigsten Merkmale moderner Massenkommunikationsmittel auf: Straßenballaden gab es in relativ großer Zahl, sie richteten sich an ein öffentliches Publikum, und auch ihre Distribution erfolgte öffentlich. Zum anderen erfüllten sie als aktuelle Informations- und Unterhaltungsmedien ähnliche gesellschaftliche und politische Funktionen: Sie informierten, sie artikulierten Meinungen und Bedürfnisse, und sie trugen damit ihrerseits zur politischen Meinungs- und Willensbildung bei.

Gerade im Falle der Kriegsberichterstattung sind noch drei weitere Parallelen zwischen Straßenballaden und modernen Massenmedien unübersehbar: Erstens kommt es in Balladen zu einer ähnlich bemerkenswerten Reduktion von Komplexität wie bei den heutigen Fernsehnachrichten; nicht Hintergründe und komplexe Zusammenhänge garantier(t)en hohe Einschaltquoten, sondern Schlachten, Katastrophen und *human interest stories.* Zweitens geht es in beiden Fällen nicht um eine neutrale Abbildung der Welt, sondern um eine mediale Inszenierung von Aktualität und Wirklichkeit; was jeweils dargestellt wird, läßt sich am besten mit dem Begriff der „Medienrealität" (Jäger 1993) fassen. Und drittens ist die Wahrheit – damals wie heute – das erste Opfer eines jeden Krieges, denn jede Seite

---

[1] Zitiert wird aus den im Literaturverzeichnis genannten Sammlungen, wobei jeweils nur die in eckigen Klammern stehenden Abkürzungen sowie die entsprechenden Seitenzahlen angegeben werden. Auf die Wiedergabe der meist sehr langen Titel der Balladen wird aus Platzgründen verzichtet, sofern sie nicht für den Argumentationszusammenhang relevant sind.

inszeniert nicht nur ihre Sicht von Wirklichkeit, sondern hat auch jeweils ‚die‘ Wahrheit für sich allein gepachtet.

Besonders deutlich sind die Parallelen zu modernen Massenmedien im Falle der politischen Nachrichtenballaden, die im Zeitalter der Englischen Revolution in den 1640er Jahren einen regelrechten Boom erlebten. Angesichts der sich überstürzenden politischen und militärischen Ereignisse während des Bürgerkriegs erfüllten diese Texte durchaus journalistische Funktionen. In der Themenauswahl solcher Balladen spiegeln sich die wichtigsten Etappen des Konflikts zwischen König Charles I. und dem Parlament.[2] Das breite Themenspektrum reicht von den revolutionären verfassungs-, kirchen- und finanzpolitischen Maßnahmen des Langen Parlaments über militärische Ereignisse des Bürgerkriegs bis zur Hinrichtung von Charles I. im Januar 1649.[3] Dies war insofern ein folgenschweres Ereignis, als dadurch nicht nur der König, sondern auch der Staatskörper sein Haupt verlor. Dies war ein ungeheuerlicher Vorgang, der das damalige Weltbild in seinen Grundfesten erschütterte. Es gehört zu den Ironien der Geschichte, daß der zuvor so umstrittene Herrscher durch den Akt der Enthauptung vom schuldigen Verräter zum unschuldigen christlichen Märtyrer, vom verhaßten Tyrannen zum bemitleideten Opfer wurde.[4]

Damit sind das Thema und die Zielsetzung dieses Aufsatzes bereits grob umrissen: Durch eine Analyse der Themen und Darstellungsverfahren englischer Straßenballaden aus der Revolutionszeit soll zum einen die Frage beantwortet werden, wie die Zeitgenossen auf die politischen Umwälzungen reagierten. Zum anderen gilt es zu klären, welche Funktionen politische Straßenballaden der Bürgerkriegszeit erfüllten und inwiefern sie als Vorläufer moderner Massenmedien angesehen werden können. Im Anschluß an eine kurze Charakterisierung der wichtigsten Merkmale von Straßenballaden und des theoretischen Ansatzes, der diesem Beitrag zugrunde liegt, wird zunächst anhand einiger Beispiele gezeigt, wie politische Straßenballaden die zeitgeschichtlichen Ereignisse darstellten, kommentierten und bewerteten. Im nachfolgenden Teil wird das Leistungsvermögen der Balladen aus funktions- und mentalitätsgeschichtlicher Sicht interpretiert, um die Frage zu klä-

---

2 Vgl. zur Quellenlage die Pionierarbeit von Austermann (1935); zur Charakterisierung der vorliegenden Balladensammlungen vgl. die sehr gründliche Arbeit von Denzer (1991, 11-16), der erstmals auch unveröffentlichtes Material erschließt.

3 Einen sehr guten Überblick über die diachronen Veränderungen in der Themenwahl gibt Denzer (1991, 18-191) in dem mit Abstand längsten Kapitel seiner Untersuchung, das zahlreiche Beispiele enthält und dessen Titel „Die politischen Ereignisse 1639-1661 im Spiegel der Flugblattlyrik“ den dominant mimetischen und historisch-kontextualisierenden Ansatz seiner Arbeit erkennen läßt.

4 Anhand der wechselvollen Prestigekurve, die für das Image von Charles I. kennzeichnend ist, lassen sich beispielhaft die Mechanismen der Konstruktion, Dekonstruktion, Revision und Rekonstruktion eines Herrscherbildes analysieren; siehe dazu Nünning/Spekat (1998).

ren, welche Funktionen politische Straßenballaden im einzelnen erfüllten. Den Abschluß bilden zusammenfassende Überlegungen zu der Frage, inwiefern die Straßenballaden der Bürgerkriegszeit aus medien- und mentalitätsgeschichtlicher Sicht als Vorläufer moderner Massenmedien bezeichnet werden können.

2. Gattungsmerkmale, Forschungslage und theoretische Grundlagen

Im Kontext des Wandels der Kommunikationsformen verdienen trotz der genannten Parallelen die gattungsspezifischen Besonderheiten von Straßenballaden besondere Beachtung. Es handelt sich um recht kurze und strophisch gegliederte Verstexte, die in der medialen Entwicklung der Kommunikationsformen an der Schnittstelle von Mündlichkeit und Schriftlichkeit liegen: Sie waren für den Gesangsvortrag bestimmt und wurden danach als billige Einblattdrucke vertrieben. Diese waren mit einem Holzschnitt versehen und wurden gerne als Wanddekoration genutzt.

Wie hat man sich das schaustellerische Treiben der Balladensänger im Umfeld volkstümlicher Kultur im einzelnen vorzustellen?[5] Da Balladensänger eine Ware feilzubieten und sich auf dem Jahrmarkt und öffentlichen Plätzen gegenüber anderen Unterhaltungsangeboten durchzusetzen hatten, mußten sie zunächst einmal die Aufmerksamkeit der Zuhörer erregen, um sich eine möglichst große Zuhörerschaft – das damalige Pendant einer hohen Einschaltquote – zu sichern. Hilfreich waren dabei eine lautstarke Stimme, publikumswirksame Gestik und Mimik, marktschreierische Publikumsanreden und das Vorzeigen der gedruckten Ware. Nicht fehlen durften natürlich Hinweise auf die oft sensationellen, spannenden, aktuellen und selbstredend wahren Geschichten, die die Balladen erzählten. Im England des 16. und 17. Jahrhunderts dienten Straßenballaden daher nicht nur der Unterhaltung und Erbauung breiter Bevölkerungsschichten, sondern auch der Information über zeitgeschichtliche Ereignisse. Im Hinblick auf die Entwicklung von Kommunikationsformen repräsentieren Straßenballaden somit den Übergang bzw. die Verbindung von mündlicher und schriftlicher Kommunikation.

Obgleich in jüngster Zeit wiederholt auf die große Bedeutung von politischen Straßenballaden für ein Verständnis der Funktionen literarischer Texte im Kontext der revolutionären Umwälzungen des 17. Jahrhunderts[6] sowie für mentalitätsgeschichtlich orientierte

---

5 Vgl. zum folgenden Würzbach (1981; 1990), die das schaustellerische Treiben der Balladensänger in zahlreichen Veröffentlichungen anschaulich beschrieben hat.

6 Vgl. die Aufsatzsammlung von Healy/Sawday (1990a), die sich mit Beziehungen zwischen literarischen Texten und historischem Kontext im Zeitalter der Englischen Revolution

Untersuchungen hingewiesen wurde,[7] ist diese Gattung von der Forschung noch kaum beachtet worden.[8] Daß politische Straßenballaden im Gegensatz zu anderen Balladentypen von literaturwissenschaftlicher Seite noch kaum Beachtung gefunden haben,[9] hat mehrere Gründe. Sie reichen von der Vernachlässigung volksliterarischer Formen über die lange umstrittene literarische Qualität der Gattung Straßenballade bis zu der Tatsache, daß sich die für dieses Genre kennzeichnenden Bezüge zu zeitgeschichtlichen Ereignissen ohne

---

auseinandersetzt. Obgleich in der Einleitung eigens auf die Vielzahl und Bedeutung der politischen Balladen hingewiesen wird, die in den 1640er Jahren erschienen („the spectacular outpouring of ballads, news-books and pamphlets particularly in the period 1642-47", 1990b, 9), werden diesen für die Problemstellung des Bandes wichtigen Textsorten nur wenige Zeilen gewidmet (1990a, 86, 129, 210). Das gleiche gilt für die Beiträge in Sharpe/Zwicker (1987).

7 Erste Hinweise auf den mentalitätsgeschichtlichen Aussagewert politischer Straßenballaden finden sich bereits in den Einleitungen der Herausgeber der im Literaturverzeichnis genannten Balladensammlungen; vgl. den Hinweis von Wilkins, Straßenballaden seien „the best popular illustrations of history" (PBSE vi): „They exhibit as well the manners as the feelings of past generations" (PBSE vii; vgl. ähnlich PB ix, xiv; CP 6, 20, 30, 32). Vgl. auch Shaaber (1966, 194), Fischer (1974, 582 und 584), Wiltenburg (1988) und Watt (1991). Aylmer (1986; 1987; 1988; 1989) geht in seinen ansonsten informativen Aufsätzen zu den Mentalitäten der Royalisten, Puritaner und anderer Gruppen nicht auf die für die Fragestellung sehr wichtige Gattung der Straßenballade ein.

8 Erste Ansätze zur Behebung des defizitären Forschungsstandes sind der editorischen und literarhistorischen Pionierarbeit von Rollins (1923) zu verdanken; dessen Bemerkung, „no study of the ballad in England during the years 1640-1660 has heretofore been made, and that chapter has remained the most obscure in all ballad-history" (Rollins 1923, 3), trifft allerdings heute nicht mehr zu. Wichtige Beiträge für die Rekonstruktion der Gattungsgeschichte der politischen Straßenballaden der Revolutionszeit liefern neben den Pionierarbeiten von Firth (1911; 1912) und Rollins (1919; 1923) die historisch-literarische Studie von Fischer (1974) über die Semantik des Begriffs *Rump* und die wegweisende Monographie von Denzer, die erstmals auf breiter Quellenbasis „die politische Flugblattlyrik der englischen Bürgerkriegszeit in all ihren Spielarten darzustellen" (1991, 10) versucht. Obgleich Denzers sorgfältig recherchierte Untersuchung den bislang wichtigsten Beitrag „zur historischen und literarischen Einordnung des in Balladensammlungen und Editionen schon verfügbaren Materials und vieler bisher noch nicht erfaßter Texte" (1991, 10f.) leistet, kommen insbesondere die im Zentrum des vorliegenden Aufsatzes stehenden Fragen nach den gattungsspezifischen Darstellungsverfahren und den Funktionen politischer Straßenballaden zu kurz.

9 Selbst die bislang umfassendsten Untersuchungen zu dieser Gattung, die Monographien von Würzbach (1981; 1990), schließen politische und historische Straßenballaden prinzipiell aus: „Balladen politischen und historischen Inhalts bleiben unberücksichtigt, da ihr zentraler und besonders enger Realitätsbezug umfänglicher historischer Studien bedürfte, die im Rahmen dieser Arbeit nicht geleistet werden können" (Würzbach 1981, 29). Zu Versuchen, die Bedeutung englischer Straßenballaden aus dem Zeitalter der Revolution und Restauration aus funktions- und mentalitätsgeschichtlicher Sicht zu erschließen, vgl. Nünning (1997; 1998) und Nünning/Spekat (1998).

eine Kenntnis des historischen Kontexts nicht erschließen.[10] Hinzu kommt, daß sich niemand so recht zuständig fühlt für solche Kommunikationsformen, die an der Schnittstelle von Mündlichkeit und Schriftlichkeit sowie im Grenzbereich zwischen Fiktion, Journalismus und populärer Unterhaltung angesiedelt sind. Historikern sind solche Texte zu literarisch und fiktional; hingegen sind sie für Literaturwissenschaftler gerade deshalb suspekt, weil sie zu faktisch und wirklichkeitsorientiert sind. Volkskundler bevorzugen Volksballaden, weil diese als viel ‚ursprünglicher' gelten, und Sprachwissenschaftler im Bereich der Anglistik haben das weite Feld der Flugschriften erst in jüngster Zeit entdeckt (vgl. Bach 1997).

Gleichwohl verdient dieses Genre gerade in der gegenwärtigen Situation, in der die Forderung nach einer interdisziplinären Erweiterung der Philologien auf eine Kulturwissenschaft hin immer öfter erhoben wird, große Aufmerksamkeit. Zumindest stichwortartig seien daher die vier theoretisch-methodischen Ansätze genannt, die diesem Beitrag zugrunde liegen: der *New Historicism*, die historische Pragmatik, funktionsgeschichtliche Ansätze und die mentalitätsgeschichtlich orientierte Kulturwissenschaft. Mit dem *New Historicism* gehen die folgenden Überlegungen davon aus, daß literarische Texte die außerliterarischen Kontexte nicht einfach abbilden, sondern das politische und militärische Geschehen mit gattungsspezifischen Gestaltungsmitteln kommentierend und interpretierend verarbeiten (vgl. Simonis 1995). Der historischen Pragmatik und funktionsgeschichtlichen Ansätzen ist die gewählte Sichtweise der Straßenballaden als Elemente in historisch variablen Kommunikationskontexten verpflichtet. Dementsprechend werden Straßenballaden nicht als rein formale Textstrukturen analysiert, sondern als historisch bedingte Kommunikationsformen, deren textuelle Merkmale sowohl zu ihren Produktions- und Rezeptionsbedingungen als auch zu ihren Wirkungsintentionen und Funktionen in Beziehung gesetzt werden müssen.[11] Die Zielsetzung entspricht dem Erkenntnisinteresse einer mentalitätsgeschichtlich orientierten Kulturwissenschaft, die auf der Grundlage der materialen Überreste einer Gesellschaft Rückschlüsse auf die mentale Dimension einer Kultur zu ziehen versucht (vgl. Nünning 1995). Diese Vorgehensweise trägt der Einsicht Rechnung, daß die Kultur einer Gesellschaft zwar nicht einfach „mit kulturellen Manifestationen wie Symbol(system)en, Kunstobjekten, Riten usw." gleichgesetzt werden kann, daß die materialen bzw. medialen Ausdrucksformen jedoch jene Instanzen sind, „über die Kultur *beobachtbar* werden kann" (Schmidt 1992, 436).

---

10 Einen guten Überblick über den historischen Hintergrund und die historiographischen Kontroversen geben Stone (1972), Kenyon (1978), Wende (1980) und Schröder (1988).

11 Vgl. Jacobs/Jucker (1995), deren Definition von historischer Pragmatik und Ausführungen zu „form-to-function mapping" dieser Aufsatz verpflichtet ist.

Im Kontext jenes kulturwissenschaftlichen Erkenntnisinteresses, das dem *New Historicism*, der historischen Pragmatik sowie funktions- und mentalitätsgeschichtlichen Ansätzen zugrunde liegt, liegt es auf der Hand, warum gerade Straßenballaden kulturgeschichtlich wichtige Quellen sind. Zum einen machen Straßenballaden mit einem primär politischen und historischen Inhalt im Zeitalter der Englischen Revolution einen so großen Teil der Balladenproduktion aus, daß ihre Berücksichtigung für ein Verständnis der Geschichte und des Variantenreichtums dieser einstmals so populären Gattung sehr wichtig ist. Zum anderen zählen die politischen Straßenballaden des 17. Jahrhunderts zu den wichtigsten literarischen Gattungen, die sich mit der Englischen Revolution auseinandersetzten. Darüber hinaus kann eine Analyse politischer Straßenballaden Aufschluß darüber geben, wie der Konflikt zwischen Krone und Parlament von den Zeitgenossen wahrgenommen und beurteilt wurde und welche Funktionen Straßenballaden als Medien der Kriegsberichterstattung erfüllten. Aus mentalitätsgeschichtlicher Sicht stellt sich vor allem folgende Frage: „To what extent were they [broadside ballads] didactic, instructing and moralizing, fashioning the outlook and conditioning the responses of their recipients; in what senses were they reflective, mirroring the cultural norms and illustrating the sensibilities, beliefs and aspirations of their audiences?" (Fox 1994, 48).

3. „The World Is Turned Upside Down": Gattungsspezifische Darstellungsverfahren politischer Straßenballaden

Die wichtigsten Merkmale politischer Straßenballaden lassen sich exemplarisch anhand der Ballade „The World Is Turned Upside Down" aus dem Jahre 1646 skizzieren. Bereits der Titel bringt die im englischen Bürgerkrieg verbreitete Vorstellung zum Ausdruck, daß der Konflikt zwischen Krone und Parlament zu einer Verkehrung der politischen und sozialen Ordnung geführt habe.[12] Der Titel verweist zugleich auf das englische Äquivalent jener Bilder von der verkehrten Welt, die sich im Topos des *mundus inversus* verdichten. Durch den Rückgriff auf diesen Topos bringt der anonyme Verfasser dieser Ballade die Auffassung zum Ausdruck, die ganze Welt sei als Folge der Revolution von Grund auf verkehrt und auf den Kopf gestellt worden. Ebenso wie in anderen Balladen wird diese Klage anhand eines bestimmten Aspekts veranschaulicht: Das puritanische Parlament hatte

12 Daß es sich dabei um eine sehr verbreitete Vorstellung handelte, zeigt die Studie von Hill (1972), die nicht umsonst den Titel *The World Turned Upside Down* trägt.

nämlich fünf Tage vor Weihnachten eine Verordnung erlassen, durch die die traditionellen Weihnachtsfeierlichkeiten (inklusive aller „carnal and sensual delights" [Kenyon 1966, 266];[13] zu deutsch: aller fleischlichen und sinnlichen Vergnügungen) verboten und stattdessen ernste Demut sowie eine strenge Einhaltung des Fastens angeordnet wurden.

Trotz dieser recht speziellen Thematik ist dieser Text in mehrfacher Hinsicht beispielhaft für die Art und Weise, wie sich politische Straßenballaden mit der Englischen Revolution auseinandersetzten. Dies läßt sich bereits an der ersten Strophe zeigen:

> Listen to me and you shall hear,
> News hath not been this thousand year:
> Since *Herod, Caesar*, and many more,
> You never heard the like before.
> Holy-dayes are despis'd,
> New fashions are devis'd.
> Old Christmas is kickt out of Town.
> *Yet let's be content, and the times lament,*
> *You see the world turn'd upside down.* (CP 161)

Durch die Anrede des Publikums, das der Balladensprecher im ersten Vers zum Zuhören auffordert, wird die für diese Gattung charakteristische Sprechsituation etabliert. In einer für viele Nachrichtenballaden typischen Weise wird sodann der Gegenstand der Erzählung als eine überaus ungewöhnliche Neuigkeit angepriesen. Die häufige Verwendung der Worte „new" und „news" dient dem Zweck, den Eindruck eines Höchstmaßes von Aktualität und Authentizität zu erwecken und möglichst viele Rezipienten anzulocken. Zudem signalisieren die Thematik und der Hinweis, daß dieses Lied nach der Melodie „When the King enjoys his own again" zu singen sei, daß es sich um eine der vielen pro-royalistischen Balladen handelt. Mit der Klage über die Abschaffung der Weihnachtsfeierlichkeiten findet sich außerdem der direkte Bezug zu zeitgeschichtlichen Ereignissen, durch den sich politische Straßenballaden von anderen Ausprägungen dieser Gattung unterscheiden. Wie in den meisten Straßenballaden wird das politische Geschehen in stark vereinfachter und bewußt parteiischer Weise dargestellt und als eine Verkehrung der Naturordnung beschrieben.

Die Darstellung der Bürgerkriegszeit als einer verkehrten Welt erschließt sich erst vor dem Hintergrund der auf das elisabethanische Weltbild zurückgehenden Vorstellung, daß die Welt hierarchisch geordnet sei. In dieser natürlichen Ordnung hatte jedes Wesen aufgrund einer als *degree* und *order* bezeichneten Rangabstufung seinen eigenen feststehenden Platz. Sehr anschaulich zum Ausdruck kommt dieses Weltbild in einer Straßenballade, die der berühmte Balladenautor Martin Parker zum Anlaß der Einberufung des *Short*

---

13 Vgl. auch die Balladen „A Song in defence of Christmass" (Rump I 142-144) und „A Christmas Song When the Rump Was First Dissolved" (CSB 107-109), die das gleiche Thema behandeln.

Parliament verfaßte, das seinen Namen seiner nur dreiwöchigen Sitzungsdauer verdankt. Die Zeitgenossen verknüpften mit diesem Parlament große Hoffnungen auf eine Versöhnung zwischen König und Untertanen. Diese erwartungsfrohe Stimmung klingt schon in dem langen Titel an, der auf „the comfortable expectation of all Loyall Subiects" hinweist. Allerdings darf man den im Titel erhobenen Anspruch, die Ballade sei ein Augenzeugenbericht und enthalte eine exakte Beschreibung der Art und Weise, wie Seine Majestät und dessen Edelmänner am 13. April des Jahres 1640 zum Parlament geritten seien, nicht allzu ernst nehmen. Die Ballade erhielt nämlich vom Zensor schon vier Tage vorher die erforderliche Drucklizenz (vgl. Rollins 1923, 77; Würzbach 1981, 234f.).

So fragwürdig daher der Wahrheitsgehalt dieses selbsternannten Tatsachenberichts auch sein mag, so klar spiegeln sich in dieser Ballade die öffentliche Erwartungshaltung und der Idealzustand, dessen Wiederherstellung man sich von der Zusammenkunft des Parlaments erhoffte. Exakt ist dieser Text somit nicht wegen der – der Phantasie des Balladenautors entsprungenen – Schilderung eines wichtigen historischen Ereignisses, sondern wegen der sehr genauen Beschreibung der als natürlich geltenden Reihenfolge und sozialen Rangabstufungen. Durch die mehrfache Wiederholung der Worte *order* und *degree* verdeutlicht diese Ballade die damals vorherrschende Vorstellung, daß jeder Mensch seinen festen Platz in der hierarchischen Gesellschaftsordnung habe,[14] an deren Spitze der König stand.[15]

Wie weit sich die Zustände in England durch die Ereignisse der Revolution von diesem Idealzustand entfernt hatten, wird in vielen Straßenballaden durch eine Kontrastierung der guten Vergangenheit mit der aus den Fugen geratenen Gegenwart verdeutlicht. Unter Rückgriff auf eine einprägsame Formel, die Demetz (1964) geprägt hat, läßt sich diese zeitliche Strukturierung als „Rhetorik des Damals-und-Heute" bezeichnen: Die idealisierte Zeit vor dem Ausbruch des Konflikts wird mit den schrecklichen Zuständen kontrastiert, die als Folge des Bürgerkrieges in der Gegenwart herrschen. Ein typisches Beispiel dafür ist etwa der Anfang der Ballade „Englands Monthly Predictions for this present yeare

---

14 Vgl. CP 78-82, insbesondere Verse wie „Thus every man in his degree" (79), „Thus every one in order right" (79), „Each one according to's degree" (80), „Each one iust as his place did fall" (80), „As due decorum did fore-cast" (80) oder „As was indeed his proper place" (81). Das in dieser Ballade zum Ausdruck kommende Verfassungsverständnis und die Diktion entsprechen weitgehend jenen Auffassungen und Formulierungen, die etwa die Rede Charles' I. zur Eröffnung des Parlaments im März 1628 kennzeichnen: „Only let me remember you, that my duty most of all, and every one of yours according to his degree, is to seek the maintenance of this Church and Commonwealth" (zit. nach Kenyon 1966, 81).

15 Die herausgehobene Stellung des Monarchen wird in Parkers Ballade durch die Metapher, daß in diesem Strom der Würdenträger alle Flüßchen in den Kopf des Staatskörpers als Quelle münden, eigens betont: „Thus doth the streame of honour bring/ Her Rivolets all to the head Spring,/ From Peer to th' Prince, from th' Prince to th' King/ *In this high Parliament*" (CP 81).

1649". Darin wird das England der Vergangenheit metaphorisch als Garten Europas umschrieben, und die ehemalige Freiheit wird mit der gegenwärtigen Unterjochung kontrastiert: „Fair *England*, the Garden of *Europe* was call'd/ Who once had her freedom, but now she's inthral'd" (CP 215).

Während die Rhetorik des Damals-und-Heute die Zeitstruktur für die Entfaltung des Topos der verkehrten Welt konstituiert, trägt vor allem die rhetorische Figur des Adynaton dazu bei, die Verkehrung der politischen und natürlichen Ordnung zu veranschaulichen.[16] Ein Adynaton ist eine emphatische Umschreibung eines unmöglichen Naturereignisses bzw. die „Reihung unmöglicher Dinge" (Curtius 1948, 105). Besonders beliebt war zum einen das Motiv des Rollentausches zwischen König und Untertanen[17] oder Herr und Diener.[18] Durch solche Formen der Vertauschung fester Rollen wurde der Vorwurf veranschaulicht, die hierarchische Ordnung sei zerstört und der Abschaum der Nation habe die Befehlsgewalt im Lande errungen.[19] Zum anderen gehörten Anspielungen auf den Kampf zwischen Vater und Sohn (vgl. CP 183; CSB 52), auf eine Umkehrung der Rollen in der Tierwelt, auf kämpfende Priester und predigende Soldaten (vgl. CSB 21) sowie auf ungebildete Laien, die als Prediger die Heilige Schrift auslegen,[20] zum Inventar vieler Balladen. Dadurch übten Balladen Kritik an den gesellschaftlichen und politischen Zuständen der Revolutionszeit, die als Anarchie, als „topsy-turvydom" (PBSE 69) oder als „the giddy-brain'd times" (CSB 11) bezeichnet wurden, als ein wildes, heilloses und schwindelerregendes Durcheinander. Die politischen Straßenballaden illustrieren damit beispielhaft den zuerst von Curtius (1948, 106) beschriebenen Zusammenhang, daß aus der Reihung solcher *impossibilia* der Topos der verkehrten Welt erwächst und daß solche Umkehrungen der Zeitklage dienen.

Viele Holzschnitte von Straßenballaden griffen diesen Topos der verkehrten Welt ebenfalls auf. Besonders deutlich wird dies in einer Illustration, deren Untertitel „The Emblems of these Distracted Times" die dargestellten Verwirrungen treffend zusammenfaßt (vgl. George 1959, 26 sowie Abbildung 6). Die verkehrt herum in der Luft hängende Kir-

---

16 Vgl. zum Topos der verkehrten Welt Curtius (1948, 104-108), der betont, daß dieser Topos ein bewährtes Mittel der Zeitklage ist und sich in wiederkehrenden formalen und motivlichen Grundprinzipien manifestiert.

17 Vgl. PBSE 70: „King's houses only be/ Fit for our soldiery;/ Parliament, army, all/ Are Kings in general." Vgl. auch CSB 10.

18 Vgl. PBSE 86: „It [the sword] fosters your masters,/ It plaisters disasters,/ It makes the servants quickly greater than their masters." Vgl. auch PB 64; CSB 8.

19 Vgl. Alexander Brome „The Commoners" (CSB 8-10); darin heißt es: „And the scum of the land/ Are the men that command" (9).

20 Vgl. CP 147; PBSE 87; CSB 68. Zu weiteren Umkehrungen, die metonymisch die verkehrte Welt konkretisieren, vgl. etwa CP 249: „And al our bosome friends turn'd foes".

che, der fliegende Fisch, das auf den Hinterbeinen stehende, falsch angeschirrte und hinter den Wagen gespannte Pferd, der verwegene Hase und der auf den Händen laufende Mensch mit dem grotesk verformten Körper sind nur einige der Versatzstücke, durch die in Straßenballaden die Verkehrung der Naturordnung illustriert und angeprangert wurde. Diese Bilder der verkehrten Welt veranschaulichen die Wirren des Bürgerkriegs, der England nach Ansicht vieler Zeitgenossen in eine Welt verwandelt hatte, in der buchstäblich alles auf dem Kopf stand. Das ehemals glorreiche englische Königreich, so heißt es etwa in der Ballade „The New State described", stehe nun wie ein Parterreakrobat auf den Füßen und Händen (vgl. Rump II 95).

Ein weiteres Mittel, mit dem Straßenballaden die Umwertung aller Werte anprangerten, ist der effektvolle Einsatz von Reimen. Boshafte Reime wie „Scot" auf „plot" (CP 155. 239; PBSE 29, PB 26) oder „Scots" auf „sots" (CP 84. 90) eigneten sich vorzüglich dazu, um die ungeliebten Schotten einmal mehr als aufrührerische Verschwörerbande oder als verkommene Säufer hinzustellen. Den noch mehr verhaßten Jesuiten wurde auch nicht gerade geschmeichelt, wenn sie durch Reime mit Parasiten in Verbindung gebracht wurden (vgl. PB 15). Propagandistisch wirkungsvoll war auch ein Reim wie „taxations" und „vexations" (PBSE 123), der Steuern als das charakterisiert, als was sie schon damals galten: als eine ärgerliche Plage und Schikane der Bürger.

Eine besonders beliebte Zielscheibe des Spotts war der große Erfindungsreichtum, den das Parlament bei dem Versuch zeigte, die Einführung neuer Steuern durch die Prägung beschönigender Begriffe zu verharmlosen (vgl. Rump I 180). Da die Bürger jedoch zu den als *free-loans* bezeichneten freiwilligen Anleihen nicht bereit seien, müsse man das nötige Geld wohl rauben, so heißt es in einer Ballade; doch das damit im Raum stehende Wort Plünderung, da sind sich die in der Ballade verhöhnten Parlamentarier ausnahmsweise einig, müsse zunächst durch eine gefälligere Bezeichnung ersetzt werden. Begriffe wie *free loan* und *benevolence* waren insofern Euphemismen, weil der *free loan* weder freiwillig noch eine Anleihe war, die zurückgezahlt wurde, und die als *benevolence* bezeichnete Abgabe trotz der höflichen Umschreibung weder etwas mit Wohltätigkeit noch mit Güte zu tun hatte, denn sie konnte bei widerspenstigen Zeitgenossen auch eingetrieben werden.

Darüber hinaus bot vor allem die politische Metaphorik vielfältige Möglichkeiten, um die Vorstellung der verkehrten Welt bildlich zu veranschaulichen.[21] Die Verfasser von Straßenballaden benutzten dabei vor allem die Metapher des politischen Körpers; durch die Analogie zwischen dem Staat, dem *body politic*, und dem menschlichen Organismus, dem *body natural*, wurde zum einen die Einheit des politischen Körpers hervorgehoben.

[21] Zum Zusammenhang zwischen dem Topos der verkehrten Welt und der Körperteilmetaphorik vgl. Fischer (1974, 581), der darauf hingewiesen hat, daß das „Bild vom Aufstand der Glieder [...] organisch aus der Metaphorik der ‚verkehrten Welt'" herauswachse.

Zum anderen brachte diese Metapher die Prinzipien der hierarchischen Anordnung und der funktionalen Differenzierung zwischen den Körperteilen anschaulich zum Ausdruck (vgl. Peil 1983, 302ff.). Der Metapher des politischen Körpers zufolge hängt das Wohl des Gemeinwesens vom harmonischen Zusammenwirken der hierarchisch angeordneten Körperteile ab, von denen jeder den seiner Stellung gemäßen Beitrag zum Ganzen zu liefern hatte.[22]

Im Gegensatz zu dieser Idealvorstellung von einer harmonischen Übereinstimmung zwischen Herrscher und Beherrschten[23] nutzten die Verfasser von Straßenballaden dieses Bildfeld, um den Unterschied zwischen dem gesunden und kranken Zustand des Staatskörpers zu betonen. Die auch heute noch oft verwendete Metapher des kranken Staates bzw. Gemeinwesens sind in Balladen der Revolutionszeit ein Indiz dafür, daß der Konflikt zwischen Krone und Parlament als gefährliche Abweichung vom Idealzustand wahrgenommen wurde.[24] Bilder des grotesk entstellten, mißgebildeten oder verstümmelten Staatskörpers, die durch die Enthauptung des Königs und seiner engsten Ratgeber eine makabere Entsprechung in der Wirklichkeit hatten, trugen maßgeblich dazu bei, die Verkehrung der politischen Verhältnisse als Zerstörung der Naturordnung anzuprangern. So verweist die metaphorische Klage, der Hosenboden und nicht mehr der Kopf sei nunmehr die Grundlage des Königreichs,[25] auf den Bruch zwischen Krone und Parlament, denn ab 1642 führte nicht mehr der König als Kopf des Staatskörpers die Regierung, sondern andere Körperteile hatten seitdem das Sagen.

---

22 Vgl. zu dieser verbreiteten Vorstellung, die von Krone und Parlament gleichermaßen geteilt wurde, stellvertretend für eine Vielzahl anderer Belege aus der ersten Hälfte des 17. Jahrhunderts den Auszug aus der Rede John Pyms anläßlich des *Impeachment* von Roger Manwaring im Juni 1628: „The form of government is that which doth actuate and dispose every member of a state to the common good; and as those parts give strength and ornament to the whole, so they receive from it again strength and protection in their several stations and degrees. If this mutual relation and intercourse be broken, the whole frame will quickly be dissolved, and fall in pieces" (zit. nach Kenyon 1966, 17; zu weiteren Belegen für die Verwendung der Metapher des Staatskörpers vgl. ebd., 10, 13, 15, 18, 198, 207, 212).

23 Vgl. dazu die Vielzahl von Hinweisen in den Quellen auf ein harmonisches und verständnisvolles Vertrauensverhältnis zwischen dem König und seinem Volk, auf „[t]his good correspondency [...] between the king and his people" (zit. nach Kenyon 1966, 51; zu weiteren Belegen vgl. ebd., 18, 20, 48, 50, 81).

24 Vgl. zur Verwendung von Krankheitsmetaphorik etwa CP 90, 128, 140, 209; PBSE 54, 86, 119; PB 51. Trotz der von der Tradition und der Bildlogik vorgegebenen Implikationen eröffnete die Deutungsvielfalt der Körpermetaphorik ein breites Anwendungsspektrum als politisches Argument, weil die Norm der Gesundheit die Fragen nach Krankheitserregern, Diagnosen und Therapievorschlägen offenläßt.

25 Vgl. Rump I 36: „Most men do now the Buttocks lick/ Of their great body Politick;/ For not the head, but breech is it/ By which the Kingdom now doth sit". Vgl. auch Rump I 278.

Unter Rückgriff auf die Metapher des Staatskörpers wurde vor allem das im November 1640 einberufene Parlament, das aufgrund seiner langen Sitzungsdauer als *Long Parliament* in die Geschichte einging, in royalistischen Straßenballaden als Monstrum dargestellt. Ein besonders ausführliches Beispiel für dieses aussagekräftige Bild findet sich in der Ballade „A Monster to be seen at Westminster, 1642“, die an die Tradition jener Balladen anknüpft, die von wundersamen Erscheinungen berichten.[26] Ein solches Monster wie das in Westminster sei nie zuvor gesehen worden, kündigt der Sprecher am Anfang aufmerksamkeitsheischend an, denn dessen Schwanz befinde sich an der Stelle, an der eigentlich der Kopf sein sollte. Wenn dieses Ungeheuer als kopfloser runder Körper charakterisiert wird, der drei Jahre alt, in England geboren, aber von den Engländern und Schotten gemeinsam gezeugt worden sei, so ist mit der Ortsangabe Westminster, der Anspielung auf die puritanischen Rundköpfe und dem Hinweis auf die Vorgeschichte das Parlament eindeutig als Zielscheibe der Satire identifiziert. Detailreich werden sodann die körperlichen Mißbildungen dieses Monstrums beschrieben, das wenig Haare, aber umso mehr Augen, Ohren, Münder und Hände habe. Durch die Körpermetaphorik werden somit die politischen Verhältnisse als groteske Entstellung der natürlichen Ordnung entlarvt.

Das gleiche gilt für die royalistische Ballade „The Anarchie, or The Blest Reformation Since 1640“ aus dem Jahre 1648, in der das Unterhaus metaphorisch als „that many roundheaded beast“ (CSB 74) gekennzeichnet wird. Dadurch wird das etablierte Bild der Hydra auf die politischen Verhältnisse der 1640er Jahre übertragen. Diese Metapher enthält eine Anspielung auf die als *Roundheads* verspotteten Puritaner, die ihr Haar extrem kurzgeschoren trugen.[27] Bei der Bezeichnung des Parlaments der ‚Rundköpfe‘ als vielköpfiges Monster handelt es sich insofern um eine kulturgeschichtlich besonders interessante Umkehrung, als die Metapher des „Many-Headed Monster“ traditionell als eine überaus abschätzige Bezeichnung für das gemeine Volk benutzt wurde.[28] Royalistische Balladenautoren kehrten nun den Spieß um, indem sie dieses Sinnbild irrationaler Anarchie auf das Parlament anwendeten und damit das Unterhaus implizit mit dem verachteten Pöbel auf eine Stufe stellten.

---

[26] Vgl. Rump I 85f.; eine Variante, die sich des gleichen Bildfeldes bedient und ähnlich strukturiert ist, stellt die Ballade „The Publique Faith“ (Rump I 97) dar: „But Sun-Burnt *Africk* never had, nor hath/ A Monster like our *English Publique Faith*“.

[27] Vgl. CSB 71-75; PBSE 32-37; PB 112-116. Eine Variante dieser Ballade ist „The Rebellion“ (Rump I 291-294). Zum Thema ‚Anarchie‘ vgl. auch „Pyms *Anarchy*“ (Rump I 68).

[28] Vgl. Hill (1974, 181-204), der anhand einer Fülle von Belegen die Verbreitung dieser Metapher nachweist und das Quellenmaterial mentalitätsgeschichtlich im Hinblick auf die zugrundeliegenden Einstellungen, Werte, Denkweisen und Kollektivvorstellungen hin auswertet, ohne jedoch die Übertragung dieser Metapher auf das Parlament zu berücksichtigen.

Die propagandistische Verwendung der Staatskörper-Metaphorik war allerdings keineswegs auf royalistische Straßenballaden beschränkt. Vielmehr nutzten auch puritanische Autoren die Möglichkeiten dieses Bildfeldes, um ihrerseits den politischen Gegner zu verunglimpfen und ihm üble Machenschaften zu unterstellen. Wie man sich ein royalistisches Monster vorzustellen hat, geht aus der Ballade „The Kingdomes Monster Uncloaked from Heaven" aus dem Jahre 1643 hervor.[29] Nicht das Parlament wird in dieser allegorischen Ballade als Hydra dargestellt, sondern eine papistisch-royalistische Gestalt. Daß aus den drei Hälsen jeweils zahlreiche Köpfe ‚papistischer Verschwörer', ‚verdammter Iren' und ‚böswilliger Ränkeschmiede' erwachsen, verweist auf verbreitete Vorurteile und Verschwörungstheorien, denenzufolge eine unselige Allianz aus Katholiken und Verschwörern ein Komplott schmiedete. Welche finsteren Absichten das vierarmige „Kingdomes Monster" vermeintlich hegte, verdeutlicht die Ballade ebenfalls, denn offenbar will es mit Feuer, Schwert und Dolch der Kirche, dem Parlament, der City und dem Königreich den Garaus machen.

Wie die Herrschaftsmetapher des Staatskörpers zur vereinfachten Deutung und Bewertung des politischen Geschehens genutzt wurde, verdeutlichen auch jene Balladen, die das sog. ‚Rumpf-Parlament' verspotteten. Nachdem die Armee am 6. Dezember 1648 etwa die Hälfte der 471 Abgeordneten am Betreten des Parlaments gehindert hatte, war nur noch ein als *Rump* bezeichneter Rest bzw. ‚Rumpf' des Langen Parlaments übrig geblieben. Unter Rückgriff auf die Körpermetaphorik wurde dieser *Rump* zur beliebten Zielscheibe von Spott und Hohn in royalistischen Balladen,[30] die die Herrschaft dieses Rumpfparlaments als etwas völlig Widernatürliches darstellten. Der metaphorische Gebrauch des Wortes *rump* betont, daß das Unterhaus nun völlig kopflos sei und nur noch aus einem Rumpf mit Schwanz bestehe.[31] Für Verfasser royalistischer Balladen war dieser Rumpf mit

---

29 Vgl. George (1959, 28f. sowie Abbildung 9); der Text der Ballade ist in Auszügen abgedruckt in Denzer (1991, 193-195). Vgl. auch den zweiten der beiden Holzschnitte zu der Ballade „The bishops' last good-night", der den Papst auf dem Rücken eines vielköpfigen Ungeheuers zeigt (CP 136).

30 Vgl. stellvertretend für viele andere „The *Rump*" (Rump I 369-371); „*The Re-resurrection of the Rump. Or, Rebellion and Tyranny revived*" (Rump II 1-4); „*A New-Years-Gift for the RUMP*" (Rump II 4-7); „*Arsy Versy*, or *The Second Martyrdom of the RUMP*" (Rump II 47-52); „*A Vindication of the RUMP:* or *The RUMP Re-advanced*" (Rump II 58-60); „*The RUMP roughly but righteously handled: In a New Ballad*" (Rump II 60-66). Vgl. auch die Ballade „*The House out of Doors*. April 20, 1653" (Rump I 366-368); in Anspielung auf „Pride's Purge" heißt es darin unter anderem: „We purg'd and we purg'd, but all would not do't,/ (The Body had got such a damnable Paunch)" (366).

31 Vgl. dazu im einzelnen den grundlegenden Aufsatz von Fischer (1974, 581), an dem sich die folgenden Ausführungen orientieren. Bereits James I. hatte das Unterhaus im Jahre 1614 als „a body without a head" bezeichnet (zit. nach Kenyon 1978, 37).

Schwanz insofern ein gefundenes Fressen, als sie unter Ausnutzung sämtlicher sexueller und skatologischer Assoziationen des Wortes *rump* eine Vielzahl obszöner Bildvarianten prägten. Phantasievolle Hinweise auf Blähungen, Durchfall, verbale Diarrhöe und Geschlechtskrankheiten des *Rump* nehmen sich im Vergleich zu Anspielungen auf dessen verwegene Sexualpraktiken und der Bemerkung, daß aus dem Hinterteil des Rumpfes außer Wind halt nichts zu erwarten sei (vgl. CSB 109), noch vergleichsweise harmlos aus.

Der Gebrauch der Krankheitsmetaphorik warf zugleich die Frage nach möglichen Therapiemaßnahmen auf. Aus der Sicht royalistischer Balladenautoren konnte es natürlich nur eine erfolgversprechende Therapie für den kranken Staatskörper geben, nämlich die Restauration. Besonders deutlich kommt diese Ansicht in der unter Royalisten beliebtesten Straßenballade zum Ausdruck, in Martin Parkers „When the King enjoys his own again" aus dem Jahre 1643 (vgl. CSB 1-3; PBSE 10-12). Dieses populäre Lied zeigt, daß Charles I. in den 1640er Jahren zunehmend zum Hoffnungsträger avancierte. Besonders deutlich wird diese Vorstellung etwa in der Ballade „A Harmony of Healths" (CP 189-194) sowie in den Versen „When King and Peers agree in one,/ And cause a blessed union" (CP 148). In Anknüpfung an die Krankheitsmetaphorik liefert die letzte Strophe des Textes „A New Ballad" nicht nur eine detaillierte Beschreibung des pathologischen Zustands, in dem sich der englische Staatskörper seit 1640 befand, sondern sie enthält auch eine klare Diagnose und einen unmißverständlichen Therapievorschlag:

> If now you would know what remedie
> There may for all these mischiefes be,
> Then must king Charles alone
> Be set upon his throne,
> For which let's joyne in one with might and maine;
> For the times will never mend,
> Till the Parliament do end,
> And the king injoyes his right againe. (PB 25)

Die Rückkehr Charles' I. wird hier als Allheilmittel und als Moral präsentiert, die aus den Wirren des Bürgerkriegs zu ziehen sei. Diese Ansicht verweist auf die in vielen Balladen zum Ausdruck kommende Überzeugung, daß die Monarchie Garant der Einheit sei. In der bereits genannten royalistischen Ballade „The Anarchie" wird diese Vorstellung auf die ebenso knappe wie einprägsame Formel gebracht, Einheit beginne und ende mit Monarchie: „Since Unity doth with Monarchy,/ Begin and End in One" (PBSE 35).

4. Politische Straßenballaden aus funktionsgeschichtlicher Sicht

Die offensichtlichsten Funktionen, die Straßenballaden im Zeitalter der Englischen Revolution erfüllten, bestehen in der moralischen Erbauung, Belehrung und Unterhaltung des Publikums.[32] Politische Straßenballaden enthalten oft im Titel und am Ende eine mehr oder weniger deutlich formulierte Moral der Geschichte.[33] Diese allgemeinen Funktionen sind allerdings für alle Straßenballaden kennzeichnend. Wichtiger sind daher jene Leistungen, durch die sich Straßenballaden politischen und historischen Inhalts von anderen Balladentypen unterscheiden.

Erstens erfüllten politische Straßenballaden eine wichtige Funktion als Medium der Berichterstattung über zeitgeschichtliche Ereignisse. Auf diese Funktion der Nachrichtenübermittlung weisen bereits Titel wie „News from Newcastle“ oder „Good news from the North“.[34] Die in vielen Titeln implizierte Ankündigung, daß die Balladen großartige, spannende und brandneue Nachrichten und Neuigkeiten enthalten, ist freilich nicht sonderlich verläßlich. Ähnlich wie der Aufmacher und die nicht minder reißerischen Überschriften in der modernen Boulevardpresse erfüllten die Titel weniger die Funktion, den Inhalt der Balladen präzise zu umschreiben, sondern sie dienten primär der im doppelten Sinne pragmatischen Funktion, das Interesse möglichst vieler Rezipienten und potentieller Käufer zu wecken – sprich: die Einschaltquoten in die Höhe zu treiben.[35]

Der Anspruch auf Berichterstattung wird oft dadurch unterstrichen, daß die Publikumsanrede am Textanfang durch bestimmte Eingangsformeln ergänzt wird, die den Eindruck erwecken sollen, daß diese Nachrichtenballaden eine wahre Begebenheit schilderten; vielfach verbürgte sich der Schausteller sogar persönlich für die Wahrheit der Nachrichten: „CHEARE up, kind country-men, be not dismayd,/ true newes I can tell ye concerning the

---

32 Vgl. Shaaber (1966, 198): „they themselves aim at teaching, preaching, or warning“.

33 Vgl. etwa die Ballade „A pleasant new song that plainely doth show, that al are Beggers, both high and low, A meane estate let none despise: for tis not Money that makes a man wise“ (CP 114-118). Sehr deutlich wird die Moral der Geschichte auch am Schluß der Ballade „The true manner of the life and Death of Sir Thomas Wentworth“ formuliert: „Heauen grant, by his downefall/ That others may take heed,/ Lord send amongst us all,/ True peace of conscience“ (CP 123).

34 Vgl. z.B. CP 108: „You that desire strange newes to heare,/ Unto my story now give eare“. Vgl. auch CP 95-99; CP 100-106; Rump I 354-357. Zur Definition der Nachrichtenballade und ihrer Stellung im bänkelsängerischen Textkorpus vgl. Würzbach (1981, 226-247).

35 Zur Struktur und Funktion von Titeln vgl. die umfassende Studie von Bach (1997).

nation" (PB 126).[36] Obwohl der Wahrheitsanspruch in vielen Fällen aus heutiger Sicht naiv klingen mag, ist die Informationsfunktion der Straßenballaden nicht zu unterschätzen, die neben Pamphleten die wichtigste Publikationsform waren, um Nachrichten und politische Auffassungen in der Öffentlichkeit zu verbreiten.[37]

Obgleich Straßenballaden daher sicher zu Recht als Frühform journalistischer Medien bezeichnet worden sind,[38] greift es zu kurz, sie lediglich als ein Nachrichtenmedium zu charakterisieren. Allein schon die literarischen Darstellungsverfahren und die meist unverhüllte Parteinahme für eine der Konfliktparteien verdeutlichen, daß es mit der Glaubwürdigkeit dieses Nachrichtenmediums nicht sonderlich weit her war. Nicht umsonst ist der Wahrheitsanspruch von Straßenballaden Zielscheibe des Spotts in einer amüsanten Szene in Shakespeares Stück *The Winter's Tale*. Darin versichert ein Balladensänger einer allzu leichtgläubigen Schafhirtin, selbst jene Balladen erzählten eine wahre Geschichte, die sich eher wie ein Märchen ausnehmen.[39] Auf den mehr als fragwürdigen Wahrheitsgehalt weist auch der Anfang der Straßenballade „*Upon* Olivers *dissolving the Parliament in* 1653" hin, die die Auflösung des Langen Parlaments durch Oliver Cromwell im Jahre 1653 in gefärbter Weise schildert und mit folgenden Versen beginnt: „Will you hear a strange thing scarce heard of before,/ A ballad of News without any lyes" (Rump I 305-307, hier: 305). Wenn eine Nachrichtenballade ohne Lügen tatsächlich eine solche Rarität darstellte, dann müssen die eigentlichen Funktionen dieser Gattung anderweitig zu suchen sein.

Politische Straßenballaden fungierten somit nicht nur als Medium der Berichterstattung, sondern sie dienten auch der Deutung des Geschehens. Eine zweite Funktion dieser Gattung ist darin zu sehen, daß Balladen den Zeitgenossen vereinfachte Erklärungen für die Ursachen des Konfliktes zwischen Krone, Parlament und später der Armee anboten. Dies wird in einigen Fällen bereits durch die oft recht langen Titel signalisiert. Ein Beispiel

---

36 Vgl. auch CSB 152 und PB 147: „GOOD morrow, my neighbours all, what news is this I heard tell,/ As I past through Westminster-hall by the House that's neer to hell?" Zu Hinweisen auf die Wahrheit der Nachrichten vgl. auch PB 206, 219.

37 Vgl. Grabes (1990, 165): „In einer Zeit, in der die technische Revolution des Buchdrucks eine billige Herstellung vieler Exemplare eines Textes möglich gemacht hatte, es aber noch keine Tages- oder Wochenpresse, ja nicht einmal ein Äquivalent zu den heutigen Zeitschriften gab, war das gedruckte Pamphlet die übliche Publikationsform, um Anordnungen, Ansprüche, Anklagen, Petitionen, politische und religiöse Auffassungen zu verbreiten."

38 Vgl. den Untertitel der Studie von Würzbach (1981). Vgl. auch Rollins (1923, 43): „That newspapers, through the stages of the *corantos* and the books of news, arose from ballads is indisputable". Zur Funktion der Straßenballaden als Nachrichtenmedium vgl. auch Shaaber (1966, 189-203).

39 Vgl. den Dialog zwischen der naiven Mopsa und Autolycus in William Shakespeare, *The Winter's Tale*, IV, iv. Vgl. auch die Darstellung des Balladensängers Nightingale in Ben Jonsons Komödie *Bartholomew Fair* (1614), II, iv, III, v.

dafür ist etwa die Ballade „A Godly Exhortation To This Distressed Nation. Shewing the true cause of this unnaturall Civill War amongst us“ (CP 144-149). Während der im Untertitel erhobene Anspruch, diese Ballade würde ‚die wahre Ursache dieses unnatürlichen Bürgerkrieges‘ darstellen, nicht allzu wörtlich zu nehmen ist, beschreibt der Obertitel den Charakter dieses Textes recht treffend. Diese Ballade ist in der Tat eine fromme Ermahnung an die notleidende Nation, der sie die Gründe der Misere vor Augen führen will.

Drittens dienten viele politische Straßenballaden insofern auch der Geschichtsdarstellung und kulturellen Erinnerung, als sie das zeitgeschichtliche Geschehen in geraffter und leicht einprägsamer Form wiedergaben. Ein typisches Beispiel dafür ist etwa die antiroyalistische Ballade „A Satire on King *James I* and King *Charles I*“ (CP 150-153), die eine extrem einseitige und simplifizierte Darstellung zentraler Ereignisse von 1603-1641 liefert. Dadurch trugen Balladen zum einen dazu bei, zentralen Ereignissen der Revolution „eine befristete Gegenwart im Kurzzeitgedächtnis der Gesellschaft“ (Spangenberg 1993, 71) zu eröffnen und sie durch die schriftliche Überlieferung im kollektiven Gedächtnis zu konservieren. Damit konnten Straßenballaden zum anderen aber auch einen prägenden Einfluß auf das Geschichtsbild der Gesellschaft ausüben.[40] Besonders deutlich ist diese Funktion etwa in der Flugschrift „A New Ballad, Called A Review of The Rebellion“ aus dem Jahre 1647, die aus der Rückschau eine zusammenfassende Darstellung der Ursachen und der Geschichte des Bürgerkriegs liefert. Der adressatenorientierte Hinweis des Balladensängers, er schildere „The historie of your present state“ (PB 14), stellt einen direkten Bezug zwischen dem Inhalt der Ballade und den zeitgenössischen Zuhörern her und erhöht für diese zugleich die Bedeutung des Erzählten.

Die Vielzahl von Kommentaren zu zeitgeschichtlichen Ereignissen verdeutlicht, daß politische Straßenballaden viertens als ein Medium der Zeitkritik fungierten. Besonders deutlich kommt die Zeitklage in jenen Balladen zum Ausdruck, deren Titel bereits darauf hinweisen, daß es sich um eine Lamentatio – d.h. um eine Klage – handelt.[41] Die zeitkritische Ausrichtung politischer Balladen zeigt sich auch daran, daß die Sprecher in vielen Fällen ebenso oft wie unverblümt Stellung zu dem Erzählten nehmen. Der immer wieder erhobene Anspruch, Nachrichten über bestimmte Ereignisse zu vermitteln, kann somit nicht darüber hinwegtäuschen, daß die Balladen das jeweilige Geschehen nicht bloß schilderten, sondern in erster Linie kommentierten und bewerteten.

---

40 Vgl. zu dieser Funktion von Straßenballaden als Medium der kulturellen Erinnerung und der Prägung des kollektiven Gedächtnisses die Hinweise von Shaaber (1966, 201f.).

41 Vgl. z.B. die Balladen „Alas poore Trades-men what shall we do? Or, London's Complaint through badnesse of Trading, for work being scant, their substance is fadeing“ (CP 180-183), „The good Fellowes Complaint“ (CP 209-213), „The Clown's Complaint“ (PB 1-8) und „The Committee-Mans Complaint and the Scots Honest Usage“ (PB 60).

Aus dem zeitkritischen Charakter der Straßenballaden ergibt sich fünftens ihre wichtige Funktion als Medium der politischen Meinungsbildung und Sympathielenkung. Zu Recht betont daher Rollins (1923, 15) den großen Einfluß der Balladensänger: „The influence of the balladists was enormous. They helped to mould popular opinion." Straßenballaden beziehen meist nicht nur eindeutig Stellung für eine der Konfliktparteien, sondern sie zielen auch darauf ab, durch vereinfachte Erklärungen und eindeutige Bewertungen die Meinung der Zuhörer und ihre Einschätzung des Geschehens zu beeinflussen. In vielen Fällen beinhaltet die vermeintliche Erklärung zugleich eine mehr oder weniger versteckte Schuldzuweisung. Ein typisches Beispiel dafür ist etwa Laurence Prices Ballade „The true manner of the life and Death of Sir Thomas Wentworth", die kurz nach der Enthauptung des Earl of Strafford erschien. Entgegen dem im Titel erhobenen Wahrheitsanspruch enthält dieser Text eine sehr parteiische Darstellung von Wentworths Werdegang, dessen Sturz dieser Ballade zufolge dem übertriebenen Ehrgeiz und den Gesetzesverstößen des Hingerichteten zuzuschreiben sei.[42]

Eng verknüpft mit dem meinungsbildenden Leistungsvermögen der Straßenballaden ist eine sechste Funktion, die auf die Unterstützung der eigenen Partei und auf die Festigung des Widerstandes gegen den militärischen Feind abzielte. Die Balladen dienten zum einen der Abgrenzung vom politischen Gegner, der zum Zwecke der Feindmarkierung oft in übelster Form verunglimpft und dem die alleinige Schuld an der Misere zugewiesen wurde. Zum anderen zielten viele Straßenballaden darauf ab, das Gemeinschaftsgefühl und die Moral der eigenen Seite zu stärken. In Alexander Bromes Ballade „The Royalist" wird diese Funktion direkt angesprochen, denn dort heißt es: „We'll live by th' air which songs do bring" (CSB 10). Der Balladenforscher Rollins (1923, 20) betonte sogar, daß vor allem der sehr populären Ballade „When the King enjoys his own again" eine nicht zu unterschätzende Bedeutung dafür zuzuschreiben sei, die Moral der Royalisten aufrechterhalten und die Restauration herbeigeführt zu haben: „The ballad ‚When the King Enjoys His Own Again' [...] is universally admitted to have played no small part in keeping up the spirits of the Royalists and in bringing about the Restoration".

Darüber hinaus enthalten politische Straßenballaden in vielen Fällen Aufforderungen zum unmittelbaren Handeln. Stellvertretend für viele andere Beispiele seien der Appell zur finanziellen Unterstützung des Königs im Krieg gegen die Schotten und der Aufruf zum Kampf gegen jene Verräter genannt, die aus der Sicht der Royalisten das Königreich in den Ruin stürzen wollten:

---

[42] Vgl. CP 121: „But here's the spoyle of all,/ Woe is mee, woe is mee,/ Ambition caus'd his fall,/ Against all reason,/ Hee did our lawes abuse,/ And many men misuse,/ For which they him accuse,/ Quite through the kingdome." Der postulierte Kausalzusammenhang wird durch die Reime zusätzlich unterstrichen. Ähnliche Wertungen und Schuldzuweisungen finden sich in politischen Straßenballaden in großer Zahl; vgl. etwa CSB 16, 19, 74, 77, 94f., 105, 193.

Arise, therefore, brave British men,
Fight for your King and State,
Against those trait'rous men that strive
This realm to ruinate. (CSB 16)

Ähnlich wie die modernen Massenmedien erfüllten die politischen Straßenballaden der Revolutionszeit somit einerseits eine Art Übersetzungsfunktion, wie der Historiker Kevin Sharpe in seiner Biographie von Charles I. unlängst feststellte. Balladen, so Sharpe (1992, 856), gewährten Einblick in den Prozeß, durch den der politische Konflikt in das öffentliche Bewußtsein übersetzt wurde: „Ballads offer some insight into the process through which the contest was translated into the popular consciousness." Andererseits waren Straßenballaden auch ein propagandistisches Medium der Zeitkritik und der politischen Meinungsbildung. Die journalistischen Funktionen dieser Gattung bestehen weniger in der Übermittlung von Nachrichten, sondern sie sind eher mit denen des Leitartikels, der Glosse oder des Leserbriefes zu vergleichen: „the ballad in the sixteenth century discharged the same function as the column headed ‚Letters to the Editor' in modern newspapers" (Shaaber 1966, 198). Was Grabes (1990, 165) am Ende seiner Monographie über das englische Pamphlet im 16. und 17. Jahrhundert schreibt, läßt sich daher auch auf die Bedeutung der Straßenballaden übertragen, die sich ebenfalls für die Austragung politischer Kontroversen eigneten: „Mit diesem Widerstreit von sanktionierten und oppositionellen Positionen im neuen Medium des Drucks entsteht im Verlaufe des [...] frühen 17. Jahrhunderts jener für die Neuzeit so wichtige Machtfaktor, den wir ‚öffentliche Meinung' nennen."

Sehr schön wird dieser Zusammenhang in einer Balladenillustration veranschaulicht, die den aussagekräftigen Titel „The World is Ruled & Governed by Opinion" trägt (vgl. George 1959, 25f. und Frontispiz). In ihrem Baum sitzt die öffentliche Meinung, in deren Schoß die Weltkugel liegt. Auf ihrem Arm hockt ein Chamäleon, das aufgrund seines Farbwechselvermögens ein Emblem für die Wankelmütigkeit und den raschen Umschwung der öffentlichen Meinung ist. Beim leisesten Windstoß fallen die Früchte dieses Baumes, der von *Folly* – der personifizierten Torheit – gewässert wird, in Form von Pamphleten und Balladen herab. Die öffentliche Meinung, so erläutert ein dazugehöriges Gedicht von Henry Peacham, kann gar nicht anders, als die von der Narrheit hervorgebrachten Früchte der Presse im Lande zu verbreiten. Gerade weil die politischen Straßenballaden ein – freilich propagandistisch gefärbter – Spiegel eines Teils der öffentlichen Meinung waren, so kann man resümieren, konnten sie zu einem einflußreichen Medium der politischen Meinungsbildung werden.

5. Straßenballaden aus medien- und mentalitätsgeschichtlicher Sicht

Blickt man abschließend zurück auf die eingangs aufgeworfene Frage, inwiefern politische Straßenballaden als Vorläufer moderner Massenmedien bezeichnet werden können, so bleibt festzuhalten, daß die Antwort unterschiedlich ausfällt, je nachdem ob man den Akzent auf die Form, die Inhalte, den Wahrheitsgehalt oder die Funktionen legt. So unterschiedlich die Formen auch sein mögen, so ähnlich sind Straßenballaden und die moderne Boulevardpresse im Hinblick auf die Auswahl und Behandlung ihrer Themen. Die Gemeinsamkeit besteht zum einen darin, daß in beiden Fällen nur ein winzig kleiner Teil des wirklichen Geschehens ausgewählt und damit zu einem Medienereignis gemacht wird. Die Tatsache, daß die Selektion und Kommunikation von Nachrichten schon damals primär durch den Code +/– aktuell gesteuert wurde (vgl. Spangenberg 1993), ist wohl der Hauptgrund dafür, daß die Auswahl der berichteten Ereignisse ähnlich überraschend homogen ist wie bei den audiovisuellen Medien heute.

Zum anderen ähneln sich Straßenballaden und die modernen Massenmedien darin, daß sie die ausgewählten Ereignisse oder Tagesnachrichten in stark vereinfachter Form darstellen und damit jene Funktion übernehmen, die systemtheoretisch als ‚Komplexitätsreduktion' bezeichnet wird. In dieser Hinsicht sind die Balladen, die vom Bürgerkrieg berichten, ähnlich effektiv wie das öffentlich-rechtliche Fernsehen vor dem Siegeszug der Privaten, das ja durch „die Beschränkung auf ein relativ geringes und überschaubares Programmangebot die Reduktionsleistungen der auch in anderen Massenmedien veröffentlichten Meinung noch einmal auf einen Minimalbereich reduzierte" (Spangenberg 1993, 75). Das, was Neil Postman in seinem Bestseller *Wir amüsieren uns zu Tode* (1985, 20) über das Zeitalter der modernen Unterhaltungsindustrie schreibt, trifft gleichermaßen auf die Art und Weise zu, wie politische Straßenballaden die Ereignisse der Englischen Revolution und des Bürgerkriegs verarbeiteten: „unsere Medien-Metaphern gliedern die Welt für uns, bringen sie in eine zeitliche Abfolge, vergrößern sie, verkleinern sie, färben sie ein und explizieren eine bestimmte Deutung der Beschaffenheit der Wirklichkeit".

Unübersehbare Parallelen zwischen Straßenballaden und Massenmedien lassen sich daher auch im Hinblick auf deren Wirklichkeitsbezug feststellen. Ebensowenig wie die modernen Massenmedien sind Straßenballaden als ein Spiegel sozialer, wirtschaftlicher oder politischer Verhältnisse anzusehen. Die wirklichkeitserzeugende – und wirklichkeitsentstellende! – Macht der Straßenballaden bestand vielmehr darin, daß sie einen bestimmenden Einfluß darauf hatten, was die Zeitgenossen überhaupt vom Bürgerkrieg erfuhren und wie sie darüber zu denken hatten. Die auf Günther Anders und Neil Postman zurückgehende These, daß Menschen aufgrund der Macht der Massenmedien statt der ‚wirklichen' Welt nur noch Bilder von ihr ernst nehmen, wurde daher nicht erst durch die mediengerechte Aufbereitung des Falklandkriegs oder des Golfkriegs bestätigt, sondern sie hat bereits für das Zeitalter der Englischen Revolution eine gewisse Berechtigung. Insgesamt weist die Fiktionalisierung des Bürgerkriegsgeschehens in den Straßenballaden auf die Art und Weise voraus, wie die Tagespolitik in den Fernsehnachrichten szenisch inszeniert und zum Konsum, zur Unterhaltung und zur ideologischen Mobilmachung angeboten wird.

Als Vorläufer moderner Massenmedien sind die Straßenballaden der Revolutionszeit somit auch deshalb anzusehen, weil sie die ,Welt da draußen' keineswegs wirklichkeitsgetreu widerspiegeln, sondern mit ihren gattungsspezifischen Mitteln Aktualität inszenieren, Authentizität simulieren und Realität fingieren. Spangenbergs (1993, 77) prägnante Beobachtungen über die „thematische Aktualitätsproduktion" und Simulierung von ,Wirklichkeit' in den modernen Massenmedien sind daher zugleich eine treffende, wenn auch recht abstrakte Charakterisierung des sehr lockeren Wirklichkeitsbezugs politischer Straßenballaden: „Es werden Kommunikationen erzeugt, die keine ,Abbildungen' von Umwelt mehr intendieren, trotzdem aber durch ihre Präsenz in Massenmedien für die Selbstorganisation der Gesellschaft Bedeutung erlangen" (ebd., 76f.).

Die weitreichendsten Entsprechungen zwischen Straßenballaden und Massenmedien finden sich deshalb im Bereich der Funktionen. Diese sind so ähnlich, daß sie den „Eindruck der Funktionsäquivalenz von massenmedial vermittelter Kommunikation" (Spangenberg 1993, 68) erwecken. Ebenso wie die modernen Massenmedien erhoben Straßenballaden einerseits den Anspruch, ein Medium der Nachrichtenübermittlung und ein Spiegel der öffentlichen Meinung zu sein. Andererseits zeigt sich aber, daß es mit dem Wahrheitsgehalt der Balladen nicht sonderlich weit her war. Vielmehr waren Straßenballaden ebenso wie die heutige Boulevardpresse primär ein Medium der politischen Meinungsbildung. „*Bild* Dir eine Meinung!" wäre auch schon für viele Balladen ein passender Slogan gewesen. Vor allem der Rückgriff auf das propagandistisch sehr effektvolle Bild der verkehrten Welt eignete sich vorzüglich dazu, den politischen Gegner zu diffamieren, das Bürgerkriegsgeschehen für die Zeitgenossen zu deuten und Einfluß auf die politischen Einstellungen des Publikums zu nehmen. Darüber hinaus ist schon für Balladen jene Verbindung von Unterhaltung und Belehrung charakteristisch, die das Fernsehen perfektioniert hat und die Willemsen (1994, 85) treffend beschrieben hat: „Mit den Fakten ist kein Staat zu machen, [...] deshalb sind Nachrichten aus der wirklichen Welt nur noch als ,Infotainment' zu verabreichen".

Die politischen Straßenballaden des 17. Jahrhunderts aus dieser Perspektive zu sehen, heißt schließlich auch, ihre Bedeutung für die Gegenwart zu entdecken. Verkürzt formuliert: die Aktualität dieser Gattung liegt weniger im ,Was' als im ,Wie'. Vorläufer moderner Massenmedien sind politische Straßenballaden nicht wegen der entlegenen Welt, die in den Balladen dargestellt wird, sondern wegen der Art und Weise, *wie* die Balladenautoren geschichtliche Ereignisse in fiktionalisierter Form darstellten, um Informations- und Unterhaltungsbedürfnisse der Zeitgenossen zu befriedigen. Ähnlich hoch oder gering wie der Wahrheitsgehalt der Massenmedien ist daher auch der, der für die von Nachrichtenballaden verbreiteten Geschichten kennzeichnend ist. Nicht erst die *BILD*-Zeitung sprach zuerst mit dem Toten, sondern auch schon viele jener Balladen, die von den letzten Worten von Menschen auf dem Schafott zu berichten wußten und sogar noch von deren Geistern, die sich aus dem Grabe zu Wort meldeten.

Die wichtigste Gemeinsamkeit zwischen den Straßenballaden und manchen modernen Massenmedien besteht letztlich darin, daß die von ihnen verbreiteten Nachrichten alles andere als wertneutrale Informationen über faktisches Geschehen sind. Vielmehr enthalten sowohl Straßenballaden als auch die *stories* der Massenmedien allein schon aufgrund der Auswahl, der Anordnung und der mediengerechten Aufbereitung der Themen immer schon Urteile und Meinungen über die berichteten Ereignisse. Politisches Gewicht erhalten Ereignisse – damals wie heute – nicht schon dadurch, daß sie geschehen, sondern erst wenn sie als Geschichte oder als Bild in einem Massenmedium – sei es in einer Straßenballade, einer Zeitung oder im Fernsehen – erscheinen.

Trotz dieser funktionalen Parallelen steckt die sprach- und kulturwissenschaftliche Erforschung des Wandels der Kommunikationsformen noch in den Kinderschuhen, und es bleibt zu hoffen, daß sie durch diesen Band neue Impulse erhält. Sowohl für das Zeitalter der Englischen Revolution und Restauration als auch für frühere und spätere Jahrhunderte mangelt es an funktions- und mentalitätsgeschichtlichen Studien, die den Zusammenhang zwischen den Textmerkmalen der Straßenballaden und ihren Funktionen in spezifischen historischen Kontexten im Sinne des „form-to-function mapping" der historischen Pragmatik untersuchen. Auch fehlt es an Arbeiten zur historischen Entwicklung der Kriegsberichterstattung, die ein besonders interessantes Paradigma ist, um den Wandel von Kommunikationsformen zu rekonstruieren.

Obgleich sich die tatsächliche historische Wirkung der politischen Straßenballaden auf die Zeitgenossen aufgrund der dürftigen Quellenlage sehr viel schlechter rekonstruieren läßt als etwa die des Fernsehens, gibt es gute Gründe für die Annahme, daß diese populären Texte ihren propagandistischen Effekt ebensowenig verfehlten wie die heutigen Massenmedien. Dafür spricht allein schon die zunehmende Verschärfung der Zensurmaßnahmen, mit denen das Parlament in den 1640er Jahren die Balladenautoren zum Schweigen zu bringen versuchte. Trotz der drakonischen Strafen, die auf die Abfassung, den Druck und die Verbreitung von Straßenballaden standen und die den Schuldigen Verstümmelungen oder sogar die Todesstrafe androhten (vgl. Rollins 1923, 26ff., 36ff., 40ff.), ließen sich die Verfasser von Balladen nicht mundtot machen. Wie groß die Bedeutung war, die Straßenballaden als Medium der politischen Meinungsbildung zugeschrieben wurde, geht nicht zuletzt aus einer überlieferten Sentenz hervor, die in Großbritannien Eingang in den

Schatz der geflügelten Worte gefunden hat. Sie lautet: „[I]f a man were permitted to make all the ballads he need not care who should make the laws“ (Brewer 1963, 68). Daß es das Parlament der Rundköpfe hingegen für nötig befand, ständig neue Zensurgesetze gegen Straßenballaden zu erlassen, mag daher als Zeichen dafür gelten, wie viel Sorgen den Puritanern diese überaus populäre Gattung der Volksliteratur bereitete, die mit mündlicher und schriftlicher Kommunikation ebenso überzeugend die Meinungen der Zeitgenossen zu manipulieren verstand wie die modernen Massenmedien mit ihren schönen Bildern.

Literatur

Primärliteratur

Evelyn, J. (1959): The Diary of John Evelyn. ed. E. S. DeBeer, London.

Holloway, J. (ed.) (1971): The Euing Collection of English Broadside Ballads. Glasgow.

Mackay, C. (ed.) (1863): The Cavalier Songs and Ballads of England from 1642 to 1684. London [CSB].

Rollins, H.E. (ed.) (1923): Cavalier and Puritan: Ballads and Broadsides Illustrating the Period of the Great Rebellion 1640-1660. New York [CP].

Rump: Or an Exact Collection of the Choycest Poems and Songs Relating to the Late Times. By the most Eminent Wits, from Anno 1639 to Anno 1661. 2 vols., London 1662 [Rump I bzw. Rump II].

Selden, J. (1689, 1927): Table Talk of John Selden. ed. F. Pollock, London.

Wilkins, W. W. (ed.) (1860): Political Ballads of the Seventeenth and Eighteenth Century. 2 vols., London [PBSE].

Wright, T. (ed.) (1841): Political Ballads Published in England During the Commonwealth. London [PB].

Sekundärliteratur

Austermann, M. (1935): Die große englische Revolution im Spiegel der zeitgenössischen Lyrik. Düsseldorf.

Aylmer, G. E. (1986): Collective Mentalities in Mid Seventeenth-Century England: I. The Puritan Outlook. In: Transactions of the Royal Historical Society 36, 1-25.

Aylmer, G. E. (1987): Collective Mentalities in Mid Seventeenth-Century England: II. Royalist Attitudes. In: Transactions of the Royal Historical Society 37, 1-30.

Aylmer, G. E. (1988): Collective Mentalities in Mid Seventeenth-Century England: III. Varieties of Radicalism. In: Transactions of the Royal Historical Society 38, 1-25.

Aylmer, G. E. (1989): Collective Mentalities in Mid Seventeenth-Century England: IV. Cross Currents: Neutrals, Trimmers, and Others. In: Transactions of the Royal Historical Society 39, 1-22.

Bach, U. (1997): Englische Flugtexte im 17. Jahrhundert: Historisch-pragmatische Untersuchungen zur frühen Massenkommunikation. Heidelberg.

Brewer, E. C. (1963): Brewer's Dictionary of Phrase and Fable. London.
Burke, P. (1978): Popular Culture in Early Modern Europe. London.
Curtius, E.R. (1948): Europäische Literatur und lateinisches Mittelalter. Bern.
Demetz, P. (1964): Der historische Roman: Skizze eines Modells. In: Demetz, P., Formen des Realismus: Theodor Fontane: Kritische Untersuchungen. München, 17-50.
Denzer, P. (1991): Ideologie und literarische Strategie: Die politische Flugblattlyrik der englischen Bürgerkriegszeit 1639-1661. Tübingen.
Firth, C. H. (1911): The Ballad History of the Reign of James I. In: Transactions of the Royal Historical Society 3rd series, V, 22-61.
Firth, C. H. (1912): The Reign of Charles I. In: Transactions of the Royal Historical Society 3rd series, VI, 19-64.
Fischer, H. (1974): „Rumps ne'er heard on before": Historisch-literarische Studie zur Semantik eines anrüchigen Begriffs. In: Kuhn, O. (Hg.): Großbritannien und Deutschland. Festschrift für John W. P. Bourke. Europäische Aspekte der politisch-kulturellen Beziehungen beider Länder in Geschichte und Gegenwart. München, 578-590.
Fox, A. (1994): Ballads, Libels and Popular Ridicule in Jacobean England. In: Past and Present 145, 47-83.
George, M. D. (1959): English Political Caricature to 1792: A Study of Opinion and Propaganda. Oxford.
Grabes, H. (1990): Das englische Pamphlet I: Politische und religiöse Polemik am Beginn der Neuzeit (1521-1640). Tübingen.
Healy, T./Sawday, J. (eds.) (1990a): Literature and the English Civil War. Cambridge.
Healy, T./Sawday, J. (1990b): Introduction: „Warre is all the world about". In: Healy/Sawday 1990a, 1-17.
Hill, C. (1972): The World Turned Upside Down: Radical Ideas During the English Revolution. Harmondsworth.
Hill, C. (1974): The Many-Headed Monster. In: Hill, C., Change and Continuity in 17th Century England. London, 181-204.
Hunt, L. (1989): Introduction: History, Culture, Text. In: Hunt, L. (ed.): The New Cultural History. Berkeley/Los Angeles, 1-22.
Jacobs, A./Jucker, A. H. (1995): The Historical Perspective in Pragmatics. In: Jucker, A. H. (ed.): Historical Pragmatics: Pragmatic Developments in the History of English. Amsterdam/Philadelphia, 3-33.
Jäger, G. (1993): Liebe als Medienrealität: Eine semiotische Problemexplikation. In: Schmidt, S. J. (Hg.): Literaturwissenschaft und Systemtheorie: Positionen, Kontroversen, Perspektiven. Opladen, 44-65.
Kenyon, J. P. (1966): The Stuart Constitution: Documents and Commentary. Cambridge.
Kenyon, J. P. (1978): Stuart England. Harmondsworth.
Nünning, A. (1995): Literatur, Mentalitäten und kulturelles Gedächtnis: Grundriß, Leitbegriffe und Perspektiven einer anglistischen Kulturwissenschaft. In: Nünning, A. (Hg.): Literaturwissenschaftliche Theorien, Modelle, Methoden: Eine Einführung. 2nd ed., Trier, 173-197.
Nünning, A. (1997): The Reinvention of the Monarchy by Popular Culture: Political Street Ballads of the Restoration and the Making of Royalist Mentalities. In: Böker, U./Sauer, U. (eds.): Anglistentag 1996 Dresden: Proceedings of the Conference of the German Association of University Teachers of English: Vol. XVIII. Trier, 281-293.
Nünning, A. (1998): „The World Turned Upside Down": Englische Straßenballaden als Medium der Zeitkritik und politischen Meinungsbildung im Zeitalter der Puritanischen Revolution. In: Bauer, B./Müller, W. G. (Hg.): Staatstheoretische Diskurse im Spiegel der Nationalliteraturen von 1500 bis 1800: Vorträge gehalten anläßlich eines Arbeitsgespräches des Wolfenbütteler Arbeitskreises

für Renaissanceforschung in der Herzog August Bibliothek vom 27.-29. November 1995. Wiesbaden, 355-392.
Nünning, A./Spekat, S. (1998): Der König als christlicher Märtyrer: Charles I. im (Zerr-) Spiegel englischer Straßenballaden der Revolutionszeit. In: Baumann, U. (Hg.): Basileus und Tyrann: Herrscherbilder und Bilder von Herrschaft in der Englischen Renaissance. Frankfurt/M. [im Druck]
Peil, D. (1983): Untersuchungen zur Staats- und Herrschaftsmetaphorik in literarischen Zeugnissen von der Antike bis zur Gegenwart. München.
Postman, N. (1985): Wir amüsieren uns zu Tode: Urteilsbildung im Zeitalter der Unterhaltungsindustrie. Frankfurt/M.
Rollins, H. E. (1919): The Black-Letter Broadside Ballad. In: Publications of the Modern Language Association 34, 258-339.
Rollins, H. E. (1923): Introduction: An Historical Sketch of the Broadside Ballad, 1640-1660. In: CP, 3-74.
Schmidt, S. J. (1992): Medien, Kultur, Medienkultur: Ein konstruktivistisches Gesprächsangebot. In: Schmidt, S. J. (Hg.): Kognition und Gesellschaft: Der Diskurs des Radikalen Konstruktivismus 2. Frankfurt/M., 425-450.
Schröder, H.-C. (1988): Die Revolution Englands im 17. Jahrhundert. Frankfurt/M.
Shaaber, M. A. (1966): Some Forerunners of the Newspaper in England 1476-1622. New York.
Sharpe, K. (1992): The Personal Rule of Charles I. New Haven/London.
Sharpe, K./Zwicker, S. N. (eds.) (1987): Politics of Discourse. The Literature and History of Seventeenth-Century England. Berkeley/Los Angeles.
Simonis, A. (1995): New Historicism und Poetics of Culture: Renaissance Studies und Shakespeare in neuem Licht. In: Nünning, A. (Hg.): Literaturwissenschaftliche Theorien, Modelle, Methoden: Eine Einführung. 2nd ed., Trier, 153-172.
Spangenberg, P. M. (1993): Stabilität und Entgrenzung von Wirklichkeiten: Systemtheoretische Überlegungen zu Funktion und Leistung der Massenmedien. In: Schmidt, S. J. (Hg.): Literaturwissenschaft und Systemtheorie: Positionen, Kontroversen, Perspektiven. Opladen, 66-100.
Stone, L. (1972): The Causes of the English Revolution 1529-1642. London.
Watt, T. (1991): Cheap Print and Popular Piety, 1550-1640. Cambridge.
Wende, P. (1980): Probleme der Englischen Revolution. Darmstadt.
Willemsen, R. (1994): Kopf oder Adler: Ermittlungen gegen Deutschland. München.
Wiltenburg, J. (1988): Madness and Society in the Street Ballad of Early Modern England. In: Journal of Popular Culture 21.4, 101-127.
Würzbach, N. (1981): Anfänge und gattungstypische Ausformungen der englischen Straßenballade 1550-1650: Schaustellerische Literatur, Frühform eines journalistischen Mediums, populäre Erbauung, Belehrung und Unterhaltung. München.
Würzbach, N. (1990): The Rise of the English Street Ballad, 1550-1650. Cambridge.

Xenja von Ertzdorff

Reisende berichten – Schriftliche Kommunikationsmuster im Wandel

Bergbeschreibungen mit Panoramablick und das „historische Fenster“ in der Landschaft*

Reisende erzählen, was sie unterwegs gesehen, gehört und erlebt haben, heute verbinden sie es gern mit einem Bildvortrag, um den Daheimgebliebenen aus fernen Ländern zu berichten. Reiseberichte sind auf Mitteilung, auf Kommunikation ausgerichtet, auch wenn sie aufgeschrieben und als persönliches Tagebuch zur eigenen Erinnerung aufbewahrt werden. Ein solches Tagebuch kann Grundlage für einen mündlich oder schriftlich ausgearbeiteten Reise- und Länderbericht sein. Die heutige Literatur kennt sehr differenzierte Ausformungen von Reiseberichten: Von der Geschäftsreise bis zur Forschungsreise in bestimmte Gegenden, von der privaten „Abenteuerreise“ bis zum wissenschaftlichen Länderbericht. Von allem etwas findet sich in Reise- und Länderberichten vergangener Zeiten, wobei zu beobachten ist, daß sich bestimmte Kommunikationsmuster in Variationen gemäß Raum, Zeit und Interesse des Erzählers und seines Publikums durch die Zeiten hindurch, zumindest im europäischen Kulturkreis, wiederholen. Solche Kommunikationsmuster sind z.B. der Bericht über Sitten und Bräuche der Bewohner, über die landwirtschaftlichen Produkte und Handelswaren des Landes, die Anlage und Größe von Städten, die Beschreibung von Heiligtümern, auffällige Merkmale in der Landschaft, Wüsten, der Verlauf von Flüssen, auffallende hohe Berge oder Gebirgszüge. Städte und ihre Bauwerke, aber auch die Landschaft in umfassendem Sinn bieten sich dem Reisenden für die Erinnerung an die Ereignisse, die sich in der Vergangenheit in dieser Stadt, in diesem Bauwerk oder in dieser Landschaft abgespielt haben. Ich nenne diese Einschübe in die gegenwartsbezogene Beschreibung der Landschaft das „historische Fenster“, das in den meisten Reiseberichten geöffnet wird und vergangene Ereignisse andeutend oder ausführlicher erzählt, – je nach Wissen und Interesse des berichtenden Reisenden und seiner Leser. Die erzählerischen Konstanten sind die Techniken der Raum- und Ortsbeschreibung des Selbstgesehenen und „Erfahrenen“ in der zeitlichen Gegenwart oder unmittelbaren Vergangenheit des Erzählers, unterbrochen durch ein: „dies ist der Ort, wo es geschah“, und dann setzt historisches Er-

---

* Die Vortragsform wurde beibehalten.

zählen ein oder nur ein kurzer, anekdotischer Hinweis auf vergangene Ereignisse, die bekannt sind und an diesem bestimmten Ort sich abgespielt haben.

Das Kommunikationsmuster: Beschreibung einer Bergbesteigung, und – nicht immer realisiert – die Beschreibung des Panoramablicks, der sich dem Reisenden auf dem Gipfel des Berges bietet, und das „historische Fenster", das der Reisende öffnet, habe ich mir für diese literaturwissenschaftliche Rundreise durch die Reiseberichte der Vergangenheit bis in die eigene Gegenwart ausgesucht und lade Sie ein, mir zu folgen. Eine wichtige methodische Einschränkung muß ich zuvor machen: das jeweilige kultur- und geistesgeschichtliche Umfeld, in dem die Berichte entstanden sind, kann ich nicht darstellen. Es gehört zu einer literaturwisssenschaftlichen Untersuchung der Reiseberichte; mein Anliegen aber ist es, Kommunikationsmuster mittels der genannten Erzählthemen in Reiseberichten weit auseinander liegender Zeiten aufzuzeigen, die eine große Konstanz bei aller jeweiligen Verschiedenheit aufweisen.

Ich entführe Sie als erstes mit Alexander von Humboldt nach Südamerika auf den Rükken der Andenkette mit dem ersten Anblick der Südsee. Dieser Essay ist Teil der dritten Ausgabe von Alexander von Humboldts ‚Ansichten der Natur', veröffentlicht am Schluß des zweiten Bandes und erschienen in Tübingen 1849, niedergeschrieben vermutlich während oder nach der großen Reise Humboldts nach Südamerika in den Jahren 1796-1805.

> Die Sehnsucht, nachdem wir nun schon 18 Monate lang ununterbrochen das einengende Innere eines Gebirgslandes durchstrichen hatten, endlich wieder der freien Ansicht des Meeres uns zu erfreuen, wurde durch die Täuschungen erhöht, denen wir oft ausgesetzt waren. Von dem Gipfel des Vulkans von Pichincha, über die dichten Waldungen der Provincia de las Esmeraldas hinblickend, unterscheidet man deutlich keinen Meereshorizont, wegen der zu großen Entfernung des Litorals und der Höhe des Standorts. Man sieht wie aus einem Luftball herab ins Leere. Man ahnt, aber man unterscheidet nicht. Als wir später zwischen Loja und Huancamba den Pramo de Guamani erreichten, wo viele Gebäude der Inkas in Trümmern liegen, hatten uns die Maultiertreiber mit Sicherheit verkündigt, daß wir jenseits der Ebene, jenseits der Niederungen von Piura und Lambayeque das Meer erblicken sollten; aber ein dicker Nebel lag über der Ebene und auf dem fernen Litoral. Wir sahen nur vielgestaltete Felsmassen sich inselförmig über dem wogenden Nebelmeere erheben und wechselweise verschwinden, ein Anblick, dem ähnlich, welchen wir auf dem Gipfel des Pik von Teneriffa [Pico de Teide] genossen. Fast derselben Täuschung unserer Erwartungen waren wir auf dem Andenpaß von Huangamarca, dessen Übergang ich hier erzähle, ausgesetzt. So oft wir, gegen den mächtigen Bergrücken mit gespannter Hoffnung aufstrebend, eine Stunde mehr gestiegen waren, versprachen die des Weges nicht ganz kundigen Führer, unsere Hoffnung würde erfüllt werden. Die uns einhüllende Nebelschicht schien sich auf Augenblicke zu öffnen, aber bald wurde aufs Neue der Gesichtskreis durch vorliegende Anhöhen feindlich begrenzt.
>
> Das Verlangen, welches man nach dem Anblick gewisser Gegenstände hat, hängt gar nicht allein von ihrer Größe, von ihrer Schönheit oder Wichtigkeit ab; es ist in jedem Menschen mit vielen zufälligen Eindrücken des Jugendalters, mit früher Vorliebe für individuelle Beschäftigungen, mit Hang nach der Ferne und einem bewegten Leben verwebt. Die Unwahrscheinlichkeit, einen Wunsch erfüllt zu sehen, gibt ihm dazu einen besonderen Reiz. Der Reisende genießt zum voraus die Freude des Augenblicks, wo er das

Sternbild des Kreuzes und die Magellanschen Wolken, die um den Südpol kreisen, wo er den Schnee des Chimborazo und die Rauchsäule der Vulkane von Quito, wo er ein Gebüsch baumartiger Farne, wo er den Stillen Ozean zuerst erblicken wird. Tage der Erfüllung solcher Wünsche sind Lebensepochen von unverlöschlichem Eindruck, Gefühle erregend, deren Lebendigkeit keiner vernünftelnden Rechtfertigung bedarf. In die Sehnsucht nach dem Anblick der Südsee von hohem Rücken der Andenkette mischte sich das Interesse, mit welchem der Knabe schon auf die Erzählung von der kühnen Expedition des Vasco Nunez de Balboa gelauscht, des glücklichen Mannes, der, von Franz Pizarro gefolgt, der erste unter den Europäern von den Höhen von Quarequa auf der Landenge von Panama den östlichen Teil der Südsee erblickte. Die Schilfufer des Kaspischen Meeres, da, wo ich dasselbe zuerst an dem Mündungs-Delta des Wolgastromes gesehen, sind nicht malerisch zu nennen, und doch war mir ihr erster Anblick um so freudiger, als mich in frühester Jugend auf Karten die Form des asiatischen Binnenmeeres angezogen hatte. Was so durch kindliche Eindrücke, was durch Zufälligkeiten der Lebensverhältnisse in uns erweckt wird, nimmt später eine ernstere Richtung an, wird oft ein Motiv wissenschaftlicher Arbeiten, weitführender Unternehmungen.

Als wir nach vielen Undulationen des Bodens auf dem schroffen Gebirgsrücken endlich den höchsten Punkt des Alto de Huangamarca erreicht hatten, erheiterte sich plötzlich das lang verschleierte Himmelsgewölbe. Ein scharfer Südwestwind verscheuchte den Nebel. Das tiefe Blau der dünnen Bergluft erschien zwischen den engen Reihen des höchsten und gefiederten Gewölks. Der ganze westliche Abfall der Kordillere bei Chorillos und Cascas, mit ungeheuren Quarzblöcken von 12 bis 14 Fuß Länge bedeckt, die Ebenen von Chala und Molinos bis zu dem Meeresufer bei Trujillo lagen wie in wunderbarer Nähe vor unseren Augen. Wir sahen nun zum ersten Male die Südsee; wir sahen sie deutlich: dem Litorale nahe eine große Lichtmasse zurückstrahlend, aufsteigend in ihrer Unermeßlichkeit gegen den mehr als geahnten Horizont. Die Freude, welche meine Gefährten, Bonpland und Carlos Montufar, lebhaft teilten, ließ uns vergessen, das Barometer auf dem Alto de Huangamarca zu öffnen. Nach der Messung, die wir nahe dabei, aber tiefer als der Gipfel, in einer isolierten Meierei, im Hato de Huangamarca machten, muß der Punkt, wo wir das Meer zuerst gesehen, nur 8800 bis 9000 Fuß hoch liegen.

Der Anblick der Südsee hatte etwas Feierliches für den, welcher einen Teil seiner Bildung und viele Richtungen seiner Wünsche dem Umgang mit einem Gefährten des Kapitäns Cook verdankte. Meine Reisepläne hatte Georg Forster früh schon in allgemeinen Umrissen gekannt, als ich den Vorzug genoß, unter seiner Führung das erste Mal (jetzt vor mehr als einem halben Jahrhundert) England zu besuchen. Durch Forsters anmutige Schilderungen von Tahiti war besonders im nördlichen Europa für die Inseln des Stillen Meeres ein allgemeines, ich könnte sagen sehnsuchtsvolles Interesse erwacht. Es hatten diese Inseln damals noch das Glück, wenig von Europäern besucht zu werden. Auch ich konnte die Hoffnung nähren, einen Teil derselben in kurzem zu berühren ... (von Humboldt 1987, 344-346).

Die Erzählelemente der Landschaftsbeschreibung sind eingebunden in die Wir-Erzählung der subjektiven Empfindungen und Erwartungen der drei Reisenden, insbesonders des Erzählers. Das Einengende der Hochgebirgsmassen, die wogenden Nebelmeere, der dicke Nebel auf der Ebene behindern den Blick, die gespannte Erwartung wird immer wieder enttäuscht. Diese gespannte Erwartung wird anthropologisch begründet mit Prägungen aus der Jugendzeit der Reisenden: eine Variante des „historischen Fensters“! Der Erzähler kommt auf eigene prägende Leseerfahrungen und die Wirkung des Anblicks des Kaspischen Meeres auf sich selbst, ausgelöst durch die Erinnerung an die Faszination der Form dieses asiatischen Binnenmeeres beim Betrachten von Karten in seiner frühesten Jugend. Dieser Blick zurück durch das „historische Fenster" auf allgemeine und seine eigenen prägenden Eindrücke in der Jugendzeit zur Begründung der Spannung auf den ersehnten Anblick des Meeres von der Höhe der Anden aus führt dann weiter zur allgemeinen Feststellung der Bedeutung kindlicher Eindrücke und Zufälligkeiten der Lebensverhältnisse für die Motivation zu wissenschaftlichem Arbeiten und weiterführenden Unternehmungen.

Der Erzähler lenkt zurück. Der Gipfel des Bergs ist erreicht, „da erheiterte sich plötzlich das lang verschleierte Himmelsgewölbe. Ein scharfer Südwestwind verscheuchte den Nebel." Ein tiefes Blau erscheint zwischen den Wolken, der Blick geht über den ganzen westlichen Abfall der Kordillere, der mit ungeheuren Felsblöcken, deren ungefähre Größe genannt wird, bedeckt ist. Der Panoramablick wird frei gegeben in die Ebenen bis zum Meeresufer „wie in wunderbarer Nähe vor unseren Augen". Das einrahmende Bergmassiv, dann die Ebene bis zum Meeresufer: es entsteht ein Landschaftsbild mit räumlicher Tiefe und Nähe. Die unmittelbare Erfahrung des erkennenden Sehens, des lang ersehnten Schauens wird dem Leser vermittelt durch das intensivierende zweimalige „Wir sahen nun zum ersten Male die Südsee; wir sahen sie deutlich: dem Litorale nahe eine große Lichtmasse zurückstrahlend, aufsteigend in ihrer Unermeßlichkeit gegen den mehr als geahnten Horizont." Die Freude über diesen Anblick ließ die Forscher die Höhenmessung vergessen, die dann etwas tiefer nachgeholt wurde.

Und wieder kommentiert der Erzähler die Wirkung dieses Anblicks der Südsee, der „etwas Feierliches hatte", auf sich durch das „historische Fenster" eigener früherer biographischer Erfahrungen und persönlicher Leseeindrücke. Die Feierlichkeit, das Staunen vor der endlich geschauten Realität des Fernblicks auf die Küste des Pazifischen Ozeans von den Anden aus erinnert an die Erfahrung der Pilgerreisenden früherer Jahrhunderte zu den Heiligen Stätten. Hier ist ein Sehnsuchtsziel eines hochgebildeten Forschungsreisenden des späten 18. Jahrhunderts erreicht: die Natur gibt den Blick frei aus der bedrückenden Enge der Bergwelt in die unendliche, lichtdurchstrahlte Weite und Freiheit des Meeres, die den begrenzenden Horizont nur erahnen läßt.

An anderen Stellen dieses Essays öffnet Alexander von Humboldt sehr wohl das „historische Fenster" auf die Geschichte der Bewohner des Landes, auf die Inka, jeweils bei der Beschreibung einzelner Orte. Er erörtert auch die Bedeutung der von den Inka angelegten Straßen, deren Reste er vorfindet. Doch die historische Einblendung beim ersten Anblick des Pazifik konzentriert sich auf persönliche biographische Erinnerungen, die das persönliche Glücksgefühl bei dem lange ersehnten überwältigenden Panoramablick von der Bergeshöhe auf das weit entfernte lichtdurchstrahlte Meer als ungeheures Erlebnis der schauenden Erfüllung dem Leser nach- und miterlebbar macht.

Ganz anders ist die Reaktion eines anderen, ebenfalls hochgebildeten und sensiblen Reisenden aus einer anderen Zeit auf den überwältigenden Panoramablick. Folgen Sie mir nun einige Jahrhunderte zurück und begleiten Sie Francesco Petrarca bei seinem Aufstieg auf den Mont Ventoux – in Südfrankreich – am 26. April 1336. Er berichtet von diesem Ereignis einem Freund, einem Theologieprofessor und Augustinermönch, der Petrarca in die Gedankenwelt Augustins eingeführt hatte, in einem Brief:[1]

Auf dem Gipfel angekommen, läßt sich die Reisegesellschaft ermüdet nieder. Petrarca schreibt:

> Zuerst stand ich, durch einen ungewohnten Hauch der Luft und durch die ganz freie Rundsicht bewegt, einem Betäubten gleich da. Ich schaue zurück nach unten: Wolken lagen zu meinen Füßen, und schon wurden mir der Athos und der Olymp minder sagenhaft, wenn ich schon das, was ich über sie gehört und gelesen, auf einem Berge von geringerem Ruf zu sehen bekomme. Ich wende nun meine Blicke in Richtung Italien, wohin mein Herz sich stärker hingezogen fühlt. Die Alpen selber – eisstarrend und schneebedeckt – über die einst jener wilde Feind des römischen Volkes stieg, der, wenn wir der Überlieferung glauben dürfen, mit Essig sich durch die Felsen einen Weg brach – sie zeigten sich mir ganz nah, obwohl sie weit entfernt sind. Ich seufzte, ich gestehe es, nach italischer Luft, die mehr dem Geist als den Augen sich darbot.[2]

Petrarca gibt sich weiter seiner Sehnsucht nach Italien hin im inneren Zwiespalt über seine seelische Verfassung.

> Diese und ähnliche Gedanken liefen in meiner Brust hin und her, Vater. Ich freute mich über meinen Fortschritt, beweinte meine Unvollkommenheit und beklagte die allgemeine Wandelbarkeit des menschlichen Tuns; und an welchem Ort und aus welchem Grund ich gekommen war, schien ich irgendwie vergessen zu haben. Ich ließ meine Sorgen fahren, für die ein anderer Ort passender sein mochte, wandte mich um und blickte zurück gegen Westen – man hatte mich nämlich gemahnt und gleichsam geweckt, ich solle zurückblicken und sehen, was zu sehen ich gekommen war. Die Zeit zum Aufbruch drängte, da die Sonne sich schon neige und der Schatten des Berges wachse. Der Grenzwall der gallischen Lande und Spaniens, der Kamm der Pyrenäen, ist von dort nicht zu sehen, nicht weil, soviel ich weiß, irgendein Hindernis dazwischenträte, nein, allein infolge der Schwäche der menschlichen Sehkraft. Die Berge der Provinz von Lyon hingegen zur Rechten, zur Linken sogar der Golf von Marseille, und der, der an Aigues-Mortes brandet, waren ganz deutlich zu sehen, obwohl dies alles einige Tagereisen entfernt ist. Die Rhône lag geradezu unter meinen Augen. Während ich dies eins ums andere bestaunte und bald an Irdischem Geschmack fand, bald nach dem Beispiel des Körpers die Seele zu Höherem erhob, kam

---

[1] Ich zitiere nach der Ausgabe: Francesco Petrarca (1995): Familiarium rerum libri IV, 1: der lateinische Text folgt der Ausgabe: Francesco Petrarca, Le Familiari. Edizione critica per cura di Vittore Rossi. Bd. 1: Introduzione e libri I-IV. Florenz 1968. – Über den Empfänger des Briefes, Francesco Dionigi di Borgo San Sepolcro vgl. ib., S. 33, Anm. 1.

[2] Petrarca (1995), 17, S. 16/17 und Anm. 11, S. 35: Livius, Ab urbe condita, 21, 37, 2: Hannibals Alpenübergang: „dann machten sie den erhitzten Felsen durch Begießen mit Essig mürbe."

> ich auf den Gedanken, in das Buch der Bekenntnisse des Augustinus hineinzuschauen, eine Gabe, die ich deiner Wertschätzung verdanke.[3]

Er öffnet das Buch und seine Augen fallen auf die Stelle aus dem 10. Buch der „Confessiones" (X, 8, 15):

> Und es gehen die Menschen hin, zu bewundern die Höhen der Berge und die gewaltigen Fluten des Meeres und das Fließen der breitesten Ströme und des Ozeans Umlauf und die Kreisbahnen der Gestirne – und verlassen dabei sich selbst.[4]

Petrarca fährt fort:

> ich war betäubt, ... schloß das Buch, zornig auf mich selber, daß ich jetzt noch Irdisches bewunderte, ich, der ich schon längst selbst von den Philosophen der Heiden hätte lernen müssen, daß nichts bewundernswert ist außer der Seele: Im Vergleich zu ihrer Größe ist nichts groß. Dann aber wandte ich, zufrieden, vom Berg genug gesehen zu haben, die inneren Augen auf mich selbst, und von jener Stunde an konnte mich keiner reden hören, bis wir ganz unten angelangt waren.

Petrarca vergleicht sein Erlebnis mit Augustinus und Antonius, die eine bestimmte Bibelstelle auf sich persönlich bezogen fanden, und fährt fort in seinen Betrachtungen über die Menschen, die sich in leeren Schauspielen verzetteln und auf ihre Seele nicht achten.[5]

Petrarcas Ersteigung des Berges und sein Blick in die unter ihm liegende Landschaft haben für ihn symbolische Bedeutung. Die Umwege und das Umherirren beim Aufstieg und das völlige Abgelenktsein auf dem Gipfel sind Ausdruck seiner Seelenlage, voll innerer Zweifel und Selbstvorwürfe über mangelnde innere Fortschritte in seinem Bemühen um innere Ruhe und seelische Vervollkommnung. Daß er sie nach seinem Verständnis noch nicht erreicht hat, zeigt seine Reaktion auf das „Schriftorakel" und seine Ausdeutung. Er berichtet seine Erfahrung seinem Lehrer und Freund, gibt aber auch zu erkennen, daß die Wirkung des Fernblicks, den ihm der Aufstieg gewährt hatte, das Nachlesen bei Augustinus und die Rückwendung zum eigenen Inneren, zur Würde der Seele, ausgelöst hat. Petrarca begründet sein Unternehmen, den höchsten Berg der Gegend zu besteigen,

---

3 Petrarca (1995), 24-26, S. 20/21 und S. 22/23; Petrarca, 25, S. 22: „Rodanus ipse sub oculis nostris erat. 26. Que dum mirarer singula et nunc terrenum aliquid saperem, nunc exemplo corporis animum ad altiora subveherem, visum est michi Confessionem Augustini ...". *sapere* hat eine weite Bedeutung: ‚schmecken, riechen, Geschmack haben', – und in übertragener Bedeutung: ‚weise sein, verständig sein, Einsicht haben' (Georges, Lat.-dt. Handwörterbuch, 2, Sp. 2586f.). Die Übersetzung könnte auch lauten: ‚Während ich die Einzelheiten bestaunte und bald Einsicht in etwas auf der Erde nahm, bald nach dem Vorbild des Körpers den Geist zu höheren Dingen erhob, ...'

4 Das Augustinus-Zitat bei Petrarca ist fast wortgleich mit der Stelle in Augustinus, Conf., X, 8, 15.

5 Petrarca (1995, 27-29, 22/23 und 24/25). Vgl. zu diesen beiden Stellen auch Stierle (1979, 22-27).

einzig mit der Begierde, „diesen außergewöhnlich hohen Ort zu sehen."[6] Er hatte schon viele Jahre lang dieses Unternehmen vorgehabt. Auslösendes Moment war ein Leseerlebnis: Petrarca hatte tags zuvor Livius gelesen und war, wieder zufällig, auf die Stelle gestoßen, „wo Philipp, der König von Makedonien – derselbe, der mit dem römischen Volk Krieg geführt hat – den Haemus, einen Berg in Thessalien, bestieg. Er hatte nämlich dem Gerücht Glauben geschenkt, man könne von seinem Gipfel aus zwei Meere sehen, das Adriatische und das Schwarze Meer."[7] Der belesene Erzähler diskutiert sogleich den möglichen Wahrheitsgehalt dieses Panoramablicks mit Hilfe seiner Lesekenntnisse der antiken Autoren, fügt dann aber hinzu: „Wäre es für mich so leicht, jenen Berg zu erkunden, wie diesen hier, so würde ich nicht lange im Zweifel lassen, wie die Sache sich verhält."

Petrarca denkt und schreibt stets mit Bezug auf literarische Autoritäten, insbesonders bei dieser einer Begründung bedürftigen Bergbesteigung, die er mit einem Bekehrungserlebnis verknüpft. Er unterscheidet sich darin vor allem in der Wahl der von ihm zitierten antiken Autoren, die noch stärker in der mittelalterlichen Tradition stehenden gebildeten Reisenden bemühen andere Autoritäten. Und selbst Alexander von Humboldt steht in dieser literarischen Tradition, wenn er seine Empfindungen im Anblick des weiten Panoramas mit früheren eigenen Leseerfahrungen begründet, und damit, wenn auch auf die eigene Biographie bezogen, das „historische Fenster" in der Landschaft öffnet. Zunächst ist Petrarca von dem scharfen Wind auf dem Gipfel und dem freien Rundblick „wie betäubt", dann bestätigen sich frühere Leseinformationen über Athos und Olymp, und durch das „historische Fenster" kommen ihm beim Anblick der Alpenkette Erinnerungen an

---

6 Petrarca (1995, 1, S. 4): „... hodierno die, sola videndi insignem loci altitudinem cupiditate ductus, ascendi." Diese *cupiditas videndi* als einziges Motiv könnte für den aufmerksamen Augustinus-Leser schon negativ konnotiert sein. Die negative Wertung des Seh-Erlebnisses nach dem „Buchorakel" kann diesen Eindruck bestätigen. Aber die *cupiditas videndi* lehnt sich eng an die Formulierung des Livius an: „cupido enim ceperat ascendendi" (vgl. die folgende Anm.).

7 Petrarca (1995), 2, S. 4/5 mit Anm. 3, S. 34: mit der Stelle Livius, Ab urbe condita XL, 21, 2-4: „Cupido enim ceperat in verticem Haemi montis ascendendi, quia vulgatae opinioni crediderat ..." Zur Beschreibung dessen, was Philipp auf dem Gipfel sieht: ib. Livius, Ab urbe cond., XL, 22, 4-6. – Vgl. auch: Billanovich (1977, 447): „Der Ventoux wurde Petrarcas Berg, weil der Haemus der Berg Philipps des Fünften von Mazedonien gewesen war. .. Petrarca las in ‚De chorographia' von Pomponius Mela (1994, II, [17]): über die Berge in Thrakien: ‚Von ihnen erhebt sich der Hämos zu solcher Höhe, daß man den (Pontus) Euxinus und die Adria von der Spitze seines Gipfels erblicken kann.' Und bei Livius in der 4. Dekade fand er, Philipp habe den Berg eben wegen dieses Ausblicks auf beide Meere bestiegen, um seine Taktik für den bevorstehenden Krieg gegen die Römer auszudenken; doch sei er keineswegs in den Genuß einer solch unbegrenzten Sicht gekommen."

Billanovich (1977, 449) weist noch weitere Haemus-Stellen bei Vergil und Horaz nach. Vor allem aber zeigt er, daß Petrarca sehr genau seinen Aufstieg auf den Ventoux an das Livius-Zitat mit wörtlichen Zitaten anlehnt (S. 454f.).

seinen Aufenthalt in Italien und die Leseerinnerung an den Zug der punischen Heere über die Alpen. Dann verliert er sich wieder in seine Grübeleien. Erst als die Gefährten zum Aufbruch mahnen, wendet er sich aufmerksam dem Rundblick zu: er nennt die Einzelheiten des Landschaftsbildes: die Begrenzung durch die Pyrenäen ist wegen der Schwäche der menschlichen Sehkraft unsichtbar, er sieht ganz klar und nahe die Berge bei Lyon, den Golf von Marseille und Aigues-Mortes, und vor sich die Rhône. Das Bild bleibt flächig, es bekommt keine Tiefe durch eine Staffelung der Bildelemente. Petrarca bestaunt die in Sichtweite erkennbaren, in der Realität Tagereisen weit entfernten Einzelheiten des Bildes und kommentiert, daß er bald etwas „auf der Erde, etwas Irdisches wahrnahm, bald den Geist zu höheren Dingen erhob" und dann berichtet er, daß er das Buch des Augustinus aufschlug und eben die bekannte Stelle las.[8] Seine Enttäuschung über sich selbst ist begründet in seiner Bewunderung für den Anblick, die ihm Einzelheiten des Fernblicks auf die Erde entlockt hatten. Er hätte doch längst wissen müssen, daß nichts auf Erden bewundernswert sei. Der ästhetische Genuß, zu dem Petrarca beim Betrachten schöner Landschaften durchaus empfänglich war,[9] ist hier gar nicht zugelassen um der Nachahmung literarischer Bekehrungserlebnisse willen. Auch das Staunen über die Wunder der Welt, das spätmittelalterliche Reisende in ihren Berichten ihrem Publikums vermitteln, läßt Petrarca kaum anklingen, um sich dann ganz von ihm abzuwenden. Die Erfahrung der Bergbesteigung und des großartigen Fernblicks dient als Szenarium in der Landschaft für die Darstellung und Lösung einer seelischen Krise.

Und nun folgen Sie mir bitte zum fernsten Punkt dieser Zeitreise, ins Ende des 4. Jahrhunderts nach Chr., und vernehmen Sie, was die Dame Egeria von ihrer Pilgerreise ins Heilige Land berichtet. Wer sie war, ist ungewiß, möglicherweise stammt sie aus einer vornehmen Familie in Nordspanien, Südfrankreich könnte es auch gewesen sein. Sie besaß eine ausgedehnte Kenntnis der biblischen Bücher des Alten und Neuen Testaments, sie war sehr unternehmend und besaß auch die finanziellen Mittel für eine ausgedehnte Reise in den Orient. Über sich selbst spricht Egeria bedauerlicherweise kaum; die einzige direkte Bemerkung macht sie in einem Nebensatz: „Ich bin nämlich ziemlich neugierig" (16,3: „ut

---

8 Petrarca hat dieses Augustinuszitat aus seinem Zusammenhang gerissen: Es heißt hier im 10. Buch der „Confessiones", das von der Bedeutung der *memoria*, des menschlichen Gedächtnisses, handelt (Augustinus, Confessiones (1951), X, 8, 15, S. 508/509): „Et eunt homines mirari alta montium et ingentes fluctus maris et latissimos lapsus fluminum et Oceani ambitum et gyros siderum, et relinquunt se ipsos nec mirantur, quod haec omnia cum dicerem non ea videbam oculis, ... intus in memoria mea viderem ...". Augustinus staunt über die Größe und Kraft der *memoria*, die das Gesehene in Bildern bewahrt. Das Tun der Menschen, die nur die Erscheinungen der – äußeren – Natur bestaunen und sich selbst vernachlässigen, kommentiert er nicht, sondern daß sie nicht darüber staunen, daß das menschliche Gedächtnis die Bilder des Gesehenen bewahren und wiedergeben kann.

9 Stierle (1979, 26ff.).

sum satis curiosa"). Dieser Neugier, die, wie der Herausgeber der Schrift bemerkt, „für ihre Gastgeber manchmal anstrengend" war, „verdanken wir die zahlreichen Informationen des Pilgerberichts."[10] Diese Neugier bezieht sich auf alle Stätten, an denen sich Ereignisse des Alten und Neuen Testaments und der christlichen Heiligengeschichte zugetragen haben, die Egeria persönlich in Augenschein nehmen will und dank ihrer freundlichen Beharrlichkeit auch nimmt. Ereignisse der antiken griechischen oder römischen Geschichte werden nicht erwähnt. Sie berichtet den „ehrwürdigen Damen Schwestern" von dem Gesehenen und Erlebten, wer diese Damen waren, wissen wir nicht. „Sie schreibt ihren Bericht in einem schlichten, vulgär gefärbten Spätlatein (...) Der Text verrät Nähe zum Bibellatein. Er ist gekennzeichnet durch die Parataxe des ‚biblischen et-Stils' und einen ausgesprochen demonstrativen Stil, der sich (...) in der Vetus Latina findet." Dieser Stil „ist der Gattung des Textes vollkommen angemessen: So wie die Pilgerreise Schritt für Schritt fortschreitet, Etappe an Etappe und Gottesdienst an Gottesdienst reiht, so soll der Pilgerbericht, der ein Satzelement an das andere reiht, zum lesenden Mitvollzug einer Pilgerreise bewegen. Häufig sorgt der Stil des Textes für ein ‚ehrfürchtiges Stocken'. Und die Schwestern sollen im Rahmen der Lektüre bestimmte Passagen der Bibel zusätzlich nachlesen (5, 9). Diese Zielsetzung des Textes ist auch der Grund, warum Egeria als Person kaum in Erscheinung tritt – ebensowenig wie ihre Führer: Der Bericht ist eben nicht als persönliches Tagebuch gedacht, sondern einzig und allein für die Leserinnen bestimmt."[11]

Diese Bestimmung des Pilgerberichts für die Hörer und Leser zum geistlichen Nachvollzug der Pilgerreise ist weitgehend gattungskonstitutiv, sie findet sich beispielsweise auch bei Felix Fabri. Ich habe den Bericht der Dame Egeria deshalb gewählt, weil er zu den sehr frühen zählt und die Mitteilungsmuster, die ich Ihnen zeige, sehr eindrücklich vorstellt. Ihr Bericht ist nicht vollständig überliefert, aber die Abschnitte über ihre Reise zum Sinai-Massiv sind erhalten. Es ist ein Standard-Ziel der meisten Palästina-Pilger und daher für einen literarischen Vergleich mit dem Erzählmotiv Bergbesteigung – Panoramablick[12] – „historisches Fenster" besonders ergiebig.

Egeria, 3,2 – 8 (S. 127): 3,2:

> Denn zur vierten Stunde erreichten wir den berühmten Gipfel des heiligen Gottesberges, den Sinai, wo das Gesetz gegeben worden ist – an der Stelle, wo die Herrlichkeit Gottes herabstieg an dem Tag, als der Berg rauchte (Ex. 19, 18f.). An diesem Ort steht jetzt eine Kirche ... Als wir nun auf Weisung Gottes den Gipfel bestiegen hatten und an die Tür dieser Kirche gekommen waren, siehe, da kam ein Priester ... auf uns zu. ... Auf dem Gipfel jenes

[10] Egeria (1995, 6). Zu Egeria vgl. auch: Campbell (1988/1991, 15-45), Palmer (1994, 39-53) und Hiestand (1993).

[11] Egeria (1995, 16-18).

[12] Hierzu vgl. auch Hiestand (1993, 93-95).

> mittleren Berges selbst aber lebt niemand; dort befinden sich nur die Kirche und die Höhle, wo der heilige Mose war (Ex. 33, 23).

„Nachdem die ganze Stelle aus dem Buch Mose vorgelesen und das Opfer ordnungsgemäß gefeiert worden war und wir auch kommuniziert hatten, gaben uns", so fährt Egeria fort, „die Priester Äpfel aus den Obstgärten, die sie am Fuß des Berges angelegt hatten." Dann bitten die Pilger die Priester, ihnen die einzelnen Orte zu zeigen.

> Sie zeigten uns jene Höhle, wo der heilige Mose sich aufhielt, als er zum zweiten Mal auf den Berg Gottes gestiegen war, um noch einmal die Tafeln zu empfangen (Ex. 34, 4-7), nachdem er die ersten wegen des sündigen Volkes zerbrochen hatte (Ex. 32, 19). ... Ich möchte aber, daß ihr folgendes wißt, verehrte Damen Schwestern: Von der Stelle aus, an der wir standen – das heißt, außerhalb der Kirchenmauern, also auf dem Gipfel des mittleren Berges –, schienen die Berge, die wir zuerst mit Mühe bestiegen hatten, im Vergleich mit dem mittleren, auf dem wir standen, so weit unter uns zu liegen, als wären sie kleine Hügel. Tatsächlich aber waren sie so groß, daß ich meinte, niemals höhere gesehen zu haben; aber dieser mittlere hier überragte sie alle bei weitem. Von hier aus aber sahen wir unter uns Ägypten und Palästina, das Rote Meer und das Parthenische Meer, das bis nach Alexandria reicht, sowie das endlose Gebiet der Sarazenen – man konnte es kaum glauben. Die Heiligen (gemeint sind die Priester und Einsiedler) aber zeigten uns das alles in allen Einzelheiten.

Dazu die Anmerkung des Herausgebers (S. 132, Anm. 21): „Auch an dieser Stelle übertreibt Egeria mit religiösem Eifer: Vom Dschebel Musa aus kann man lediglich – und das nur unter extrem günstigen Bedingungen – bis zum Golf von Suez und bis zum Golf von Aqaba sehen."

Die Lokalisierung des biblischen Geschehens bei der Verlesung des entsprechenden biblischen Berichts, dann die Feier der Liturgie in der Erinnerung an das an diesem Ort Geschehene in betender Annahme und im Lobpreis Gottes und – ungemein wichtig für den Nachvollzug im Glauben – das Sehen des Ortes, „hier ist der Ort, an dem das geschah" durch das „historische Fenster" in der Landschaft, machen die einmalige Erfahrung durch die lokalisierte Verlesung der geschichtlichen Überlieferung zum erneuten Wirkungsort des erinnerten Geschehens. Die Landschaft birgt die Orte, wo das heilige Geschehen sich ereignet hat. Die Ortsnennungen in der Landschaft und das memorierte historische Geschehen sind wichtig, alles andere tritt zurück.[13] Egeria und ihre „dominae sorores", die Empfängerinnen ihres Berichts, haben die biblische Geschichte im Kopf, Egeria braucht nur die Orte zu bestimmen und die Ereignisse, die hier stattgefunden haben, zu benennen – sie braucht sie nicht zu erzählen. Aus der eigenen Gegenwart an den besuchten und besichtigten Orten berichtet sie nur von Kirchen, den Einsiedlern und der Liturgie, anderes

[13] Vgl. hierzu Halbwachs (1941) und Assmann (1997, 59f.): Das „Mnemotop" Palästina. Auch für andere Hochkulturen gilt dies Phänomen der konkreten Verortung von Erinnerungen in einer erinnerungsträchtigen Landschaft. Das Heilige Land ist dafür ein besonderes markantes Beispiel, es gilt aber auch beispielsweise für Rom und Athen.

wird kaum erwähnt. Die Bergwelt des Sinai beeindruckt sie durch ihre gewaltige Größe und die Mühen der Besteigung, der Panoramablick erstaunt sie: kaum glaublich, was man alles sehen kann. Sie nennt die Orte und Gegenden, die sie – angeblich – sehen konnte, aber sie beschreibt nicht, es entsteht kein aus sprachlichen Mitteln evoziertes zweidimensionales Bild wie bei Petrarca, oder gar ein dreidimensionales Raumbild wie bei Alexander von Humboldt. Eine geographische Raumerfahrung ist nicht beabsichtigt. Das eigene Gesehenhaben der Orte, an denen es geschah, ist wichtig, die Berichterstatterin erkundigt sich genau, sie will überall hin, wo sich etwas Bemerkenswertes aus der biblischen Geschichte oder dem Leben der Heiligen ereignet hat, wo sie gelebt haben, „ut sum satis curiosa“ (16, 3-4). Die Pilger, die auch anonym bleiben, danken Gott dafür, daß er sie alles sehen ließ, was sie verlangten. Indem Egeria alles niederschreibt, was sie gesehen hat und damit den höchsten Glaubwürdigkeitsbeweis erbringt, bietet sie Geschichtschreibung und Geschichtsbestätigung; denn sie erlebt und beschreibt ihre Pilgerreise in der biblischen Landschaft als Geschichte der an den einzelnen Orten stattgefundenen Ereignisse des Alten und Neuen Testaments, als lokalisierte Heilsgeschichte, die sie am Ort der Handlung in ihrem glaubenden Nachvollzug als Bestätigung erlebt und will dieses Erlebnis durch ihren Bericht ihren Leserinnen zum Nachvollzug vermitteln. Sie sieht die Landschaft nur durch das „historische Fenster“ auf die biblischen und frühchristlichen Ereignisse, die sie memorierend nennt, ohne sie nachzuerzählen. Der Panoramablick indessen gewinnt keine Eigenbedeutung für ihr Erleben und ihren Bericht.

Die Kirche, die an dem Ort stand, wo der Dornbusch ist, wurde ebenfalls besucht: „dieser Dornbusch lebt und treibt bis heute Zweige.“ Diese Kirche ist die Vorgängerin der von Kaiser Justinian zwischen 548 und 562 errichteten Basilika des Katharinenklosters, in der bis heute die Kapelle des brennenden Dornbusches besteht.[14] Egeria fährt fort: „Hier steht nun der Dornbusch, ... aus dem der Herr im Feuer zu Mose sprach (vgl. Ex. 3). Er befindet sich an dem Ort am Anfang dieses Tales ... Vor eben dieser Kirche aber ist ein sehr anmutiger Garten mit bestem Wasser im Überfluß; in diesem Garten steht der Dornbusch ...“ (S. 137, 4.7). Die anderen Heiligtümer und auch der Name der hl. Katharina von Alexandrien, der das Katharinenkloster geweiht ist, werden nicht erwähnt. Sie sind erst in späteren Berichten sehr wichtig.

Zum selben Ort begeben wir uns im Jahr 1483, also rund 1100 Jahre später, in Begleitung des gelehrten Ulmer Dominikanermönchs Felix Fabri, geboren 1438 in Zürich. 1452 trat er am Tag des Festes der heiligen Katharina von Alexandrien (25. November) in das Dominikanerkloster in Basel ein, wo er die auf gründliches Bibelstudium und auf die künftige Predigertätigkeit ausgerichtete ausgedehnte Bildung der reformierten Dominika-

---

[14] Egeria (1995, 136f. mit Anm. 27).

ner erhielt.[15] Seit 1468 bis zu seinem Tod 1502 lebte und wirkte er als Lesemeister und Generalprediger im Dominikanerkloster in Ulm. Akademische Grade hat er nicht erworben, als Lesemeister war er für die Ausbildung in der Kenntnis der biblischen Schriften im lokalen Ordensstudium zuständig, als Prediger im Orden und in Klöstern der Umgebung tätig und anerkannt.

Sein Bericht über seine zwei Reisen ins Heilige Land, wovon die eine 1483/84 auch auf den Sinai und zum Katharinenkloster führte, sind Teil eines umfassenden Reise- und Geschichtswerkes, das im traditionellen anpassungsfähigen zeitgenössischen Gelehrtenlatein – ohne die zeitlich schon möglichen klassisch-humanistischen Stilzüge – geschrieben, vom Autor selbst „Evagatorium" genannt wurde.[16] (*evagari* heißt ‚abschweifen', ‚umherschweifen', durchaus nicht in romantischem Sinn als Wandern und Umherstreifen gemeint, sondern eher als selbstkritische Bezeichnung für ein ‚Umherziehen durch die bekannte christliche Welt und die nächste Umgebung der Stadt Ulm, einschließlich einer Geschichte und Beschreibung der Stadt Ulm, außerhalb seines Klosters, in dem der Dominikanermönch eigentlich zurückgezogen von der Welt leben sollte'. Das Monumentalwerk umfaßt eine enzyklopädische Beschreibung seiner Reise ins Heilige Land und ihrer Stationen, – er hat sich unterwegs Notizen gemacht, um den Daheimgebliebenen genau die Reise durch die Wüste zum Sinai beschreiben zu können, er hat vorher und nachher die biblischen Berichte, wissenschaftlichen Kommentare, Enzyklopädien und zeitgenössischen Reiseberichte durchgearbeitet – die Liste der möglichen Quellen seines umfassenden Wissens ist eindrucksvoll, – und in seiner Darstellung verarbeitet.[17] – Auf seiner Rückfahrt berichtet er ausführlich über die Seereise, beispielsweise nach Zypern, und öffnet hier das „historische Fenster" auf die griechische Mythologie, in Analogie zur jüdisch-christlichen Geschichte im Heiligen Land. Nach Italien heimgekehrt, erzählt er ausführlich über oberitalienische Städte, besonders Padua und Venedig, hier treffen sich spätmittelalterliches und humanistisches Interesse für Städte und die Beschreibung ihres Gemeinwesens. Nach Überquerung der Alpen – mit Beschreibung – und ausführlicher Darstellung seines Weges

---

15 Vgl. Verfasserlexikon, Bd. 2 (1980), Sp. 682-689 (Kurt Hannemann); vgl. auch den Artikel ‚Nider, Johannes OP' ib., Bd. 6 (1987), Sp. 971-977 (Eugen Hillenbrand): seit 1429 als Generalmagister des Ordens reformiert er das Kloster in Basel: „Es wurde in kurzer Zeit zu einem geistigen und moralischen Mittelpunkt der Teutonia, geprägt durch den Geist des neuen Priors" (Sp. 971). 1434 verläßt er wieder Basel, um an der Universität Wien zu lehren. Er starb am 13. August 1438 in Nürnberg. Er hat mit seinen Schriften eine breite Wirkung bis ins frühe 16. Jahrhundert." Vgl. außerdem: Hinnebusch (1973), Schmidt (1919). Die Stadtbibliothek Ulm bewahrt noch Inkunabeln aus dem Besitz des Ulmer Dominikanerklosters, vgl. Breitenbruch (1987).

16 Fabri (1843-1849). Ich zitiere nach dieser Ausgabe in meiner deutschen Übersetzung. Deutsche Teilübersetzung, die Auslassungen und Änderungen nicht anzeigt: Felix Fabri (1996).

17 Häussler (1974, bes. S. 62-67); Feilke (1976).

nach Ulm kehrt er in sein heimisches Kloster zurück. Hier findet das Werk aufgrund seines Umfangs einen Abschluß. Aber die später selbständig erfolgten Veröffentlichungen des Traktats über Ulm und das erste Buch der „Historia Suevorum" sind auch noch Teil des „Evagatorium". Das zweite Buch der „Historia Suevorum" entspricht dem gesondert edierten Traktat über Ulm. Fabris Erzählerhaltung ist die reflektierte, sehr interessierte aber zugleich distanzierte, genau aber kühl beobachtende Erzählerhaltung des gelehrten Theologen, des religiös engagierten Pilgers, des sorgfältig beobachtenden Reisenden und zugleich des sich von weltlichem Treiben innerlich distanzierenden Mönchs, der mit großer Geduld und Ausführlichkeit schreibend erzählt, diese Geduld, Anteilnahme, aber auch ein für die angebotenen Informationen entsprechend geprägtes beträchtliches Vorwissen beim Leser erwartet. Diese Beobachtungen gelten für das lateinische ‚Evagatorium'. Fabri selbst hat eine stark gekürzte deutsche Fassung der Pilgerreise für seine Gruppe von Adligen geschrieben,[18] die er begleitet und geistlich betreut hat, und die seine Reise großzügig finanzierten, „zur Erinnerung an diese Pilgerreise und auch zur Erinnerung an die feierliche Zeremonie, in der sie in der Grabeskirche zu Jerusalem zu Rittern des heiligen Grabes erhoben wurden". Einen ausführlichen Vergleich der beiden Fassungen werde ich in einem gesonderten Beitrag veröffentlichen.

Aus der sehr umfangreichen Beschreibung der Heiligtümer des Sinai-Massivs wähle ich den Aufstieg zum Berg der heiligen Katharina, wo nach der Überlieferung Engel den Leichnam der Gemarterten niederlegten und ihn bewachten, bis er gefunden und in das der Heiligen geweihte Katharinenkloster überführt wurde.[19] Fabri hat, seinem Bericht zufolge, zweimal den Berg bestiegen, im ersten Bericht erzählt er ein sehr persönliches Erlebnis, im Bericht des zweiten Aufstiegs ist es die „offizielle" Erfahrung der Pilgerschaft auf diesen heiligen Berg. Die erste Fassung ist ein einmaliges Zeugnis eines sehr persönlichen Erlebnisses eines Pilgers, die Öffnung des „historischen Fensters" in die persönliche Biographie des Erzählers, eine Aufzeichnung, die keine Botschaft an die Leser zu vermitteln hat – außer der Einmaligkeit des Geschehens. Wegen dieser Besonderheit stelle ich Ihnen den Bericht vom ersten Aufstieg auch vor.

Fabri erzählt, wie die Pilgergruppe nach der Rückkehr vom Berg Horeb über den Aufstieg zum Katharinenberg berät und beschließt, daß die Jüngeren und Kräftigeren noch am selben Vormittag in der Hitze hinaufsteigen und vor der Nacht wieder zurück sein sollten,

[18] Älteste Handschrift: Die ältesten Handschriften der Anhaltischen Landesbücherei Dessau. Mikrofiche Edition. Georg. Hs. 238. 8°. Erlangen, Harald Fischer Verlag 1995. Der älteste Druck: Felix Fabri, Ejgentlich beschreibung der hin vnnd wider farth zuo dem Heylichen Landt ... s.l. 1557. Ich danke der Herzog August Bibliothek Wolfenbüttel für die Anfertigung eines Mikrofiche ihres Exemplars Nr. T 71 Helmst. 4°.

[19] Zur hl. Katharina von Alexandrien vgl. Lexikon für Theologie und Kirche. (1996), 3. Aufl. Bd. 5, Freiburg u.a., Sp. 1330f. und Assion (1969).

die Älteren und Schwächeren sollten sich noch ausruhen und am nächsten Morgen in der Kälte den Aufstieg beginnen. Die Gruppe der Jüngeren, die sofort aufbrach, wird auch namentlich genannt. Zu den Wagemutigen gehört Felix Fabri.[20] Beim Aufstieg verlassen einen der Ritter die Kräfte, und er kann allein nicht mehr weiter. Die Gefährten schieben und ziehen ihn mit Gottes Hilfe hinauf auf den Gipfel. Dort verehren sie das Grab der heiligen Jungfrau, dies wird nur knapp berichtet, dann setzen sie sich und verspüren brennenden Hunger und Durst. Es stellt sich heraus, daß nur Felix Fabri so vorausschauend war und einen Korb mit Zwieback, harten Eiern, Rauchfleisch und Käse für sich mitgenommen hatte. Die anderen hatten ihre Getränke mitgenommen, ihre Körbe aber unbedacht bei den Zurückgebliebenen gelassen. Als sie sahen, daß Fabri allein Proviant bei sich hatte, beglückwünschten sie ihn zuerst, dann aber baten der eine um dies, der andere um jenes.

> Als ich das sah, freute ich mich, gab keinem etwas, nahm den Korb und schüttete alles, was darin war, in die Vertiefung des Felsens, die neben uns war, an die Stelle, wo das Haupt der heiligen Katharina gelegen hatte, und ich lud die Adligen und Pilger sehr höflich ein[21] mit den Worten: ‚Meine Herren, durch vorausschauende Einteilung geschah es, daß Sie hier alle meine Gäste sind und ich habe allein die Kosten, was ich bereitwilligst mache, damit ich Sie großzügig versorgen kann. Denn sehen Sie, in diesem Haus, in diesem Raum, in diesem Bett wohnte und ruhte meine lieblichste Braut, die heilige Katharina, mehr als dreihundert Jahre nach ihrem Martyrium, die mir in meiner Jugend verlobt unter allen edelsten Jungfrauen des himmlischen Königreichs und durch göttliches Los von mir erwählt wurde, dann verzichtete ich am Fest dieser Jungfrau im Jahr 1452 aus Liebe zu ihr auf die Welt und nahm das Gewand der Predigerbrüder, nach einem Jahr gelobte ich am selben Tag in öffentlichem und feierlichem Gelübde Gehorsam und übergab mich in ewiger Verpflichtung in den Dienst Gottes und dieser Jungfrau. Kommen Sie daher alle, wie viele Sie auch sind, und essen Sie fröhlich‘ (Bd. 2, S. 462).

Die ganze Reisegesellschaft folgt fröhlich der Einladung, auch die häretischen Christen (die Griechen) und die Sarazenen und Araber.[22] Wein war reichlich vorhanden, frisches

---

[20] Fabri (1843), Bd. 2, S. 461: „dominus Johannes comes de Solms, miles, dominus Heinricus de Schomberg, miles, dominus Sigismundus de Marspach, miles, dominus Caspar de Siculi, miles, dominus Lazinus, archidiaconus et canonicus ecclesiae sylvaniensis in Ungaria, frater Felix de Ulma, ordinis Praedicatorum, pater Paulus Guglinger, ordinis Minorum, frater Thomas, conversus ejusdem ordinis, et duo comitis servi Johannes et Conradus“ und einige Araber.

[21] Fabri (1843), Bd. 2, S. 462: „et tali facetia usus nobiles et peregrinos invitavi“: *facetia* übersetze ich mit ‚Höflichkeit‘ nach J. F. Niermeyer (1984): Mediae Latinitatis Lexicon minus, Leiden, S. 402, *uti, utor, usus sum* mit ‚haben‘. Die Bedeutung von *facetia* ‚Scherz‘ erscheint mir in diesem Zusammenhang unpassend.

[22] Zum Motiv der spirituellen Verlobung eines Mannes mit der heiligen Katharina vgl. Assion (1969). – Ganz-Blättler (1990, 141f.) zitiert diese Stelle im Wortlaut. Ihre Formulierung, Felix Fabri „lud nun alle Gefährten zu einem improvisierten Festschmaus ‚zuhause‘ bei seiner Braut Katharina ein. Das Essen glich einem internationalen Picknick,“ wird der spirituellen Bedeutung des Ereignisses für den Erzähler und vermutlich auch für seine Leser nicht gerecht. Die Fröhlichkeit eines geistlich begründeten gemeinsamen Mahls an geweihtem Ort und im

Wasser beschaffte ein Araber aus einer nahen Quelle. Alles aus dem Korb bis auf die kleinsten Krümel wurde verzehrt, und der Erzähler fügt hinzu. „Niemals während meiner ganzen Pilgerfahrt wurde mein Proviantkorb so sorgfältig geleert wie dort." Die Sonne neigte sich, die Araber drängten zur Rückkehr, und in schnellem Abstieg kamen sie nach Sonnenuntergang wieder bei den anderen Reisegefährten an.

Die anscheinend spontane Geste Felix Fabris an heiligem Ort löst ein allgemeines fröhliches Mahl aller Pilger und Begleiter aus, der Inhalt des schließlich sorgsam geleerten Proviantkorbes scheint sich nach Art der wundersamen Brot- und Fischvermehrung ebenfalls vermehrt zu haben zur Speisung beim Gastmahl als Gäste des Mönchs Felix an der einstigen Ruhestätte seiner geistlichen Braut, der heiligen Katharina. – Diese spezielle persönliche Bindung an die heilige Katharina in Form eines mystischen Verlöbnisses ist auch eine Erklärung für den dringenden Wunsch Felix Fabris, das Katharinenkloster und seine heiligen Stätten zu besuchen. Der Besuch auf dem Berg der heiligen Katharina ist daher auch einer der Höhepunkte seiner Pilgererfahrung und seiner Pilgerreise. Sehr ungewöhnlich ist, daß ein Pilger ein so persönliches Motiv seiner religiösen Erfahrung in einem Bericht preisgibt. Auch das anscheinend improvisierte Gastmahl am geheiligten Ort, um den Inhalt des einzigen Proviantkorbes allen hungrigen und erschöpften Pilgern als Gäste der Heiligen und ihres geistlichen Verlobten, des Mönchs Felix, zukommen zu lassen, dürfte einmalig sein, obgleich von gemeinsamen fröhlichen Essenspausen bei den Heiligtümern nach deren Besuch häufig erzählt wird.

Am folgenden Morgen brechen sie bei Tagesanbruch mit den Pilgern, die am Tag zuvor zurückgeblieben waren, zum Berg der heiligen Katharina auf. Dies ist der zweite Bericht. Der Erzähler folgt dem äußerst beschwerlichen Aufstieg, klagt über die Eiseskälte des frühen Morgens, wegen derer wärmende Feuer bei kurzen Zwischenaufenthalten für die Pilger lebensnotwendig waren. Es gab bereits Tritte und Eisengriffe, die in den Fels getrieben waren, an denen die Pilger wie die Ameisen an Bäumen, die steilen Wände emporkletterten (Bd. 2, S. 466). „Schließlich aber, weil ausdauerndes Bemühen alles besiegt, kamen wir auf den Kopf oder Gipfel des Berges. Als wir dort waren, blies ein derart rauher, harter und starker Wind, daß wir weder beten noch irgend etwas Gutes tun wollten ohne Feuer." Sogleich entzündeten die begleitenden Araber mitgebrachtes Material, „bei dem wir standen, solange bis die Sonne, die schon aufgegangen war, höher stieg und die Härte des Windes milderte. Als wir erwärmt und irgendwie wieder belebt waren, gingen

Gedenken an eine der großen Heiligen der Kirche, der sich der Erzähler innerlich verbunden weiß, ist im 15. Jahrhundert gerechtfertigt und hat mit der oberflächlichen Bedeutung eines „internationalen Picknicks" nichts zu tun. Es ist vielmehr die geistliche Fröhlichkeit eines symbolisch zu deutenden Festmahls des Mönchs Felix Fabri und seiner spirituellen Braut, der heiligen Katharina, als Gastgeber, an der zeitweiligen Ruhestätte der Heiligen.

wir zu dem Engelshügel der hochberühmten Jungfrau Katharina ..." in feierlicher Prozession und unter Gebeten. Fabri schreibt weiter:

> An diesem besonderen Ort ergriff uns eine einzigartige Freude, denn um hierher zu kommen, entfernten wir uns dauernd von unserem Land und unserer Heimat („terra et patria nostra"), doch von diesem erstrebten Ort an begannen wir uns umzuwenden und den Blick zu heften in Richtung auf den Heimatboden, unser Vaterland und unsere Gegend (... et vultum firmare contra natale solum, terram patriam et regionem nostram), daß dies höchste Freude und Wohlgefallen war, versteht nur derjenige, der in fernen Gegenden sich aufgehalten hat und ein Verbannter in fremden Ländern war und sich bei einem ihm unbekannten Volk aufgehalten hat, deren Sitten und Sprache er nicht kannte, und eine Zeit unter Menschen eines fremden Glaubens, fremder Riten, die einen fremden Gott auf irgendeine Weise verehrten, verbracht hat ... Wir hatten daher an diesem heiligen Ort eine zweifache Fröhlichkeit und angenehme Freude, die eine aus der frischen Erinnerung an den Heimatboden, zu dem wir uns zurückwandten, die andere aus der Gegenwart des Grabhügels der Jungfrau, den wir vor uns sahen, berührten und, wie wir es uns gewünscht hatten, persönlich erlebten (ib., S. 466).

Es folgt eine genaue Beschreibung der Oberfläche des Gipfels, in dessen Felsboden eine Vertiefung in Form eines liegenden menschlichen Körpers sich befand. Hier hatten die Engel den Leichnam der Heiligen niedergelegt, und auf wundersame Weise hatte der Felsen wie Wachs unter dem Druck des Körpers nachgegeben. In dieser Vertiefung lag der Körper der Heiligen dreihundert Jahre und ruhte in der Obhut der Engel. Zeugnis für diese Obhut der Engel sind Vertiefungen im Felsen, die zum Sitzen geeignet sind, wie wenn jemand dort gesessen hätte. Vielleicht hatten die Engel Körper angenommen, wie in den Heiligen Schriften öfter erwähnt wird. Und obwohl Engel keine Sitzgelegenheiten benötigen, formten sie diese Sitze, um anzuzeigen, daß sie den heiligen Leib der Jungfrau bewachten.

> Bei der kleinen Lagerstätte der Jungfrau warfen wir uns nieder und legten uns, nicht aus Anmaßung oder Neugier, sondern aus Ehrfurcht in die Lagerstätte und vermaßen mit unseren Körpern die Vertiefungen und stellten fest, daß die Jungfrau von hochgewachsener Statur gewesen ist. Als wir schließlich diesen Ort mit der schuldigen und uns möglichen Ehrerbietung verehrt hatten, wandten wir uns anderem zu (Bd. 2, S. 467).

Sie haben bemerkt, daß Felix Fabri in diesem zweiten Bericht die Besteigung des Gipfels und die damit verbundenen Strapazen sehr genau erzählt, ebenso den Anblick, den der Gipfel bietet. Dieser Ort ist der Wendepunkt der Reise, der Erzähler analysiert die Empfindungen der Reisenden in der Wir-Form: Freude über die reale Anwesenheit an diesem Ort, Freude über die Aussicht, nun die Rückreise aus der Fremde in die vertraute Heimat antreten zu können. Die Fremde war verschlossen geblieben, die Pilger hatten nicht den Wunsch, sie in ihrer Andersartigkeit kennen oder gar verstehen zu lernen. Man kann keineswegs behaupten, das sei „typisch mittelalterlich", vielmehr demonstriert Fabri die Haltung des vorzüglichen Pilgers, der nur um der Verehrung heiliger Stätten der Christenheit in die Fremde zieht und keineswegs aus Neugier auf fremde Länder, fremde Sitten und fremde Sprachen. Das „ut sum satis curiosa“ der Dame Egeria bezog sich ja auch auf das „Selbst-Sehen-Wollen“ der jüdisch-christlichen Gedenkstätten. Die Aussage Fabris ist vielmehr sehr kontextbezogen: wie aus der Lektüre seines Reiseberichtes ersichtlich, ist er keineswegs mit Scheuklappen durch die „Heidenschaft“ gereist, sondern hat sich aufmerksam auf der Rückreise, beispielsweise in Kairo, umgesehen und davon berichtet. Es darf aber auch nicht übersehen werden, daß die Pilger in der „Heidenschaft“ recht- und schutzlos waren und jeweils besonderer Schutzmaßnahmen seitens der lokalen Autoritäten bedurften. Die Bevölkerung war den Fremden und „Unläubigen“ gegenüber im besten Fall gleichgültig, häufig abweisend bis feindlich eingestellt. Fremd fühlt sich Fabri auch in den christlichen Ländern des griechischen Ritus. Er beobachtet, erkundet auch hier, unterläßt es aber nicht, die im griechischen Bereich abweichenden Riten und Lehren scharf zu kritisieren, wie es seiner Ausbildung und Überzeugung entsprach.

Das „historische Fenster“, „dies ist der Ort, wo ...“, ist voll auf das Leben und „Nachleben“ der heiligen Katharina geöffnet.[23] Die Anwesenheit ihres von Engeln gehüteten Leichnams an diesem Ort in einer noch sichtbaren Vertiefung im Felsen, in den sich ihre Gestalt eingedrückt hat, wird in Ehrfurcht nachempfunden. Die Wahrnehmung der sitzähnlichen Vertiefungen an der Ruhestätte führt zu der mit Bibelreferenzen belegten Vermutung, die Engel könnten in menschlicher Gestalt die Stätte gehütet haben und die Sitze seien aber auch lediglich ein Zeugnis der Obhut der Engel, die keiner Sitze bedürften. Hier bricht wieder der auf exakte Terminologie bedachte Dominikanertheologe des endenden 15. Jahrhunderts durch, der streng auf korrekte und nicht angreifbare Aussagen auch im Bereich der Heiligenverehrung und Engellehre achtet. Er hätte sonst vielleicht Schwierigkeiten mit seinen auf die Aufdeckung irriger, von der kirchlichen Lehre abweichender Glaubensvorstellungen spezialisierten Mitbrüdern bekommen können.

Nach der Verehrung des heiligen Ortes wenden sich die Pilger dem Panoramablick zu, der sich ihnen von der Spitze des heiligen Berges bietet. Fabri widmet der Beschreibung einen eigenen umfangreichen Abschnitt des Berichts, bevor er sich der Erzählung des Abstiegs und der Beschreibung des Besuchs im Katharinenkloster zuwendet, unter der Über-

---

[23] Zu den Quellen der Katharinenlegende vgl. Die deutsche Literatur des Mittelalters, Bd. 4 (1983), Sp. 1055-1073 (Peter Assion), – in der Darstellung Fabris vgl. Feilke (1976, 54-69). Hauptquelle, auf die sich Fabri selbst bezieht, ist Vinzenz von Beauvais, Speculum Historiale, 18, 82 (recte: Buch 13, cap. 5-7 (1965), S. 508f.), für die wunderbaren Erscheinungen am Grab der Heiligen sind die häufigsten Entsprechungen bei Mandeville (Feilke 1976, 67f.). Feilke weist S. 68f. zurecht darauf hin, daß Fabri die Wunderberichte in der Vergangenheit erzählt und hinzufügt, daß Gott Wunder nur in besonderen Notfällen geschehen lasse, diese Zeit aber vorüber sei. Auch an anderen Stellen ermahnt Fabri seine Pilgergefährten vor dem Besuch einer Kirche in Zypern, hier kein Wunderzeichen zu erwarten. Er verhält sich theologisch korrekt im Rahmen der kirchlichen Lehren seiner Zeit.

schrift: „Die Gegenden der Welt, die wir in den vier Himmelsrichtungen der Erde von diesem heiligen Berg aus sahen, und Beschreibung der Länder, Gewässer, etc." (Bd. 2, S. 468).

> Auf dem Gipfel des Berges der heiligen Katharina standen wir und betrachteten im Umkreis die Länder, Provinzen und Gegenden, auch weiter entfernt liegende, denn wir sahen den längsten Teil der Welt, weil wir sehr hoch standen und weder Nebel noch andere Störungen der Luft uns behinderten. Als erstes richteten wir die Augen nach Osten auf den sehr breiten Meeresarm, den arabischen Golf, der auch das Rote Meer heißt und aus dem Indischen Meer hervorgeht. Doch konnten wir mit leiblichen Augen nur Wasser sehen, das sich bis zum Gebirge Madian ausbreitete, so daß wir gleichsam im Umkreis des Berges Sinai das Rote Meer sahen (Bd. 2, S. 468).

Daran schließt sich ein Zitat aus der Schrift des Hieronymus an den Mönch Rusticus über das Mönchsleben an: unter großen Schwierigkeiten und Gefahren erreichen die Seefahrer auf dem Roten Meer die größte Stadt. Wenn alles gut gegangen ist, erreichen sie nach sechs Monaten den Hafen dieser Stadt, wo sich der Ozean öffnet, auf dem man kaum in einem Jahr nach Indien gelangt und zum Fluß Ganges, den die Heilige Schrift Phison nennt, wo einige Kostbarkeiten wachsen und wo goldene Berge sind, die Menschen wegen der Greifen und Drachen und ungeheuer großen Monstra unmöglich erreichen können. „So Hieronymus" (Bd. 2, S. 468). Eine entsprechende Stelle findet sich bei Vinzenz von Beauvais im *Speculum Naturale*.[24] Diese Landeskunde Indiens aus Hieronymus und der maßgebenden Wissensenzyklopädie der Gebildeten ist im Jahr 1483/84 zwar durch zeitgenössische Berichte teilweise überholt, dennoch ist dieses klassisch-antike Wissen noch sehr verbreitet, auch angesichts der Beliebtheit und Verbreitung des Pilger- und Reiseberichts von Jean de Mandeville.

Vom Indischen Meer nach Osten geht eine große Bucht, die Persische, die sich bis zur persischen Region erstreckt. Der Name heißt in der Heiligen Schrift Persida, von Perseus, dem König der Argiver, und von Perseus und seinem geflügelten Pferd haben die Dichter viel erfunden. Auch Plinius wird zitiert, daß aus dieser Region zu uns der persische Apfel, den wir Pfirsich nennen, eingeführt wurde (Bd. 2, S. 469). Aktuellere Bezüge finden sich im Anschluß an den Anblick der Küste des Roten Meeres und den sehr bekannten Hafen, „der jetzt Thor heißt. In diesem Hafen machen die Schiffe fest, die mit aromatischen Gewürzen aus Indien kommen, und von hier werden sie nach Ägypten geführt und von Ägypten werden sie über das Große Meer bis zu uns geschickt. Dies nämlich ist der letzte uns bekannte Hafen des Orients, in dem immer große indische Schiffe sind", in denen

---

24 Vinzenz von Beauvais, *Speculum Naturale* (1964), Buch 32, cap. 3, S. 2401: „De India et eius mirabilibus. ... Ibi sunt et montes aurei, quos adire propter dracones et gryphes et immensorum hominum monstra impossibile est." Über Indien und seine Wunder. ... Dort sind auch goldene Berge, die zu betreten wegen der Drachen und Greifen und riesigen menschlichen Ungeheuer unmöglich ist. Vgl. auch Hiestand (1993, 92f.).

nichts aus Eisen zu ihrem Bau verwendet wurde, weil das Gestein an der Küste des Indischen Meeres magnetisch ist. Darüber könne man Näheres im *Speculum Naturale* (L. XX, c. 20) nachlesen. An der angegebenen Stelle im *Speculum Naturale* habe ich nichts Entsprechendes gefunden. Das ist die Geschichte von magnetischen Steinen, die alle Schiffe, zu deren Bau Eisen verwandt wurde, an sich ziehen. Deshalb sind alle Schiffe, die aus Indien kommen, ohne Eisen, nur aus Holz gebaut, und werden im ersten Hafen umgeladen. Von gebildeten Geistlichen zu Ende des 15. Jahrhunderts wird dieses tradierte Wissen noch weitergegeben als durch Autoritäten verbürgtes naturkundliches Wissen. Beim weiteren Rundblick entfaltet sich das enzyklopädische historische und naturkundliche Wissen Felix Fabris auf faszinierende Weise: so wie er im Heiligen Land die Ereignisse der Heilsgeschichte „verortete" und durch ein „historisches Fenster" in die Landschaft hineinholte, so verfährt er hier mit diesem riesigen Rundblick vom Gipfel des Berges der heiligen Katharina: er „verortet" nicht nur historisches sondern auch naturkundliches Wissen aus dem gesamten Bereich der ihm aus seiner Lektüre bekannten Welt. Seine daheim gebliebenen Leser können mit Staunen ihnen bereits bekanntes Wissen „vor Ort" wieder erkennen – oder neu zur Kenntnis nehmen. Auch als moderne Leserin hatte ich mein Vergnügen, „Altbekanntes" hier staunend wieder zu finden. Aber man darf Felix Fabri nicht Unrecht tun: Berichte über den neuentdeckten Seeweg nach Indien, von Vasco da Gama 1498 gefunden,[25] wurden in Deutschland erst zu Anfang des 16. Jahrhunderts bekannt. Zu nennen ist hier Balthasar Springers Indienfahrt 1505/1506, in deutscher Sprache im Druck 1509 erschienen.[26] – Fabri selbst schreibt im Vorwort seines „Evagatorium", daß er von den äußersten Enden der Welt, obwohl er sie erwähne, nicht schreiben werde. Wenn einer darüber lesen wolle, so könne er den Bericht des Odorico de Pordenone lesen, dies ist der aktuellste Autor, den er zitiert und der als Missionar nach Indien und China in den Jahren 1314/18 bis 1330 gereist ist,[27] außerdem die antiken Schriftsteller. „Heute aber", so fährt Fabri fort, „gibt es in weltlicher Gelehrsamkeit glaubwürdige Männer, die sagen, sie seien in Zipangu (das ist Japan bei Marco Polo), einem Teil jener Region, gewesen, andere sagen, sie hätten den Polarstern und Sterne gesehen, und Pfefferwälder ... und Zimtfelder" (Bd. 1, S. 3). Diese Zitate könnten auf Mandeville deuten. „Diese mögen gelesen werden und befragt, und die Neugierigen werden zufrieden gestellt" (ib.). Er aber werde über das

---

[25] Die großen Entdeckungen (1984, 133): Nach einem ausführlichen Bericht an die Signoria von Venedig im Jahr 1501 wurde in Venedig und in anderen Städten Oberitaliens das Interesse für das Ergebnis der ersten großen Indienfahrt wach. Binnen kürzester Frist fanden sie Eingang in eine ganze Reihe von Kartenwerken.

[26] Schulze (1902).

[27] Odorico de Pordenone (1987). Der lateinische Reisebericht war in mehr als 100 Handschriften verbreitet, noch mehr Verbreitung fanden seine Nachrichten durch ihre Aufnahme in Jean de Mandevilles „Reisebuch".

Heilige Land, das nur durch das Mittelmeer von unseren Ländern getrennt ist, schreiben. Wie wir aus der Fülle von landes- und erdkundlichem traditionellem Wissen, das bei dem Rundblick vom Berg der heiligen Katharina „verortet" wird, ersehen haben, hält er sich nicht streng an diese Beschränkung. Ob er Odorico de Pordenone selbst gelesen hat, um aktuelleres Wissen über Indien oder gar China zu vermitteln, ist zweifelhaft. In der Bibliothek des Dominikanerklosters in Basel war eine Handschrift mit Odoricos Bericht vorhanden.[28]

Fabri lenkt die Blicke der Ausschau haltenden Pilger zurück zu den das Sinaimassiv umgebenden Bergen und stellt abschließend fest: „alle Berge im Umkreis scheinen Hügel im Vergleich zum Berg der heiligen Katharina." Nach der umfassenden „Umschau" setzen sich die Pilger und holen aus ihren Proviantkörben Speisen und halten eine fröhliche Mahlzeit neben dem engelgleichen Grabmal der heiligen Katharina. Danach rennt, stolpert, stürzt die Pilgerschar den Berg hinab, voll Freude, weil nun die Heimreise beginnt, die allerdings noch weit umher führt.[29]

Doch wir verlassen Felix Fabri und seine Pilger und werfen abschließend einen Blick in eine moderne Beschreibung des Katharinenklosters auf dem Sinai. Das Buch von John Galey (1997) ist schön ausgestattet mit qualitativ hervorragenden Farbaufnahmen, die einen wesentlichen Anteil durch unmittelbare optische „Anschaulichkeit" an der Beschreibung haben. Unter der Kapitelüberschrift: „Die landschaftliche Umgebung und der Mosesberg" finden sich ab S. 65 atemberaubende Landschaftsaufnahmen mit Beischriften, die kurz das Abgebildete benennen. Das Bild 50 hat daneben auf der Seite die Beischrift: „Der Aufstieg zum Katharinen-Berg, 2800 Meter ü.d.M. Auf schmalen Pfaden trotten die Kamele sicher aufwärts. Auf diesem Berg wurden die Gebeine der heiligen Katharina gefunden, nach der das Kloster benannt ist." Wie das Bild erkennen läßt, ist der Pfad etwas befestigt, so daß der Aufstieg nicht mehr so halsbrecherisch wie zu Fabris Zeit zu sein scheint und auf Kamelrücken leichter bewältigt werden kann. Der weite Panoramablick vom Gipfel des Katharinenbergs ist nicht aufgenommen, vermutlich hat er den Fotographen nicht beeindruckt. Dafür zeigt Bild 1 ein Satellitenfoto der NASA: „Die Halbinsel

[28] Schmidt (1919), S. 235: Nr. 418. E III 20 = N 23. Memb. 1. Epistola domini Guilhelmi de Bodensele, De descriptione terrae sancte. 2. Item descriptio Odorici. – Eine derartige Sammelhandschrift könnte auch Mandeville benützt haben – was seine Glaubwürdikeit erhöhen konnte.

[29] Nur erwähnen möchte ich, daß Fabris Zeitgenosse Hieronymus Münzer, der schon zum Humanistenkreis in Nürnberg gerechnet wird, auf seiner Spanienreise 1494/95 „sich, wo immer er eine Stadt erreichte, als erstes einen Überblick aus der Vogelperspektive [verschaffte], und er stieg zu diesem Zweck auf jeden verfügbaren Kirchturm." Hinweis bei Ganz-Blättler (1990), S. 172 und Anmerkung 62 mit Hinweis auf Münzer, Teilausgabe des Textes: L. Pfandl (1920, S. 6, S. 43 und S. 101).

Sinai, links der Golf von Suez, rechts der Golf von Akaba. Im Gebirge des unteren Drittels liegt das Katharinenkloster, 1400 Meter ü.d.M." (S. 16). – (Leider nicht erkennbar). Das „historische Fenster" ist, wenn es nicht nur einen knappen Hinweis auf das Dargestellte liefert, wie zum Bild des Aufstiegs auf den Katharinenberg, zu einzelnen Kapiteln ausgeweitet als Geschichte des Katharinenklosters und als Baugeschichte des Klosters und seiner Anlagen. Ein eigenes Kapitel, ergänzt durch hervorragende Bilder, die ein „gewöhnlicher" Pilger oder gar eine Frau nie zu sehen bekommen würden, behandelt die Kunst des Katharinenklosters. Das Klosterleben ist wieder ohne eigenen Text nur durch sehr einfühlsame und zurückhaltende Photos mit erläuternden Beischriften dokumentiert; auch diese Einblicke in das Leben der Mönchsgemeinschaft sind Besuchern verwehrt. Felix Fabri interessierte sich dafür sehr wenig, er kritisierte nur, was ihm an den häretischen Mönchen mißfiel.

Sie bemerken: Die Kommunikationsmuster des Reiseberichts sind vorhanden, und das Medium Photographie nutzend, neu organisiert: Die Bilder erhalten eine eigene informierende und ästhetische Bedeutung. Ihr Begleittext ist auf eine knappe Erläuterung des Dargestellten zurückgenommen oder fehlt bei den Landschaftsbildern ganz. Die Bilder sollen aus sich selbst heraus wirken oder als „Illustrationen" zu den Geschichtskapiteln die sprachliche Darstellung durch ihre „Bildsprache" ergänzen. Neben und teilweise die sprachliche Kommunikation verdrängend, ist, unlösbar verknüpft, die „bildliche" Kommunikation getreten, die nur weniger sprachlicher Vermittlungselemente bedarf, um in einer Weise „verstanden" zu werden, der die sprachlichen Kommunikationsmuster, wenn überhaupt, nur auf höchstem künstlerischen Niveau entsprechen könnten. Der sprachlichen Kommunikation verbleibt die Dimension der Zeit und der systematischen Darstellung. Das „historische Fenster" öffnet sich für eine ausführliche Geschichte des Klosters und für eine kunstwissenschaftliche Abhandlung über die Baugeschichte, die Ikonen und Bücherschätze des Klosters.

Und noch ein moderner Bildband, der in grandiosen Bildern Fernblicke auf die Erde bietet, die noch wenige Menschen mit eigenen Augen gesehen haben: NASA – Astronauten photographieren die Erde vom Raumschiff aus (Ressmeyer 1996). Nach Erdteilen geordnet, erscheinen die Bilder mit das Dargestellte nennenden Beischriften. Darunter ist auch das „historische Fenster": Rückblicke auf die erdgeschichtlichen Vorgänge, die die gegenwärtige Landschaftsbildung hervorgebracht haben (z.B. S. 31), oder aus der Menschheitsgeschichte bekannte Erscheinungen werden „verortet", wie z. B. für eine Aufnahme über Asien, „Das Dsungarische Tor", S. 92:

> Breaking through the Alatau is a prominent gap known as the Dzungarian Gate (left center), with Lake Alakol on the west (bottom) and the dry white lake bed of Lake Ebinur on the east side (top left). For centuries travelers on the Silk Road between east and central Asia have passed through the gate. Genghis Khan first attacked central Asia from Mongolia

through this and other passes in 1219. The Mongol army rampaged as far west as Germany, Austria, and Croatia in 1240 and 1241.

Diese Bilder eröffnen neue Dimensionen des Panoramablicks auf die Erde. Der Anblick der Erdteile und Regionen hat, mit Alexander von Humboldt beim ersten Blick auf den Pazifik von dem Rücken der Anden in Peru zu sprechen, etwas Feierliches. Die Bilder erwecken ein großes andächtiges Staunen vor den Wundern der Erde, die zu schauen ein Sehnsuchtsziel der Menschen ist und dann – auch – von ihnen zu berichten. Doch die Bilder zeigen mehr als der sprachliche Ausdruck, nur auf Einzelheiten weisend und sie erläuternd, mitteilen kann.

Literatur

Assion, P. (1969): Die Mirakel der Hl. Katharina von Alexandrien. Untersuchungen und Texte zur Entstehung und Nachwirkung mittelalterlicher Wunderliteratur, Phil. Diss. Heidelberg.

Assmann, J. (1997): Das kulturelle Gedächtnis. Schrift, Erinnerung und politische Identität in frühen Hochkulturen, München, 2. Aufl.

Augustinus (1951): Confessiones. Lateinisch und Deutsch. Eingeleitet, übersetzt und erläutert von Josef Bernhart, München.

Billanovich, G. (1977): Petrarca und der Ventoux. In: August Buck (ed.): Petrarca. Darmstadt (Wege der Forschung 353), 444-463.

Breitenbruch, B. (1987): Die Inkunabeln der Stadtbibliothek Ulm. Besitzgeschichte und Katalog, Weißenhorn.

Campbell, M. B. (1988/1991): The Witness and the Other World. Exotic European Travel Writing, 400-1600, Ithaca and London.

Egeria (1995): Reisebericht. Lateinisch, Deutsch. Mit Auszügen aus Petrus Diaconus: De Locis Sanctis, Die Heiligen Stätten. Übersetzt und eingeleitet von Georg Röwekamp, unter Mitarbeit von Dietmar Thönnes, Freiburg, etc. (Fontes Christiani, 20).

Die deutsche Literatur des Mittelalters: Verfasserlexikon, Bd. 2 (1980), Bd. 4 (1983), Bd. 6 (1987). Zweite, völlig überarbeitete Auflage, hrsg. von Kurt Ruh u.a. Berlin/New York.

Matthias Meyn u.a. (ed.) (1984): Die großen Entdeckungen, München (Dokumente zur Geschichte der europäischen Expansion. Hrsg. von Eberhard Schmitt, Bd. 2).

Fabri (1843-1849): Fratris Felicis Fabri Evagatorium in Terrae Sanctae, Arabiae et Egypti Peregrinationem. Ed. Cunradus Dietericus Hassler, 3 Bde, Stuttgart (Bibl. des litt. Vereins in Stuttgart, II, III, IV).

Fabri, F. (1996): Galeere und Karawane. Pilgerreise ins Heilige Land, zum Sinai und nach Ägypten. Bearbeitet und mit einem Nachwort versehen von Herbert Wiegandt, Stuttgart/Wien/Bern.

Feilke, H. (1976): Felix Fabris Evagatorium über seine Reise in das Heilige Land. Eine Untersuchung über die Pilgerliteratur des ausgehenden Mittelalters, Frankfurt am Main (Europäische Hochschulschriften, Reihe I, Bd. 155).

Galey, J. (1997): Das Katharinenkloster auf dem Sinai. Einführung Kurt Weitzmann, George Forsyth, Stuttgart/Zürich.

Ganz-Blättler, U. (1990): Andacht und Abenteuer. Berichte europäischer Jerusalem- und Santiago-Pilger (1320-1520), Tübingen (Jakobus-Studien, 4).

Halbwachs, M. (1941): La Topographie légendaire des Évangiles en Terre Sainte. Étude de Mémoire collective, Paris.

Häussler, M. (1974): Felix Fabri aus Ulm und seine Stellung zum geistigen Leben seiner Zeit, Berlin 1914, Nachdruck Hildesheim (Beiträge zur Kulturgeschichte des Mittelalters und der Renaissance, Bd. 15).

Hiestand, R. (1993): Der Sinai – Tor zur anderen Welt. In: Wunderli, P. (ed.), Reisen in reale und mythische Ferne. Düsseldorf, 76-102.

Hinnebusch, W. A., O. P. (1973): The History of the Dominican Order. Intellectual and Cultural Life to 1500, Bd. 2, New York.

von Humboldt, A. (1987): Das Hochland von Cajamarca, der alten Residenzstadt des Inka Atahuallpa. Erster Anblick der Südsee von dem Rücken der Andenkette. In: von Humboldt, A.: Ansichten der Natur. Erster und zweiter Band. Hrsg. und kommentiert von Hanno Beck, Darmstadt, (Studienausgabe, Bd. 5), 326-347.

Niermeyer, J. F. (1984): Mediae Latinitatis Lexicon minus, Leiden.

Odorico de Pordenone (1987): Die Reise des seligen Odorico de Pordenone nach Indien und China (1314/18-1330). Übersetzt, eingeleitet und erläutert von Folker Reichert, Heidelberg.

Palmer, A. (1994): Egeria the Voyager, or the Technology of Remote Sensing in Late Antiquity. In: Zweder van Martels (ed.): Travel Fact and Travel Fiction, Leiden/New York/Köln.

Petrarca, Francesco (1995): Die Besteigung des Mont Ventoux. Lateinisch/Deutsch. Übersetzt und hrsg. von Kurt Steinmann. Stuttgart, (Reclam Universal-Bibliothek Nr. 887). – Familiarium rerum libri IV, 1: der lateinische Text folgt der Ausgabe: Francesco Petrarca, Le Familiari. Edizione critica per cura di Vittore Rossi, Bd. 1: Introduzione e libri I-IV, Florenz 1968.

Pfandl, L. (1920): Itinerarium hispanicum Hieronymi Monetarii (1494-1495). In: Revue hispanique 48, 1-179.

Pomponius Mela (1994): Kreuzfahrt durch die Alte Welt. Zweisprachige Ausgabe von Kai Brodersen, Darmstadt.

Ressmeyer, R. (ed.) (1996): NASA Astronauts photograph the Earth. Orbit. Jay Apt, Michael Helfert, Justin Wilkinson, Washington D. C.

Schmidt, P. (1919): Die Bibliothek des ehemaligen Dominikanerklosters in Basel. In: Basler Zeitschrift für Geschichte und Altertumskunde 18, 160-254.

Schulze, F. (1902): Balthasar Springers Indienfahrt 1505/06. Wissenschaftliche Würdigung der Reiseberichte Springers zur Einführung in den Neudruck seiner „Meerfahrt" vom Jahre 1509, Straßburg.

Stierle, K. (1979): Petrarcas Landschaften. Zur Geschichte ästhetischer Landschaftserfahrung, Krefeld (Schriften und Vorträge des Petrarca-Instituts Köln, 29).

Vinzenz von Beauvais (1964): Speculum Naturale. Nachdruck der Ausgabe Douai 1624, Graz.

Vinzenz von Beauvais (1965): Speculum Historiale. Nachdruck der Ausgabe Douai 1624, Graz.

Otfrid Ehrismann

Heroische und höfische Kommunikation

Szenen aus der mittelhochdeutschen Epik

1. Helmbrecht kehrt heim

Als Helmbrecht, Sohn des nicht unvermögenden Meiers Helmbrecht, nach seiner ersten Raubrittertour an den heimatlichen Hof zurückkehrt, schwenkt man dort auf ein bisher nicht übliches Begrüßungsmuster um. Wernher der Gartenære, der Erzähler, legt augenscheinlich wert darauf, dies seinen Hörerinnen und Hörern eindringlich vor Augen zu führen (Helmbr. 711ff.):

> Sprach daz vrîwîp und der kneht:
> „bis willekomen, Helmbreht"?
> nein, si entâten,
> ez wart in widerrâten.
> si sprâchen: „juncherre mîn,
> ir sult got willekomen sîn!"
> er sprach: „vil liebe soete kindekîn,
> got lâte iuch immer sælic sîn!"

Sagten die Freimagd und der Knecht:
„Sei willkommen, Helmbrecht"?
Nein, das taten sie nicht,
davon wurde ihnen abgeraten.
Sie sagten: „Mein junger Herr,
Ihr sollt Gott willkommen sein!"
Er sagte: „Liebste seute Kinderkens,
Gott lasse Euch immer selig sein!"

Wer „widerrät" hier dem Gesinde die vertraute Grußformel anzuwenden? Sehr schön hat Tschirch, Übersetzer und Herausgeber des Textes, *widerrâten* mit „es sträubte sich in ihnen etwas dagegen" übersetzt. Dieses „Etwas" ist eine hohe Sensibilität, die die mittelalterlichen Sprecherinnen und Sprecher für die Differenzierung sozialer Ränge entwickelt haben und die sie in den Formen der Anrede zum Ausdruck bringen:
– statt des *du* ein *ir;*
– statt des Namens der Rang;
– statt des *Willkommen* ein *Gott Willkommen.*

Die Formeln der Vertrautheit werden durch die Formeln der Distanz abgelöst. Der auf diese Weise Geehrte gibt denn auch durch die Sprache (cf. Ehrismann 1995, 36-41) zu erkennen, daß er ein anderer ist, denn er mischt flämische Sprachbrocken in seine Antwort ein. Später wird er diese durch lateinische, französische und slawische ergänzen, so daß ihn der Vater anfleht: *sprich ein wort tiutischen* („sag ein Wort deutsch", Helmbr. 759). Eine weitere Gestik der Distanz kommt hinzu: Während Eltern, Schwester und Gesinde dem Ankömmling entgegenrennen, verharrt er offenbar in einer gewissen Starre. Der Erzähler macht die Differenz der Klassen an der kommunikativen Differenzgestik nach einem einfachen binären System fest, und zwar wie folgt:

B (+du, +vertraut, +deutsch, +nah)	B = bäuerliche Kommunikation
R (+ir, –vertraut, –deutsch, –nah)	R = ritterliche Kommunikation

Wernher zeichnet die neue Form der ritterlichen Höflichkeit zwar situationsbedingt mit einem starken Schuß Parodie, d.h. wir dürfen annehmen, daß er sie von einer konservativen Position aus unter der Perspektive der *laudatio temporis acti* überzeichnet, aber er trifft dadurch einige seiner literarischen Zeitgenossen ebenso wie augenscheinlich auch die gesellschaftliche Wirklichkeit des Adels. Ich werde nun von hier aus versuchen, mich einigen Kommunikationsformen dieser beiden Welten zu nähern, und bleibe dabei zunächst beim Gruß (cf. Ehrismann 1995, 83-86).

2. Marke begrüßt Tristan

Die Jagd ist vorüber, Tristan, der sich als ein Meister der Hirschzerlegung erwiesen hat, ein Wunschbild männlicher Schönheit und höfischer Eleganz, erscheint am Hof des Königs Marke (Trist. 3351ff.):

> Marke sach Tristanden an:
> „vriunt", sprach er, „heizestû Tristan?"
> „jâ hêrre, Tristan; dêu sal!"
> „dêu sal, bêas vassal!"
> „mercî", sprach er, „gentil rois,
> edeler künic curnewalois,
> ir und iur gesinde,
> ir sît von gotes kinde
> iemer gebenedîet!"
> dô wart gemerzîet
> wunder von der hovediet.
> si triben niwan daz eine liet:
> „Tristan, Tristan li Parmenois,
> cum est bêâs et cum cûrtois!"

> Marke schaute Tristan an:
> „Freund", sprach er,
> „heißt Du Tristan?"
> „Ja, Herr, Tristan; Gott grüße Euch!"
> „Gott grüße Euch, schöner Ritter!"[1]
> „Danke", antwortete er, „edler König,
> edler König von Cornwall,
> Ihr und Euer Hof,
> Ihr mögt von Gottes Sohn
> auf ewig gesegnet sein!"
> Da bedankten sich
> die Höflinge vielmals.
> Sie sangen nur das eine Lied:
> „Tristan, Tristan aus Parmenien,
> wie ist er schön und wie höfisch!"

---

[1] Auch „Knappe" oder „junger Herr" wären wohl möglich, kaum jedoch das rechtlich besetzte „Vasall".

Der Erzähler des *Tristan* parodiert nicht, er übt sich in der rhetorischen Kunst der *amplificatio*. Ihm liegt daran, höfische Wirklichkeit zu inszenieren, sei es in programmatischer, sei es in reflektierender Absicht. Man sieht, der Erzähler des *Helmbrecht* hat diese Realität präzise getroffen: das kuriale Ambiente als Bedingung des Ganzen, die plurale Anrede, den sozialen Rang, den Wunsch nach Gottes Segen, vor allem das Schwelgen im Fremdwort, das statt eines *juncherre* oder *ritter* ein *vassal* fordert, das sich im Gesang der Höflinge fortpflanzt und das der Erzähler im *gemerzîet* selbst weiterführt. Der Gruß, keine Frage, gehört zu den Highlights höfischer Kommunikation. Merkbar ist die schöne Formel in Wolframs von Eschenbach *Parzival* (Pz. 76,11f.):

bien sei venûz, bêâs sir,
mîner frouwen unde mir.

Seid willkommen, schöner Herr,
meiner Herrin und mir.

Die Funktion des höfischen Grußes geht jedoch über den Austausch von bloßen Höflichkeitsfloskeln weit hinaus. Diese sind nur der Vorschein einer sich bildenden rechtsförmlichen Gemeinschaft, die dann später durch Gabe, Mahl und Fest vertieft werden wird – kommunikative Elemente, die ich hier außen vor lasse (cf. Ehrismann 1995, 91-103, 194-202). Voraussetzung bleibt, daß der *gruoz getriuwe* ist; Hartmann (Er. 8975f.):

wan daz nieman dem andern sol
bieten ungetriuwen gruoz.

denn niemand soll dem andern
hinterhältigen Gruß entbieten.

3. Hagen bleibt sitzen

Über die Kommunikation der Höflichkeit spiegeln oder konstituieren die mittelalterlichen Sprecherinnen und Sprecher eine rechtserhebliche Beziehung. Volker fordert Hagen auf, sich vor Kriemhild, der Königin der Hunnen, zu erheben, das brächte auch ihnen beiden Ehre (NL 1780):

„Nu stê wir von dem sedele“, sprach der spileman:
„si ist ein küneginne; und lât si für gân,
bieten ir die êre: si ist ein edel wîp.
dâ mit ist ouch getiuret unser ietweders lîp.

„Nun wollen wir uns vom Sitz erheben“, sprach der Spielmann:
„Sie ist eine Königin; erkennt ihre Stellung an,[2]
erweist ihr die Ehre: Sie ist eine edle Frau.
Dadurch werden auch wir beide geehrt.

Beide Freunde agieren im höfischen Rahmen, man ihrzt sich. Volkers Worte eröffnen für uns allerdings zunächst einen neuen und sozialrelevanten kommunikativen Aspekt: Die Kommunikation mit dem Höhergestellten erhöht die eigene Ehre. Hagen lehnt ab (NL 1782):

Jâ zimet ez uns beiden zewâre lâzen baz.
zwiu sold' ich den êren, der mir ist gehaz?

Ja, für uns beide ist es wirklich besser, dies zu unterlassen.
Warum sollte ich den ehren, der mich haßt?

Er reagiert damit konsequent auf Kriemhilds frühere Grußverweigerung.[3] Als sie am Hof Etzels angekommen waren, hatte die Königin zwar ihren Bruder Giselher, nicht aber ihn, Hagen begrüßt, der daraufhin – auch dies ein beredter kommunikativer Akt – seinen Helm fester gebunden hatte (1737). Ihr Empfang war *mit valschem muote* („hinterhältig“, 1737,2) geschehen. Der *gruoz*, so zeigen diese Szenen, hat eine friedensstiftende Wirkung, seine Verweigerung bedeutet Kampf. Die sprachliche und gestische Kommunikation ist an das Institut der *êre* gebunden, an den sozialen Rang und das soziale Renommee.

4. Kriemhild begrüßt Brünhild

Die freundliche Begrüßung im *Nibelungenlied* verläuft anders als in den arthurischen Epen. Als Brünhild, aus Isenstein kommend, am Rheinufer zu Worms anlandet, wird sie von der Königstochter formvollendet begrüßt – *mit vil grôzen zühten* („mit sehr großem Anstand“, NL 587,1), man küßt sich (NL 588):

Dô sprach gezogenlîche Kriemhilt daz magedîn:
„ir sult zuo disen landen uns willekomen sîn,
mir unt mîner muoter unt allen, die wir hân
der getriuwen friunde.“ dô wart da nîgen getân.

---

[2] Mhd. *vürgân* bedeutet „übertreffen“, weshalb ich hier nicht mit „vorübergehen“ übersetze (cf. aber de Boor zur Stelle) und deshalb auch den folgenden Halbvers zu *lât* stelle.

[3] Die Grußverweigerung bedeutet nicht zwingend eine „Aberkennung der Stellung als Königin“ (cf. aber Boklund-Schlagbauer 1996, 87).

Da sprach Kriemhild, die junge Frau, wohlerzogen:
„Seid uns willkommen in diesen Ländern,
mir und meiner Mutter und allen Getreuen,
die wir besitzen.“ Da verneigte man sich.

Kein Fremdwort kommt ihr über die Lippen und kein Wunsch nach Gottes Segen. Das heroische Epos ist verhältnismäßig selten der Ort des Fremdwortes, und so färbt die Gattung auf die Form der Kommunikation ab, die dennoch eine höfische bleibt. Ist die Form der Kommunikation aber an die Gattung gebunden, so können auch die Kommunikationsformen des arthurischen Romans nicht ohne weiteres als ein Spiegel der gesellschaftlichen, der ritterlich-höfischen Wirklichkeit interpretiert werden. Der arthurische Roman setzt im *gruoz* – und vielleicht darf man dies ja verallgemeinern – in den gestischen und sprachlichen Formen der Kommunikation althergebrachte kommunikative Traditionen fort, die er sprachlich verfeinert – wie er meint: zivilisiert –, das heroische Epos um die Wende zum 13. Jahrhundert greift dagegen zwar Elemente der Kommunikation auf, die wir gerne als typisch „höfische“ bezeichnen, namentlich in den Formen der Anrede, ohne jedoch die sprachlichen, insbesondere fremdsprachlichen Eskapaden mitzutragen.

5. Otfrid schreibt an seinen Bischof

Hagen und Volker, die Freunde, ihrzen sich, Kriemhild und Brünhild, als sie sich begrüßen, auch. „Man“ ihrzt sich im Epos der Jahrhundertwende – ausgedehnter als dies in den vorangehenden Jahrhunderten, ausgedehnter auch als dies heute in vergleichbaren Situationen der Fall wäre. Die Geschichte des „höfischen Plurals“ (cf. Ehrismann 1995, 55-60) ist öfters nachgezeichnet worden: Gustav Ehrismann (1901-04) hat ihr – zeitgerecht positivistisch – die erste große und in ihrem Materialreichtum bis heute unerreichte Darstellung von der Spätantike bis ins 15. Jahrhundert gewidmet, Ulrich Ammon (1972) hat sie – zeitgerecht sozialgeschichtlich – auf die Einübung und Festigung feudaler Herrschaftsgewalt fokussiert. Ich selbst würde sie gerne – im Abschied von der bloßen sozialpolitischen Ausrichtung sicherlich ebenfalls zeitgerecht – kulturgeschichtlich akzentuieren. Damit kehre ich allerdings zu jener älteren Position zurück, die ich gerade als „positivistisch“ etikettiert habe:

> [...] und es müßte diese einzelne sprachliche Erscheinung in Zusammenhang gebracht werden mit den Formen des gesellschaftlichen Lebens, zuletzt mit der gesamten Kulturgeschichte der Zeit. (Ehrismann 1901, 118)

„Ganz am Anfang aber war nur das *Du*“, so beginnt Werner Besch (1996, 89) sein Kapitel „Das *Du* der Frühzeit“. Es ist wohl kein gut gelungenes Kapitel, denn die Semantik des frühen *Du* wird ebensowenig bedacht wie das „Ganz am Anfang“. Die Semantik des *Du* hat ihre Geschichte wie jedes Wort. Dies zu beachten, würde die plausible Annahme einschließen, daß der Singular die Semantik der Reverenz des späteren Plurals mit einschloß. Im *Waltharius* des 9./10. Jahrhunderts verspricht Hiltgunt ihrem Verlobten Walther (Walth. 249):

> Ad quaecumque vocas, mi domne, sequar studiose.
>
> Wozu auch immer du mich rufst, mein Herr, ich will eifrig folgen.

Domine mi rex, tu scis [...] („mein Herr und König, du weißt [...]“), sagt der Knecht zum König in der *Historia Langobardorum* des Paulus Diakonus (Lat. Prosa, 124). Die Reverenz fließt in das *Du* aus dessen sprachlichem und gestischem Kontext. Und wenn, wie wir annehmen dürfen, der germanische Bauer seinen Herrn duzte, so kann dies doch nicht bedeuten, daß zwischen beiden keine Reverenz-Beziehung bestand, daß sie vertrauten Umgang miteinander pflegten, sich auf die gleiche soziale Stufe stellten.

Otfrid von Weißenburg verdanken wir das älteste deutschsprachige Zeugnis des Ihrzens. Er verfährt freilich nicht anders als ein halbes Jahrhundert zuvor der junge Lupus, später Abt von Ferrières, als er an Einhard, oder über ein Jahrhundert früher Winfried Bonifatius, als er an den Bischof Daniel von Winchester schrieb (Lat. Prosa 100, 134). In seinem Widmungsschreiben an Bischof Salomo von Konstanz, den kirchlichen Oberhirten, schreibt Otfrid (Ad Salomonem 5ff.):

> Lekza ih thera buachi iu sentu in Suabo richi,
> thaz ir irkiaset ubar al, oba siu fruma wesan scal;
> Oba ir hiar findet iawiht thes thaz wirdig ist thes lesannes:
> iz iuer hugu irwallo, wisduames follo.
>
> Den Text dieses Buches sende ich Euch in das Reich der Schwaben,
> daß Ihr intensiv prüft, ob es von Nutzen sein kann;
> ob Ihr hierin etwas findet, das es wert ist, gelesen zu werden:
> dies möge Euer Geist, der voll Weisheit ist, erforschen.

Otfrid übt sich in der Tradition des spätrömischen Briefstils, er will mit seinem Buch seinem Herrn gefallen. Es gibt keinen Anhaltspunkt dafür, daß der Reverenzplural hier eine neue, verschärfte Definition von Herrschaft spiegelt. Sein Gebrauch – hier reflektiert der frühe *Waltharius* keine anderen Verhältnisse als die Dichtung der mittelhochdeutschen Achsenzeit – geht auf die von der Geistlichkeit angestoßene Rezeption romanischer Kultur- bzw. Kommunikationsformen zurück, die ein neues Bildungs-, kein neues Herrschaftserlebnis darstellen. Aus den lateinischen Geschichtswerken des 8. und 9. Jahrhunderts rekonstruiert Gustav Ehrismann *cum grano salis* die durchaus plausible These, „daß seit dem 9. Jh. der plur. rev. auch in der mündlichen deutschen Rede gebraucht wurde" (Ehrismann 1901, 134). Als ein kulturelles Phänomen gewinnt der Reverenzplural eine identifikatorische Kraft für die Gemeinschaft der Gebildeten, die ihrerseits die sprachlichen Muster für die während des hohen Mittelalters sich ausbildenden schärferen Konturen der feudalen Herrschaft bereitstellen. Die Kommunikationsformen setzen sich durch bildungspolitischen, nicht durch sozialpolitischen Druck durch. Vergleichbar wäre die Reduktion der breiten Palette der Reverenzformen und -gesten vom 18. bis ins 20. Jahrhundert, die gleichfalls eine kulturelle Bewegung war, der die (demokratische) Politik erst nachfolgte. Als Märchen formuliert: Die Kommunikationsform ist der Igel, der immer schon da ist, wenn der Hase, die Herrschaftsform, ankommt.

Wenn im 9. Jahrhundert, wie bereits Jacob Grimm (1989, 358) feststellte, „lateinischen schriftstellern das *irzen* der könige geläufiger" geworden zu sein scheint – man lese hierzu etwa die *Historia Langobardorum* des Paulus Diakonus –, und wenn auch die Dichtungen jener Jahrhunderte einen Mischstil pflegten, so ist dies nicht als ein Indiz für eine sich verschärfende Ausbildung von Distanz in den Herrschaftsstrukturen zu werten, zumal andererseits, um nur eines der möglichen Beispiele zu nennen, Widukinds *Res gestae Saxonicae* aus der zweiten Hälfte des 10. Jahrhunderts generell beim *Du* blieben. Kaiser Otto allerdings weist hier den abtrünnigen Erzbischof Friedrich von Mainz mit den Worten zurecht: *A vobis non exigo iuramentum* („von Euch verlange ich keinen Schwur", Wid. 186) – ein Indiz dafür, daß, wie es auch andere Quellen belegen könnten, die plurale Anrede damals vornehmlich der klerikalen Kommunikation eigen war. Sie pflegte seit dem gregorianischen Reformpapsttum des ausgehenden 11. Jahrhunderts eine enorme Distanzierungsgestik gegenüber den Laien, die sich nicht nur in der Anrede des Priesters mit *herre* in dem dieser Reform verpflichteten Gedicht *Die Hochzeit* (662) wiederfindet, sondern eben auch im Einbruch des *ir* in traditionelle *du*-Formeln wie den Beichten, in denen dann noch jahrhundertelang *du* und *ir* nebeneinander gebraucht werden konnten (cf. Ehrismann 1902, 119).

Neben der Kommunikation der alten Höflichkeit setzt sich demnach in den aristokratischen Klassen und bei den Intellektuellen, ausgehend von dem Vorbild der geistlichen Kommunikation, eine Kommunikation der neuen Höflichkeit durch, die das Merkmal der Distanz durch den Plural kennzeichnet. Wir können – idealisierend – drei Zeitzonen annehmen:

1.	G (+ir), W (+du)	G: Kommunikation der Geistlichkeit
2.	G (+ir), W (+ir, +du)	W: Weltliche Kommunikation
3.	G (+ir), W (+ir)	

Die Geschichte der Höflichkeit ist hier – wie auch sonst im zivilisatorischen Handeln – eng an die Geschichte der geistlichen Kommunikation geknüpft.

6. Die Römer lehren die Deutschen

Die Gestik der Herrschaft konnte bei *Du* und *Ihr* dieselbe sein. Der Wandel der sprachlichen Kommunikation indiziert zwar auch einen Wandel der Herrschaftsformen und der Höflichkeitskultur, er ist aber weder deren direkte Ursache noch deren direkte Bedingung – oder im Bild des Märchens: er hinkt immer hinten nach. Die Festigung der kurialen Kommunikationsformen war ein kultureller Selbstläufer, den politische Bewegungen unterstützen konnten, aber nicht mußten, und der dem *Du* die Semantik der Reverenz bis auf wenige Reste – man denke an das hymnische *Du* – entzog, angestoßen von der Romania. Das *Annolied* (28,5ff.; cf. Ks. 519ff.) verbindet ihn ganz sinnfällig mit dem Caesar-Mythos:

> Rômêre, duo si in [sc. Caesar] infiengin,
> einin nûwin sidde aneviengin:
> si begondin igizin den heirrin.
> daz vundin simi cêrin,
> wanter eini duo habite allin gewalt,
> der ê gedeilit was in manigvalt.
> den sidde hîz er duo cêrin
> diutischi liuti lêrin.
>
> Die Römer, als sie ihn empfingen,
> setzten einen neuen Brauch in Kraft:
> sie ihrzten den Herrn.
> Dies erfanden sie ihm zu Ehren,
> weil er damals alle Herrschaft allein innehatte,
> die früher vielfältig geteilt war.
> Diesen Brauch ließ er darauf ehrenvoll
> die Deutschen lehren.

Hartmann von Aue – ein schlagendes Beispiel für die Selbstläufer-These – gibt gegenüber seiner Quelle, dem *Yvain* Chrétiens von Troyes, sogar das traditionsreiche *du* für den König und selbst das abschätzige *du* in der Scheltrede oder gegenüber einem Außenseiter wie dem Riesen auf. Im älteren *Erec* hatte er noch nicht so rigoros durchgegriffen. Die Anrede im höfischen Roman ist also zwar auf das *ir* fokussiert, aber das *ir* ist kein Anhaltspunkt für eine typisch höfische Kommunikation oder, im Heldenepos, für eine dortige Spiegelung des höfischen Romans.

Die Semantik der Anrede ist nur induktiv von der jeweiligen Gebrauchssituation her plausibel zu machen – aus dem jeweiligen Kontext heraus, nicht deduktiv durch eine vorab angenommene Inhaltsbestimmung. Als Ospirin im *Waltharius* über Hagens Flucht nachdenkt und ihrem königlichen Gemahl einen hochpolitischen Rat erteilt, gebraucht sie diesem gegenüber die plurale Anrede (Walth. 125ff.). So auch Kaiser Constantin im *Rother* (347ff.) gegenüber seiner Frau in zeremonieller Handlung. Ist der Kaiser aber ängstlich, zeigt er Gefühl, geht er zum *Du* über (4514ff.). Ein sich im Frauendienst übender Reinhart klagt (RF 426f.):

> von eweren minnen, daz ist min clage,
> bin ich harte sere wunt,
>
> durch die Minne zu Euch, das ist meine Klage,
> bin ich zutiefst verwundet.

Doch seine höfische Annäherung scheitert, und die umworbene Wölfin Hersant fertigt ihn ab mit einem groben (RF 428):

> Tv zv, Reinhart, dinen mvnt.
>
> Halts Maul, Reinhart.

Wieweit die Schrift die soziale Realität wiedergibt, die das *Annolied* behauptet, können wir nur annähernd, jedoch mit einer gewissen Plausibilität rekonstruieren. Wenn eine Trauformel aus dem 12. Jahrhundert von dem Schwaben freien Standes der Braut gegenüber *ir* verlangt, wenn andererseits eine Formel für einfache Leute aus dem ausgehenden Mittelalter das *du* verwendet, so wird auch für die soziale Realität die gemeinschaftsstiftende Kraft des *ir* für die oberen, die des *du* für die unteren Stände deutlich.

Den Widerhall der neuen Höflichkeit des arthurischen Romans treffen wir gelegentlich auch in der Wirklichkeit an, etwa wenn der Spruchdichter Marner (XI,2) die Höflinge aus den Rheinlanden parodiert:

> Ez mac wol curteis povel sîn,
> pittit mangier ist in gesunt.
>
> Sie sind schon ein höfisches Völkchen,
> kleine Mahlzeiten halten sie für gesund.

Oder wenn Thomasin von Zirklære vom *strîfeln* redet (WG 41), von der Untermischung der deutschen Rede mit Fremdwörtern.

Höfische Kommunikation zeichnet sich durch Distanz aus; dies machte schon die kleine Szene aus dem *Helmbrecht* deutlich. Einzelne Formen der Distanz wie Anrede und Grußritual sind aber keineswegs typisch „höfisch", wenn wir diesen Begriff nur auf die höfische Welt des 12. und der späteren Jahrhunderte beziehen – was wir im übrigen nicht müssen, denn höfische Lebensformen gab es auch in den frühen germanischen Kulturen (cf. Ehrismann 1990). Das Merkmal einer typisch höfischen Kommunikation in deutschsprachigen Texten im Sinne des Ritterlich-Höfischen ist die romanisch geprägte sprachliche Eleganz, die sich in rhetorischen Figuren, namentlich der *amplificatio* und Hyperbel, im hyperbolischen Gebrauch des Fremdworts präsentiert. Die neuen kommunikativen Strategien der Ritter- und Minnekultur – ich weiß, diese Verallgemeinerung ist waghalsig, aber sie muß hier einmal sein – zielen zwar auf Distanz, auf Entfremdung, sie realisieren als neue Höflichkeit sprachlich einen neuen Distanzierungsschub, aber sie sind damit nicht der Widerhall neuer Herrschaftsstrukturen.

Hebt sich von dieser ritterlich-höfischen eine typische Form heroischer Kommunikation ab?

7. Hildebrand und Hadubrand streiten sich

Als sich Hildebrand und Hadubrand vor ihren beiden feindlichen Heeren zu Reizrede und Zweikampf treffen, gebrauchen sie das *Du*, und zwar deshalb, weil es in der frühen heroischen Epik, wie sich etwa an *Beowulf* nachweisen ließe, nur das *Du* gab. Der Vater, der noch nicht weiß, daß er dem eigenen Sohn gegenüber steht, fragt diesen (Hil. 11f.):

> [...] eddo hwelihhes cnuosles du sis.
> ibu du mi enan sages, ik mi de odre uuet
>
> [...] oder aus welchem Geschlecht du bist.
> Wenn du mir einen (daraus) nennst, kenne ich die anderen.

Der Sohn, der seinem Vater nicht glauben kann, spottet (Hil. 39f.):

> du bist dir alter Hun, ummet spaher,
> spenis mih mit dinem wortun, wili mih dinu speru werpan.
>
> Du bist, alter Hunne, mächtig schlau:
> Lockst mich mit deinen Worten, willst (dann) mit deinem Speer nach mir werfen.

Bei ihm, dem Sohn, mag ein pejorisierender Schatten mit über dem *Du* liegen, ein *Ihr* wäre jedoch im Rahmen der Kampfrede nicht denkbar. Wenn man im *Waltharius*, der in verschiedenen Situationen die plurale Anrede verwendet, in der Kampfrede auch das *Du* findet, so darf man schließen, daß sich dieses als ein besonderes Merkmal der konservativ bleibenden Kriegersprache einbürgerte.

Im heroischen Pathos finden auch Hagen und Rüedeger für eine kurze Zeit zum *Du*. Mitten im Kampfgetümmel bittet der Hagen des *Nibelungenliedes* Rüdiger um dessen Schild; zum ersten und einzigen Mal gebraucht er hier gegenüber dem ehemaligen Freund das *Du*, und dieser nimmt die Geste alter Verbundenheit auf (NL 2196):

> Vil gerne waere ich dir guot   mit mînem schilde,
> torst' ich dir in bieten   vor Kriemhilde.
> doch nim du in hin, Hagene,   unt trag' in an der hant.
> hey soldest du in füeren heim   in der Burgonden lant!
>
> Sehr gerne wäre ich Dir behilflich mit meinem Schild,
> wenn ich es wagen könnte, ihn Dir vor Kriemhilds Augen darzureichen.
> Doch nimm Du ihn hin, Hagen, und trag ihn in der Hand.
> Hei könntest Du ihn heim ins Land der Burgunden führen.

Das heroische Pathos wehrt sich gegen die Übernahme kurialer Formen und gewinnt seine Stärke in dieser Szene gerade dadurch, daß es von solchen Formen umgeben ist. Die Ausgliederung des Reverenzaspekts und das dadurch neu strukturierte sprachliche Kommunikationssystem hat dem *Du* die Chance eröffnet, den Akzent der Emotionalität verstärkt zu setzen, ihn in der Schrift überhaupt erst hörbar zu machen. Daraus läßt sich eine weitere These entwickeln, die ich nur anregen, nicht vertiefen kann und der man auch bei Otfrid schon hätte auf die Beine helfen können: Der Wandel der Kommunikationsformen ist – auch – eine Folge der Verschriftung kommunikationsrelevanter Texte.

Daß das *Du* der mittellateinischen sowie der alt- und mittelhochdeutschen Helden eine spezifisch heroische Kommunikationsform ist, erhellt auch aus einer Szene des *Parzival*, die darüber hinaus die Sorgfalt demonstriert, mit der ein Autor des Mittelalters bei seiner Präsentation von Kommunikation arbeitet.

8. Parzival trifft auf Feirefiz

Bis zur Erschöpfung haben sie gegeneinander gekämpft und bisher noch kein Wort gewechselt. Nun hat Feirefiz, der Heide, gesiegt und bittet – und zwar *höfschlîche* (Pz. 744,26), wie der Erzähler betont – nach dem Brauch des Siegers um den Namen des Gegners (Pz. 744,29ff.):

„ich sihe wol, werlîcher man,
dîn strît wurde ân swert getân.
Waz prîss bejagete ich danne an dir?
stant stille unde sage mir,
werlîcher helt, wer du sîs [...]"

„Ich sehe wohl, wehrhafter Mann,
dein Kampf würde ohne Schwert geführt.
Welchen Ruhm würde ich dann durch Dich gewinnen?
Halt ein und sage mir,
wehrhafter Held, wer Du bist [...]"

Der Sieger spricht, wie die Appositionen *werlîcher man* und *werlîcher helt* beweisen, voller Achtung mit dem Unterlegenen. Sein *du* ist ein heldisches, kein verächtliches.

Aus Furcht, erwidert Parzival, würde er sich nicht zu erkennen geben, und so nennt Feirefiz Name und Geschlecht als erster. Parzival, der noch nicht an die Verwandtschaft glauben kann, wählt das *ir* – d.h. er steigt nicht in die heroische Kommunikationssituation ein und gibt sich zugleich als der Unterlegene zu erkennen (Pz. 746,3f.):

„wâ von sît ir ein Anschevîn?
Anschouwe ist von erbe mîn [...]"

„Wodurch seid Ihr ein Anschevîn?
Anschouwe ist mein Erbe [...]"

Feirefiz bittet ihn, das *ir* aus Gründen der Verwandtschaft doch aufzugeben (Pz. 749,16ff.):

„Jupiter hât sînen vlîz,
werder helt, geleit an dich.
du solt niht mêre irzen mich:
wir heten bêd doch einen vater."
mit brüederlîchen triwen bater,
daz er irzens in erlieze
und in duzenlîche hieze.

„Jupiter hat seine ganze Kunst,
edler Held, auf Dich verwandt.
Du sollst mich nicht mehr ihrzen:
wir hatten beide doch einen Vater."
Mit brüderlicher Zuneigung bat er,
daß er ihm gegenüber das Ihr aufgebe
und ihn mit Du anrede.

Parzival geht darauf aber nicht ein. Er hält dieser Bitte die *zuht* entgegen und argumentiert, er sei der Jüngere und politisch Schwächere (Pz. 749,23ff.):

> diu rede was Parzivâle leit;
> der sprach: „bruodr, iur rîcheit
> glîchet wol dem bâruc sich,
> sô sît ir elter ouch dan ich.
> mîn jugent unt mîn armuot
> sol sölher lôsheit sîn behuot,
> daz ich iu duzen biete,
> swenn ich mich zühte niete."
>
> Parzival bedauerte diese Worte;
> er sprach: „Bruder, Eure Macht
> gleicht wohl der des Kalifen,
> und Ihr seid auch älter als ich.
> Wenn ich den Regeln des Anstands folge,
> dann mögen meine Jugend und meine Armut
> sich vor solcher Ungezogenheit hüten,
> daß ich Euch das Du biete."

Es ist die Ehrfurcht, die Reverenz, die in dieser sensiblen Situation das *ir* verlangt, wobei der gesellschaftliche Rang die Kommunikationsform vor der Verwandtschaft bestimmt. Erst als er König des Grals geworden ist und damit dieselbe Machtfülle *(rîcheit)* besitzt wie sein Bruder, wird Parzival zum *du* übergehen und dies auch begründen (Pz. 814,19ff.):

> ich mac nu wol duzen dich:
> unser rîchtuom nâch gelîchet sich,
> mînhalb vons grâles krefte.
>
> Ich darf Dich jetzt mit gutem Grund duzen:
> unsere Macht ist in etwa gleich,
> von meiner Seite aus durch die Machtfülle des Grals.

Erst wenn die soziale Äquivalenz hergestellt ist, ist das *Du* erlaubt. Die höfische Kommunikation betont das Trennende, die heroische das Gemeinsame. Dies reflektieren die Anredepronomina jedoch nur in ihrem Gebrauchskontext (cf. Ehrismann 1903, 213).

9. Kriemhild und Brünhild streiten sich

An die Nahtstelle des *Nibelungenliedes,* den Streit der Königinnen (cf. Ehrismann 1987, 136-149), setzt der Erzähler die konfliktträchtige Äußerung Kriemhilds (NL 814):

> „ich hân einen man,
> daz elliu disiu rîche ze sînen handen solden stân."
>
> „Ich habe einen Mann... alle diese Reiche sollten ihm gehören."

Diese Äußerung ist im historischen und situativen Kontext nach verschiedenen Richtungen hin interpretationsfähig:

(1) Kriemhild beansprucht für ihren Mann die burgundischen Länder.

(2) Kriemhild, die ihren siegreichen Mann bei den Ritterspielen beobachtet, leitet aus dessen Stärke dessen Einzigartigkeit ab, d.h. sie formuliert keinen konkreten Herrschaftsanspruch auf das Burgundenreich, sondern gebraucht die Machtformel als Metapher für den großen Sieger.

(3) Kriemhild träumt hingebungsvoll und ist sich des Inhalts ihrer Äußerung gar nicht bewußt.

Ad (1), der Anspruch: Diese Annahme ist von der vorausgehenden Handlung nicht motiviert und wäre nur dann akzeptabel, wenn man dem Nibelungenepiker – wofür es im Epos Anhaltspunkte gibt – entweder Motivationsschwäche oder -unlust unterstellte, oder wenn man die implizite epische Handlungsformel realisiert sähe, wonach dem Stärksten auch die Reiche gehören sollten.

Ad (2), die Metapher: Diese Annahme läßt sich durch die szenische Umgebung des Dialogs, die Ritterspiele, und durch das historische Denken einer Königin plausibilisieren.

Ad (3), der Traum: Diese Annahme ließe sich durch das folgende dialogische Handeln plausibel machen, in dem Kriemhild zur Charakterisierung ihres Mannes auf lyrische Sprachgesten zurückgreift – wie der strahlende Mond vor den Sternen, so stünde Siegfried vor den Recken (NL 817). Ein solcher Vergleich könnte aber auch als Stütze des Herrschaftsanspruchs interpretiert werden.

Welche Alternative man wählt, hängt von drei Faktoren ab:

(1) Welche Einschätzung hat man während seiner Arbeit am Text über dessen Motivationsstruktur gewonnen?

(2) Welche Einschätzung hat man von dem „Charakter" gewonnen, den der Erzähler Kriemhild eingeschrieben hat?

(3) Welches Dialogziel verfolgt Kriemhild?

Das kommunikative Handeln des Epikers und das kommunikative Handeln seiner Gestalten sind für die Gelehrtenwelt ein besonderes Problem bis heute geblieben. Für die – und ihnen will ich mich aus Gründen der für mich stärksten Plausibilität anschließen – die bereit sind, (ad 1) die wesentlichen Teile des Textes für gut oder wenigstens akzeptabel motiviert zu halten und die (ad 2) Kriemhild überhaupt einen „Charakter" eingeschrieben sehen möchten, erschließt sich die Antwort auf die drei Interpretationsalternativen aus dem dritten, dem kommunikativen Faktor: Der Text formuliert kein Dialogziel Kriemhilds, wohl aber eines von Brünhild. Deshalb ist für sie klar, daß sie weder die metaphorische noch die träumerische Variante wählen kann. Sie, die die Geschichte ihrer Ehe aufklären will – und nur deshalb hat sie die Niederländer nach Worms einladen lassen –, muß die Variante (1) als willkommenen Anlaß nehmen, ihr Ziel zu verfolgen. Was sie denn auch geschickt tut, indem sie darauf hinweist, daß es doch Gunther sei, dem die Reiche gehörten, und später, als Kriemhild die Gleichheit der Männer betont, daß sie doch selbst gehört habe, Siegfried sei *'sküneges man* (NL 821,2), weshalb sie ihn *für eigen* (NL 821,3) halte. Dies ist nun hier nicht weiter zu verfolgen. Wie geht der Epiker mit den Anreden um?

Er setzt zunächst – gelegentlich zusammen mit den Vornamen – das auch früher von den beiden gebrauchte *du* ein, das demnach die Merkmale „Verwandtschaft" und „Gleichheit" trägt und als solches gleichsam neutral akzentuiert ist. Mit der Eskalation des Streites gesellen sich zu diesen Merkmalen die Merkmale „Emotionalität", „Ironie" und „Verachtung": So etwa, wenn Brünhild Kriemhild anfährt: *du ziuhest dich ze hôhe* („du stellst dich zu hoch", NL 826,1), oder wenn Kriemhild von *dîner übermüete* („deinem Hochmut", NL 825,4) spricht und erstaunt tut, daß Siegfried *dir sô lange den zins versezzen hât* („dir so lange keinen Zins gezahlt hat", NL 825,3). In allen Fällen, so will mir scheinen, wahrt der Epiker das *du* mit Bedacht. Ein *ir* Kriemhilds gegenüber Brünhild würde das Eingeständnis des Rangunterschiedes indizieren, ein *ir* Brünhilds gegenüber Kriemhild zweierlei: zunächst, daß sie auf höfische Distanz aus sei, was sie nicht ist, dann, nach gesteigerter Emotion, daß sie die Ranggleichheit oder gar Höherrangigkeit der Gegnerin akzeptiere. Nach dem Kirchgang ist es dann Brünhild, die den Dialog neu mit einem *ir* aufnimmt (NL 846), d.h. sie geht auf sprachliche Distanz, was so nur in höfisch-adeliger Kommunikation möglich ist. Kriemhild führt das *ir* zunächst weiter (NL 847), geht also auf die Gestik der Trennung ein. Nach dem Vorwurf, der Ring, den sie als Beweis für Brünhilds Verkebsung vorzeigt, sei gestohlen, kehrt sie aber wieder zum *du* zurück (NL 849), das sie jetzt als die Überlegene erweist: *jâ wart mîn Sîfrit dîn man* („Ja, Siegfried wurde dein Mann", NL 849,4) – aber eben Ehemann und nicht Vasall. Das *du* indiziert die von der Sprecherin bitter-ironisch imaginierte Leibeigenschaft Brünhilds.

Damit ist der Dialog beendet. Beide Königinnen werden nicht mehr miteinander sprechen, und die burgundische Königin verläßt als Beleidigte den Ring. Gunther fängt ihren Schmerz im *ir* auf (NL 852,3), das hier Achtung, aber auch Vertrauen evozieren könnte, wohingegen sie ihre Klage dann im – wohl vertrauten – *du* führt (NL 853f.). Wir können hier schließen. In bezug auf die Wertungsqualität der Anredepronomina finden wir folgende Verhältnisse vor:

K – K:	du	+/–	K = Königin
	ir	–	E = Ehegatte
E – E:	ir/du	+	

Zu zeigen war, daß der Epiker in dieser Szene die Anredeformen bei einer hinreichenden Interpretationswilligkeit des Publikums plausibel eingesetzt hat. Zu zeigen war auch, daß eine These wie die, daß die kommunikative Bewegung „vom vertrauten *Du* der Schwägerinnen zum zornig-feindseligen Öffentlichkeits-*Ihr*" (Besch 1996, 95) gehe, zu kurz greift, denn auch das *Du* wird nicht nur im Sinne der „Vertrautheit" verwandt, sondern enthält bereits die Merkmale „Zorn" und „Feindseligkeit", und es wird späterhin auch in der Öffentlichkeit gebraucht.

Für die Begründung der Anredeformen den spätantiken Mischstil zu reklamieren, sollte wohl der letzte Ausweg sein. Bekanntlich wählte Panzer (1955, 182f.), nachdem er das emotionale *Du* für einige Fälle zugestanden hatte, diesen Weg:

> Aber in zahllosen anderen Fällen findet zwischen denselben Personen und vielfach innerhalb desselben Gespräches ein Wechsel zwischen den beiden Anredeformen statt, der sich kaum je einleuchtend begründen läßt. Man hat sich zwar erdenkliche Mühe gegeben, ihn aus Stimmungen zu begründen, wobei denn freilich der Übergang vom Ihr zum Du und umgekehrt einmal dies und ein andermal das genaue Gegenteil bedeuten mußte, und trotzdem blieb ein nicht geringer Rest an unbegründbaren Fällen.

Solche Argumentation weist einige erhebliche methodische und sachliche Mängel auf:

(1) Die Begründung der jeweiligen Wortwahl hat von den jeweiligen situativen Bedingungen auszugehen. Dies berücksichtigt, kann „der Übergang vom Ihr zum Du und umgekehrt" durchaus „einmal dies und ein andermal das genaue Gegenteil" bedeuten.

(2) Die Behauptung, der Wechsel der Anredeformen, wo er denn stattfindet, wäre „kaum je einleuchtend zu begründen", ist übertrieben und trifft gerade für die zentralen Textstellen nicht zu.

(3) Wenn die Schablone „*ir* = Distanz, *du* = Vertrautheit", die nicht historisch gewonnen ist, nicht greift, dann ist, bevor auf den Erzählstil geschlossen wird, zunächst die Schablone zu überprüfen.

(4) Wenn A eine Begründung findet, die B nicht akzeptiert, kann B nicht sagen, es gäbe keine Begründung und daraus weitreichende Schlüsse ziehen.

Damit soll die Annahme, der Nibelungenepiker realisiere in den Anredeformen „jene Mischform [...], in der die aus dem altrömischen Kurialstil übernommene Anrede mit Ihr durchsetzt bleibt von dem älteren einheimischen Du“ (Panzer 1955, 183), nicht gänzlich abgelehnt, aber doch für weite und insbesondere die handlungstragenden Passagen in Frage gestellt werden. Die Mischform kommt ja auch dem sonst geübten Stil der *variatio* und dem Gesangsvortrag des Textes entgegen, zu dessen rezeptiven Bedingungen die Dominanz des Formalen vor dem Inhaltlichen gehören kann.

Gustav Ehrismann (1903, 211) hat die Frage nach den Anredeformen ein halbes Jahrhundert zuvor zurückhaltender und überzeugender beantwortet:

> [...] neben diesem durch die innere Stimmung hervorgerufenen Wechsel, den man *symptomatischen Wechsel* nennen kann, indem der Wechsel der Anrede ein Symptom für innere Vorgänge bildet, kommt auch noch der bloß *formale Wechsel* vor, der ursprüngliche Mischstil, der eine aus dem spätrömischen Ceremoniell überkommene, rein konventionelle Höflichkeitsform ohne tiefer liegende Bedeutung ist.

Anders als Panzer weist er darauf hin, daß die Sinnhaftigkeit von Kommunikationsformen schon in der Form liegen kann und nicht des Inhalts bedarf. So realisierte der Epiker des *Nibelungenliedes* z.B. im *ir* ein Moment allgemein-höfischer Kommunikation, indizierte mit ihm bisweilen bloß die *curialitas* seiner Gestalten.

10. Siegfried kommt an den Burgundenhof

„Ich fürchte“, schreibt Friedrich von Uechtritz am 16. Mai 1857 an den Dichterfreund Hebbel, der an seinem Nibelungendrama arbeitet, „daß die Aufforderung Siegfrieds an Gunther, mit ihm um sein Reich zu kämpfen, durch den bestimmteren, motivierteren Ausdruck, den ihr das Drama giebt, einen andern minder naiv heroischen Charakter bekommen, an heroischer Natürlichkeit eingebüßt hat“ (Ehrismann et al. 1999, Nr. 1727). In bezug auf die „heroische Natürlichkeit“ ist diese Szene immer wieder gelesen worden und hat vielfache Interpretationen erfahren (cf. Ehrismann 1987, 112-120).

Zunächst realisiert der Epiker allerdings, und dies scheint mir in starkem Maße interpretationsrelevant, den standardisierten Code der Höflichkeit, der *zühte* (105,2), das Ritual des freundlichen Grußes, das Siegfried im *nîgen* (105,3) angemessen aufnimmt. Man ist beim *ir* (106-110), einem *ir,* das in der gegenseitigen Anerkennung der heldischen Qualitäten von Achtung zeugt. Deshalb erfolgt auch die Aufforderung zum Kampf nicht in der heroischen Form der Reizrede (NL 110,3f.):

> ich wil an iu ertwingen, swaz ir muget hân
> lant unde bürge, daz sol mir werden undertân.
>
> Ich will Euch alles im Kampf abnehmen, was Ihr besitzt:
> Länder und Städte (Burgen), alles soll mir untertan werden.

So „unhöflich" und so unmotiviert diese Aufforderung uns heute erscheinen mag, eben „heroisch", womit immer auch gerne „archaisch" mitgedacht wird, so „ritterlich" konnte sie doch nach den Spielregeln der Politik im Mittelalter sein (cf. Ehrismann, im Druck); konnte dies sein in einer Gesellschaft, die die Ehre der Person von ihrer Herrschaftsfähigkeit und physischen Stärke ableitete. Man wird derlei auch im zeitgenössischen Artusroman finden (cf. Müller 1974, 91-95), der freilich ebenfalls seine „archaischen" Traditionen hat.

Die Verwendung des *Du* erfolgt erst, als der König den Kampf verweigert, was ja gleichbedeutend mit der Beleidigung des Herausforderers sein könnte, der sich hätte als nicht angemessener Gegner verachtet sehen können. Deshalb setzt der Erzähler für Siegfried jetzt das *du* ein (NL 113,2):

> ez enmüge von dînen ellen dîn lant den fride hân [...]
>
> ez möge denn durch deine Kraft dein Land den Frieden haben [...]

Mit dem *du* indiziert Siegfried jedoch keine Verächtlichkeit, sondern Ranggleichheit (NL 114,1):

> Dîn erbe und ouch daz mîne sulen gelîche ligen.
>
> Dein Erbe und auch das meine sollen gleich gelten.

Im verächtlichen und erniedrigenden *du* fertigt er erst Ortwin ab: Ihm, dem Mann eines Königs, stünde es nicht zu, ihn, den mächtigen König, herauszufordern (NL 118). Dann aber, Hagen gegenüber, den er aufgrund seines Rufes als großer Held (cf. NL 54) für einen gleichwertigen Gegner halten kann, wählt er wieder das *ir* (NL 122, 126), das deshalb hier „Anerkennung" signalisiert. Der Epiker kann hier kein *du* wählen, wenn er nicht Gefahr laufen will, daß die Zuhörenden dieses *du* mit dem gegenüber Ortwin gebrauchten gleichsetzen. Mit *ir* begegnet auch Gernot dem Ankömmling, der in der Rolle des Vermittlers (cf. Althoff 1997) bemüht ist, den Streit zu schlichten (cf. NL 123), und Gunther führt dieses *ir,* das jetzt in den Kontext des höfischen Zeremonialhandelns (cf. Kleinschmidt 1985, 73) gehört, weiter (NL 127). Wir finden also folgendes System vor:

K – G	:	ir	+	K = König
G – K	:	ir/du	+	G = Gast
V_1 – V_1	:	du	–	V = Vasall
V_2 – V_2	:	ir	+	

Siegfried, der als Brautwerber in den Kreis der *vriunde* aufgenommen werden will, hat in dem Bestreben, Ranggleichheit zu demonstrieren, auf die Gestik des friedlichen *grüezen* mit der durchaus nicht unangemessenen Gestik der *êre* reagiert und dadurch rituell zwanghaft auf der gleichfalls der *êre* verpflichteten Gegenseite die Gestik der kalkulierten Eskalation provoziert, die ihrerseits durch die Vermittler Hagen, besonders aber Gernot sensibel abgefedert wird und schließlich im gemeinschaftlichen Trinken (NL 126) in die Gestik der *vriuntschaft* übergeht. Beide Parteien verfolgen mit der *vriuntschaft* dasselbe Ziel, weshalb, anders als etwa in der Streitsequenz zwischen den Königinnen, eine Realisierung der Feindschaft durch die Technik des ritualisierten Dialogs unterlaufen werden kann.

Dies ist offensichtlich eine jener Stellen, an denen der Epiker eine der alten Text- und Motiverinnerungen – hier das Motiv „der Held und der König" (cf. Jackson 1982), in das man das Motiv der „Länderwette" (cf. Boklund-Schlagbauer) eingebunden sehen kann – für seine Zwecke ebenso funktionalisiert wie das gattungsimmanente Schema der Brautwerbung (cf. Schmid-Cadalbert 1985, 83-97; Strohschneider 1997), das den Herrschaftsvergleich verlangt – eine Funktionalisierung, die den regelgeleiteten Code des ehrenhaften Handelns, der ehrenhaften Kommunikation durchspielt. Ein spezifisch archaisch-heroisches Ambiente, eine „heroische Natürlichkeit", entfaltet der Epiker dabei im übrigen gerade nicht (cf. Ehrismann 1995, 65-70), insofern er die überzeitliche Gestik der Ehrewahrung einsetzt und durchaus auch mit den Mitteln ritterlich-höfischer Kommunikation arbeitet.

Der kommunikationsanalytische Aspekt setzt hier einen eigenen, und wie ich meine durchaus tragfähigen Akzent, der die bisher eruierten psychologisierenden, motivanalytischen und gesellschafts-historischen Akzentuierungen dieser Szene hilfreich teils stützt, teils unterläuft – was hier aber nicht mehr im einzelnen zu erörtern ist. Der Epiker inszeniert ritterliche Streitkultur als eine komplexe Streitsequenz, er inszeniert das ritterliche Sprachspiel der *êre* mit der Intention der Gewinnung von *vriuntschaft*.

11. Thesen

Ich habe Sie durch einige Dialogszenen bekannter mittelalterlicher Texte geführt, um daran einige Thesen zu entwickeln, über die weiter und materialintensiver nachzudenken sich lohnt:

(1) „Höfisch" und „heroisch" sind im Rahmen kommunikativen Handelns nur bedingt diskriminierende (*discriminating*) Begriffe, die auch nicht auf je eigene Kulturformen zu beziehen sind. Dabei akzentuiert „höfisch" die Merkmale der Distanz und des Trennenden, „heroisch" die des Gemeinsamen.

(2) Die semantischen Akzentuierungen von *du* und *ir* sind nicht absolut gegeben und auch nicht eo ipso kontradiktorisch, sondern entwickeln sich situativ, d.h. kontext- bzw. kommunikations- und kulturspezifisch.

(3) Die Erweiterung kommunikativen Handelns durch Merkmale der Distanz (plurale Anrede, Fremdwortgebrauch, Aufgabe des Namens, der vertrauten Grußformeln usw.) geht auf die Intellektuellen des Mittelalters zurück, zunächst auf die geistlichen, dann die weltlichen, die in der Regel auch geistlich geschult sind.

(4) Der Wandel der Kommunikationsformen verdankt sich der Verschriftlichung der Kultur.

(5) Die Akzeptanz von Distanz-Merkmalen im kommunikativen Handeln ist ein kulturelles Phänomen und nicht als Resonanz intensivierter oder sich intensivierender Herrschaftsstrukturen interpretierbar.

(6) Die Erweiterung kommunikativen Handelns durch Merkmale der Distanz im Regnum Teutonicum spiegelt die Rezeption zunächst lateinischer, dann auch französischer und italienischer Kulturformen.

Texte

Annolied: Das Annolied. Mittelhochdeutsch / Neuhochdeutsch. Hg., übersetzt und kommentiert v. Eberhard Nellmann, Stuttgart 1979.

Er.: Hartmann von Aue: Erec. Hg. v. Albert Leitzmann. 6. Aufl. v. Christoph Cormeau u. Kurt Gärtner (Altdeutsche Textbibliothek 39), Tübingen 1985.

Helmbr.: Wernher der Gärtner, Helmbrecht. Mittelhochdeutsch / Neuhochdeutsch. Hg., übersetzt und erläutert v. Fritz Tschirch, Stuttgart 1994.

Hil.: Das Hildebrandslied. In: Althochdeutsches Lesebuch. Zusammengestellt und mit Wörterbuch versehen v. Wilhelm Braune. Fortgeführt v. Karl Helm. 17. Aufl. v. Ernst A. Ebbinghaus, Tübingen 1994, Nr. XXVIII.

Hochzeit: Die Hochzeit. In: Kleinere deutsche Gedichte des 11. und 12. Jahrhunderts. Nach der Auswahl von Albert Waag neu hg. v. Werner Schröder, Bd. 2 (Altdeutsche Textbibliothek 72), Tübingen 1972.

Ks.: Die Kaiserchronik eines Regensburger Geistlichen. Hg. v. Edward Schröder (Monumenta Germaniae Historica. Deutsche Chroniken I/1), Hannover 1982 (Nachdruck Berlin 1964).

Lat. Prosa: Lateinische Prosa des Mittelalters. Lateinisch / Deutsch. Ausgewählt, übersetzt und hg. v. Dorothea Walz, Stuttgart 1995.

Marner: Der Marner. Hg. v. Philipp Strauch, Straßburg 1876 (Nachdruck Berlin 1965).

NL: Das Nibelungenlied. Nach der Ausgabe von Karl Bartsch. Hg. v. Helmut de Boor. 21. Aufl. v. Roswitha Wisniewski (Deutsche Klassiker des Mittelalters), Wiesbaden 1979.

Otfrid: Otfrid von Weißenburg, Evangelienbuch. Althochdeutsch / Neuhochdeutsch. Auswahl. Hg., übersetzt und kommentiert v. Gisela Vollmann-Profe, Stuttgart 1987.

Pz.: Wolfram von Eschenbach, Parzival. In: Wolfram von Eschenbach. 6. Ausgabe v. Karl Lachmann, Berlin, Leipzig 1926 (Nachdruck Berlin 1965).

RF: Der Reinhart Fuchs des Elsässers Heinrich. Hg. v. Klaus Düwel (Altdeutsche Textbibliothek 96). Tübingen 1984.

Rother: Rother. Hg. v. Jan de Vries (Germanische Bibliothek. II. Abt. 13. Bd.), Heidelberg 1922.

Trist.: Gottfried von Straßburg, Tristan. Mittelhochdeutsch / Neuhochdeutsch. Mit einem Stellenkommentar und einem Nachwort v. Rüdiger Krohn, 3 Bde, Stuttgart 1980 u. 1991.

Walth.: Waltharius. Lateinisch / Deutsch. Übersetzt und hg. v. Gregor Vogt-Spira, Stuttgart 1994.

WG: Thomasin von Zerclaere: Der Welsche Gast. Hg. v. F. W. von Kries, 4 Bde, (Göppinger Arbeiten zur Germanistik 425), Göppingen 1984.

Wid.: Widukind von Corvey, Res gestae Saxonicae. Die Sachsengeschichte. Lateinisch / Deutsch. Übersetzt und hg. v. Ekkehart Rotter und Bernd Schneidmüller, Stuttgart 1981.

Forschungsliteratur

Althoff, G. (1997): Spielregeln der Politik im Mittelalter. Kommunikation in Frieden und Fehde, Darmstadt.

Ammon, U. (1972): Zur sozialen Funktion der pronominalen Anrede im Deutschen. In: LiLi 2, 73-88.

Besch, W. (1996): Duzen, Siezen, Titulieren. Zur Anrede im Deutschen heute und gestern, Göttingen.

Boklund-Schlagbauer, R. (1996): Vergleichende Studien zu Erzählstrukturen im *Nibelungenlied* und in nordischen Fassungen des Nibelungenstoffes (Göppinger Arbeiten zur Germanistik 626), Göppingen.

Ehrismann, G. (1901-04): Duzen und Ihrzen im Mittelalter. In: Zs. f. deutsche Wortforschung 1 (1901), 117-149; 2 (1902), 118-159; 4 (1903), 210-248; 5 (1903/04), 127-220.

Ehrismann, O. (1987): Nibelungenlied. Epoche – Werk – Wirkung, München.

Ehrismann, O. (1990): Höfisches Leben. In: Enzyklopädie des Märchens, Bd. 6, 1154-65.

Ehrismann, O. (1995): Ehre und Mut, Aventiure und Minne. Höfische Wortgeschichten aus dem Mittelalter, München.

Ehrismann, O. (im Druck): *Ich bin ouch ein recke und solde krône tragen* – Siegfried, Gunther und die Spielregeln der Politik im Mittelalter (Vortrag, gehalten an den Universitäten Graz, Innsbruck, Klagenfurt, Salzburg). In: Ethische und ästhetische Komponenten des sprachlichen Kunstwerks. Fs. f. Rolf Bräuer zum 65. Geburtstag.

Ehrismann, O./Gerlach, U. H./Häntzschel, G./Knebel, H./Thomsen, H. (eds.) (1999): Briefe von und an Friedrich Hebbel, München.

Grimm, J. (1989): Deutsche Grammatik 4, 1. Teil (1898). Besorgt durch Gustav Roethe u. Edward Schröder (Jacob Grimm und Wilhelm Grimm: Werke. Forschungsausgabe, Bd. 13), Hildesheim etc.

Jackson, W. T. H. (1982): The Hero and the King. An Epic Theme, New York.

Kleinschmidt, E. (1985): Minnesang als höfisches Zeremonialhandeln (1976). In: Barbara Haupt (Hg.): Zum mittelalterlichen Literaturbegriff (WF 557), Darmstadt.

Müller, J.-D. (1974): Sivrit: künec – man – eigenholt. Zur sozialen Problematik des Nibelungenliedes. In: Amsterdamer Beiträge zur Älteren Germanistik 7, 85-125.

Panzer, F. (1955): Das Nibelungenlied. Entstehung und Gestalt, Stuttgart.

Schmid-Cadalbert, Ch. (1985): Der *Ortnit AW* als Brautwerbungsdichtung. Ein Beitrag zum Verständnis mittelhochdeutscher Schemaliteratur (Bibliotheca Germanica, 28), Bern.

Strohschneider, P. (1997): Einfache Regeln – komplexe Strukturen. Ein strukturanalytisches Experiment zum ‚Nibelungenlied'. In: Mediävistische Komparatistik. Fs. für F. J. Worstbrock zum 60. Geb., Stuttgart, 43-75.

Heinz Bergner

Narrative Gattungstypen in der mittelalterlichen englischen Literatur

1. Narration und das Literarische im Mittelalter

Die Narration, also das Erzählen, ist gewöhnlich die Intention eines Autors, in freier Wahl die von ihm oder von anderen konstituierte, erfundene, fingierte Welt und Wirklichkeit zuschauend oder überblickend, bisweilen auch kommentierend aus wechselnden Distanzen und Perspektiven darzustellen, über sie zu berichten und sie verständlich zu machen, und dies auf plausible oder auch nicht nachvollziehbare Weise (Henrich/Iser 1983).

Das gilt ebenso für die mittelalterliche Zeit, wenn auch mit gewissen Einschränkungen. Denn angesichts einer ganzen Reihe von Texten und Schriften aus dem biblischen und theologischen Bereich, für die allein absolute Wahrheit beansprucht wurde, nimmt das Mittelalter zunächst eine zwiespältige Haltung zum Fiktiven, zum Ausgedachten und nur Erzählen ein, weswegen sich beispielsweise das Märchenhafte und das Wunderbare in den Erzähltexten oft als real existierend, als tatsächlich zu erkennen geben muß, um vor den Augen aller zu bestehen und weitergegeben werden zu können. Freilich gilt auch ein zweites, dem eben Gesagten fast Widersprechendes. Bei der Beurteilung mittelalterlicher narrativer Texte muß man folgendes stets berücksichtigen: Das Mittelalter kennt kaum eindeutige Kategorien, was für die Literatur, die Kunst, ja sogar für die religiösen Texte Schwierigkeiten der Einordnung und Beurteilung mit sich bringt.

Daher ist es nicht erstaunlich, daß man in vielen Texttypen des Mittelalters dort narrative Elemente findet, wo man sie heutzutage nicht erwarten würde. Das gilt bezeichnenderweise für die Geschichtsschreibung, auch für die annalistisch ausgerichtete, für die zahlreichen Gattungen der Lyrik, für theologisch orientierte Texttypen, wie die Predigt und das Traktat, für weite Gebiete der Moralistik, der sachlichen (z. B. geographischen) sowie der religiösen und philosophischen Unterweisung. Die mittelalterliche Narration ist also in einer Vielfalt an Mischformen erkennbar (Hahn/Ragotzky 1992).

In den mittelalterlichen Erzähltexten Englands gibt es zwei Gattungen, in denen das erzählerische Element gleichwohl sehr dominiert, nämlich einerseits die heldische und biblische Epik sowie die auf die mittelenglische Zeit, also die Zeit von etwa 1100 bis 1500, begrenzte Gattung der Romanze, oder wie man terminologisch sachgerecht sagt, „epic" und „romance".

Worin liegt aber nun, allgemein gesprochen, die durch solche fiktiven und erzählerischen Textsorten ausgedrückte Komponente? Nun, dieses Element gibt sich in den erwähnten Texttypen zunächst dadurch zu erkennen, daß in ihnen die meist unbekannten Autoren den Lesenden, oder besser gesagt den Zuhörenden, ein klares Identifikationsangebot unterbreiten. Auf der Basis narrativer Grundmuster werden bestimmte vorbildliche bzw. auch abzulehnende Haltungen und Überzeugungen narrativ umkleidet und illustriert. In den erwähnten Texten teilt sich also die mittelalterliche Welt Englands in ihren Wertvorstellungen vor allem im Hinblick auf die damalige Gesellschaft mit und empfiehlt sie zur Nachahmung. Zugleich ist in diesen Textsorten bei den in ihnen auftretenden und handelnden Personen eine je unterschiedliche Kommunikationsart festzustellen, die es besonders zu beachten gilt.

2. Das Heldenepos

Das heldische Epos, aus der Antike durch Homer und Vergil bekannt, ist in der germanischen Welt vor 1000 nur im englischen Schrifttum nachgewiesen, oder genauer gesagt, überliefert, nämlich in Gestalt des um 720 entstandenen *Beowulf*. Der Texttyp Heldenepos setzt zu dieser Zeit zunächst einmal ein Sozial- und Gesellschaftswesen voraus, in dem die in ihm Agierenden, d. h. König, Adel, Freie und Unfreie, an einem System der Gefolgschaft orientiert waren, also in engen Abhängigkeiten voneinander, hierarchisch geordnet miteinander existierten. Dieses System überließ Stärke und Macht den Herrschenden, verpflichtete die Gefolgschaft zu Dienst und Opfer und sprach wiederum den Herrschenden die Rolle der Beschützenden, der Schutzgebenden zu. Das sich so ergebende Geflecht an menschlichen Beziehungen war angelegt auf ein stabiles Gleichgewicht der Handelnden.

Überblickt man nun insgesamt das Genre des heldischen Epos, das später auch in der mittelhochdeutschen Literatur (vor allem *Kudrun* und *Nibelungenlied*) und im altfranzösischen Schrifttum (ca. 80 „chansons de geste") vorliegt, so läßt sich immer wieder ein fundamentales narratives Handlungsmuster erkennen: Eine heile, ideale Welt, in der die Symbiose von Macht, Pflicht und Beschützung funktioniert, wird durch eine plötzlich auftauchende Bedrohung in ihrer Substanz erschüttert, und das gesamte System der geschilderten Verflochtenheiten gerät darüber hinaus aus den Fugen, weil die angedeutete Eintracht und Harmonie tiefgreifende Schwächen und Lücken zu erkennen gibt, u. U. auch deshalb, weil das hier in Frage kommende System zum Teil nicht mehr begriffen oder realisiert wird. Das wiederum ruft einen heroisch verklärten Protagonisten auf den Plan, der, oft vergeblich, versucht, die gänzlich verfahrene Lage zu retten (Boyer et al. 1988; Jackson 1994, 1996).

3. *Beowulf*

Strukturell und inhaltlich ist der *Beowulf* eine Erzählung aus altenglischer Zeit, die von einer großen Gefahr, einer Katastrophe berichtet, welche sich aus zwei Gegenwelten ergeben. Diese ereignen sich am dänischen Königshof Hroðgars und dann auch an dem Beowulfs. Hroðgar hat für sich und die Seinen eine große, schützende Halle Heorot bauen lassen, in der er mit seinem Gefolge in Einigkeit und Harmonie lebt. Diese Ruhe wird zerstört, als Grendel, ein alles vernichtendes und mordendes Ungetüm, diese Halle Heorot heimsucht. Beowulf, aus dem nördlichen Gotland, bietet sich als Retter und Beschützer an, besiegt Grendel in einem schaurigen Kampf und stellt vorübergehend Frieden wieder her. Dieser wird erneut bedroht, als Grendels Mutter, getrieben von Rache und Aggression, die Halle ebenfalls angreift. In einem zweiten, noch furchterregenderen Kampf kann Beowulf sie mit Mühe bezwingen und erschlagen. Indessen bleibt ihm der gleiche Erfolg versagt, als er, sehr viel später, im eigenen Land, also in Gotland, einen sein Königreich verwüstenden Drachen zu vernichten versucht. Da ihn fast alle Gefolgsleute, entgegen allen Regeln der Gefolgschaft, aus Furcht vor dem Untier allein lassen, unterliegt er dem rasenden Lindwurm. Man sieht: die epische Handlung konzentriert sich im *Beowulf* auf zwei zentrale Ereignisse, Beowulf sowie Grendel und seine Mutter und der Drache. Damit verbunden ist eine klar zu erkennende Handlungslinie, die bestimmt wird vom Aufstieg und dem bejammernswerten Ende Beowulfs (Wrenn/Bolton 1996).

Im Mittelpunkt der Handlung des *Beowulf* steht die gloriose, edle, zu Aufopferung bereite Haltung Beowulfs. Diese wird in immer neuen Schilderungen dargeboten, vor allem natürlich in den Passagen, die von den Kämpfen und Auseinandersetzungen handeln. Im Grunde ist das gesamte Geschehen gekennzeichnet von Variation und Digression, die sich um den kämpferischen Aspekt drehen. Auffällig ist dabei, daß die narrativen Ereignisse stark von emotionalen Details bestimmt werden. Deshalb finden sich nirgends ausführliche Hinweise darauf, wie Beowulf und seine Gegner im einzelnen aussehen. Wirkung und Anspielung, nicht die Sache an sich, stehen somit im Vordergrund. Die sich auftuenden krassen Gegensätze sind gefühlshaft aufgeladen. Im Zentrum stehen Lobpreis von Tugend und Tapferkeit einerseits sowie die Geringschätzung der dunklen Mächte andererseits, also das Entweder-Oder. Und die hier Agierenden sind deswegen auch nicht je individuelle Wesen, sondern Repräsentanten von Werten, von gesellschaftlichen Vorstellungen der Zeit. Sie verkörpern die besten aller Ideale und Vorstellungen, stehen für die gesellschaftliche Klasse schlechthin, das Kollektiv. Individualität und Charakter sind hier nur punktweise, allerdings dann sehr grell vertreten; dafür ist der gefühlshafte Aspekt sehr entwickelt. Insgesamt ergibt sich bei 3182 Stabreimzeilen ein ruhiges Erzähltempo, da sich alles im Grunde auf zwei bzw. drei Höhepunkte konzentriert. Das Geschehen selbst wird nie geheimnisvoll verdunkelt, es wird im Gegenteil von Beginn an vorhergesagt, in Voraus- und Nachdeutungen durch immer neue Perspektiven erläutert und variiert (Bjork/Niles 1997).

In diesem Zusammenhang interessieren die speziellen kommunikativen Formen des Redens und Sprechens. 37 % des *Beowulf* geben sich als Formen direkter Rede zu erkennen. Diese direkten Reden bewegen sich aber nicht im Rahmen von Gesprächen, von offenen Dialogen, an dem die Zentralfiguren teilnehmen. Direkte Rede im *Beowulf* hat überhaupt nichts Persönliches oder Individuelles. Ihre Funktion ist es, längst bekannte Ansichten zu unterstreichen, die eigene gesellschaftliche Rolle zu bekräftigen, bereits Gesagtes zu bestätigen oder nochmals ausführlicher zu erläutern. In direkter Rede drücken sich Dank, Begrüßung, Ansporn, Ermutigung, Zustimmung oder Ablehnung, Befehl aus; direkte Rede prophezeit, bietet nochmals berichtende Rückblicke auf das Geschehen, auch auf die heldische Geschichte, oder sie betont, und dies oft genug, moralische Standpunkte. Solche Rede kann bis zu 150 stabreimende Langzeilen umfassen und löst sich dann fast aus dem Zusammenhang. Bisweilen folgen sogar mehrere direkte Reden aufeinander, nehmen aber in den wenigsten Fällen Bezug aufeinander. In diesem Sinne ist Reden im *Beowulf*, und dies gilt für das heldische Epos allgemein, als eine einstimmige Geste zu verstehen. Sie ist Mitteilung, nicht Eingehen auf das Argument eines Gegenüber, monologisches Sprechen.

Die nachstehenden Beispiele mögen dies kurz erläutern. Mit Worten der Entschiedenheit und klaren Absicht stellt sich Beowulf in Heorot vor:

> Beowulf maþelode, bearn Ecgþeowes:
> „ Ic þæt hogode, þa ic on holm gestah,
> „ sæ-bat gesæt mid minra secga gedriht,
> „ þæt ic anunga eowra leoda
> „ willan geworhte, oþðe on wæl crunge,

„ feond-grapum fæst. Ic gefremman sceal
„ eorlic ellen, oþðe ende-dæg
„ on þisse meodu-healle minne gebidan.“[1]

(Also sprach Beowulf, / des Eggtheow Sohn:
„Darauf stand mein Sinn, / als in See ich stach,
mit meinen Mannen / das Meerschiff bestieg,
daß fürwahr ich wollte / gewinnen der Euern
feste Freundschaft / oder fallen im Kampf
durch Feindes Faust. / Vollführen will ich
männliche Tat / oder im Metsaal harren
meines Lebens / letzter Stunde.“)[2]

Und wenig später spricht Hroðgar folgende auffordernde Begrüßungsworte:

[*Ge*]grette þa guma oþerne,
Hroðgar Beowulf, ond him hæl abead,
win-ærnes geweald, ond þæt word acwæð:
„ Næfre ic ænegum men ær alyfde,
„ siþðan ic hond ond rond hebban mihte,
„ ðryþ-ærn Dena buton þe nu ða.
„ Hafa nu ond geheald husa selest:
„ gemyne mærþo, mægen-ellen cyð,
„ waca wið wraþum! Ne bið þe wilna gad
„ gif þu þæt ellen-weorc aldre gedigest.“[3]

(Dann begrüßte / den Gautenkrieger
Hroðgar, den Beowulf, / und bot ihm Heil
und Gewalt im Weinhaus. / Dieses Wort sprach er:
„Keinem Helden / bisher überließ ich,
seit ich Hand und Schild / heben konnte,
der Dänen Haupthaus, / außer heute dir.
Halt nun in Hut / der Häuser schönstes!
Des Ruhms gedenke! / Riesenkraft zeige!
Bleib wach vor dem Feind! / Kein Wunsch sei dir versagt,
wenn das Heldenwerk / du heil vollbringst!“)[4]

Wiglaf, der Kampfgenosse Beowulfs, führt zu dem für Beowulf todbringenden Drachengeschehen zusammenfassend aus:

---

1 Wrenn/Bolton (1996), 124 (V. 631ff.).

2 Genzmer (1978), 30f.

3 Wrenn/Bolton (1996), 124 (V. 652ff.).

4 Genzmer (1978), 31.

Wiglaf maðelode, Wihstanes sunu:
„ Oft sceall eorl monig anes willan
„ wræc adreog*an*, swa us geworden is.
„ Ne meahton we gelæran leofne þeoden,
„ rices hyrde ræd ænigne,
„ þæt he ne grette gold-weard þone,
„ lete hyne licgean þær he longe wæs,
„ wicum wunian oð woruld-ende;[5]

(Wiglaf sprach da, / des Wihstan Sohn:
„Oft müssen alle / um eines willen
Unglück erleiden, / wie uns geschah.
Nicht gelang es uns, zu lenken / den lieben König,
des Reiches Hirten / durch Rat zu bewegen,
daß den Horthüter / er nicht heimsuche,
ihn liegen lasse, / wo er lange war,
weilen in der Wohnstatt / bis zum Weltende.)[6]

Solch klares und unmißverständliches Reden stößt allemal auf Zustimmung der angesprochenen Personen im heldischen Epos, weswegen es auch keinen Einschränkungen unterliegt. Dieses Reden entspringt, wie ausgeführt, keinesfalls privaten oder persönlichen Motiven, Gefühlen oder Eindrücken, weil es im Grunde auf einem gemeinsamen Schatz an Gedanken und Vorstellungen basiert, also auf dem „wir“, nicht auf dem „ich“. Deswegen soll in diesem Zusammenhang von kollektiven Monologen gesprochen werden, weil dieses Reden einerseits nicht auf ein individuell reagierendes Gegenüber gerichtet ist, es andererseits aber auch Ausdruck einer Vielzahl gleichgesinnter Meinungen ist.

Das heldische Epos, dessen Einzelepisoden stofflich äußerst konzentriert in einigen Heldenliedern der altenglischen Zeit vorliegen, wie z.B. das *Finnsburgfragment* (Wrenn/Bolton 1996) und *Battle of Maldon* (Scragg 1981), reicht auch in die biblisch-religiöse Sphäre hinein. Die religiöse Epik der altenglischen Zeit verarbeitet biblische Stoffe und präsentiert die zentralen Figuren des Alten und des Neuen Testamentes in der Art germanischer Könige und Gefolgsleute, etwa Moses in *Exodus* (Turville-Petre 1981), ein Stück, das den Auszug des Volkes Israel aus Ägypten schildert, oder Christus und Gottvater in Cynewulfs *Christ* (Cook 1900) über das Weltende und das Jüngste Gericht berichtend; für diese Personen sind die beschriebenen Redemuster natürlich genau die adäquate Sprechweise, die in dieser Form darüber hinaus der Beglaubigung dieser Personen bzw. des erzählten Geschehens dient.

---

5 Wrenn/Bolton (1996), 210 (V. 307ff.).

6 Genzmer (1978), 91.

Das heldische Epos setzt sich auch in die mittelenglische Zeit fort, und zwar in Verbindung mit der Gestalt von König Artus. Lagamons um 1250 entstandenes Epos *Brut* (Brook/Leslie 1963, 1978) entwirft ein gigantisches Gemälde um König Artus und seine vielfältigen Heldentaten, die ihn, den ständig sich auf Abenteuerreise befindlichen, als Tatmenschen und Eroberer zeichnen, was eine neue Nuance in der Charakterisierung des epischen Helden darstellt. Reden und Sprechen ist hier in ihren jeweiligen Funktionen sehr eingeschränkt: Es erschöpft sich in Begrüßungen, oft eingeleitet durch zeremonielle Präliminarien und vielfach in Berichten über stattgefundene Konflikte oder Kämpfe (Le Saux 1989). In der Nähe des *Brut* ist der in der altenglischen Stabreimtradition stehende *Morte Arthure* (um 1370, Hamel 1984) anzusiedeln, in dem König Artus zwar immer wieder seinen bedrängten Landsleuten beisteht, doch wegen seines rücksichtslosen Machtstrebens einen schicksalsschweren Sturz erleidet. Sehr typisch für ihn ist die folgende Äußerung, die er nach der Eroberung Roms tut:

Than this roy royall rehersys theis wordes:
„Now may we reuell and riste, for Rome es oure awen!
Make oure ostage at ese, þise auenaunt childyren,
And luk ge honouren them all that in myn oste lengez.
The Emperour of Almayne and all theis este marches–
We sall be ouerlynge of all þat on the erthe lengez!–
We will by þe Crosse-dayes encroche þeis londez
And at þe Crystynmesse daye be crownned theraftyre;
Ryngne in my ryalltés and holde my Rownde Table
Withe the rentes of Rome, as me beste lykes.
Syne graythe ouer þe Grette See with gud men of armes
To reuenge the Renke that on the Rode dyede.“[7]

(Dann sagt der königliche König diese Worte:
„Nun können wir feiern und ruhen, denn Rom ist unser eigen!
Behandelt unsere Geiseln gut, diese edlen jungen Ritter,
und seht zu, daß ihr alle ehrenhaft begrüßt, die in meinem Schutz bleiben wollen.
Der Kaiser von Deutschland und alle die östlichen Gegenden,
Über alle werden wir Herrscher sein, die auf Erden sind!
Vor Himmelfahrt werden wir uns diese Länder aneignen
Und an Weihnachten dann gekrönt werden;
Regiert mit meiner Macht und bleibt am Runden Tisch
Mit den Tributen von Rom, wie ich es am liebsten mag.
Dann zieht über die große See mit tapferen Soldaten,
um den Mann zu rächen, der am Kreuz starb.“)

---

7 Hamel (1984), 218f. (V. 3206ff.).

Dies ist eine Serie sehr klarer, grundsätzlicher, von niemandem bestrittener Anweisungen, die sehr kennzeichnend für das Epos sind: In ihm verbindet sich Vorbildhaftigkeit des Verhaltens mit einliniger Rede. Damit sind Botschaft, Aussage und Sprechweisen der Textsorte Epos im mittelalterlichen England umschrieben.

4. Romanze

Der zweite narrative Haupttyp des englischen Mittelalters ist die mittelenglische „romance", eine erzählende literarische Gattung, die, neben schwankhaften Erzählungen, exemplarisch ausgerichteten Tiergeschichten und einer Unzahl an frommen Beispielerzählungen, in mittelenglischer Zeit große Beliebtheit erlangte (Donovan et al.1967). Es gibt ca. 120 kürzere und längere mittelenglische Romanzen unterschiedlicher Qualität. Für viele von diesen „romances", in erster Linie denen, die im Ostmittelland, vor allem in Yorkshire, in Lincolnshire, in East Anglia, in Suffolk, Norfolk, zum Teil auch in Nordessex, vor allem im 14. Jahrhundert, entstanden sind, gelten besondere gesellschaftliche Bindungen. Die genannten Gebiete waren wirtschaftlich ertragreiche Regionen, weswegen sie auch damals die am dichtesten besiedelten Areale Englands waren. Aufgrund dieser Lage hatte es die Gegend, verglichen mit anderen Landstrichen Englands, zu beträchtlichem Wohlstand gebracht. Der landbesitzende Kleinadel, der Provinzklerus, der Kaufmanns- und Handwerkerstand waren die tonangebenden Schichten, die auch als kunstfördernde Mäzene figurierten, z. B. auch auf dem Gebiet des mittelalterlichen Dramas. Die geistige Haltung dieser Schicht, ihre kaufmännische Tüchtigkeit, ihr Biedersinn, ihr nüchternes Denken, ihr ökonomisches Aufwärtsstreben schlägt sich in entsprechenden literarischen Erzeugnissen, eben den „romances" nieder, die in diesen Kreisen daher auch eine relativ große Verbreitung fanden. Viele „romances" wenden sich an ein des Französischen und der Ideale höfischer Kunst und Literatur unkundiges Publikum. Sie folgen oft einfachen Wirklichkeitsvorstellungen, setzen gern moralische und religiöse Schwerpunkte, sind häufig erbaulich und didaktisch oder auf den Alltag ausgerichtet und können bisweilen auch dem Sensationellen zuneigen (Mehl 1968; Barron 1987; Mills et. al. 1991).

Mit diesem Texttyp „romance" werden der Zuhörerschaft klare Verhaltensmuster vorgestellt und zur geflissentlichen Nachahmung empfohlen. Das läßt sich nirgends besser verfolgen als in den Romanzen, in denen klassische höfische Stoffe in besagter Weise diesem ganz unhöfisch empfindenden Publikum dargeboten wurden, wie *Ywain and Gawain, Sir Percyvell of Gales* (Mills 1992) oder auch *Sir Tristrem* (McNeill 1886). Diese „romances" sind besonders aufschlußreich, weil sich hier Vergleiche mit den französischen bzw. mittelhochdeutschen Versionen aufdrängen. Der mittelenglische Ywain verkörpert durchgängig Kraft und Durchsetzungsvermögen, Tapferkeit, Mut und Unerschrockenheit. Worauf es ihm ankommt, ist die manuelle, sich im Alltag bewährende Tüchtigkeit, womit sich ein deutlicher Hang zur Maskulinisierung verbindet. Ihm geht der Gefühls- und Empfindungsreichtum des Yvain bei Chrétien de Troyes völlig ab (Nolting-Hauff 1962). Die Charakterstärken des mittelenglischen Ywain sind Treue, Tapferkeit und Durchhaltevermögen. Hier zählt die nachahmenswerte Leistung, das Lebenspraktische, nicht das Ironisch-Zweideutige, die psychologische Tiefe. Hier nun kommt es auch zu Dialogen, die in schneller Folge ablaufen, und etwas von der Lebendigkeit in Rede und Gegenrede, in Frage und Antwort ahnen lassen, etwa in der folgenden Stelle:

> Than sayd sir Kay, 'Now whare es he
> That made slike bost here forto be,
> Forto venge his cosyn germayne?
> I wist his wordes war al in vayne!
> He made grete boste bifor the quene,
> And here now dar he noght be sene.
> His prowd wordes er now al purst,
> For in fayth ful ill he durst
> Anes luke opon that knyght
> That he made bost with to fyght.'
> Than sayd Gawayn hastily,
> 'Syr, for Goddes luf, mercy!
> For I dar hete the, for sertayne,
> That we sal here of Sir Ywayne
> This ilk day, that be thou balde,
> Bot he be ded or done in halde;
> And never in no cumpany
> Herd I him speke the velany.'
> Than sayd sir Kay, 'Lo, at thi will:
> Fra this time forth I sal be still.'[8]

> (Dann sagte Sir Kay: „Na, wo ist der,
> der sich hier so groß getan hat,
> und seinen Cousin rächen wollte?
> Ich weiß schon, seine Worte waren ganz umsonst!
> Er redete große Worte vor der Königin.
> Und hier läßt er sich nicht sehen!
> Sein Gerede ist jetzt ganz umsonst,
> Denn bestimmt, er wagt doch kaum,
> auch nur einmal auf den Ritter zu sehen,
> mit dem er angab zu kämpfen!"
> Da sagte Gawain geschwind,

---

8 Mills (1992), 33 (V. 1271ff.).

„Herr, um Gottes Willen!
Ich kann dir sicher zusagen,
daß wir von Sir Ywayne hören werden
noch heute, du kannst sicher sein,
wenn er nicht stirbt oder im Gefängnis landet –
aber niemals und niemandem gegenüber
hörte ich ihn je eine Gemeinheit sagen.“
Darauf sagte Sir Kay, „Ja, wie du willst,
jetzt sage ich gar nichts mehr.“)

Hier fällt ohne weiteres ein dem Epos gänzlich entgegengesetzter Diskurs auf. Die für das Sprechen in der mittelenglischen Romanze charakteristische Stelle zeichnet sich aus durch alltägliche, dialogische Rede, was sich kundgibt in Wiederholungen, Andeutungen, spontaner Sprechreaktion, im Wechsel von Behauptung und rascher, teilweise unüberlegter Erwiderung. Sehr Ähnliches läßt sich in *Sir Tristrem* verfolgen. Tristrem ist nicht der tragisch Liebende, sondern der Beschützer, der Bewahrer von charakterlichen Alltagsqualitäten, dem tiefere Motivationen völlig fehlen. Ganz besonders wird die hier beschriebene Haltung in *Sir Percyvell of Gales* deutlich, wo Percyvell als unkomplizierter Haudegen geschildert wird, der den aristokratischen Verhaltenskodex ignoriert und statt dessen simplen männlichen Tugenden zugetan ist. Und Ähnliches läßt sich beobachten in Romanzen wie *Sir Isumbras*, *Sir Gowther*, *Sir Amadace* (Mills 1973) und anderen. Viele der mittelenglischen Romanzen haben als Plädoyers für bürgerliche Tugenden zu gelten, womit sich eine lebendige, am Dialog orientierte, nicht mehr aristokratischer Einsträngigkeit verpflichtete Redeweise der implizierten Figuren verbindet. Das Kommunikationsmittel für dieses neue Lebensgefühl ist das beschriebene Reden und Sprechen in der mittelenglischen Romanze.

5. Chaucers *The Wife of Bath's Tale*

Die hier geschilderten Tendenzen sind selbstverständlich in der Vielzahl mittelenglischer Romanzen unterschiedlich stark ausgeformt. Keinesfalls aber handelt es sich dabei nur um eine Randerscheinung, worauf schon die sozialen Rahmenbedingungen der Gattung verweisen. Individuelle Kommunikation ganz besonderer Art wird in einem bekannten mittelenglischen Erzählwerk direkt thematisiert. Als ein besonders anschauliches, lebendiges Beispiel soll *The Wife of Bath's Tale* dienen, eine Erzählung, eine Romanze, die in Geoffrey Chaucers *Canterbury Tales* (ca. 1387ff.) figuriert. Von überragender Bedeutung für die *Canterbury Tales* ist, daß die jeweilige dort erzählte Geschichte von einer im *Gene-*

ral Prologue (Benson 1987, 23ff.) klar konturierten Persönlichkeit vorgetragen wird, die einzelne Erzählung also mit einem besonderen Erzähltemperament verknüpft wird, womit nun die jeweilige Geschichte schon rein sprachlich ein individuelles Profil annimmt. In *The Wife of Bath's Tale* und dem dazugehörigen *Prologue* werden Lesern bzw. damaligen Zuhörern Konventionen und Geisteshaltungen der Zeit Chaucers virtuos präsentiert, indem Reden und Erzählen auf die besonderen Eigenheiten der Erzählerin, d. h. der Wife of Bath, abgestellt sind. In ihrem Bewußtsein spiegeln sich die zeitgenössischen Denk-, Traditions- und Sozialisationsschemata wider, häufig in fast unkenntlicher Verzerrung. Liest man *The Wife of Bath's Tale* (Benson 1987, 116ff.), so hat man sich zunächst durch einen ungewöhnlich langen Prolog zu kämpfen, ehe man an der Geschichte selbst ankommt. Die Canterbury-Pilger müssen ähnliche Beschwerlichkeiten empfunden haben, denn am Ende des *The Wife of Bath's Prologue* (Benson 1987, 105ff.) sagt der Bettelmönch:

> This is a long preamble of a tale! (831)
>
> (Das ist aber eine lange Einleitung für eine Geschichte!)

Und damit hat er sicherlich recht, denn dieser Prolog ist neben dem *General Prologue* der längste in den *Canterbury Tales* überhaupt, und doppelt so umfangreich wie die darauffolgende Geschichte, was schon rein quantitativ seine Bedeutung hervorhebt. Seine besondere Kuriosität liegt darin, daß er im Grunde wichtiger ist als die folgende Geschichte selbst. *The Wife of Bath's Tale* selbst müßte gänzlich unverständlich bleiben, wenn man versuchen wollte, den dazugehörenden Prolog abzutrennen, wie das von der Kritik immer wieder getan worden ist.

In diesem weiträumigen Prolog wird die dilemmatische Situation der Wife of Bath entfaltet, die unter dem Druck der ethischen und religiösen Forderungen ihrer Zeit spricht und berichtet. Als nicht eben besonders gebildete, doch betuchte Mittelständlerin verfolgt sie zunächst das Ziel, ausführlich über ein zu ihrer Zeit viel debattiertes menschliches Problem zu reden, nämlich das Elend der Ehe (3). Sie tut das auf ihre besondere Weise, indem sie ganz ihren privaten Assoziationen und sprachlich-individuellen Eingebungen folgt und dabei die Gesetze der Logik völlig mißachtet, woraus sich ein Hin und Her von Halbwahrheiten, ein Aufflackern unfertiger Argumente in ihrer teilweise sehr wirren Rede ergibt. Damit deutet sich hier schon an, wie stark sich all ihr Sagen und Fabulieren um ihre Person dreht und sich der Prolog unversehens u. a. auch in ein Portrait verwandelt, zum Psychogramm der sprechenden Erzählerin selbst wird. Wie sie darlegt, will sie also in ihrem Prolog ausführlich von den Leiden der Ehe berichten und erörtert dabei zunächst, wie die Kirche in punkto Wiederheirat der Frau denkt, schließt daran eine Diskussion über Virginität und Körperlichkeit an, um darauf ihrem Wunsche nach befriedigter Liebe und ihrem Herrschaftsanspruch ungezügelt Ausdruck zu geben, was sie lebendig untermauert mit einer langen, farbigen Schilderung ihres abwechslungsreich verlaufenen Lebens mit fünf Ehemännern. Mit einem zentralen Leitbegriff ihres Lebens setzt sie ein:

> Experience, though noon auctoritee
> Were in this world, is right ynogh for me
> To speke of wo that is in mariage; (1-3)

> (Selbst wenn ich hierfür keine Autorität in der Welt
> anführen könnte – Erfahrung reicht für mich völlig aus, um
> vom Elend in der Ehe zu sprechen.)

Aus dem Gesichtswinkel persönlicher Erfahrung will sie also ihre Erzählabsicht verwirklichen. Doch gleich darauf ergibt sich ein schwerwiegender Widerspruch, denn sie verlegt sich sofort aufs Zitieren von Autoritäten und stützt alle ihre Lebensentscheidungen nicht durch die Welt persönlicher Erfahrungen ab, sondern durch umfangreiche Verweise auf die Heilige Schrift. Diese freilich legt sie in sehr eigenwilliger Art aus. Sprunghaftigkeit, Unüberlegtheit und Ungeplantheit kennzeichnen ihr Reden. Die Gegensätzlichkeit ihres Sprechens zieht sich nun bis ans Ende des Prologs hin. Wiederholt redet sie von den Vorteilen ehelichen Lebens, die einmal für sie in der von Gott befohlenen, biologischen Vermehrung (13, 28), ein andermal im ausschließlichen Konsum körperlicher Genüsse liegt (149ff.). Aber auch ihr ellenlanger Bericht über ihre fünf Ehemänner ist voller sprachlicher Unklarheiten und wirrer Angaben. Über ihre Gemahle urteilt sie eingangs ganz allgemein:

> I shal seye sooth; tho housbondes that I hadde,
> As thre of hem were goode, and two were badde. (195-196)

> (Wirklich, die Ehemänner, die ich hatte,
> davon waren drei gut und zwei schlecht.)

Ihre eigene, detaillierte, dann folgende Lebensbeschreibung im Prolog widerlegt dies allerdings vollkommen. Denn ihre ersten drei Ehemänner werden von der Wife of Bath ganz im Gegenteil als alte, reiche, senile Geizkrägen geschildert, der vierte stellt sich, ihrer vorherigen Versicherung entsprechend, als unausstehlicher Schürzenjäger heraus, den sie allerdings nur am Rande erwähnt; doch als sie von ihrem fünften, angeblich ja schlechten Ehemann erzählt, gerät sie geradezu ins Schwärmen. Sie sagt von ihm:

> God lete his soule nevere come in helle! (504) und:
> I trowe I loved hym best, ... (513)

> (Möge Gott seine Seele nie in die Hölle kommen lassen! und:
> Sicher liebte ich ihn am meisten, ...)

Das alles steht nun wieder nicht im Einklang mit ihrer anfangs gemachten Feststellung:

> And alle were worthy men ... (8)
>
> (Und alle waren ehrenwerte Leute ...)

Die Unvereinbarkeit dieser inkonsistenten Grundhaltungen und Denkweisen treibt Chaucer im Prolog auf einen dramatischen Gipfel, indem er die Wife of Bath immer wieder grobe Ausfälle gegen die antifeministische Haltung, vor allem des mittelalterlichen Klerus, führen läßt. Nur bestätigt sie gleichzeitig diese Haltung durch ihr eigenes maßloses Verhalten ihren Ehemännern gegenüber. Um ihren Zuhörern näher zu illustrieren, wie sie sich vor allem ihrer ersten drei Ehemänner annahm, rezitiert sie genüßlich und ausladend eine lange, furchtbare, seelenpeinigende Gardinenpredigt (235-378), die sie als in das Standardrepertoire ihrer ehefraulichen Verhaltensweisen gehörend deklariert. Ohne sich dessen recht bewußt zu sein, präsentiert sie so die Gedankengänge der damals üblichen misogynen Literatur. Damit richtet sie im Grunde unbewußt die schärfste Attacke gegen sich selbst. Das alles trägt sie vor in einer Reihe spontaner, fast unreflektierter, proverbialer Äußerungen, über deren Konsequenzen sie sich nicht im klaren ist, wie:

> For half so boldely kan ther no man
> Swere and lyen, as a womman kan. (227-228)
>
> (Kein Mann kann auch nur halb so dreist
> schwören und lügen wie eine Frau.)
>
> Deceite, wepyng, spynnyng God hath yive
> To wommen kyndely, whil that they may lyve. (401-402)
>
> (Hinterlist, Tränen und Lügen hat Gott
> den Frauen als Teil ihrer Natur gegeben.)

Oder:

> I ne loved nevere by no discrecioun,
> But evere folwede myn appetit, (622-623)
>
> (Nie liebte ich mit Umsicht,
> sondern folgte immer nur meinen Lüsten,)

Bestürzend ist, daß diese Äußerungen ausgerechnet aus ihrem Munde kommen. Damit erscheint die Wife of Bath aber gerade als der weibliche Gewährsmann mittelalterlicher antifeministischer Einstellungen, indem sie sich in ihrem langen Prolog als geschwätzige, gefallsüchtige, launenhafte, listige, voller Verstellungen und Tricks, nach Erfüllung ihrer irdischen und materiellen Vorstellungen drängende Frau darstellt.

Der Prolog, in dem die Wife of Bath von sich, ihren Ansichten und ihrem Eheleben spricht, handelt letztlich von ihrem eigenen geistigen, sprachlich unfertigen Horizont. Was hier dem Leser widerspruchsvoll und wirr vorkommt, ist sicherlich vom Autor gewollte Antinomie. Dadurch, daß die Wife of Bath stets persönlich und aus subjektiver Sicht redet, wird sie selbst zum Impressario, zur Regisseurin eines für den Leser anregenden psychischen erzählerischen Redevorgangs. Dieser konstituiert sich einerseits in ihrem Bestreben, ihr Leben im Gegensatz zu ihrer Zeit an den Wertmaßstäben persönlicher Erfahrungen auszurichten, und andererseits in der Unmöglichkeit, der ihr als Mensch und Frau durch ihre Umgebung, vielleicht auch durch den Kreis der sie begleitenden, zum Teil recht gelehrten Pilger zugewiesenen Rolle zu entgehen.

Nach ihrem sprachlich wirren und disparaten Prolog kommt die Wife of Bath endlich zu ihrer Erzählung. Die lange Verzögerung bemerkend ruft sie aus:

> But now, sire, lat me se what I shal seyn.
> A ha! By God, I have my tale ageyn. (585-586)
>
> (Leute, laßt mal sehen, was wollte ich eigentlich sagen?
> Ach ja, jetzt bin ich wieder bei meiner Geschichte.)

Nachdem im Prolog die Gestalt der Erzählerin und ihre Redegesten nuancenreich profiliert wurden, lassen sich die sprachlich-geistigen Ungereimtheiten der von ihr dargebotenen Romanze voraussagen. Stofflich basiert *The Wife of Bath's Tale* auf unterschiedlichen Quellen. Die Erzählung wird gemeinhin zur sog. „Marriage Group" der *Canterbury Tales* gezählt. Zur Orientierung hier nur kurz deren Inhalt. Ein junger Ritter am Artushof begeht auf einem Spaziergang einen groben Fehltritt, nämlich die Vergewaltigung eines unschuldigen Mädchens, wird dafür von König Arthur zum Tode verurteilt, erhält aber von der Königin eine Gnadenfrist von einem Jahr, wenn er herausfindet, was den Frauen am meisten behage. Seine Suche ist lange vergeblich, bis ihm am Ende ein altes, häßliches Weib das Geheimnis offenbart, unter der Bedingung, daß der Ritter sie heirate. Dieser zieht an den königlichen Hof, verkündet die Lösung der Frage, nämlich daß Frauen immer das Heft in der Hand zu haben wünschen, und wird nun von der ihn begleitenden Alten auf sein Heiratsversprechen verpflichtet, das er schweren Herzens einhält. Indem er sich nach langem Zureden der Alten ganz ausliefert, wandelt sich diese in eine schöne Dame, und so findet die Geschichte ein glückliches Ende.

Es muß zunächst äußerst befremden, daß von allen in den *Canterbury Tales* erwähnten Pilgern allein die Wife of Bath, der nur beschränkte geistige Fähigkeiten eigen sind, eine höfische arthurische Romanze erzählt und diese darüber hinaus mit Elementen des narrativen Lai verschränkt, beides literarische Gattungen von damals hohem Stellenwert. Die Enormität ihres Mißgriffes zeigt sich also schon daran, daß sie sich ausgerechnet auf zwei Genres von großer Subtilität einläßt. Denn dem höfischen Artusroman sind die folgenden Elemente eigen: der ideale Artushof, der höfisch-christlichen Idealen ergebene Ritter, das kontingente, oft wunderbare Abenteuer, der Konflikt bzw. die Niederlage des Protagonisten, dessen Suche nach der verlorenen Identität, seine erneute, göttlich gesteuerte Erprobung von Tugend und Stärke, und schließlich die Reintegration in die oft quasi-vollkommene, ritterliche arthurische Gemeinschaft. Das alles spielt sich gern in prachtvollem Dekor und jugendlich-festlicher Stimmung ab (Finlayson 1980). Der narrative Lai steht dem höfischen Roman nahe, konzentriert jedoch bestimmte Strukturelemente desselben brennpunktartig auf ein erzählerisches Zentrum. Oft genug verkürzt er die höfische Handlung auf einen alles entscheidenden, problematischen, dramatischen, emotional aufgeladenen Augenblick und hebt in ihm das Exzeptionelle hervor, das häufig durch das Märchenhafte überhöht ist. Demgegenüber wird im Lai auf Verbalisierung von Doktrin und Moral in der Regel verzichtet (Kroll 1984).

Es ist nun charakteristisch, daß die Wife of Bath die wichtigsten den arthurischen Roman und den narrativen Lai kennzeichnenden Gattungskonventionen formal einigermaßen wahrt, sie jedoch mit neuen Inhalten und Zusammenhängen besetzt. Fast paradigmatisch erlebt hier der Leser bzw. Zuhörer, wie zwei damals bekannte literarische Gattungen durch das narrative Bewußtsein einer den geistigen Realitäten ihrer Zeit abgeneigten Figur fundamental umgestaltet werden, wobei Paradoxien und Ungereimtheiten jeder Art nicht ausbleiben können. Dabei ist auch hier aufschlußreich, daß die Wife of Bath ihre Erzählung im Grunde eigenen, persönlichen Zielen dienstbar macht. Nur mit Mühe wird man in *The Wife of Bath's Tale* die Exemplifizierung einer im vorangehenden Prolog entwickelten Leitidee erblicken können. Allenfalls ließe sich von gedanklichen Parallelen sprechen, wenn man etwa darauf hinweist, daß sowohl im Prolog wie auch in der Erzählung selbst das Prinzip der Unterwerfung des Mannes unter die Frau eine gewisse Rolle spielt. Nur wird dieser Grundsatz, etwa im Prolog, nicht konsistent verfolgt, denn die Wife of Bath stellt bei der Schilderung der Ehe mit ihrem fünften Mann klar, daß ihr besonderes Glück in dieser Ehe gerade in der Gleichgewichtigkeit der Partner bestanden habe. So ist zu betonen: Das alles Verbindende zwischen Prolog und Erzählung hat man allein im Sprechen der Wife of Bath zu sehen. Der von ihr dargebotene arthurische Lai ist demzufolge voller Stilbrüche, die hier zu einem intendierten kompositorischen Kriterium werden. Dies beginnt damit, daß sie ihre Erzählung mit einer in den Lais zwar üblichen Schilderung der Feen- und Zauberwelt zu Arthurs Zeiten einleitet:

> In th'olde dayes of the Kyng Arthour,
> Of which that Britons speken greet honour,
> Al was this land fulfild of fayerye.

The elf-queene, with hir joly compaignye,
Daunced ful ofte in many a grene mede. (857-61)

(In König Arthurs Tagen,
von denen die Briten mit großer Achtung sprechen,
da war dies Land noch ganz von Feen bevölkert.
Die Elfenkönigin und ihre fröhliche Gefolgschaft
tanzten gar oft auf mancher grünen Wiese.)

Disparat aus der Sicht der Gattung muß es aber wirken, wenn die Wife of Bath unvermittelt im Anschluß daran in eine vehemente, in ganz anderen Gattungen vorfindbare Attacke gegen die damaligen Bettelmönche überleitet. Sie kehrt dann jedoch wieder zur Erzählung zurück, in deren Mittelpunkt sie, gattungskonform, einen lebensfrohen jungen Ritter stellt. Dieser gerät nun, formal wiederum den Regeln der Gattung folgend, mit seinem ritterlichen Wertekodex in Konflikt, nur auf ganz unhöfische Weise, nämlich nicht durch Kollision seiner Pflichten und ähnlichem, sondern indem er seiner animalischen Natur nachgibt. Und so setzt sich der Duktus der Erzählung fort. Die Qualität der von der Königin als Lebensbedingung gestellten Frage:

What thyng is it that wommen moost desiren. (905)

(Was mögen Frauen am liebsten?)

folgt durchaus der Tradition, und selbst die dem Ritter auf seiner abenteuerlichen Suche zum Schluß erteilte Antwort darauf

„sovereynetee" (1038)

(„die Herrin sein")

entspricht höfischer Konvention. Allerdings erweist sich dieser Begriff in der Auffassung der Wife of Bath nicht als die aristokratische Konzeption mittelalterlicher Minne, sondern als ein äußerst hausbackener, nun sämtlichen Lebensbereichen übergestülpter Begriff, wonach der Frau in jeder Beziehung das Sagen zukommt.

Der Charakter des Lai ist eingehalten als der Ritter gezwungen wird, sein der Alten gegebenes Heiratsversprechen einzulösen und sich damit seine Lage dramatisch zuspitzt. Während aber im Lai, und auch im höfischen Roman, der Protagonist seine Entscheidung aufgrund eines tiefer verstandenen Wissens um das ritterliche Ethos fällt, wählt hier der Ritter, der keine innere Entwicklung durchmacht, aus praktischen Gründen lediglich das kleinere Übel. Als ihn nämlich die Alte mit der Alternative konfrontiert, ob er sie alt und treu oder schön, doch untreu haben wolle, überläßt er ihr die Entscheidung. So ist er zwar gehorsam, aber eben wieder nicht im höfischen Sinne, was um so mehr gilt, als auch die

Frau am Ende der versöhnlich ausklingenden Erzählung in gänzlich unhöfischer und sämtlichen Lebensgrundsätzen der Erzählerin eklatant widersprechenden Weise dem Ritter Gehorsam in allen Dingen verspricht:

> And she obeyed hym in every thyng (1255)
>
> (Und sie gehorchte ihm in allen Dingen)

Wenn es irgendeine Lebensmaxime der Wife of Bath gibt, so ist es diese Aussage gerade nicht. Dennoch gipfelt ihre Erzählung in diesem Grundsatz. Das Gerüst der ritterlichen Handlung folgt so Konventionen, entbehrt aber aller höfischen Motivation und Vertiefung. Diese durchgehend sich zeigende Disparität ist bis zum Schluß spürbar, als die Wife of Bath sich bemüßigt fühlt, ihre Erzählung mit dem traditionellen Segensspruch zu beenden. Indessen gerät ihr dieser wieder rein sprachlich gesehen in eine gänzlich unkonventionelle Richtung, denn sie schließt:

> ... and Jhesu Crist us sende
> Housbondes meeke, yonge, and fressh abedde,
> And grace t'overbyde hem that we wedde;
> And eek I praye Jhesu shorte hir lyves
> That noght wol be governed by hir wyves;
> And olde and angry nygardes of dispence,
> God sende hem soone verray pestilence! (1258-64)
>
> (... Christus sende uns
> Ehemänner, die zärtlich, jung und tatkräftig im Bett sind;
> er gebe uns die Gnade, sie, die wir heiraten, zu überleben.
> Auch bitte ich Jesus, das Leben derer zu verkürzen,
> die von ihren Frauen nicht beherrscht werden möchten.
> Und alten mürrischen Geizkrägen,
> denen möge Gott alsbald die Pest senden!)

Und ein letztes Phänomen muß in diesem Zusammenhang ausdrücklich erwähnt werden. Dem narrativen Lai sind im allgemeinen, wie schon erwähnt, Sentenz und Moral fremd. Dagegen kennt der höfische Roman durchaus Ausweitungen im Bereich der Beschreibung, häufig auch die Diskussion moralischer, das höfische Ethos betreffender Themen. Letzteres tut auch die Wife of Bath, und zwar so gründlich und ausführlich, daß damit mehr als die Hälfte der Gesamterzählung verstreicht. Hinzu kommt, aber, daß dies wieder in gänzlich unorthodoxer Manier geschieht, nämlich in Gestalt einer ihr sicher unbewußt über die Lippen gehenden Klage über die Geschwätzigkeit der Frau und in Form einer von der Alten vorgetragenen langatmigen, aristokratischen Vorstellungen zuwiderlaufenden Belehrung darüber, daß Gesinnungsadel dem Geburtsadel weit überlegen sei (952-82, 1109-1218).

Für die Erzählung selbst bedeutet dies alles nun, daß hier der Leser bzw. Hörer praktisch zum ersten Mal in das Bewußtsein eines aus sehr beschränktem Blickwinkel erzählenden, sich mitteilenden Mediums einbezogen wird. Erzählen und Reden wird hier im wahrsten Sinne des Wortes für sich selbst zum Thema und zum Problem. Der Versuch der Wife of Bath, jenseits ihrer Möglichkeiten zu erzählen, scheitert, weil sie zu stark in ihrer Lebensrolle, ihrem persönlichen Naturell verwurzelt ist. Indem der Schauplatz des Erzählens eigentlich das Bewußtsein der Wife of Bath ist, enthüllt sich die tiefere Perspektive ihrer Romanze. Diese ist individuell, privat und zugleich praktisch lebensnah.

In *The Wife of Bath's Tale* vollzieht sich Sprechen als auf eine besondere Person bezogene Äußerung, ein Sprechen, das sich, im Widerstand gegen alle Konventionen, von wesentlichen Einschränkungen und Bindungen befreit hat. Zugleich wird klar, daß solch freies Reden, hier meist vorgetragen in einer derben, bildhaft-drastischen, direkten, oft proverbialen Weise, eben auch nur unter bestimmten bildungsorientierten Voraussetzungen zustande kommen kann. Wo dies nicht geschieht, so deutet die Erzählung an, mündet dieses Reden in eine kommunikative Katastrophe. Zugleich aber stellt die Erzählung letztlich auch eine Parodie dar auf jenes Sprechen, das die Glaubwürdigkeit von Reden und direktem Ausdruck allein und lediglich auf Autorität gründet. Die narrativen Ziele der Erzählung sind somit auf mehreren unterschiedlichen Ebenen zu erblicken.

6. Schlußfolgerungen

In obigen Ausführungen wurden die kommunikativen Potentiale zweier zentraler mittelalterlicher narrativer Texttypen vorgestellt, Epos und Romanze. Dabei erwies sich das Epos als die Gattung, in der Kommunikation einlinig, autoritär, monologisch, ohne Beachtung anderer Äußerungen vonstatten geht. Rede folgt hier auf Rede, ohne daß wesentliche und sichtliche Bezugnahmen aufeinander zu identifizieren wären. Feststellung, widerspruchslose Bestätigung und Zustimmung sind hier die zentralen Ausdrucksformen. Aufgrund besonderer, neuer gesellschaftlicher Rahmenbedingungen ist die zeitlich später anzusetzende Romanze vom Kommunikativen her gänzlich anders ausgerichtet. Hier wird erstmalig Alltagsrede im Text realisiert. Diese ist im wesentlichen auf den Dialog angewiesen. Wie dargelegt, kann dabei der sprachliche Diskurs unter dem Einfluß individuellen Redens bis hin zu kommunikativem Unvermögen führen.

Literatur

Anderson, E. R. (1983): Cynewulf. Structure, Style and Theme in His Poetry, London.
Barron, W. R. J. (1987): English Medieval Romance, London.
Benson, L. D. (ed.) (1987): The Riverside Chaucer, Boston.
Bjork, R. E./Niles, J. D. (eds.) (1997): A Beowulf Handbook, Exeter.
Boyer, R. et al. (1988): L'Epopée (Typologie des sources du moyen âge occidental 49), Turnhout.
Brook, G. L./Leslie, R. F. (eds.) (1963, 1978): Lagamon: ‚Brut' (Early English Text Society, OS, 250, 277), Oxford.
Cook, A. S. (ed.) (1900): The Christ of Cynewulf. Boston.
Donovan, M. J. et al. (1967): Romances. In: Severs, J. B. (ed.) (1967): A Manual of the Writings in Middle English, 1050-1500. New Haven.
Finlayson, J. (1980): Definitions of Middle English Romance. In: Chaucer Review 15, 44-62, 168-181.
Genzmer, F. (ed.) (1978): Beowulf und das Finnsburg-Bruchstück, Stuttgart.
Hahn, G./Ragotzky, H. (eds.) (1992): Grundlagen des Verstehens mittelalterlicher Texte (Kröners Studienbibliothek 663), Stuttgart.
Hamel, M. (ed.) (1984): Morte Arthure. A Critical Edition (Garland Medieval Texts 9), New York.
Haymes, E. R. (1977): Das mündliche Epos (Sammlung Metzler 151), Stuttgart.
Henrich, D./Iser, W. (eds.) (1983): Funktionen des Fiktiven (Poetik und Hemeneutik 10). München.
Jackson, G. J. (1994): Encyclopedia of Traditional Epics. Santa Barbara.
Jackson, G. J. (1996): Encyclopedia of Literary Epics. Santa Barbara.
Kroll, R. (1984): Der narrative Lai. Tübingen.
Le Saux, F. (1989): Lagamon's ‚Brut': The Poem and Its Sources, Cambridge.
McNeill, G. P. (ed.) (1886): Sir Tristrem (Scottish Text Society 8), Edinburgh.
Mehl, D. (1968): The Middle English Romances of the Thirteenth and Fourteenth Centuries, London.
Mills, M. (ed.) (1973): Six Middle English Romances, London.
Mills, M. (ed.) (1992): „Ywain and Gawain", „Sir Percyvell of Gales", „The Anturs of Arthur", London.
Mills, M. et al. (eds.) (1991): Romance in Medieval England, Cambridge.
Niles, J. D. (1983): Beowulf. The Poem and Its Tradition, Cambridge Mass.
Nolting-Hauff, I. (ed.) (1962): Chrestien de Troyes. „Yvain", München.
Ramsey, L. C. (1984): Chivalric Romances. Popular Literature in Medieval England, Bloomington.
Rice, A. J. (1986): Middle English Romance. An Annotated Bibliography, London.
Schirmunski, V. (1961): Vergleichende Epenforschung (Veröffentlichungen des Instituts für Deutsche Volkskunde 24), Berlin.
Scragg, D. G. (ed.) (1981): The Battle of Maldon (Old and Middle English Texts), Manchester.
See, K. von (1978): Europäische Heldendichtung (Wege der Forschung 500), Darmstadt.
Stevens, J. (1973): Medieval Romance, London.
Turville-Petre, J. (1981): The Old English ‚Exodus': Text, Translation and Commentary by J. R. R. Tolkien, Oxford.
Uecker, H. (1972): Germanische Heldensage (Sammlung Metzler 106), Stuttgart.
Vries, J. de (1961): Heldenlied und Heldensage (Sammlung Dalp 78), Bern.
Weston, J. L. (1957): From Ritual to Romance, New York.
Wittig, S. (1978): Stylistic and Narrative Structures in the Middle English Romances, Austin.
Wrenn, C. L./Bolton, W.F. (eds.) (1996): Beowulf with the Finnesburg Fragment (Exeter Medieval Texts and Studies), 5th ed., Exeter.

Index